제 7 판

Electrical Equipment

NCS에 맞춘

전기설비

최 연 수 저

B C Info

머리말

대학에서 전기공학을 졸업하고 주택의 전기설비를 하는 직장에서 출발하여 이 분야에서 일한지 30여년이 지났고, 대학에서 전기설비를 강의한지도 20년이 흐르는 동안 많은 대형 건축물의 설계와 기술심의를 하였고, 전기설비의 내용도 정보화, 첨단화, 에너지 절약화 되고 그에 따라 새로운 기술로 대체되어 왔다.

전기설비는 조명설비, 수변전설비, 예비전원설비, 배전설비, 동력설비, 수송설비로 대별할 수 있고, 그동안 전기설비에서 수록한 소방 전기설비나 정보통신설비는 관계법에 따라 별도의 자격이나 학과에서 공부해야 하므로 수록하지 않았다. 특히 우리생활과 밀접한 조명설비에서는 요즈음 새로운 조명광원으로 각광받는 LED 및 야간의 도시경관을 아름답게 하는 경관조명과 건축계획할 때 필요한 조명계획을 수록하였다. 또한 본문의 내용은 빠른 이해를 위해 장문을 피하고 번호를 매겨 간결하게 수록하였으며, 실제 많이 사용되지 않거나 전기설비 실무자가 필요하지 않는 부분은 간단하게 수록하였다.

특히 이번 개정판에는 그동안 2022년부터 적용되는 한국전기설비규정(KEC)의 내용에 맞추어 변경하고, 특히 접지설비, 비상발전기, 배선공사 등은 실제 현장에서 접목되는 한국전기안전공사 검사기준에 따라 편집하였다.

따라서 이 책은 전기설비를 공부하는 대학과 대학원, 건축학과의 전기설비 교재로 활용이 가능하며, 설계, 시공, 감리, 안전 관리자 등 전기설비의 실무에 종사하는 사람에게 필요한 지식을 전달되도록 하였으며, 특히 전기 분야의 기술사, 기사, 산업기사를 준비하는 수험생에게도 도움이 되도록 하였다. 특히 대학에서 필요한 국가직무능력표준(NCS)의 전기설비설계에 맞게 편집하였고 세부적인 능력단위요소는 단원 마지막에 국가직무능력표준 공부하기를 만들어 편리하게 비교하며 공부할 수 있도록 하였다.

제한된 시간에 집필하여 독자 여러분에게 미흡하거나 잘못된 부분이 있으면 기탄없는 지도편달을 바라며, 다음 개정판에는 미처 수록되지 않는 부분이나 수정할 부분을 새롭게 정리하여 드릴 것을 약속드린다.

끝으로 이 책을 출판하기 위해 협조해 주신 임헌찬님과 복두출판사 관계자 여러분에게도 깊은 사의를 드린다.

차례

Chapter 1 총 론

Chapter 2 조명설비

Chapter 3 수변전설비

Chapter 4 예비전원설비

Chapter 5 배선설비

Chapter 6 동력설비

Chapter 7 반송설비

chapter 1 총 론

NCS 직무 : 전기설비설계
정의 : 전기설비설계는 전기사업자로부터 전기를 수전하여 구내전기설비에 전력을 공급하고, 정상 운영 및 비상운영 시 전기설비가 원활히 수행될 수 있도록 설계업무를 수행하는 일이다.

1-1 개요

전기설비는 건축물에 쾌적한 생활환경을 제공하고, 에너지 사용량을 효과적으로 사용하며, 안전한 전기사용을 목적으로 하고 있다. 최근에는 빌딩, 아파트, 공장 등이 대규모화, 고층화, 지능화, 태양광발전의 사용 등으로 전기설비가 복잡화, 다양화 하는 추세이다. 또한 경관조명을 이용한 건축물의 미를 강조함으로써 주간만의 시야가 아닌 야간에 까지 도시경관을 살리는데 도움주고 있다.

전기설비는 실생활에 이용하는 설비로서 전기응용이나 전기기기에서 보다는 생산된 제품을 어떻게 효과적으로 이용하느냐가 그 관건이라 할 수 있다. 예를 들면 조명은 전기설비에서 조명계획과 설계, 경관조명 등이 중요하나 전기응용에서는 조명제품 즉 광원의 특성이나 원리 등이 중요하다 하겠다.

1-2 전기설비의 종류

(1) 조명설비

조명설비는 우리생활과 밀접한 관계를 가진 설비로 야간에 햇빛을 대신하여 인간의 생활을 할 수 있는 것으로 에디슨이 백열전구 발명한 이래 전기에서 가장 먼저 이용한 설비가 되며, 조명설비가 차지하는 전력사용량은 총 전력사용량의 30% 정도가 사용된다. 또한 요즈음 각광받는 조명설비에는 경관조명과 광원에서는 LED가 이 분야에 해당된다 하겠다.

(2) 수변전설비

발전업체으로부터 전기는 통상적으로 특고압 22.9[kV]로 수전하기 때문에 이것을 우리가 사용할 수 있는 저압 220[V], 380[V]로 변압하여 사용하는데 따른 차단시설과 안전시설 등을 말하며 통상적으로 변전실이라는 구획된 장소에서 전기시설물을 관리한다. 수변전설비에서는 변압기가 가장 중요하며 변압기용량이 곧 전기시설물의 용량으로 불린다. 또한 전력 시설물을 안전하게 관리하기 위한 차단시설 즉 차단기, 개폐기 등이 있으며 이러한 설비를 효과적으로 관리하기 위한 중앙관리 제어시스템 등이 있다.

사용자의 관리범위에 따라 자가용 전기설비 및 일반용, 사업용 전기설비로 구분되기도 한다. 통상적으로 우리가 관리하는 것은 자가용 전기설비가 해당된다.

(3) 예비전원설비

예비전원설비는 한전 전원이 정전될 때 중요부하를 보호하기 위해 발전기, 축전지 등을 이용하여 정전시 전원을 보존해 주는 설비이다. 종전에는 일반적으로 소방관련 법규에 적용되는 부하만을 위한 예비전원을 확보했으나 현재는 중요부하와 에너지사용량을 절약하기 위해 신재생에너지, 에너지 저장장치 등을 도입하는 등 적극적인 개념으로 발전하고 있다.

(4) 배선설비

배선설비는 변압기로부터 분전반까지 가는 간선 및 분기선에 대한 설비이다. 간선의 포설방법 및 굵기 산정, 배전용 및 누전차단기 그리고 간선에서 발생하는 이상 현상인 고조파현상, 전압불평형이나 전압변동 등에 대해 설명한다. 간선의 전압은 통상 삼상4선 380/220[V]로 공급하나 간선의 길이가 매우 긴 경우에는 전압강하를 고려하여 고압 삼상3선 3.3/6.6[kV]으로 공급하기도 한다.

(5) 동력설비

동력설비는 전동기와 관련된 배전반 및 기동회로, 제어설비 등을 말한다. 전동기는 통상 현장에서 기계설비에 들어가기 때문에 여기에서는 전동기에 대해서는 간단히 설명하고 전기를 공급하는 전원용량, 기동장치, 차단기, 과부하 보호장치 등에 대해 주로 설명한다.

특히 급배수, 소화수 공급에 사용되는 농형 유도전동기는 기동전류가 크므로 기동전류를 제한하는 장치가 매우 중요하다.

(6) 반송설비

반송설비는 사람이나 물건을 수송하는 승강기나 에스컬레이터, 덤웨이터 등을 말한다. 특히 승강기는 건축물의 수직 교통수단이므로 임대건물의 경우 건축법규에 관계없이 승강기를 설치하는 경우가 많다. 승강기설비는 시공회사에 따라 전기나 기계공사 시공분이나 대체로 계획은 건축에서 하고 시공은 전기공사에서 하고 있다.

chapter 2 조명설비

직무	능력단위	능력단위코드
전기설비설계	조명설비 설계	1901060106_16v3

2-1 개요

빛은 일종의 전자파로써 파동의 형태로 에너지가 전파되는 것을 의미하며, 이중에는 사람의 눈으로 감지할 수 있는 가시광선과 적외선, 자외선 영역이 있다. 따라서 조명은 이러한 가시광선을 얼마나 포함하느냐에 따라 효율이 결정하게 되는 것이다.

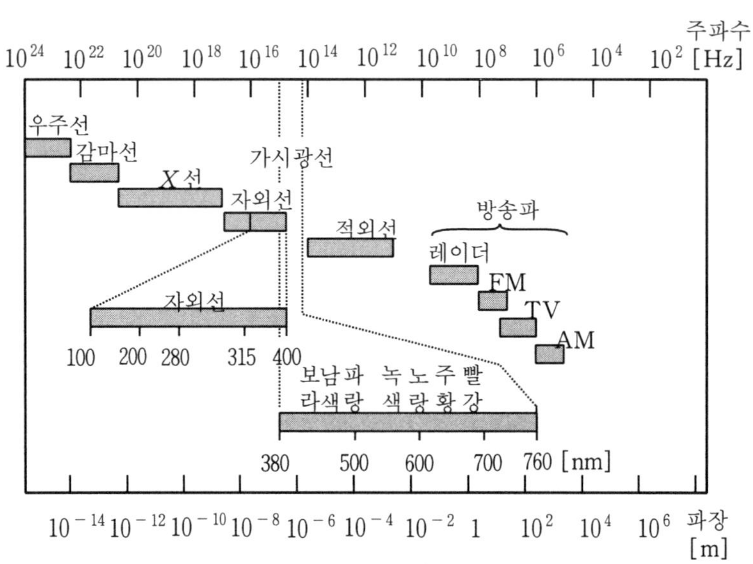

그림 2.1 빛의 파장에 따른 스펙트럼

2-1-1 가시광선

사람의 눈으로 감지할 수 있는 전자파의 파장대로 380~760[nm]의 범위이며 가장 밝게 보이는 파장대가 555[nm]로 황록색을 띄며 최대 시감도라 하며, 그때의 전등효율은 680 [lm/W]이다. 또 임의의 파장에서 복사속에 대한 광속의 비를 **시감도(Luminous Efficiency)** 라 한다.

$$\text{시감도} = \frac{F_\lambda}{\phi}[\text{nm}] \tag{2.1}$$

최대 시감도에 대한 다른 파장의 시감대의 비를 **비시감도**라 한다. 가시광선은 파장에 따라 다른 시감과 색감을 주는데 가장 긴 것은 적색이고, 이보다 짧아짐에 따라 주황, 노랑, 녹색, 파랑, 남색으로 느껴지고, 가장 짧은 파장의 빛은 보라색이다.

2-1-2 자외선

100~380[nm] 범위의 짧은 파장대로 직진성이 강하며 푸른빛을 발산한다. 화학, 살균 및 형광작용을 하기 때문에 화학선이라 한다. 인체에 노출될 때 피부를 손상하기 때문에 기밀용기 내에서 사용하며 목욕탕에서 사용하는 머리빗의 살균용으로 흔히 볼 수 있다. 이러한 자외선의 효과는 다음과 같다.

1) **살균작용** : 파장 250~260[nm] 부근의 파장은 세균에 대한 강한 살균작용을 한다.
2) **비타민 D 생성효과** : 파장 270~280[nm]을 정점으로 해서 비타민 D 생성효과가 있으며 양계, 표고버섯 재배에 이용되고 조사강도는 25~60[W·s/㎡]이면 된다.
3) **광화학 반응효과** : 파장 300~4,000[nm]에서 감광재료로 사용되며 청사진, 사진 복제에 이용된다.
4) **자외선 상해**

① 파장 300[nm] 이하에서 자외선 노출 시 눈, 피부에 염증이 생긴다.

② 조명램프에서의 자외선 상해 : 메탈할라이드 램프는 등기구가 손상될 때 상해가 있다.

2-1-3 적외선

760~3,000 [nm] 범위의 긴 파장대로 온열작용을 하며 붉은색을 발산한다. 760~1,400 [nm]까지를 근적외선, 1,400~3,000[nm]를 원적외선으로 구분한다. 원적외선은 미립자에 의한 산란효과가 커서 공기 중에 잘 투과된다. 따라서 원적외선은 다음과 같은 효과가 있다.

1) **물분자의 활성화** : 공명흡수 현상으로 물 분자가 활성화되어, 물맛이 좋아지고 박테리아 침투를 억제하여 식품의 선도를 오래 유지시킨다.
2) **생체효과** : 생체 내 깊숙이 침투하여 자기발열을 일으키므로 온열작용과 발한 효과를 가져와 미세혈관 확장, 혈액순환 촉진, 노폐물을 땀으로 배출한다.
3) **쾌적한 환경유지와 악취제거** : 공기를 음 이온화하므로 호흡이 커지고 안정감과 혈액 순환을 촉진시키므로 쾌적한 환경을 유지하고, 악취와 음이온을 중화 시킨다.
4) **식품의 숙성** : 원적외선의 조사로 균의 증식이 활성화되고 효모 및 유산균 등 각종 효소작용으로 숙성이 빨리 진행된다. 예를 들면 과일주의 자연 숙성은 2개월이지만 원적외선은 하루에 숙성한다.
5) **생육촉진** : 원적외선으로 활성화된 물은 식물의 성장을 촉진시킨다.
6) **음식물의 신선도 유지** : 원적외선으로 조사된 음식물의 물 분자가 활성화되므로 박테리아의 침입을 억제하고 채색변화도 억제한다.
7) **에너지절약** : 내부에 균일하게 가열되어 도료, 식품의 가열이 가능하며 도장건조의 경우 소비전력을 1/3 이하로 감소한다.

2-2 조명의 단위와 용어

2-2-1 광속(Luminous Flux)

광속은 가시광선의 복사속을 눈의 감각으로 측정한 것으로 단위시간당 통과하는 광량을 의미하며 광원에 빛의 량을 표시한다. 광속의 단위는 루멘(Lumen, lm)이고 기호는 [F]이다.

$$\text{광속 } F = \frac{Q}{t} \begin{cases} Q : \text{광량} \\ t : \text{시간} \end{cases} \text{[lm]} \tag{2.2}$$

2-2-2 광도(Luminous Intensity)

광속을 미소 입체각으로 나눈 값, 즉 단위 입체각의 광속을 말한다. 이것은 우리가 임의의 각에서 광원을 바라볼 때 빛의 세기를 표시하며, 단위는 칸델라(Candela, cd)이고 기호는 [I]로 표시한다.

$$광도\ I = \frac{F}{\omega} \begin{cases} F : 광속 \\ \omega : 입체각 \end{cases} [cd] \quad (2.3)$$

점광원으로부터 반지름 r[m]인 구면 전체에 발산하는 전 광속 F는 다음과 같다.

$$F = \omega I = 4\pi I\ [lm] \quad (2.4)$$

2-2-3 조도(illumination)

임의의 평면에서 광속이 입사할 때 단위면적당의 광속으로 우리가 작업 면에서 조명이 비치는 밝음의 정도를 나타낸 것으로 조명단위 중에는 가장 많이 사용된다. 조도의 단위는 럭스(Lux, lux)로 기호는 [E]로 표시한다.

아래 그림과 같이 광속이 피조면에 수직으로 입사하는 경우 조도 E는 다음의 두 가지 방법을 생각할 수 있다.

$$조도\ E = \frac{F}{A} = \frac{I}{r^2} \begin{cases} F : 광속 \quad I : 광도 \\ A : 면적 \quad r : 거리 \end{cases} [lux] \quad (2.5)$$

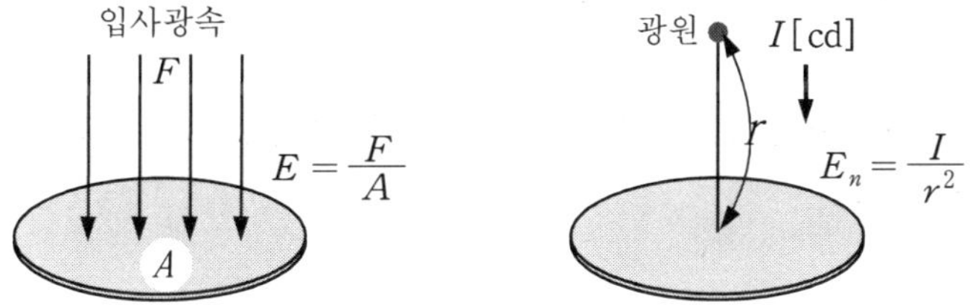

그림 2.2 조도의 개념

평면과 같이 기울어져 있는 광원의 조도는 아래 그림과 같이 코사인 법칙에 따라 조도를 구할 수 있다.

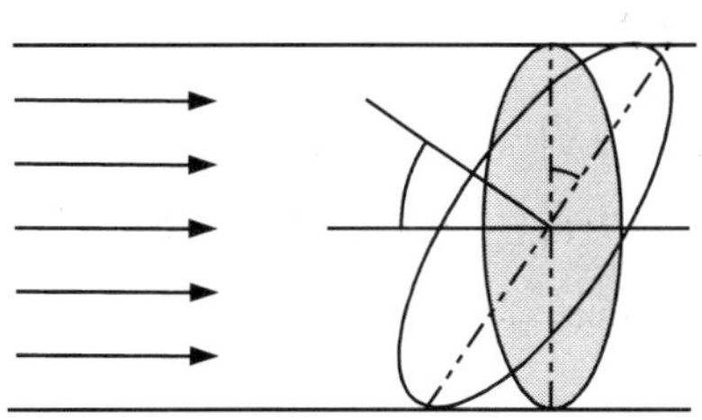

그림 2.3 입사각의 코사인 법칙

$$조도\ E = \frac{I}{r^2}cos\theta\ [lux] \tag{2.6}$$

이때 조도는 광속과 수직면의 조도를 **법선 조도**, 수평면의 바닥면 조도를 **수평면 조도**, 바닥와 수직인 벽면의 조도를 **수직면 조도** 등 광선과 피조면의 위치에 따라 분류할 수 있고, 일반적으로 조도는 수평면 조도를 의미한다.

$$\begin{cases} 법선\ 조도 & : E_n = \frac{I}{r^2} \\ 수평면\ 조도 & : E_h = E_n\cos\theta = \frac{I}{r^2}cos\theta \\ 수직면\ 조도 & : E_v = E_n\sin\theta = \frac{I}{r^2}sin\theta \end{cases} \tag{2.7}$$

[예제 2.1] 2[m] 떨어진 점의 조도가 300[lux]일 때, 이 방향의 광도[cd] 구하라.

(풀이)

$$조도\ E = \frac{I}{r^2} = Er^2\ 이므로$$

$$\therefore I = Er^2 = 300 \times 2^2 = 1,200\ [cd]$$

[예제 2.2] 교실의 면적이 200[㎡]인 건물에 광속이 7,000[lm]인 형광등을 20개 설치할 경우에 조도를 구하라.

(풀이)

$$조도\ E = \frac{F}{A}\ 이므로\ E = \frac{7,000 \times 20}{200} = 700\ [lux]$$

$$\therefore 조도는\ 700\ [lux]$$

2-2-4 휘도(Brightness)

광원의 면 또는 발광 면에서 우리 눈이 느끼는 빛나는 정도를 말하며, 거리와는 관계가 없고 휘도 차에 의해 물체를 식별하는 정도이다. 즉 휘도가 높은 것은 눈부심이 일어나고 눈에 잘 띈다. 단위는 스틸브(Stilb, sb)또는 니트(Nit, nt)이고 기호는 [B]로 표시한다.

1 [sb]=1 [cd/㎠], 1 [nt]=1 [cd/㎡]

$$\text{휘도 } B = \frac{I}{A} \begin{cases} I : \text{광도} \\ A : \text{면적} \end{cases} \quad [sb] \tag{2.8}$$

눈부심을 느끼는 휘도의 한계는 0.5 x 10^4 [cd/㎡]이다. 또 구형 광원의 경우 어떤 방향으로 보아도 휘도가 동일한 면을 가지고 있는데, 이러한 면을 **완전확산면**이라 한다. 휘도는 눈으로부터 광원까지의 거리에는 관계없고, 우리들이 물체를 식별하는 것은 면의 휘도 차에 의한 것이며 휘도가 균등하면 모두 평판으로 보인다.

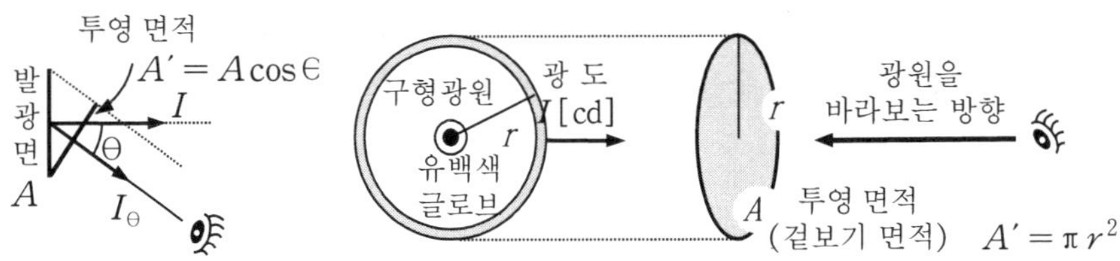

그림 2.4 휘도의 개념

2-2-5 광속 발산도(Luminous Radiance)

피조물에서 반사 및 투과에 의해 발산하는 광속밀도를 말하며 단위는 래드럭스(Radlux, rlux)이고, 기호는 [R]로 표시한다.

$$\text{광속 발산도 } R = \frac{F}{A} \begin{cases} F : \text{광속} \\ A : \text{면적} \end{cases} \tag{2.9}$$

2-2-6 복사속(Radiant Flux)

복사에너지의 시간적 비율, 즉 어떤 면을 단위 시간에 통과하는 복사에너지의 양이고 단위는 [Watt, W]로 표시한다.

$$\text{복사속 } \phi = \frac{J}{S} \, [W] \tag{2.10}$$

2-2-7 전등효율(Lamp Efficiency)

전등효율 η는 광원으로부터 발산하는 전 광속 F[lm]과 광원에 공급되는 소비전력 P[W]의 비를 의미하며 광원의 효율을 나타내는데 많이 사용된다.

실제로 광원에서는 전방사속보다 많은 에너지를 가하여야 한다. 즉 전발산방사속 외에 대류, 전도 등에 의한 손실을 포함한 전 소비전력을 생각해야 한다.

$$\text{전등효율 } \eta = \frac{F}{P} \begin{cases} F : \text{광속} \\ P : \text{전등의 용량}(W) \end{cases} [\%] \tag{2.11}$$

2-2-8 반사율, 투과율, 흡수율

어떤 물체의 면에 광속이 입사할 때 물체 면에 빛이 반사하는 비율을 **반사율**이라 하고, 통과하여 지나가는 비율을 **투과율**, 물체에 빛이 흡수되는 비율을 **흡수율**이라 한다. 일반적으로 반사율 ρ , 투과율 τ , 흡수율 α 은 다음의 관계식이 성립된다.

$$\rho + \tau + \alpha = 1 \tag{2.12}$$

[예제 2.3] 반사율 50%, 흡수율 20%을 가지고 있는 7,000[lm]의 광원의 투과되는 광속은?

(풀이) $\rho + \tau + \alpha = 1$ 이므로
투과율(τ) = 1 - 0.5 - 0. 2 = 0.3
그러므로 투과 광속은 $\tau \cdot F$ 이므로 0.3 × 7,000 = 2,100[lm]

2-2-9 연색성(color rendition)

빛의 분광특성이 색의 보임에 미치는 효과를 연색성이라 하며 태양광선 아래의 색상이 조명 아래에서 어느 정도 보이느냐의 정도이다. 연색성 지수는 Ra단위를 사용하며 85 이상은 우수, 85 미만에서 70까지는 보통이며, 70 미만은 연색성이 중요하지 않은데 사용한다. 보통 고화질 티브이(HDTV)에서는 90 이상을 요구하며 삼파장 형광등이나 백열등은 연색성이 우수하고, 나트륨이나 수은등은 연색성이 떨어진다. 연색성 평가법에서는 CIE법과 한국 산업표준(KS A)에 있는 광원연색성 평가법이 사용되고 있다.

2-2-10 색온도(color temperature)

흑체의 어느 온도에서의 광색과 어떤 광원의 광색이 동일할 때 그 흑체의 온도를 가지고, 그 광원의 광색을 표시하며 이를 색온도라 한다. 색온도는 T[K]로 표시하며 절대 온도 [°K] 와는 다르게 표시된다. 색온도가 높은 광원은 비교적 서늘한 광원이다.

표 2.1 각종 광원의 색온도

광원의 종류	색온도[K]	광원의 종류	색온도[K]
촛불	1,930	할로겐전구	3,060
백열전구(60W)	2,830	형광램프(온백색)	3,500
백열전구(100W)	3,080	형광램프(주광색)	6,500
고압수은램프	5,600	형광수은램프	4,600

2-2-11 눈부심(Glare)

시야 내에 어떤 휘도로 인하여 불쾌, 고통, 눈의 피로나 시력의 일시적인 감퇴를 초래하는 현상이며, 우리 눈이 일시적으로 눈이 부시는 현상을 말한다. 눈부심을 초래하는 휘도의 한계는 항상 시야 내에 광원이 들어올 때 0.2[cd/㎠] 이하이며, 가끔 시야 내에 광원이 들어올 때는 0.5[cd/㎠] 이하이다.

눈부심의 원인은 아래와 같다.

① 고휘도 광원 : 수은등
② 반사 및 투과면에 시야가 있을 때
③ 순응의 결핍 : 명순응
④ 눈에 입사하는 광선이 과다할 때
⑤ 시선 부근에 노출된 광원이 있을 때
⑥ 물체와 그 주위의 휘도대비 차이가 있을 때
⑦ 눈부심을 주는 광원을 오래 주시할 때

2-2-12 순응(Adaptation)

눈이 빛에 적응하는 시간이며 어두운 곳에서 밝은 곳으로 갈 때 **명순응**, 반대로 밝은 곳에서 어두운 곳으로 갈 때는 **암순응**이라 한다. 터널 조명 설계 시 명순응과 암순응을 감안하여 입구나 출구는 중앙보다 많은 조명을 사용한다.

명순응은 눈부심이 일어나며 순응하는데 1~2분이면 되나, 암순응은 물체가 잘 보이지 않고 약 30분 정도 걸린다. 우리가 극장에 영화구경 갈 때 많이 체험한다. 또한 밝은 곳에서 같은 밝음으로 보이고 있는 적색이나 청색은 조도를 점차 떨어뜨리면 적색은 어둡게, 청색은 밝게 보인다. 이러한 효과를 **푸르킨에 효과**(Purkinje-Effect)라 한다.

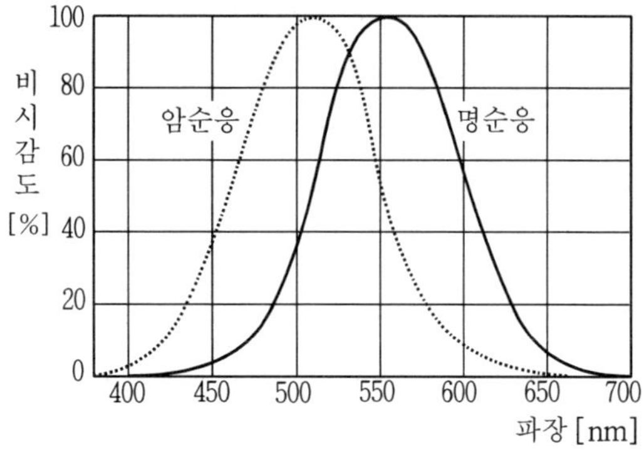

그림 2.5 명순응과 암순응

2-2-13 명시론(明視論)

인간의 시각에서 조명을 바라보는 관점으로 주요 항목을

① 물체의 보임 : 밝음, 물체의 크기, 시력, 시간과 속도 등이 있으며 밝음은 빛이 없으면 물체를 볼 수 없다. 또 물체의 크기는 너무 작으면 보이지 않으며, 시간과 속도는 물체의 보임을 좌우한다.

② 눈부심은 눈의 피로와 관계되므로 오랫동안 조명아래 활동하는데 영향을 준다.

③ 밝음의 대비는 밝음의 차가 없다면 눈에 보이지 않는다.

2-2-14 조명과 색

① 고유 감정을 나타내는 색

따뜻하고 차가운 색, 가볍고 무거운 색, 강하고 약한 느낌을 주는 색 등이 있다.

② 연상을 나타내는 색

백색과 눈, 흰구름 등이 있고, 흑색은 죽음, 안정 등이 있다.

③ 기호성을 나타내는 색 : 개인의 심리에 따라 좋아하는 경향이다.

④ 색과 피로도 : 난색계가 피로도가 빠르다.

연습문제

1. 다음 중에 가시광선의 범위는?

㉮ 100~380[nm]　　㉯ 380~760[nm]
㉰ 760~1,400[nm]　　㉱ 1,400~3,000[nm]

2. 다음 중에 자외선의 효과가 아닌 것은?

㉮ 살균작용　　㉯ 비타민 D 생성효과
㉰ 광화학 반응효과　　㉱ 온열작용

3. 다음 중에 조도에 대한 설명 중에 틀린 것은?

㉮ 조도 $E = \frac{I}{r^2}$ [lux]

㉯ 수평면 조도 $E = \frac{I}{r^2}\cos\theta$ [lux]

㉰ 법선 조도 $E = \frac{I}{r^2}\tan\theta$ [lux]

㉱ 수직면 조도 $E = \frac{I}{r^2}\sin\theta$ [lux]

4. 사무실 면적이 200[㎡]인 건물에 광속이 7,000[lm]인 형광등을 10개 설치할 경우에 조도는?

㉮ 350[lux]　　㉯ 400[lux]
㉰ 450[lux]　　㉱ 500[lux]

풀이) 조도 $E = \frac{F}{A}$ 이므로 $E = \frac{7{,}000 \times 10}{200} = 350$ [lux]

$\therefore$ 조도는 350 [lux]

5. 다음 중에 광도의 단위는?

㉮ 스틸브(sb)　　㉯ 래드럭스(radrux)
㉰ 칸델라(cd)　　㉱ 루멘(lm)

▸ 정답

1. ㉯　2. ㉱　3. ㉰　4. ㉮　5. ㉰

6. 다음 중에 눈부심의 원인이 아닌 것은?

㉮ 저휘도 광원 ㉯ 순응의 결핍
㉰ 시야부근에 노출된 광원 ㉱ 물체와 휘도대비 차이가 있을 때

7. 시야 내에 광원이 들어올 때 눈부심의 휘도 한계는 몇 스틸브(sb)인가?

㉮ 0.1 ㉯ 0.2
㉰ 0.3 ㉱ 0.4

8. 조명의 순응이 적용되는 장소는?

㉮ 도로조명 ㉯ 경관조명
㉰ 사무실조명 ㉱ 터널조명

9. 연색성에 대한 설명 중에 틀린 것은?

㉮ 태양광선 아래에 색의 보임을 말한다.
㉯ 고화질티브이는 연색성지수 90 이상을 요구한다.
㉰ 나트륨이나 수은등은 연색성 지수가 높다.
㉱ 연색성 평가법은 CIE법과 광원연색성 평가법이 사용된다.

10. 색온도에 대한 설명 중에 틀린 것은?

㉮ 흑체에 대한 광원의 색상을 나타낸다.
㉯ 색온도는 T[K]로 표시한다.
㉰ 색온도가 높은 광원은 비교적 따뜻하다.
㉱ 촛불은 다른 조명에 비해 색온도가 낮다.

11. 다음 중에 명시론과 관계없는 것은?

㉮ 물체의 보임 ㉯ 물체의 연색성
㉰ 물체의 크기 ㉱ 물체의 밝음

▸ 정답

6. ㉮ 7. ㉯ 8. ㉱ 9. ㉰ 10. ㉰ 11. ㉯

2-3 조명의 광원

2-3-1 광원의 분류

광원은 다음과 같이 분류할 수 있다.

① 햇빛
② 열방사 광원 : 백열등, 할로겐전구, 특수전구
③ 방전발광 : 형광등, 수은등, 나트륨등, 메탈할라이드등
④ 전자발광 : EL등, LED
⑤ 레이저 발광 : 레이저빔

2-3-2 백열전구

(1) 구조

① 유리구 : 일반용은 소다 석회유리, 고용량은 내열용으로 봉 규산유리를 사용한다.
② 베이스 : 황동 또는 알루미늄을 사용하며, 크기와 모양은 한국 산업표준(KS)에 규정하고 있고, 10~1,000[W]의 용량이 있다.
③ 앵커 : 필라멘트의 지지용으로 내열성, 내진성이 요구되고 몰리브덴선을 사용한다.
④ 필라멘트 : 전구의 수명과 직결되는 것으로 텅스텐을 사용하며 직선형, 코일형, 이중 코일형을 사용한다.
⑤ 게터 : 필라멘트의 산화를 방지하기 위해 붉은인이나 질화바륨을 바른다.
⑥ 봉입가스 : 필라멘트의 발광효율을 높이기 위해 아르곤, 질소를 봉입한다.

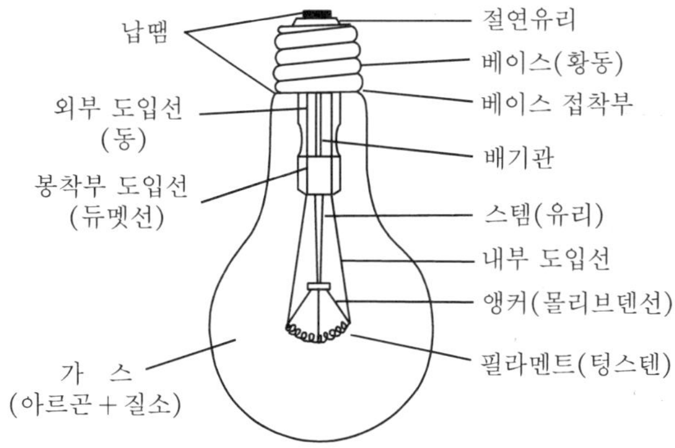

그림 2.6 백열등의 구조

(2) 백열전구의 특성

1) 동정특성

① 에이징(Aging) : 최초의 점등에서 필라멘트의 특성을 안정화 시키는 작업을 말한다.

② 초특성 : 약 1시간 정도의 에이징 후에 측정한 전구의 특성을 말한다.

③ 동정 : 에이징이 끝난 후에 전구 특성의 변화하는 과정이며 수명과 광속변화를 그린 곡선을 **동정곡선**이라 한다.

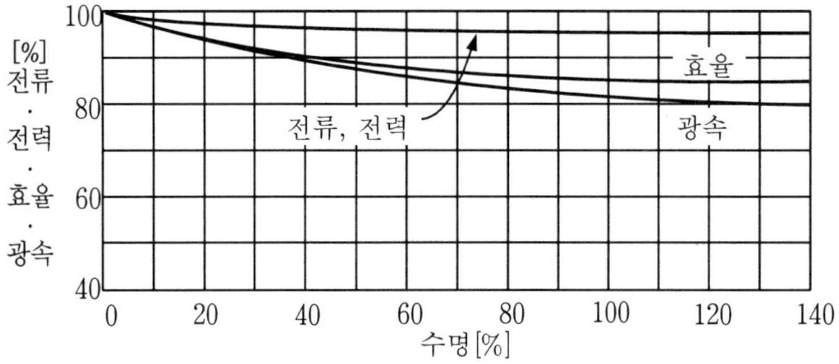

그림 2.7 백열등의 동정곡선

2) 전압 특성

전압변동에 의해 전류, 광속, 효율 및 수명 등의 전구특성이 변화하는 것을 말한다.

3) 효율과 수명

필라멘트의 전압이 높을수록 발광효율은 증가하지만, 증발속도가 커지기 때문에 수명이 짧아진다. 반면에 전압이 낮아지면 발광효율은 저하하지만 수명은 길어지며, 전구의 수명은 900~1,500시간 정도이다. 지금은 효율 때문에 생산되지 않고 있다.

(3) 백열전구의 특징

① 종류가 다양하다.

② 배광제어가 용이하다.

③ 점멸, 시동, 조광이 용이하다.

④ 효율이 낮고 수명이 짧다.

⑤ 연색성이 양호하다.

(4) 백열전구를 사용할 때 주의할 사항

① 전압에 민감하다.
② 60℃를 초과할 때 베이스의 접착력이 약해진다.
③ 인화성이나 폭발물을 취급하는 장소에는 사용이 곤란하다.
④ 습기나 합선이 일어날 때 글로브 파손이 우려된다.

2-3-3 할로겐전구

백열전구는 텅스텐의 증발로 수명이 단축되고 효율이 저하된다. 이러한 단점을 개선한 것이 할로겐전구이다.

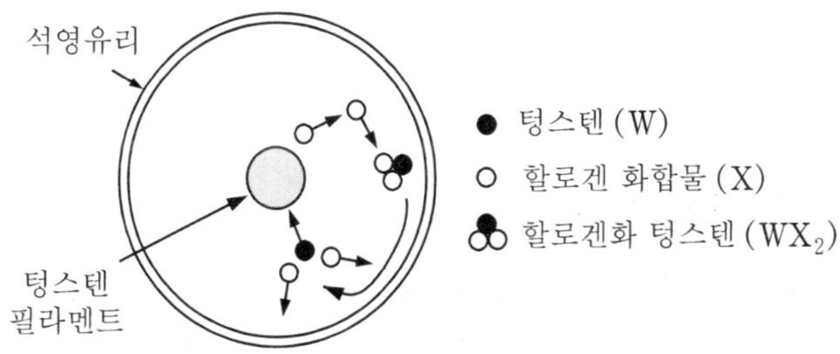

그림 2.8 할로겐 재생 사이클

(1) 할로겐전구의 원리

할로겐 화합물은 증발하여 확산하고 관벽 가까이로 증발된 텅스텐과 결합하여 할로겐화 텅스텐을 만들고 이것이 필라멘트에 가까이 가면 고온에 의해 분해하여 텅스텐은 필라멘트로 되돌아가고 할로겐은 다시 확산한다. 이러한 반복과정을 **할로겐 재생사이클**이라 한다.

(2) 할로겐전구의 구조

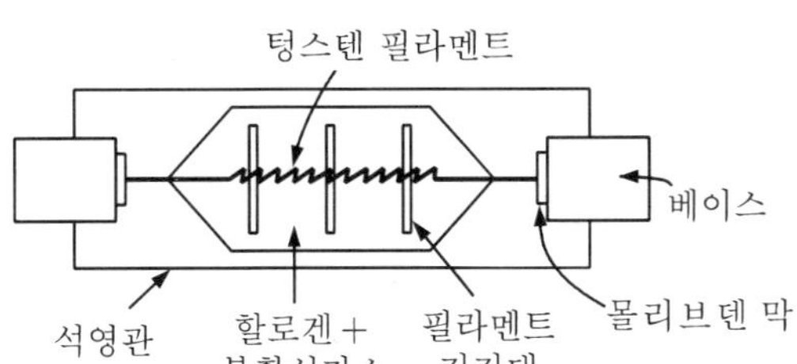

그림 2.9 할로겐전구의 구조

① 유리관 : 석영관으로 된 관형이다.
② 봉착부 도입선 : 몰리브덴선을 사용한다.
③ 봉입가스 : 할로겐 화합물(I_2, Br_2, Cl_2), 불활성가스(Ar)를 사용한다.

(3) 할로겐전구의 특징

① 흑화가 없고 초소형 제작이 가능하다.
② 수명이 길고 광속 변화가 거의 없다.
③ 수평위치에서 점등해야 한다. (기울기 한계 : 4°)
④ 비임 제어가 가능하고 연색성이 양호하다.
⑤ 베이스가 고온이다.
⑥ 보통 붉은색 계통의 광색을 가지고 있다.
⑦ 박물관, 투광등, 자동차용, 경관조명 등에 사용된다.

2-3-4 적외선, 자외선 전구

적외선전구는 적외선에 의한 가열, 건조 등의 산업용으로 활용한다. 적외선 건조용 전구는 필라멘트의 색온도를 2,500[K] 정도로 낮게 하고 적외선 복사를 이용하여 차량이나 기계의 도장, 농수산물의 건조 등에 사용된다. 1,400~3,000[nm] 파장대의 원적외선을 이용하여 인체의 온열작용이나 공명흡수 현상을 통하여 식품의 숙성효과를 돕기도 한다.

자외선전구는 4~30[W] 정도의 용량과 254[nm]의 휘선 스펙트럼을 이용하여 공기나 유수의 살균에 이용된다. 352[nm]에 파장대는 형광반응이 강해 문서나 광석의 감식, 감별과 형광도료를 이용한 무대장치, 간판 등에 이용된다.

2-3-5 형광등

형광등은 저압 수은등에서 발산하는 자외선을 이용하여 방전관 내벽에 도포된 형광물질을 자극시켜 가시광선으로 변환하여 발산하도록 한 일종의 방전 발광등이다.

(1) 구조

① 형광 방전관 : 관내 방전을 쉽게 하기위해 아르곤가스를 봉입하고 내벽에 형광체를 도포한 유리관이다.
② 필라멘트 : 텅스텐의 이중코일에 열전자가 쉽게 방출하게 바륨(Ba), 스토로륨(Sr), 칼슘(Ca) 등을 피복한다.
③ 베이스 : 유리관과 소켓을 고정하고 조명기구로부터 전원이 연결된다.

④ 점등관 : 형광등의 점등하기 위한 직렬로 삽입된 예열용 전구를 말한다.

⑤ 안정기 : 전압과 전류의 부 특성에서 정 전압으로 안정시켜 형광등이 가시광선을 계속 보내는 역할을 한다.

⑥ 콘덴서 : 형광등은 역률이 떨어지므로 이를 보상하는 역할을 한다.

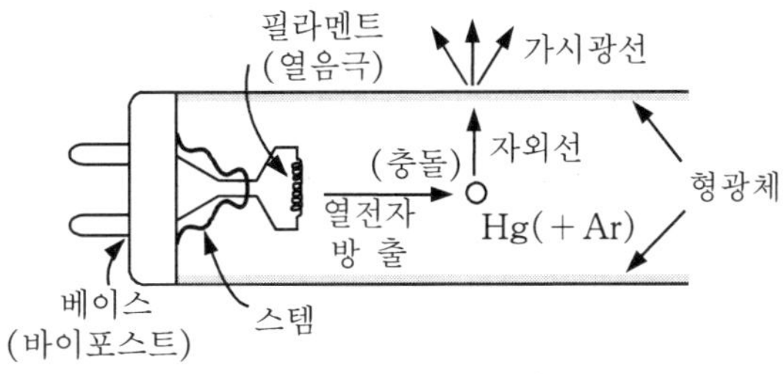

그림 2.10 형광등의 구조

(2) 점등방식

1) 예열기동형

점등 시에 2초 정도 예열한 후에 전극 간에 전압이 인가하여 방전관이 기동하는 방식이다. 글로우 스타터는 아래의 그림과 같은 구조를 갖고 있으며, 아르곤을 봉입한 유리관 내에 U 자형의 바이메탈의 가동전극과 막대기형 고정전극을 대치하여 설치한 것이다. U 자형의 가동전극인 바이메탈은 Ni-Cr-Fe와 Ni-Fe로 구성되어 있다.

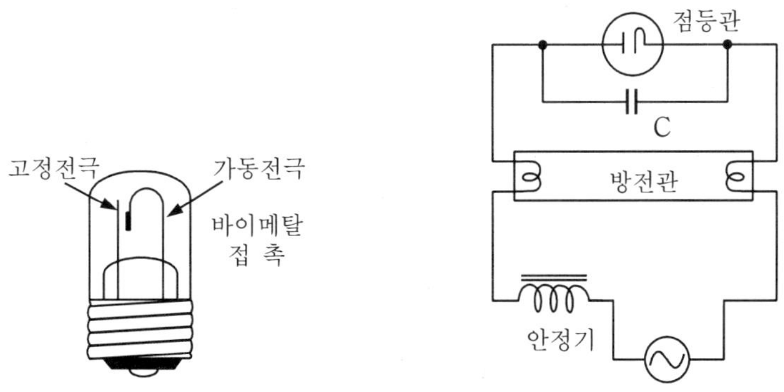

그림 2.11 예열기동형 점등관 및 점등회로

2) 속시기동형

점등 시에 예열과 동시에 전극관에 점등관 없이 약 1초간에 점등되며 3중 코일형 텅스텐 필라멘트를 사용한다.

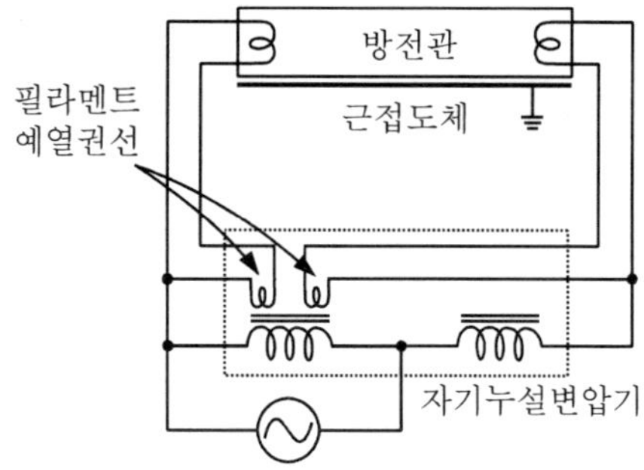

그림 2.12 속시기동형 점등회로

3) 순시기동형

고전압을 인가하여 순간적으로 점등하는 방식으로 슬림라인(Slim Line)이라 하며 형광등이 가늘고 길다.

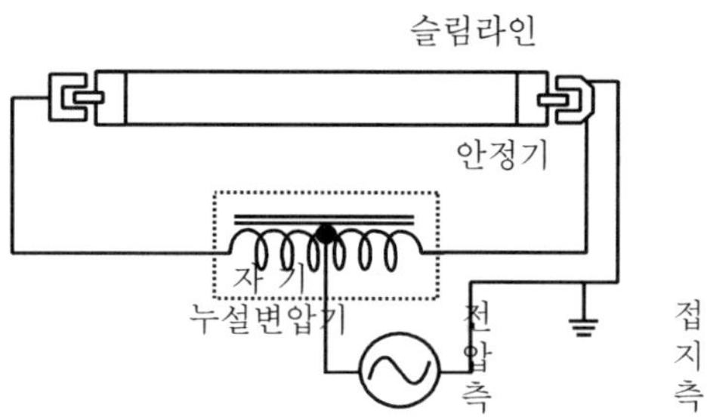

그림 2.13 순시기동형의 점등회로

4) 전자식기동형

안정기와 점등관 대신에 반도체의 사이리스터회로를 바꾼 것으로 1초 이내 점등이 가능하며 최근에 많이 사용한다.

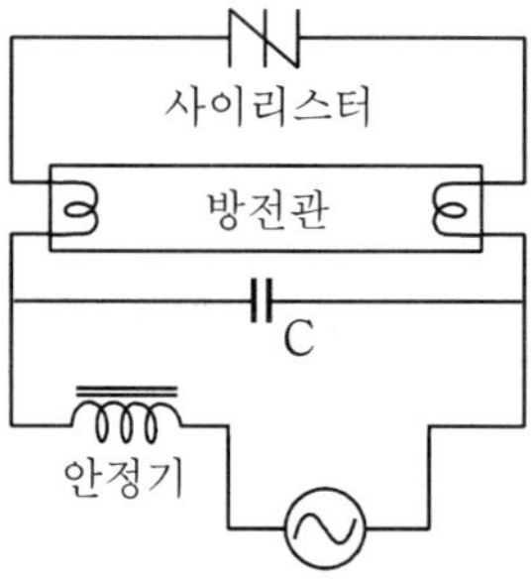

그림 2.14 전자식기동형의 점등회로

5) 고주파기동형

트랜지스터 인버터에 의한 고주파 교류로 변환하여 점등하는 방식으로 회로 손실 및 플리커 현상의 감소와 효율이 증가되며, 안정기의 소형 경량화가 이루어진다. 그러나 고조파가 발생될 우려가 있다.

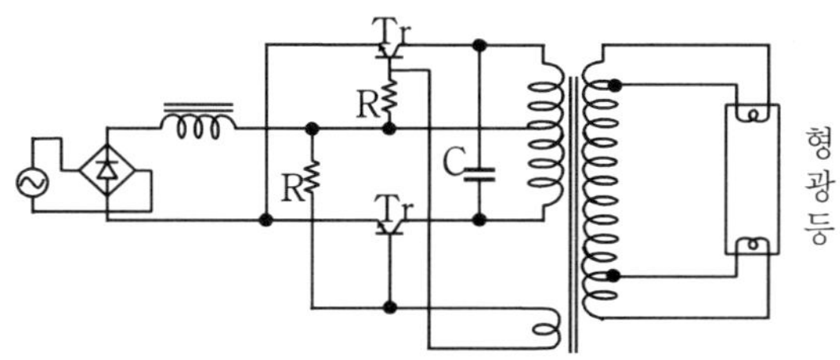

그림 2.15 고주파기동형의 점등회로

(3) 형광등의 특성

1) 동정특성

형광등의 동정특성은 완만한 포물선 형태의 그래프로 나타난다.

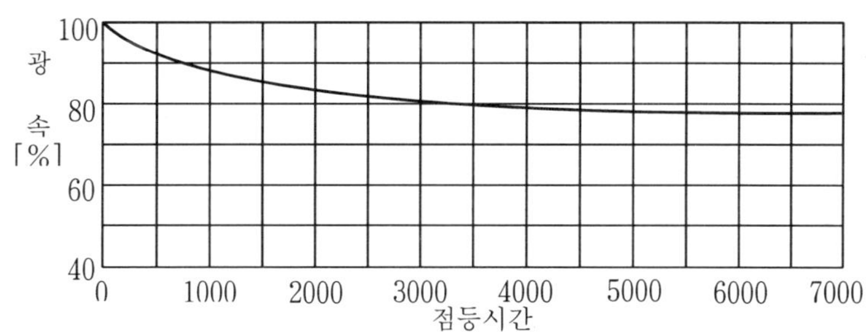

그림 2.16 형광등의 동정특성

2) 전압과 온도특성

전압이 정격전압보다 높아지면 흑화현상이 일어나서 광속이 줄어들며, 낮아지면 수명이 짧아지며, 아주 낮아지면 점등이 되지 않는다.

온도는 낮고, 높아질 때 광속의 감소를 초래하며 아주 낮을 때는 형광물질의 발광이 일어나지 않아 점등이 되지 않는다.

(4) 특징

① 효율이 높아, 백열전구의 3~4배 정도로 높다.

② 희망하는 광색을 얻을 수 있다.
③ 수명이 길며, 백열전구의 7배 정도로 높다.
④ 열을 동반하지 않는다.
⑤ 전압에 대해 광속변화가 적다.
⑥ 전원주파수의 변동이 광속과 수명에 영향을 미친다.
⑦ 주위 온도에 영향을 받는다.
⑧ 빛에 플리커 현상이 있다.
⑨ 라디오 잡음이 있다.

※ **플리커 현상** : 전압의 변동에 의해 전구가 깜박거리는 현상

(5) 흑화현상

형광등의 점등관 내부에 검게 되는 현상을 말한다.

1) End-Band**현상** : 양단에 검게 되는 현상을 말하며, 수명이 다했을 때 많이 일어나는 현상이다.
2) Ano-Spot**현상** : 관의 중간에 여러 가지 모양의 흑점이 나타나는 현상이며, 원인은 아래와 같다.

① 점멸이 빈번하다.
② 전압변동이 심하다.
③ 안정기가 부적합하다.
④ 소켓과 베이스의 접착이 불량하다.

(6) 전구형 형광등(삼파장 형광등)

1) 원리

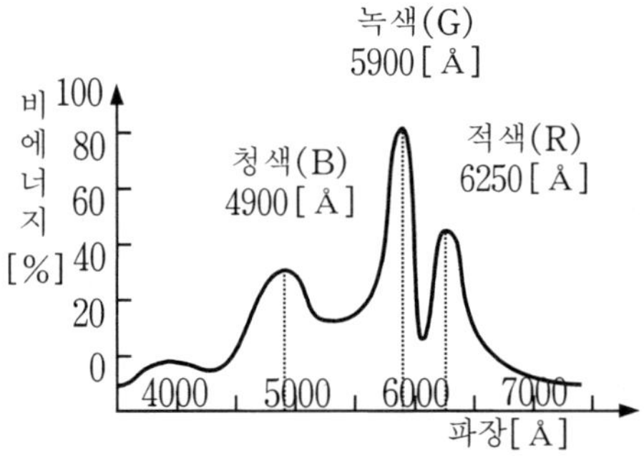

그림 2.17 삼파장 형광등

기존 형광등의 연색성을 보완하기 위해 히토류 원소를 형광발광체로 하여 광원의 삼원색인 적색(R), 녹색(G), 청색(B)의 삼파장의 광색을 발산하여 연색성을 좋게 하면서 발광효율의 개선효과를 얻을 수 있다.

2) 특징

① 백열전구에 비해 25% 정도 효율이 높고, 수명이 3배 정도 길다.
② 자연주광에 가깝고 연색성이 우수하다.
③ 순간 점등이 가능하고 플리커 현상이 매우 적다.
④ 약 10% 정도 전기 절감효과가 있으나 가격이 비싸다.

2-3-6 옥외 조명

옥외 조명은 고휘도 방전등(High Intensity Discharge : HID)을 사용하며, 온도방사 이외의 발광을 하는 **루미네센스**(Ruminescence)라 하며 어떠한 자극에 의해 발광을 계속한다. 루미네센스의 종류는 다음과 같다.

① 전기 루미네센스 : 기체 또는 금속 증기 내에 방전에 따른 발광현상으로 네온관이나 수은, 나트륨, 메탈할라이드램프 등이 해당된다.
② 방사 루미네센스 : 화합물이 자외선 등을 받아 긴 파장을 남기며 발광하는 현상으로 형광등이 해당된다.
③ 음극선 루미네센스 : 음극선이 물체를 충격할 때 생기는 발광으로 음극선이 있다.

(1) 옥외 조명의 특징

① 2[kW]까지 용량이 크다.
② 200,000[lm]까지 큰 광속을 낼 수 있다.
③ 고효율이고 장수명이다.
④ 시동, 재시동에 시간이 많이 걸린다.
⑤ 종류에 따라 특성의 차이가 크다.

(2) 주요 옥외 조명의 비교

주요 옥외광원의 특성을 비교하면 아래 표와 같다.

표 2.2 주요 옥외조명의 비교

비 교 항 목	메탈할라이드	나트륨	수 은	무전극
평 균 수 명	6,000h	9,000h	6,000h	60,000h
광 속	17,000lm	25,000lm	10,000lm	12,800lm
연색성 지수	Ra65	Ra28	Ra40	Ra85
점 등 시 간	5~10분	5~10분	5~10분	0.5초 이하
표면온도(℃)	200~300	200~300	200~300	110
눈 부 심	강	강	강	강
광 속 저 하	중	중	중	중

(3) 수은등

수은등은 유리관 내에 봉입된 수은 증기압중의 방전에 의한 발광을 이용한 것이며, 내부 수은증기의 압력에 따라 저압, 고압, 초고압 수은등으로 구분한다.

1) 저압 수은등

수은을 봉입한 가늘고 긴 유리관의 양단에 전극을 설치한 방전관으로 증기압이 0.001~0.1[mmHg] 정도인 수은등이다.

① 살균 수은등 : 저압수은등에 2,537[A˚]의 자외선이 가장 많이 나오는 것을 이용하여 적외선의 살균작용을 응용하며, 용량은 15[W]이며, 수명은 약 3,000시간 정도이다.

② 형광 수은등 : 저압 수은등의 유리관 내면에 형광물질을 도포한 것이다.

2) 고압 수은등

100~760[mmHg]의 압력으로 봉입된 수은 증기의 방전에 의한 발광현상을 이용한 것으로 투명형, 형광형, 반사형이 있다.

고압 수은등의 발광효율은 20~50[lm/W]이고, 수명은 약 9,000~12,000시간 정도이다. 도로조명, 광장조명, 천정이 높은 장소의 공장조명 등에 사용되고 점등 시 8~10분 정도이며 재점등할 때는 이러한 형광물질이 냉각 후 점등하므로 시간이 더욱 많이 소요된다.

휘도가 1,000~10,000[cd/㎠]로 대단히 높고 청백색으로 연색성이 나쁘며, 적색광 부족을 해결하기 위해 고압 형광램프를 개발하였다.

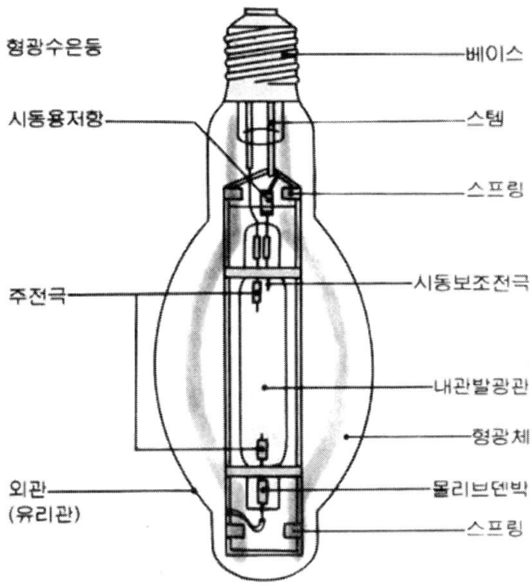

그림 2.18 고압 수은등의 구조

3) 초고압 수은등

증기압이 10～200기압이고 발광효율은 40～70[lm/W]에 도달하며 휘도가 높은 초소형 점광원으로 수명은 3,000시간 정도이다.

(4) 나트륨등

나트륨 증기압을 이용한 방전등이며 터널조명이나 경관조명에 이용된다.

1) 저압 나트륨등

포화증기압 0.004[mmHg]의 나트륨증기를 통하여 발생하는 복사에너지를 이용 589 [nm] 부근의 파장대를 이용하므로 광원의 효율이 100～160[lm/W]으로 우수하고 수명은 6,000～9,000시간이며 도로, 터널, 항만조명에 이용된다.

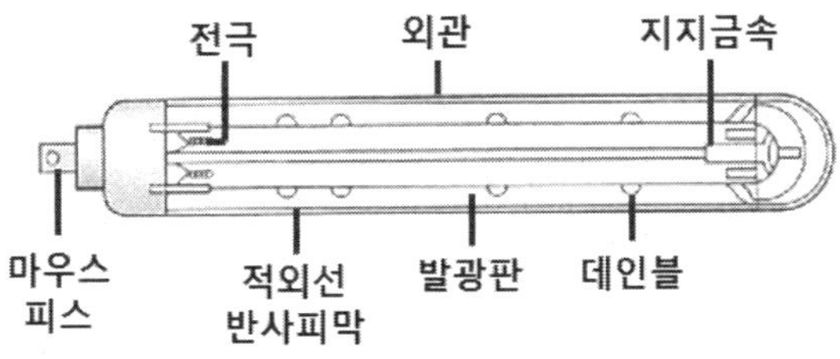

그림 2.19 저압 나트륨등의 구조

저압 나트륨등은 열음극을 가지고 있는 발광관과 외관으로 되어 있으며 그 사이는 단열 효과를 위하여 고진공으로 되어 있다. 외관 내벽은 산화석에 의한 적외선 반사막을 만들어 효율의 향상을 도모하고 있다.

2) 고압 나트륨등

나트륨 포화증기압 100~200[mmHg]부근을 이용하고 황백색을 내고 전등효율은 120 [lm/W], 평균수명은 9,000시간이나 제조공정이 복잡하여 저압 나트륨등을 주로 이용한다.

(5) 메탈 할라이드등

고압 수은등의 발광 관에 금속 할로겐화물을 봉입하여 연색성과 효율을 개선한 방전등으로 대부분 도로조명으로 사용하고 있다.

금속 할로겐화물은 나트륨(Na), 인듐(In), 탈륨(Ti) 및 토륨(Th) 등이 사용되며 효율은 70~80[lm/W]으로 높고 수명은 9,000~10,000시간 정도이다.

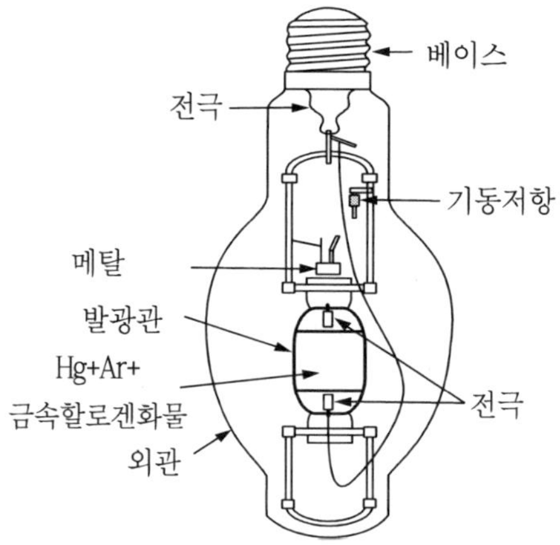

그림 2.20 메탈할라이드등의 구조

2-3-7 특수 전구

(1) 크세논 방전등

크세논 가스의 방전을 이용한 것으로 봉입압력은 1~10기압 정도이다. 아크의 형상에 따라 단 아크와 장 아크로 구분한다. 연색성이 가장 우수하고 순시 재점등이 가능하다.

① 단 아크등 : 직류로 점등하며 고휘도로 영사용 광원이나 표준 백색광원으로 이용하며, 봉입 가스는 점등 중에 30기압 정도이다.

② 장 아크등 : 교류로 점등하며, 효율은 23~29[lm/W]로 광장조명, 운동장 및 건축물의 투광조명으로 이용한다.

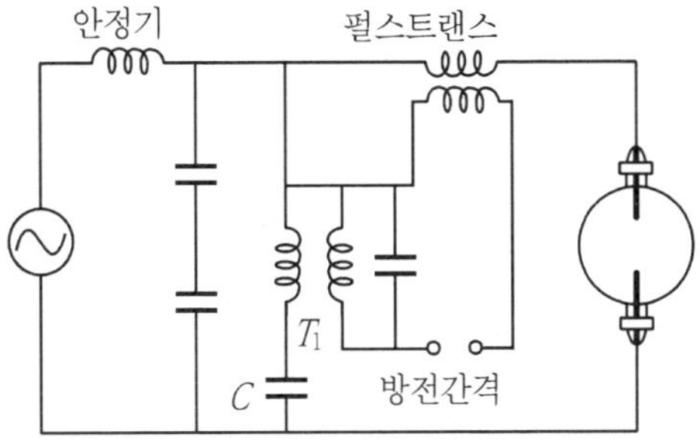

그림 2.21 크세논등의 점등회로

(2) 지르코늄 방전등

현재 사용되는 가장 이상적인 점광원으로 양극은 텅스텐 또는 몰리브덴이고, 음극은 탄탈 또는 텅스텐의 원통에 산화지르코늄을 넣은 것이다. 휘도가 높기 때문에 광학용 검사광원으로 적당하다.

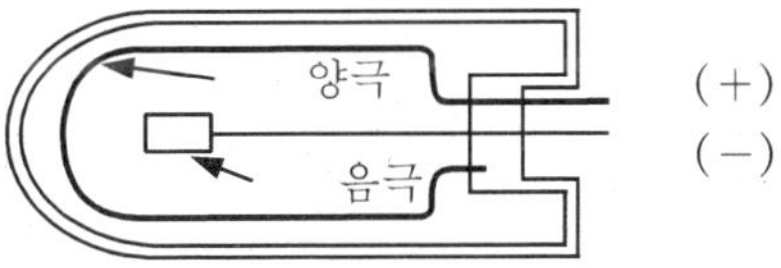

그림 2.22 지르코늄 방전등

(3) 글로우 방전등

1) 네온관등

지름 12~15[mm]의 긴 유리관을 진공으로 한 다음 8[mmHg] 정도의 불활성 가스 또는 수은을 봉입하며, 주로 광고용 네온사인에 사용하고, 광색은 봉입가스 및 유리관의 종류에 따라 여러 가지 색을 연출할 수 있다.

네온관은 길이 1m당 약 1,000[V]의 전압이 필요하므로 별도의 누설변압기가 필요하다. 이 누설 변압기를 네온관용 변압기 또는 네온 트랜스라고 한다.

다음 그림은 네온관등 회로를 나타낸 것이며, 네온관등은 네온관용 변압기로 점등하고 자동 점멸장치를 조작하여 네온관에 2차전압 3,000~15,000[V]를 인가한다.

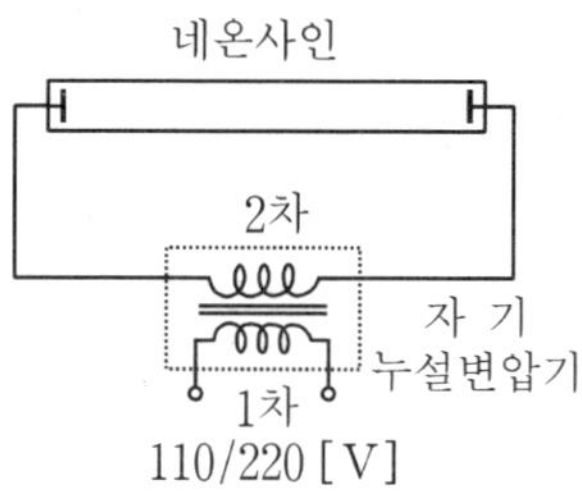

그림 2.23 네온관등 회로

2) 네온전구

유리구 내에 전극 간격을 2~3[mm]로 하고, 네온 또는 아르곤을 수 10[mmHg]의 압력으로 봉입한 것으로 베이스 내에 1,500~3,000[Ω]의 금속선의 직렬저항을 삽입한다. 사용용도는 소비전력이 적으므로 배전반의 표시램프, 직류의 극성 판별용, 검전기, 오실로스코프 등에 사용한다.

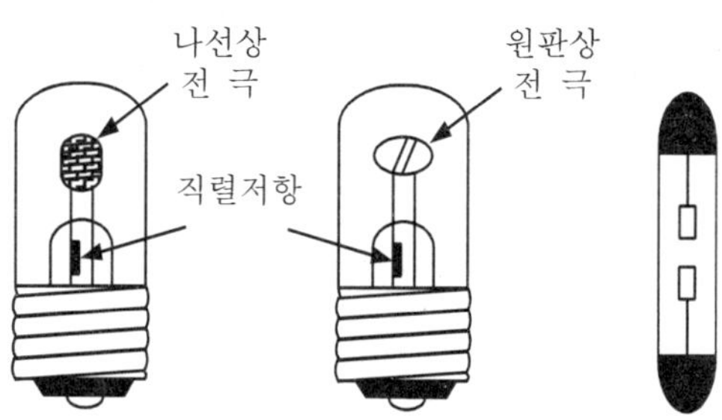

그림 2.24 네온전구

(4) EL 램프

황화아연계의 특수한 형광체를 유기도제와 혼합하여 박막화한 것에 교류선압을 인가하면 형광이 발생하는 것을 말한다. 발광효율은 0.5~5[lm]로 낮고 휘도가 낮으므로 일반조명, 계기 및 표시등의 조명에 사용한다.

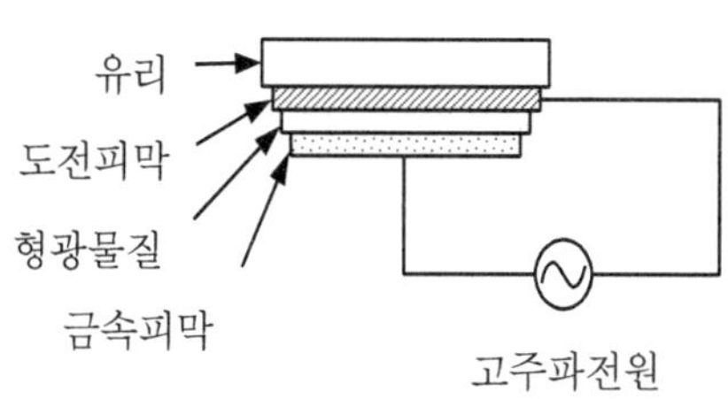

그림 2.25 EL 램프의 구조

(5) 무전극 램프

유도코일에 의한 자기장에 의해 발광하고 코일전극이 없다. 효율과 연색성이 좋고 수명이 60,000시간 정도로 길다. 광속유지율이 우수하며 점등, 재점등 시간이 짧고, 표면온도가 낮아 열이 적게 발생한다.

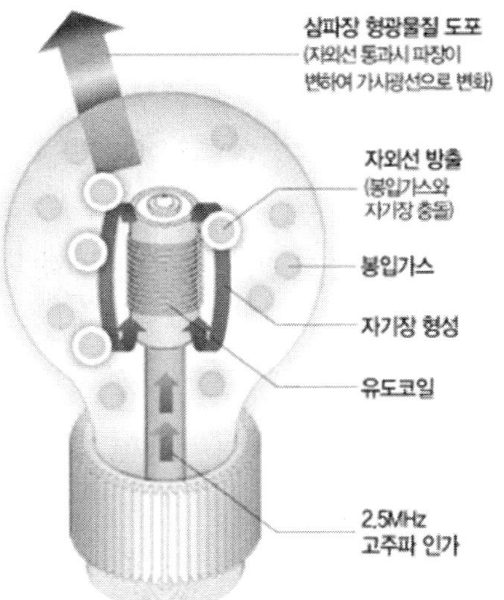

그림 2.26 무전극 램프의 구조

2-4 LED(Lighting Emitting Diode)

LED는 빛을 생산하는 다이오드의 일종으로 반도체 소자이다. 정격 사용 시 수명은 반영구적이며 크기가 작고 가동부분이 없어 진동, 충격 등에 강한 반면 열에 약하다는 특징을 가진다. LED의 역사는 1960년대 초 적색 LED를 시작으로 황색, 주황색, 청색, 녹색과 마지막으로 1996년 백색 LED가 등장하였다.

2-4-1 발광원리

직류전압을 인가하면 P층과 N층의 전자결합에 의해 에너지 갭이 형성되고 이때 빛의 형태로 발산하는데 이것을 LED라고 한다. 발생된 빛은 특정한 파장의 광색을 표출하거나 사용하는 물질에 따라 광색이 다르다.

1) **기본 반도체** : 4가물질(Si, Ge)
2) **P-형 반도체 주입 물질** : 3가물질(Al, Ga, In)
3) **N-형 반도체 주입 물질** : 5가물질(N, P, As)

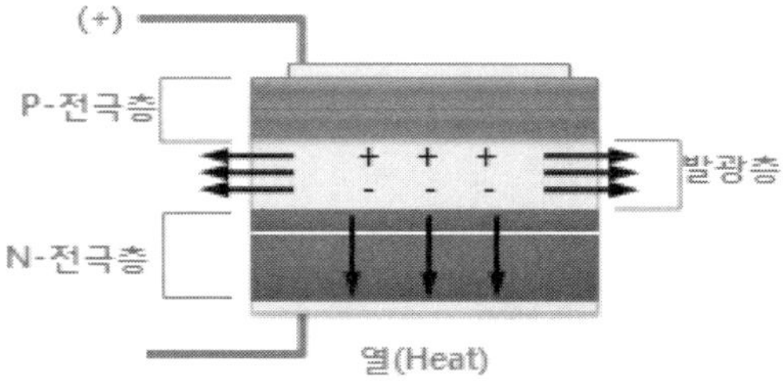

그림 2.27 LED구조 및 작동원리

2-4-2 제조공정

1) **기판** : LED의 기초 소재인 반도체를 생산하는 공정으로 사파이어, 갈륨·인, 갈륨·비소 탄화규소 등이 있다.
2) **에페웨이퍼 제작** : 기판위에 유기금속 화학증착법을 이용하여 화합물반도체(InGaN, InGaAlp)를 구성하는 공정이다.
3) **칩생산** : 전극을 형성하고 개별 칩으로 절단하는 단계로 웨이퍼를 붙이는 공정이며, 수백[μm] ~1[mm] 정도로 절단 한다
4) **패키징** : 제조된 칩과 리드를 연결하여 빛이 최대한 외부로 방출되도록 하는 공정이다.
5) **모듈공정** : 패키징이 완료된 LED를 이용하여 일정한 프레임에 LED를 부착하는 공정이며 칩을 원형, 직선, 사각형 모양으로 조립하여 모듈을 생산한다.
6) **완성** : 빛을 내기 위한 색상별로 조합하며 흰색을 구현하기 위해 청색과 황색 LED를 조합해야 한다.

그림 2.28 전구 및 바(Bar)형태의 LED

2-4-3 구성요소

1) **LED 소자** : 빛을 발광하는 광원부로 반도체 소자이다.
2) **구동회로(컨버터)** : 교류에서 직류로 변환시켜 주는 장치로 LED의 수명에 영향을 미친다.

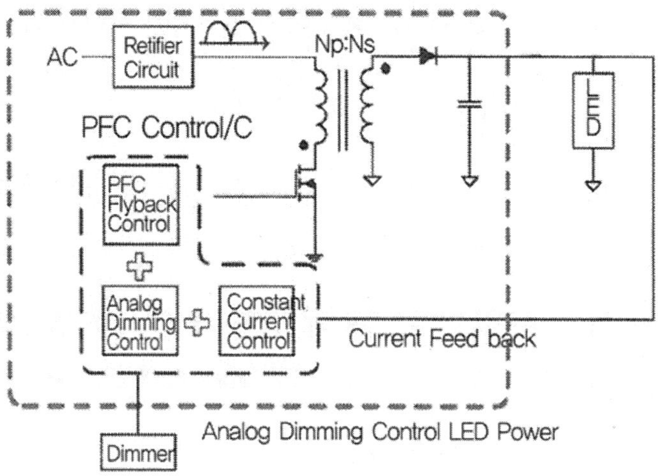

그림 2.29 구동회로(컨버터)

3) **방열장치** : LED는 열에 약하므로 방열판이나 냉각기가 필요하다.
4) **점등장치** : 전원을 점멸해 주는 스위치를 말한다.
5) **서지 프로텍터(Surge Protector)** : 서지로부터 컨버터를 보호하는 장치이다.

2-4-4 LED의 특성

(1) 광색 · 연색성과 효율

1) LED는 빛이 멀리까지 닿는 지향성이 강한 특징이 있다.
2) LED는 색온도[K]가 변하면 광속이 변한다.
3) LED는 연색성이 변하면 광속이 변한다.

표 2.3 광색 · 연색성과 효율의 관계

광 색(색온도)	연색성평가지수(Ra)	광효율(lm/W)
백색LED (색온도: 5,000K)	70	100
	90	75
주백색LED (색온도: 3,000K)	70	70
	90	55

(2) 백색 LED의 생성방식

1) 청색 LED + 황색 형광체

① 현재의 주류방식이다.

② 형광체의 도포량 등에 의해 색 불균형이 두드러지기 쉽다.

2) 자주색 LED + 적색 · 녹색 · 청색 형광체

① 적색 형광체의 효율이 나쁘다.

② 수명 개선이 과제이다.

3) 적색 · 녹색 · 청색 3색 LED의 혼합

① 각 색 LED의 불균형 억제가 필요하다.

② LED의 색에 의한 점등전압이 다르기 때문에 회로구성이 복잡하다.

2-4-5 기존 조명과 LED의 비교

(1) 광원별 특성 비교

광원별 기존 조명과 LED를 비교하면 표 2.3과 같다.

표 2.4 기존 조명(백열등, 형광등)과 LED의 특성 비교

구 분	기존조명	LED
제 어	On/Off	다색 및 다단계 밝기
점 등 속 도	1~3초(형광등)	0~10ns
소 형 화	소형화에 한계	소형, 슬림화(칩: 0.3~1mm)
광전환 효율	백열등 5%, 형광등 40%	최고 90% 잠재효율 (고효율)
수 은	사용 (기체광원)	무 (고체광원)-친환경
발 광 대 역	집중 불가	집중화(특수 조명 활용)
수 명	3,000~7,000 시간	50,000~70,000 시간
내 열 성	우 수	열에 취약
가 격	저 렴	고가(10,000~300,000원)

(2) 기존 광원과 LED의 가격과 소비전력 비교

기존 광원과 LED의 가격과 소비전력을 비교하면 표 2.4와 같다.

표 2.5 기존조명과 가격, 소비전력 비교

구 분	가 격 (만원)		소 비 전 력(W)	
	기 존 조 명	L E D	기 존 조 명	L E D
백열등 대체	0.1	1~3	60	10
할로겐 대체	1~2	7~10	75	14
형광등 대체	0.3~1	1~2	32	4~16
형광등기구 대체 (32×2)	5~8	5~10	64	55
교통신호등	20~40	20~40	400	38
유도등 대체	3~5	1~2	6	3
보안등 대체	4~6	20~40	175	120
가로등 대체	30~40	120~160	400	150

(3) 기존 광원과 LED의 소비전력, 수명 비교

기존 광원과 LED의 소비전력, 수명을 비교하면 표 2.5와 같다.

표 2.6 기존조명과 LED의 소비전력, 수명 비교

구 분	메탈전구	LED	형광등	LED	T-5(슬림형)	LED
소비전력(W)	175	44, 52	32	14, 22, 28	28	12
수명(h)	12,000	50,000	8,000	50,000	8,000	50,000

2-4-6 LED의 특징

1) 소비전력이 적다.
2) 고효율이고 광속 유지율이 좋다.
3) 기존 광원보다 3~4배 수명이 길다.
4) 점등 및 재점등 시간이 짧다.

5) 광속 및 색상제어가 가능하다.
6) 연색성이 우수하여 가시성과 시연성이 높다.
7) 시간과 장소에 따라 다양한 분위기 연출을 할 수 있다.
8) 수은과 자외선이 없어 친환경이다.
9) 열에 취약하다.
10) LED 자체가 소단위, 소전력 광원으로 대용량 제작이 어렵다.

2-4-7 한국 산업표준(KS) 규격

(1) 한국 산업표준(KS C)의 규격

① KS C 7653 : 매입형, 고정형 LED기구에 대한 기준이다.
② KS C 7655 : LED모듈 전원공급용 컨버터에 대한 기준이다.
③ KS C 7656 : 이동형 LED 등기구에 대한 기준이다.
④ KS C 7658 : LED 가로등 및 보안등에 대한 기준이다.
⑤ KS C 7659 : 문자 간판용 LED모듈에 대한 기준이다.

(2) 한국 산업표준(KS C) 인증수준

아래 표는 한국 산업표준이 용도별 광속 기준이다

표 2.7 KS C 인증 수준

용 도 별 항 목		KS 인 증 수 준
매입형 고정형 LED	광효율(lm/W) 광속유지율(시간) 연색성	60~90 초기 광속의 90%유지 75 이상
이동형 LED	광효율(lm/W) 광속유지율(시간) 연색성	— 초기 광속의 90%유지 80 이상
가로등 보안등 LED	광효율(lm/W) 광속유지율(시간) 연색성	85~100 초기 광속의 90%유지 75 이상

2-4-8 LED 사용 시 주의할 사항

1) 온도에 민감하여 열 발생 때 효율이 감소하며 40℃ 초과하는 곳에는 사용하지 않고, 표준 사용온도는 5~35℃가 적당하다.
2) 습기가 많은 곳에는 사용하지 않는다.
3) 램프형 스위치 사용 시 잔불 발생우려가 있다.
4) 라디오, TV 영상기기 주변에 사용하면 잡음이 생길 수 있다.
5) 같은 종류의 램프라도 광색이나 밝기가 다를 수 있다.
6) LED 0.2~3[W]를 직 병렬로 사용하므로 LED의 개별 교환은 안 된다.
7) 서지 등에 의해 컨버터 등의 수명이 단축될 수 있다.
8) 램프를 장시간 주시할 때 시력장애의 요인이 될 수 있다.
9) 겉모양이 같아도 램프를 사용할 수 없는 경우가 있다. 예로, 컨버터 내장 여부에 따라 전원이 직류와 교류로 달라진다.

2-4-9 교류 LED

LED에는 컨버터 없이 직렬로 LED소자를 연결하여 교류전압으로 점등할 수 있는 AC LED도 있으며, 최근에는 전압변동과 관계없는 AC LED도 개발되어 입력전압이 기준치 이하로 떨어져도 LED 전체가 안정적으로 점등상태를 유지되는 것이 개발되었다.

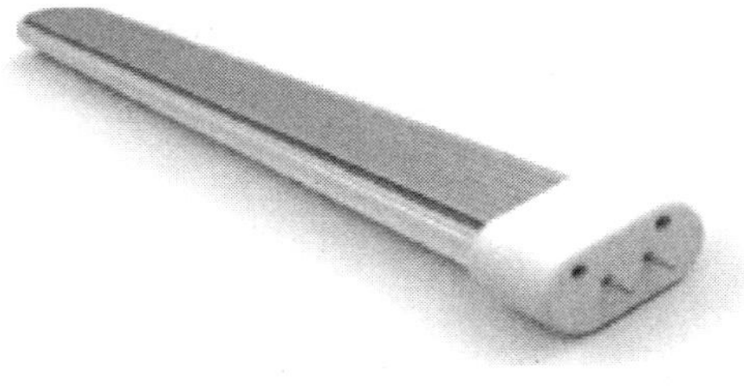

그림 2.30 교류 LED의 형태

연습문제

1. 다음 중에 방전발광등이 아닌 것은?
   ㉮ 형광등 ㉯ 할로겐등
   ㉰ 수은등 ㉱ 나트륨등

2. 백열전구의 구조에 대한 설명 중에 틀린 것은?
   ㉮ 베이스는 황동이나 알루미늄을 사용한다.
   ㉯ 앵커는 필라멘트 지지용으로 사용한다.
   ㉰ 필라멘트는 텡스텐을 사용하며 수명과 직결된다.
   ㉱ 봉입가스는 발광효율을 높이기 위해 아르곤, 수은을 봉입한다.

3. 다음 중에 백열전구의 동정특성에 대한 설명 중에 틀린 것은?
   ㉮ 에이징은 점등에서 필라멘트의 특성을 안정화 시킨다.
   ㉯ 초특성은 약 1시간 정도 이후의 전구의 특성이다.
   ㉰ 백열전구는 포물선을 그리며 광속이 변화한다.
   ㉱ 수명과 광속변화를 그린 곡선을 동정곡선이라 한다.

4. 다음 중에 백열전구의 특징이 아닌 것은?
   ㉮ 종류가 단순하다. ㉯ 배광제어가 용이하다.
   ㉰ 점멸, 시동, 조광이 용이하다. ㉱ 효율이 낮고 수명이 짧다.

5. 다음 중에 백열전구를 사용할 때 주의할 사항이 아닌 것은?
   ㉮ 전류에 민감하다.
   ㉯ 60℃를 초과할 때 베이스의 접착력이 약해진다.
   ㉰ 인화성이나 폭발물을 취급하는 장소에는 사용이 곤란하다.
   ㉱ 습기나 합선이 일어날 때 글로브 파손이 우려된다.

6. 다음 중에 형광등의 점등방식이 아닌 것은?
   ㉮ 예열기동형 ㉯ 속시기동형
   ㉰ 저주파기동형 ㉱ 전자식기동형

▸ 정답

1. ㉯ 2. ㉱ 3. ㉰ 4. ㉮ 5. ㉮ 6. ㉰

7. 다음 중에 할로겐전구의 특징이 아닌 것은?

㉮ 수명이 길고 광속 변화가 거의 없다.

㉯ 수평위치에서 점등해야 한다. (기울기 한계 : 4°)

㉰ 비임 제어가 가능하고 연색성이 양호하다.

㉱ 베이스가 저온이다.

8. 형광등의 구조에 대한 설명 중에 틀린 것은?

㉮ 필라멘트는 바륨, 스토로륨, 칼슘을 도포한다.

㉯ 점등관은 병렬로 삽입된 예열용 전구를 말한다.

㉰ 안정기는 정 전압으로 형광등이 가시광선을 보내는 역할을 한다.

㉱ 콘덴서는 역률을 보상하는 역할을 한다.

9. 다음 중에 형광등의 특징이 아닌 것은?

㉮ 수명이 길며, 백열전구의 7배 정도로 높다.

㉯ 열을 동반하지 않는다.

㉰ 전압에 대해 광속변화가 많다.

㉱ 전원주파수의 변동이 광속과 수명에 영향을 미친다.

10. 다음 중에 형광등의 흑화현상(ano-spot)의 원인이 아닌 것은?

㉮ 점멸이 순간적으로 이루어진다.

㉯ 전압변동이 심하다.

㉰ 안정기가 부적합하다.

㉱ 소켓과 베이스의 접착이 불량하다.

11. 전구형 형광등(삼파장 형광등)의 특징이 아닌 것은?

㉮ 백열전구에 비해 25% 정도 효율이 높고, 수명이 3배 정도 길다.

㉯ 자연주광에 가깝고 연색성이 우수하다.

㉰ 순간 점등이 가능하고 플리커 현상이 매우 많다.

㉱ 약 10% 정도 전기 절감효과가 있으나 가격이 비싸다.

▸ 정답

7. ㉱ 8. ㉯ 9. ㉰ 10. ㉮ 11. ㉰

12. 다음 중에 루미네센스의 종류가 아닌 것은?

㉮ 전기 루미네센스
㉯ 형광 루미네센스
㉰ 방사 루미네센스
㉱ 음극선 루미네센스

13. 다음 중에 옥외 조명의 특징이 아닌 것은?

㉮ 2[kW]까지 용량이 크다.
㉯ 200,000[lm]까지 큰 광속을 낼 수 있다.
㉰ 고효율이고 장수명이다.
㉱ 시동, 재시동에 시간이 적게 걸린다.

14. 다음 중에 수은등에 대한 설명 중에 틀린 것은?

㉮ 수은증기의 압력에 따라 저압, 고압 등 2가지 종류가 있다.
㉯ 저압 수은등은 살균작용을 한다.
㉰ 고압 수은등은 100~760[mmHg]의 압력이다.
㉱ 고압 수은등은 도로, 광장조명 등에 사용된다.

15. 다음 중에 나트륨등에 대한 설명 중에 틀린 것은?

㉮ 도로, 항만, 터널 등에 많이 사용된다.
㉯ 효율이 매우 좋다.
㉰ 연색성이 좋다.
㉱ 고압 나트륨등은 제조공정이 복잡하여 저압 나트륨등을 주로 사용한다.

16. 현재 사용되는 가장 이상적인 점광원으로 이용되는 방전등은?

㉮ 크세논 방전등
㉯ 지르코늄 방전등
㉰ 글로우 방전등
㉱ EL 램프

17. 무전극 램프의 특징이 아닌 것은?

㉮ 자기장에 의해 발광한다.
㉯ 효율과 연색성이 좋다.
㉰ 점등, 재점등 시간이 짧다.
㉱ 표면온도가 높다.

▸ 정답

12. ㉯ 13. ㉱ 14. ㉮ 15. ㉰ 16. ㉯ 17. ㉱

18. 다음 중에 LED의 P형 반도체 주입 물질인 것은?
㉮ 2가 물질 ㉯ 3가 물질
㉰ 4가 물질 ㉱ 5가 물질

19. 기판위에 유기금속 화학증착법을 이용하여 화합물반도체(InGaN, InGaAlp)를 구성하는 LED 공정을 무엇이라 하나?
㉮ 에폐웨이퍼 ㉯ 칩생산
㉰ 패키징 ㉱ 모듈 공정

20. 다음 중에 LED의 특징에 대한 설명 중에 틀린 것은?
㉮ 고효율 이다. ㉯ 열에 강하다.
㉰ 수명이 길다. ㉱ 연색성이 우수하다.

21. 다음 중에 LED를 사용할 시 주의할 사항이 아닌 것은?
㉮ 온도가 낮은 곳에는 사용하지 않는다.
㉯ 습기가 많은 곳에는 사용하지 않는다.
㉰ 라디오, TV 영상기기 주변에 사용하면 잡음이 생길 수 있다.
㉱ 같은 종류의 램프라도 광색이나 밝기가 다르다.

22. 한국 산업표준(KS C)에 인증 수준에 있는 연색성이 가장 낮은 LED는?
㉮ 매입형 LED ㉯ 고정형 LED
㉰ 이동형 LED ㉱ 보안등 LED

23. 교류 LED에 대한 설명 중에 틀린 것은?
㉮ 직류에 비해 효율이 떨어진다.
㉯ 컨버터가 필요 없다.
㉰ 연색성이 직류에 비해 좋다.
㉱ 전압변동에 대해 민감하다.

▸ 정답

18. ㉯ 19. ㉮ 20. ㉯ 21. ㉮ 22. ㉱ 23. ㉰

2-5 조명 설계

2-5-1 명시조명과 분위기 조명

(1) 명시조명과 분위기 조명의 정의

① 명시조명 : 물체가 잘 보이고 육체적, 정신적 피로를 최대한 적게 할 목적이며 작업 능률을 중요시하는 실리적인 조명으로 학교, 사무실, 공장, 작업장 등에 주로 이용한다.

② 분위기 조명 : 건축 환경의 미적효과와 심리적 효과를 극대화할 수 있는 기분 및 분위기를 위주로 하는 것으로 상점, 음식점, 오락실 등에 주로 이용한다. 또 백화점, 호텔, 극장, 주택 등에는 명시와 분위기 조명을 동시에 하기도 한다.

(2) 명시를 중요로 하는 조명

명시론에서 보는 좋은 조명의 조건은 아래와 같다.

① 적당한 조도는 200[lux] 정도로 한다.
② 휘도차가 3:1 이하로 한다.
③ 눈부심이 적게 하기 위해 휘도 0.2[cd/㎠] 이하로 한다.
④ 밝음과 어두움의 비가 3:1 이하로 한다.
⑤ 분광분포와 연색성이 좋은 조명을 한다.
⑥ 기분 좋음 : 천정, 벽 등이 밝고 아래 바닥이 어두운 색상으로 한다.
⑦ 조명기구의 위치와 의장이 좋아야 한다.
⑧ 경제성이 좋아야 한다.
⑨ 보수성이 쉬워야 한다.

(3) 명시조명과 분위기조명의 비교

미국의 문(Moon)과 스펜서(Spencer) 두 교수는 항목별로 명시와 분위기조명을 점수를 주어 비교하였다.

표 2.8 명시조명과 분위기조명의 비교

우수한 조명의 조건	명 시 조 명	점수	분 위 기 조 명	점수
① 조 도	밝을수록 좋지만 경제상 한계 고려	25	환경에 따라 낮고, 높은 조도가 필요	5
② 광속분포	밝음의 차가 없을수록 좋다. 3:1 이하	25	계획에 따른 광속배분이 필요	20
③ 눈부심	광원과 반사면에 의한 눈부심이 적을수록 좋다.	10	의도적인 눈부심이 사람의 눈길을 줄 수 있다.	0
④ 그림자	밝음과 어두움의 비가 3:1 정도	10	경우에 따라서는 극단적인 그림자 비가 요구 (2:1 이하, 7:1 이상)	0
⑤ 분광분포	자연 주광색이 좋고 적외선이 적을수록 좋다.	5	사용목적에 따라 분광분포, 색온도 등을 고려	5
⑥ 심리적 효과	밝은 날 나무그늘과 비슷	5	사용목적에 따른 감각이 필요하고 분위기 위주 조명	20
⑦ 미적효과	단순한 기구 형태로 기하학적인 배열이 좋다.	10	계획적인 미적 공간연출 및 조합이 필요	40
⑧ 경제성	광속과 설치비용, 유지비용을 고려	10	조명효과와 설치비용을 고려	10
총 점 수		100		100

(4) 분위기를 중요로 하는 조명

심리적이고 단시간 작업이나 레크레이션 등이 포함된다.

① 적당한 조도 : 경제성이나 조명효과를 고려한다.
② 시야내 조도차 : 계획에 따라 명암의 비를 조절하며, 명시조명처럼 1:10 비율을 지킬 필요 없다.
③ 글레어 : 주의를 끌기 위해 눈부심이 필요하나 불쾌감을 주지 않게 명암의 고저가 필요하다.
④ 그림자 : 입체감, 원근감을 만드는데 필요하며, 원근감을 살리려면 명암의 비를 7:1 또는 그 이상도 사용한다.
⑤ 분광분포 : 장소와 시기에 알맞은 심리적인 효과를 나눌 수 있다.

⑥ 심리적인 효과 : 목적에 따라 다른 감각을 필요로 한다.
⑦ 광원, 기구의 위치 및 디자인 : 계획된 미의 배치 및 조합이 필요하다.
⑧ 경제성 : 경제성이 명시조명보다 중요하지 않으며, 조명효과의 달성도에 중점을 둔다.

2-5-2 조명기구의 기능

(1) 광학적인 기능

배광, 휘도, 눈부심 등을 조절하는 기능이다.

① 배광 : 발산광속을 여러 방향으로 분배해 주는 것으로 직접과 간접방식으로 나누며, 고르게 발산할 때를 확산조명이라 한다.
② 보호각 : 보호 갓이나 반사 갓에서 빛을 차단하여 직접 눈으로 들어오지 않게 하므로 눈부심을 방지하며 15~25° 정도가 보통이다.
③ 효율 : 조명기구에 의한 빛의 손실을 말하며 직접이 간접조명보다 효율이 좋다.
④ 휘도의 조절 : 휘도의 크기를 조절하여 눈부심을 적게 한다.

(2) 구조적인 기능

광원을 고정하고 빛을 반사하는 기능이며, 유리, 플라스틱, 금속 등이 이에 속한다.

① 광학적인 기능을 수행하는 튼튼한 모양이어야 한다.
② 조정, 가설, 운반, 청소, 교환이 쉬워야 한다.
③ 밀폐형 용기는 내용적을 충분히 잡는다.
④ 용도에 따라 방폭, 내진, 방수, 내산 등이 요구되므로 재질의 검토가 필요하다.
⑤ 유리 : 확산성을 이용하고 갓이나 글로브 등으로 빛의 방향을 조절한다. 강화유리, 크리스탈 유리 등이 있다.
⑥ 플라스틱 : 가볍고 깨지지 않으나 상처가 나기 쉽고 내열성이 약하다. 아크릴수지, 염화 비닐수지, 페놀 불소수지 등이 사용된다.
⑦ 금속 : 배광의 정밀한 조정이 가능하고 무게가 무겁다. 강판, 스테인리스, 알루미늄 등이 사용된다.

(3) 전기적인 기능

소켓, 전선, 안정기, 스위치 등 조명기구를 사용하기 위한 장치이다. 전기적으로 안전해야 하며 전기용품 및 생활용품 안전관리법, 한국 산업표준, 형식승인 등의 규제를 받는다.

(4) 기계적인 부분

광학적 및 전기적인 부분을 지지하고 보호하며 그 모양을 유지하고 기능을 완전하게 하는 부분이며 금속, 견고함이 필요로 할 때는 철물, 적은 부품은 플라스틱 몰드나 압출로도 만든다.

2-5-3 조명방식

조명방식은 조명기구의 모양, 배광, 조명장소, 기구의 설치부분 및 건축화 조명으로 분류하고 조명 대상물의 구조 및 사용목적에 따라 조명효과가 달라지므로 조명설계에서는 중요한 항목이다.

(1) 조명기구의 모양에 의한 분류

광원이 보이는 모양에 따라 분류하는 것으로 단등, 다등, 연속열, 면방식 등이 있다.

① 단등 방식 : 광원이 점 또는 점에 가까운 모양으로 기구가 배치되는 방식이며, 일반적인 배치방식이다.
② 다등 방식 : 몇 개의 광원을 한곳에 모아서 배치하는 방식으로 조도가 높고 화려하게 보이는 배치방식이다.
③ 연속열 방식 : 전체적인 광원의 모양이 선 또는 선형으로 배치되는 방식으로 사무실, 복도 등에 배치하며, 진취적이고 행동감을 느낄 수 있는 방식이다.
④ 면 방식 : 발광면 전체가 평면으로 보이도록 배치되는 방식이며, 광원면이 밝아 깨끗한 느낌을 줄 수 있으므로 백화점 및 1층 로비 등에 주로 사용한다.

(2) 조명기구의 배광에 의한 분류

조명기구의 빛을 제어하는 방향에 따라 직접조명, 간접조명, 전반 확산조명 등으로 구분한다.

1) 직접 조명방식

① 빛의 방향을 하향으로 90~100[%]까지 작업면에 직접 투사하여 조명효율이 가장 높으며 일반적인 명시 조명방식이 가능하다.
② 작업면에서 높은 조도를 얻을 수 있지만 휘도의 차이가 심하고 그림자와 눈부심이 있다.

③ 눈부심을 피하기 위하여 보호각을 15~20° 정도로 설치한다.
④ 설치 높이가 높은 곳에서는 빛을 집중시키는 조명기구를 사용하고, 낮은 곳은 빛을 분산시키는 조명기구를 사용한다.
⑤ 사무실, 학교, 주택 등 명시조명을 하는데 이용된다.

2) 간접 조명방식

① 빛의 방향이 상향으로 90~100[%]까지 천정면에 투사되어 반사를 이용하고 직접 조명에 비해 빛이 부드럽다.
② 눈의 직시에 의한 눈부심이 없고, 천정과 위벽 부분은 빛이 잘 확산되도록 광택이 없는 마감재를 사용한다.
③ 우수한 확산성과 낮은 휘도를 얻을 수 있다.
④ 경상비와 유지비가 많이 소요되는 단점이 있다.
⑤ 레스토랑, 전시장 등 분위기 위주의 조명을 하는데 많이 이용된다.

3) 전반 확산 조명방식

① 빛의 방향이 상 하향 고르게 발산하는 조명방식이다.
② 젖빛 외구형은 발광면을 크게 함으로써 광원의 휘도를 감소시켜 눈부심을 조절하고, 외구의 크기를 온도상승에 따라 조절한다.
③ 호텔이나 상점 등 천정이 높은 곳에 이용된다.

(3) 조명기구의 배치에 따른 분류

조명기구의 배치에 의한 분류에서는 전체적으로 실내를 조명하는 전반조명과 일부분만 하는 국부조명, 두 가지를 겸용하는 전반국부 조명이 있다.

1) 전반조명

① 방 전체를 균일하게 조명하므로 작업의 위치가 변해도 조명기구의 배치를 변경시킬 필요가 없다.
② 전등의 종류를 적게 하여 큰 용량의 전등을 사용할 수 있는 편의성이 있다.
③ 그림자가 부드럽다.
④ 조명의 모양이 좋다.

2) 국부조명

① 희망하는 곳에 희망하는 광색을 얻을 수 있다.

② 불필요한 장소에 소등할 수 있다.
③ 어떤 조명 대상물에 높은 조도를 두어 눈에 띄게 하는 효과가 있다.
④ 빛의 방향이 자유로이 바꾸어 그림자의 변화를 줄 수 있기 때문에 같은 사물이라도 다른 느낌을 줄 수가 있다.
⑤ 진열장, 진열창, 연극무대, 전시회장 등에 많이 사용한다.

3) 전반국부 조명

① 방 전체는 전방조명으로 하고 필요한 곳은 국부조명을 이용한다.
② 전체적인 조명균형을 유지하면서 필요한 곳에 필요한 조도를 사용하는 방식이다.
③ 병원의 수술대, 공부방의 스탠드, 작업장의 작업대, 교실의 흑판 등 일반적으로 많이 사용하는 방식이다.

(4) 조명기구의 설치방식에 의한 분류

조명기구의 마감재의 설치방식에 따라 직부형, 벽부형, 펜던트형, 매입형 등이 있으며 일반적으로 표준품셈을 적용할 때 설치방식에 따라 인건비의 적용기준이 다르다.

① 직부형 : 조명기구를 천정 마감면에 직접 부착하는 것으로 대부분 조명기구의 설치에 해당된다.
② 벽부형 : 조명기구를 벽면 상단에 설치하는 것으로 발코니, 화장실, 계단 등에 많이 사용한다.
③ 펜던트형 : 조명기구를 마감면에 내려오게 하여 설치하는 것으로 식탁 등에 많이 사용하고 재료에 따라 코드, 파이프, 체인 펜던트로 구분한다.
④ 매입형 : 조명기구를 이중 천정 내에 매입하는 것으로 사무실이나 통로, 계단 등에 많이 사용하고 매입정도에 따라 반 매입과 매입으로 구분한다.

(5) 건축화 조명

건축물은 고층화, 현대화, 고급화됨에 따라 고급빌딩 일수록 건물의 외형과 의장도 중요하지만 조명설비를 우수하게 하여 건축물을 한층 돋보이게 할 수 있다.

따라서 건축 설계자와 조명 설계자 사이에는 다음과 같이 상호 협의하고 설계에 반영하여 일반화되고 있는 건축화 조명에 대한 대처능력을 키우고 발전시켜야 한다.

① 건축설계가 끝난 후 조명설계를 하는 것이 일반적이지만, 건축화 조명에서는 반드시 건축 설계자와 조명 설계자가 사전에 상호 협의하여 설계를 진행한다.

② 건축 설계자는 건축공간에 대한 의장, 천장 및 마감 등을 사전협의하고, 조명 설계자는 건축에 알맞은 광원의 효율, 광색 및 배치를 고려하여 설계에 반영하도록 한다.

1) 천정에 매입한 조명

① 다운 라이트(Down Light) : 천정에 작은 구멍을 뚫어 그 속에 광원을 삽입하여 조명하는 방식으로 확산광이 없으며 집광성의 빛을 조사면으로 보낸다. 구름사이에 나타나는 태양직사광 또는 밤하늘의 별과 같은 느낌을 주며 분광분포가 우수하다. 구멍이 극히 작은 것을 **핀홀 라이트**(Pinhole Light)**조명**이라 하며 전시관이나 영화관 등에 사용된다.

② 반매입 라인 라이트(광량조명) : 건축화 조명의 간단한 방법으로 조명기구를 연속으로 반 매입하며 확산 플라스틱을 이용하여 천정면도 밝게 할 수 있다. 사무실이나 호텔의 복도 등에 사용된다. 여기서 연속열이 아닌 방식은 **트로퍼**(Troffer)**조명**이라 한다.

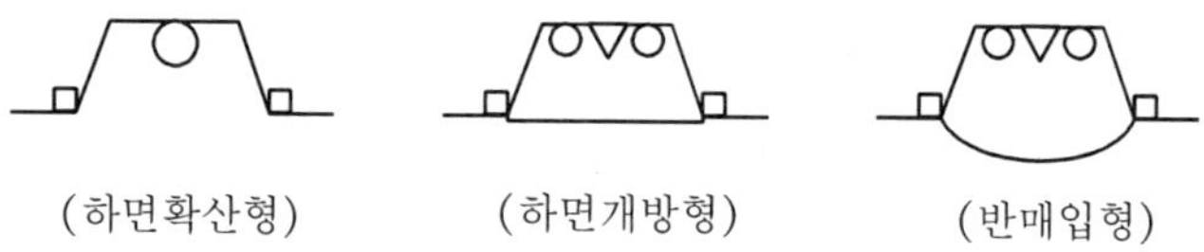

그림 2.31 반 매입 라인라이트의 형태

③ **코우퍼**(Coffer) **조명** : 천정면에 환형, 사각형, 기타 형상의 기구를 매입할 수 있도록 설치한 후 매입기구를 부착하여 단조함을 깨는 방식이다. 높은 천정의 은행, 영업실, 빌딩의 홀, 백화점 1층 등에 사용된다.

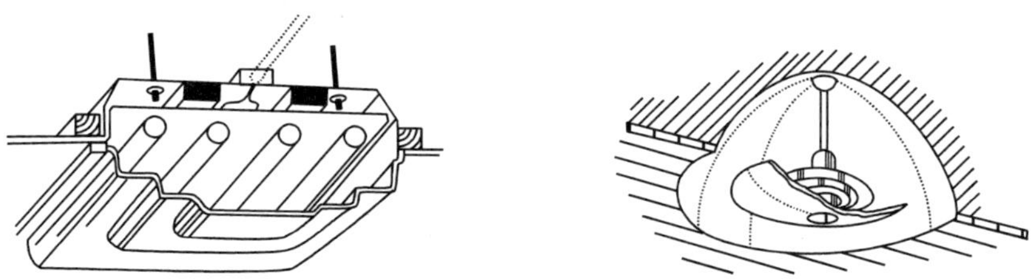

그림 2.32 코우퍼 조명의 형태

2) 천정면을 광원으로 하는 조명

① 광천정 조명 : 천정면에 유리나 플라스틱을 덮고 그 안에 광원을 배치한 것으로 천정면의 조명 중 가장 조명률이 높으며 보수가 용이하여 많이 사용한다. 천정 전면에 낮은 휘도로 부드럽고 깨끗한 분위기를 연출할 수 있다. 구름 낀 날과 비슷한 느

낌을 준다. 보수가 용이하고 높은 조도(1000~1,500lux)를 필요로 하는 장소에 가장 유리하다. 예를 들면 1층 로비나 휴게공간 등에 사용된다.

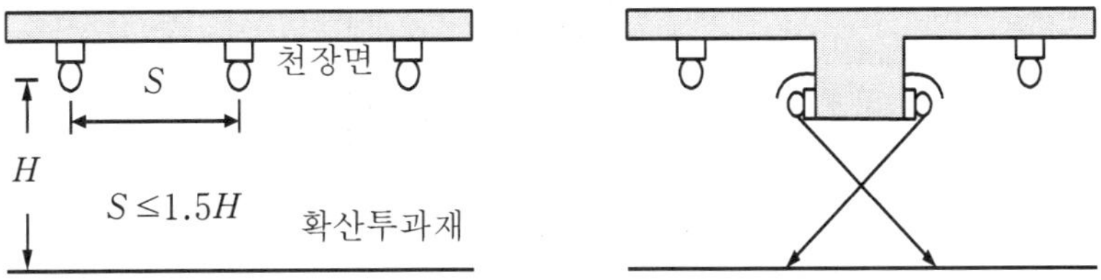

그림 2.33 광천정 조명의 형태

② 루우버(Louver) 조명 : 천정 면에 루우버를 사용하고 그 안에 광원을 배치한 것으로 화창한 낮의 느낌을 주며 루우버가 오손되기 쉽고 보수하가 어렵다. 부설물이 생길 수 있어 미관을 고려하지 않는 곳에 사용한다.

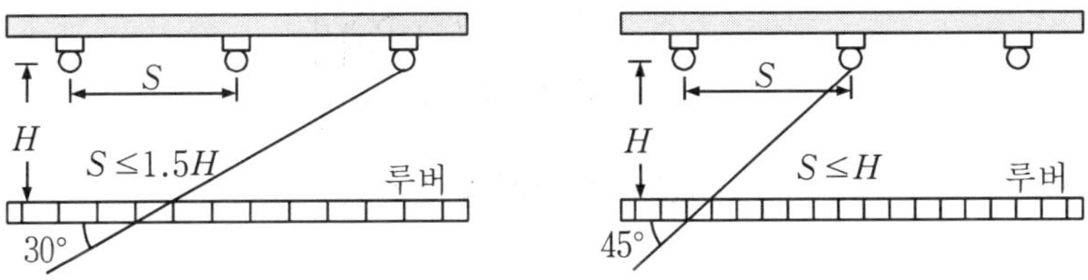

그림 2.34 루우버 조명의 형태

③ 코브(Cove) 조명 : 벽이나 천정의 코너를 이용한 간접 조명방식이며 효율이 떨어지나 눈부심과 그림자가 없다. 코브는 목재나 플라스틱을 이용하며, 일반적으로 열차나 유람선 등에 사용된다.

3) 벽면을 광원으로 하는 조명

① 코니스(Cornice) 조명 : 형광등기구를 벽면 위쪽 모서리에 숨겨서 취부 하는 방식이다. 벽화, 벽지, 붉은 벽돌 및 돌 등으로 되어 있는 벽면에 효과적이다.

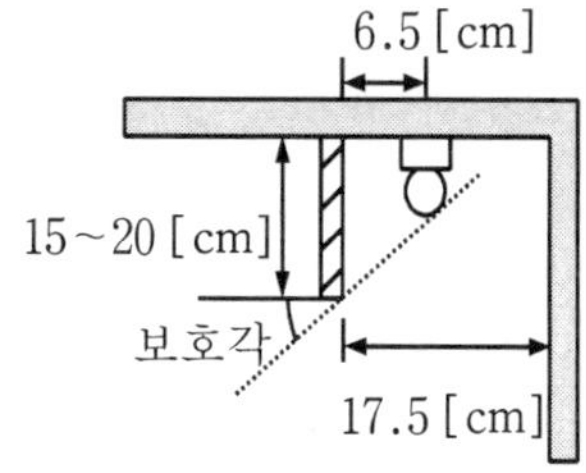

그림 2.35 코니스 조명

② 밸런스(Valance) 조명 : 광원 앞에 밸런스 판을 설치하여 벽 또는 커튼의 하부와 상부 방향으로 광원이 나오도록 실내 전반을 조명하는 방식이다. 밸런스 판은 목재나 금속판을 이용한다.

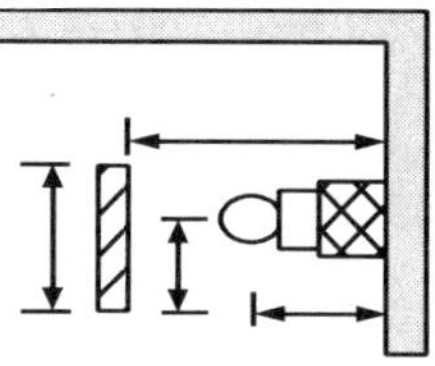

그림 2.36 밸런스 조명

③ 광벽 조명 : 벽면 전체를 확산 플라스틱 등으로 덮고 그 안에 형광등기구를 설치한 형태로 지하실 또는 자연광이 들어오지 않는 실내의 조명으로 사용되며 주간에 창에 햇빛이 들어오는 느낌을 준다.

그림 2.37 광벽조명

2-5-4 옥내조명 설계

조명설계는 크게 옥내조명과 옥외조명 설계로 구분하여 설명할 수 있으며, 옥내조명 설계는 장소에 따라 명시조명과 분위기 조명을 조합하여 이상적인 조명설계가 되도록 한다.

(1) 조명설계 시 고려할 사항

① 전반조명과 국부조명을 혼용한다.
② 높은 천정에는 고휘도 방전등(HID)을 낮은 천정에는 형광등, LED을 광원으로 사용한다.
③ 방은 밝은 색으로 하여 반사율을 높게 하여 조명률을 높인다.
④ 건축물의 조명설계 시 자연채광을 이용하고 점멸스위치도 채광을 감안하여 설치한다.
⑤ 전등은 점멸스위치를 세분화하여 불필요한 곳은 소등한다.
⑥ 콘도, 호텔, 여관 등은 카드식 조명제어를 실시한다.
⑦ 현관, 화장실 등 사람의 출입이 많은 곳은 센서(Sensor)등을 사용한다.

(2) 조명설계의 순서

설 계 기 준 선 정

↓

조 명 방 식 의 선 정

↓

광원 및 조명기구의 선정

↓

조 명 계 산 →

조 명 계 산
F × U × N = A × E × D · F : 광속 · U : 조명율 · N : 등의 개수 · A : 면적 · E : 조도 · D : 감광보상율

↓

조 명 기 구 의 배 치
· 방의 조건에 따라 배치 · 기둥과 보에 걸리지 않게 배치 · 벽과 조명기구는 기구 높이의 1/2

1) 설계기준의 선정

① 조도의 선정 : 공간조명의 최저조도 20[lux], 시(視)작업에 필요한 최저조도 200[lux] 산정하며, 한국 산업표준(KS)에 있는 조도기준은 아래 표와 같다.

표 2.9 KS A 3011에 있는 조도 기준표

활 동 형 태	조 도 분 류	조도범위 [lux]	조명방법
어두운 분위기중의 시식별 작업장	A	3-4-6	공간조명방식
어두운 분위기중의 이용이 빈번하지 않는 장소	B	6-10-15	
어두운 분위기의 공공장소	C	15-20-30	
잠시 동안의 단순 작업장	D	30-40-60	
시작업이 빈번하지 않는 작업장	E	60-100-150	
고휘도 대비, 큰 물체 대상의 시작업 수행	F	150-200-300	작업면조명
고휘도 대비, 작은 물체대상 시작업 수행	G	300-400-600	
저휘도 대비 혹은 매우 작은 물체대상 시작업 수행	H	600-1,000-1,500	
비교적 장시간동안 저휘도 대비 ,매우 작은 물체 대상의 시작업 수행	I	1,500-2,000-3,000	전반조명과 국부조명을 병행한 작업면
장시간 동안 힘드는 시작업 수행	J	3,000-4,000-6,000	
휘도 대비가 거의 안되고 작은 물체의 매우 특별한 시작업 수행	K	6,000-10,000-15,000	

※ 조도범위[lux]는 (최저) - (표준) - (최고)조도를 나타냄.

② 휘도분포와 조도배분 : 물체가 잘 보이고 쾌적한 환경을 위해 적절한 휘도분포가 필요하며, 내각면의 반사율을 적당한 범위로 정하는 조도 배분이 필요하다.

③ 빛의 방향성과 확산성 : 명암과 반사가 해당되며 바람직한 것은 명암은 입체감, 재질감을 주는 그늘이며 반사는 광택, 반짝임 등의 재질감을 표출하며 눈부심을 주지 않는 것이다.

④ 광원색과 연색성 : 광원색은 색온도로 호칭되며 높을수록 푸른색이며 낮을수록 붉은색을 띈다. 연색성은 조명빛이 내는 색상과 원래의 색상을 비교한 것으로 고화질 티브이(HDTV)의 송출화면이나 섬유, 피부과 등에 많이 적용된다.

표 2.10 작업장별 조도 분류의 예

장 소	활 동	조도분류	비 고
그래픽 설계	설계, 예술품 제작 세밀한 일	H G	색상 선택, 지도 그리기
법 정	좌 석 활동영역	E G	
사 무 실	로비, 응접실, 휴게실 시청각실 우편물 분류 키보드 식별 VDT 공간 CRT 화면 볼펜 작업 연필 작업	E F G G F F F G	시청각실, 회의실 오프셋인쇄, 복사실 반사에 대한 대비 필요 경심(H), 연심(F)
서비스 공간	계단, 복도, 엘리베이터	E	세면장, 화장실
은 행	로 비 금전 출납 창구	E G	로비의 책상(F)
제 도	고명도 대비 소재 밝은 테이블 청사진 저명도 대비 소재	G E G H	반사에 대한 대비 필요 암갈색 물감 인쇄
회 의 실		F	

2) 조명방식의 결정

명시 조명은 전반조명, 직접조명을 하고 분위기 조명은 간접조명, 국부조명 등을 사용하고 있다. 그리고 대형건물에서는 건축물 마감을 이용하는 건축화 조명을 이용한다.

3) 광원의 선택

① 조명목적에 적합한 광원선택 : 연색성, 눈부심을 고려한 광색, 효율, 수명 및 경제성을 고려한다.

② 옥내조명 : 백열전구, 형광등, 할로겐전구, LED을 사용한다.

③ 옥외조명 : 수은등, 나트륨등, 메탈할라이드등, 크세논등을 사용한다.

4) 조명기구의 선택

① 설치장소에 알맞은 조명기구의 선택한다.

② 설치장소의 특성, 조도, 휘도, 그림자 및 의장 등을 고려하여 산정한다.

5) **조명설계**

① 조명기구의 개수

$$\text{등수 } N = \frac{E \times A}{F \times U \times M} \begin{cases} E : \text{조도}, \ A : \text{면적} \\ F : \text{광속}, \ U : \text{조명율}, \ M : \text{유지율} \end{cases} \tag{2.13}$$

※ 유지율 $M = \dfrac{1}{D} \Rightarrow D$: 감광보상율

② 실지수

실지수는 방의 모양에 따라 조명률을 결정하는 것으로 실지수가 높을수록 조명률이 올라간다.

$$\text{실지수} = \frac{XY}{H(X+Y)} \begin{cases} X : \text{방의 가로}, \ Y : \text{방의 세로} \\ H : \text{작업면에서 광원까지 높이} \end{cases} \tag{2.14}$$

표 2.11 실지수와 분류기호표

실지수	5	4	3	2.5	2	1.5	1.25	1	0.8	0.6
기 호	A	B	C	D	E	F	G	H	I	J

③ 조명률

조명률은 [U] 라고 표시하며 광원의 전광속과 작업면에 입사하는 광속의 비를 의미한다. 다음은 조명률에 영향을 미치는 요소이다.

ⓐ 실지수 : 크기가 클수록 높아진다.

ⓑ 조명방식 : 간접조명에서 직접조명으로 갈수록 높아진다.

ⓒ 반사율 : 벽면과 천정면이 밝을수록 높아진다.

ⓓ 감광보상율 : 광원의 모양과 청소상태, 보수주기에 따라 변화한다.

④ 감광보상율

감광보상율은 [D] 로 표시하며 조명기구는 시간이 지남에 따라 광속이 감소하는데 이것을 보상해주는 비율을 말하며, 감광보상율(D)는 유지율(M)의 역수로 표시된다. 다음은 감광보상율에 영향을 미치는 요소이다.

ⓐ 필라멘트의 증발에 따른 광속의 감소
ⓑ 유리구 내면의 흑화현상
ⓒ 전압변동에 따른 필라멘트의 열화
ⓓ 조명기구 및 실내 반사면의 먼지 축적으로 반사율 감소
ⓔ 청소주기

표 2.12 광원에 따른 감광보상율

광 원 의 종 류	감 광 보 상 율(D)
백열전구(깨끗한 곳)	1.3
백열전구(먼지 많은 곳)	2.0
간 접 조 명	1.5~2.0
형 광 등	1.3~2.4

[예 2.3] 15×10[m]인 일반사무실에 광속 7,000[lm]인 형광등 2등용 조명기구를 사용하고 조명률 0.6, 감광보상율 1.3, 필요조도 200[lux]할 때 조명기구를 배치해보라.

(풀이) F × U × N = A × E × D
F = 7,000 × 2, U = 0.6, A = 10 × 15
E = 200, D = 1.3 을 대입하면

$$N = \frac{150 \times 200 \times 1.3}{7{,}000 \times 2 \times 0.6} = 4.6 \fallingdotseq 5 \neq 6$$ 이것을 배치하면 아래와 같다.

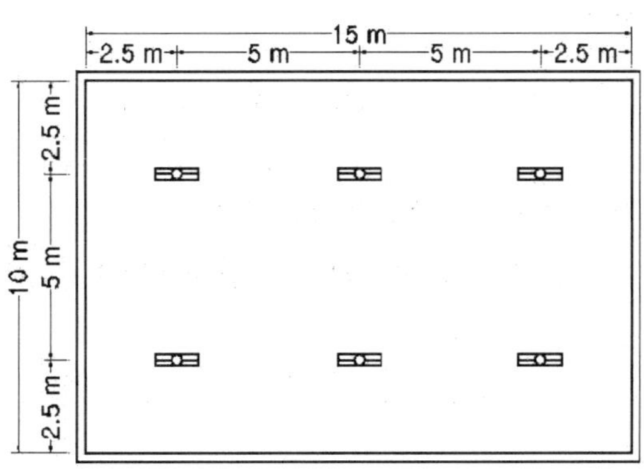

2-5-5 도로조명 설계

도로조명은 야간에 시야를 확보하고 운전자에게 안전운행을 하게 한다. 도로에는 고속도로, 자동차 전용도로(교통도로), 상업도로, 주택지 도로로 구분한다. 도로조명에서는 노면이 균등하고 충분한 조도가 필요하며 눈부심이 없어야 한다.

다음 표는 각종 도로의 권장조도 기준이다.

표 2.13 각종 도로의 권장조도

조 도(lux)	고 속 도 로	교 통 도 로	상 업 도 로	이면 도로(주택)
50	터 널	—	—	—
20	터널 출구 톨게이트 정류소 등	터 널	상 점 가 교 차 로	—
10	옥외 주차장	옥외 주차장	—	—
5	관련 부속 도로	교통량이 많은 교차로, 역전,광장 등	—	—
2	—	번화하지 않은 도로	폐점 후의 상가	—
1	—	교통량이 적은 도로	—	주 택 지 구
0.5	—	—	—	공 원 기타 광장

(1) 도로조명등의 적용

① 가로등 : 도로 폭 12[m] 이상의 공공도로에 시설하는 도로조명이다.

② 보안등 : 도로 폭 12[m] 미만의 공공도로에 시설하는 도로조명이며, 주로 아파트 단지 안이나, 주택가의 이면 도로의 조명등이다.

③ 보행등 : 공공도로의 보행자와 지역의 특수성을 나타내기 위하여 설치하는 조명등으로 등주의 높이가 1[m] 이하이다.

* 도로 폭 : 차도, 노견, 분리대, 보도 등을 모두 포함한다.

(2) 도로조명의 용어

① 평균 노면 휘도
운전자의 위치에서 본 마른 노면의 평균적인 휘도로 운전자의 눈부심을 좌우한다.

② 종합 균제도 : 노면 상에서 최소휘도와 평균노면 휘도의 비를 말한다.

③ 차선축 균제도
차선의 중심선 상에서의 최소휘도와 동일한 차선의 중심선 상에서의 최대휘도의 비을 말한다.

④ 눈부심 조절 마크(G)
도로의 종류에 따라 조명시설의 눈부심 조절 마크를 설정한다. 즉 눈부심 조절마크는 눈부심의 정도를 숫자로 개량화한 것이다.

⑤ 배광 곡선
광원을 중심으로 하여 각 방향으로 직선을 긋고, 그 직선의 길이를 광도의 크기에 비례하게 한 다음, 그 직선의 끝을 연결하면 광도의 공간적인 배광 곡선이 된다. 즉 배광곡선은 광원의 빛에 대한 공간적인 분포를 나타내는 그림이 된다.

(3) 도로조명의 광원

도로조명에 사용하는 광원은 메탈할라이드 램프, 고압나트륨 램프, LED를 주로 사용한다. 다음 표는 광원의 종류 및 장소 등을 표시한다.

표 2.14 광원의 종류 및 특성

<table>
<tr><th colspan="2">광원의 종류(W)</th><th>전광속(lm)</th><th>광 색</th><th>부속장치</th><th>사 용 장 소</th></tr>
<tr><td rowspan="3">메탈할라이드 램프</td><td>MH-150</td><td>11,250</td><td rowspan="3">백 색</td><td rowspan="3">안정기</td><td rowspan="3">일반도로
고궁
상점가(시가지)</td></tr>
<tr><td>MH-250</td><td>20,500</td></tr>
<tr><td>MH-400</td><td>34,000</td></tr>
<tr><td rowspan="3">고압 나트륨 램프</td><td>MH-150</td><td>14,000</td><td rowspan="3">등 백 색</td><td rowspan="3">안정기</td><td rowspan="3">안개지역
매연지역
터널</td></tr>
<tr><td>NH-250</td><td>25,000</td></tr>
<tr><td>NH-400</td><td>46,000</td></tr>
<tr><td rowspan="3">LED</td><td>LE-100</td><td>11,000</td><td rowspan="3">백 색</td><td rowspan="3">컨버터</td><td rowspan="3">일반도로
시가지</td></tr>
<tr><td>LE-120</td><td>13,200</td></tr>
<tr><td>LE-150</td><td>16,500</td></tr>
</table>

(4) 조명기구의 선정

도로조명에 사용하는 조명기구는 한국 산업표준(KS C 7611)의 도로 조명기구에 적합하여야 하며, 도로의 중요성에 따라 배광은 컷 오프(Cut-Off)형, 세미 컷 오프(Semi-Cut-Off)형, 논 컷 오프(Non-Cut-Off)형으로 분류한다.
등주의 높이는 4~7[m]이고, 설치간격은 30~50[m] 정도이다.

① 컷 오프형
주행하는 차량의 운전자에 대한 눈부심을 엄격히 제한한 도로로 고속도로, 자동차 전용도로 등에 해당된다.

② 세미 컷 오프형
눈부심을 어느 정도 제한한 도로로 비교적 주변이 밝은 시가지 도로에 해당된다.

③ 논 컷 오프형
눈부심에 대한 고려가 적은 도로이고 주택가 도로가 해당된다.

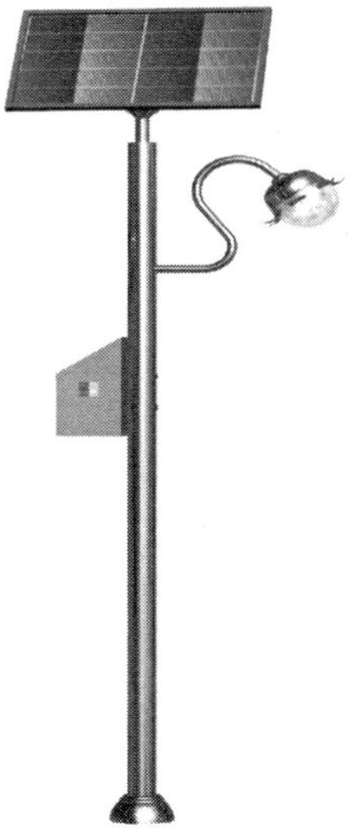

그림 2.38 도로 조명기구의 모양

(5) 조명기구의 배열

① 편측 배열
한쪽으로 가로등을 배열하는 것으로 도로 폭이 15[m] 미만에 적용한다.

② 지그재그 배열

지그재그로 가로등을 배열하는 것으로 도로 폭이 15～25[m] 미만에 적용한다.

③ 마주보기 배열

도로에 마주보면서 가로등을 배열하는 것으로 도로 폭이 25[m] 이상에 적용한다.

④ 중앙 배열

중앙에 수목이나 분리대가 있을 때 적용하는 것으로 조도계산은 편측 배열로 본다.

⑤ 교차로 배열

곡선부는 곡선 외측에 편측으로 배열하고 T자로, 교차로, Y자로 등이 있다.

다음 그림은 각 도로 조명기구의 배열을 나타낸 것이다.

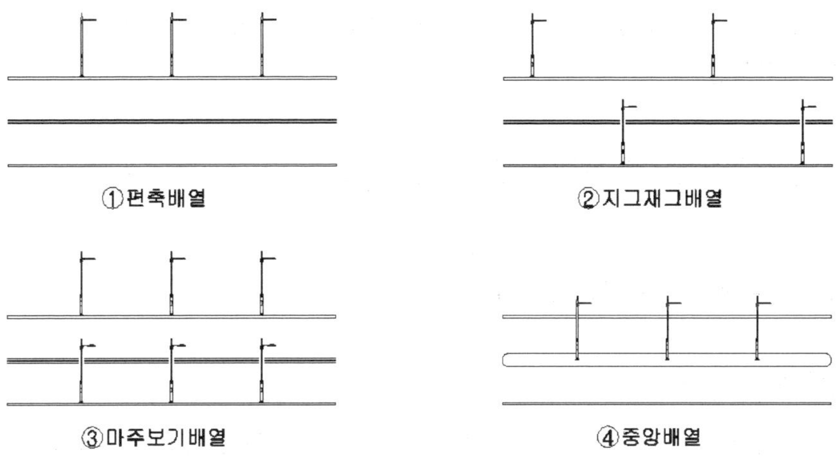

그림 2.39 도로의 조명기구의 배열

(6) 도로조명의 계산

도로 조명의 계산은 실내의 전반 조명설계에 준한다.

$$E=\frac{FNU}{AD}=\frac{FNUM}{WS}\begin{cases}F:\text{광속},\ N:\text{등수},\ U:\text{조명률},\\ M:\text{보수율}(0.65),\ S:\text{등주간격}\\ A:\text{면적},\ D:\text{감광보상율},\ W:\text{차도폭}\end{cases} \quad (2.15)$$

[예제 2.4] 차도 폭이 20[m]인 도로에 양측에 30[m]간격으로 마주보기식으로 가로등을 배열하며, 250[W] 메탈할라이드등을 설치하고자 한다. 조명률 0.34, 유지율 0.65이고 도로면의 MH 250[W]의 전광속은 20,000[lm]이다. 이때 도로면의 조도[lux]는?

(풀이) 식 2.15에서 도로조명의 조도 E는

$$E = \frac{FNU}{AD} = \frac{FNUM}{WS}\begin{cases} F:\text{광속}, N:\text{등수}, U:\text{조명률}, \\ M:\text{보수율}(0.65), S:\text{등주간격} \\ A:\text{면적}, D:\text{감광보상율}, W:\text{차도폭} \end{cases}$$

여기서 광속 F = 20,000[lm], 등수는 마주보기이므로
N = 2, 조명률 U = 0.34, 유지율 M = 0.65, 차도폭 W =20, 등주간격 S = 30
이것을 대입하면

$$E = \frac{20{,}000 \times 2 \times 0.34 \times 0.65}{20 \times 30} = 14.73 \fallingdotseq 15$$

∴ 도로 조명의 조도는 15[lux]이다

(7) 터널조명 설계

도로에서의 터널조명은 터널길이가 25[m] 이하는 조명을 하지 않고, 25~50[m]는 야간조명을 하고, 50[m] 이상은 하루 종일 조명을 한다.

1) 터널의 문제점

① 주간에 있어서 문제점

ⓐ 진입전 상황 : 조명이 충분치 않을 경우 암순응에 의해 긴 터널일 경우 **블랙 홀**(Black Hole)**현상**, 짧은 경우에는 **다크 프레임**(Dark Frame)**현상**이 일어난다.

* **블랙홀 현상** : 아무것도 안 보이는 깜깜한 상태
다크 프레임 : 일정시간 깜깜하게 보이는 현상

ⓑ 진입 직후 상황 : 일정한 시간이 경과할 때까지 암순응에 의해 터널 내부를 볼 수 없다.

ⓒ 내부에서의 상황 : 자동차 배기가스, 먼지 등으로 인하여 전조등이나 내부 조명기구의 빛이 흡수되거나 산란되어 일시적인 시력장애를 초래한다.

ⓓ 출구에서의 상황 : 명순응에 의해 **화이트 홀**(White Hole)**현상**이 되어 거리를 착각하고 불쾌 글레어현상이 일어난다.

* **화이트홀 현상** : 전부 하얗게 보여 시력 장애를 일으키는 현상

② 야간에 있어서 문제점

ⓐ 진입할 때는 문제가 적다.

ⓑ 내부에서의 상황 : 주간에서와 같이 산란에 의한 일시적인 시력장애가 일어난다.

ⓒ 출구에서의 상황 : 주간과 반대로 다크 프레임 현상이 일어나 도로의 형태나 장애물이 식별되지 않는다.

2) 조명기구의 배치 및 기구

① 등기구 배열

ⓐ 맞보기 배열 : 고속도로 등 주요 도로(폭 20m 이상 긴 터널)

ⓑ 지그재그 배열 : 간선도로, 중간 터널

ⓒ 편측 배열 : 일반도로, 소형 터널

② 등기구의 간격

ⓐ 맞보기 배열 : $S \le 2.5\ H$ (S : 등주의 간격, H : 터널의 높이)

ⓑ 지그재그 배열 : $S \le 1.5\ H$

ⓒ 중앙배열 : $S \le 1.5\ H$

③ 조명광원

광원효율이 우수한 메탈할라이드등, 나트륨등 및 LED를 사용한다.

④ 조명기구

ⓐ 배광특성이 우수하고 눈부심이 적도록 발광면적을 크게 하고 도로축에서 80° 이상의 광도를 차단한다.

ⓑ 기구의 효율이 높고 절연성이 좋아야 한다.

ⓒ 기계적 강도가 유지되어 진동 충격에 의한 이완과 파손이 생기지 않아야 한다.

ⓓ 습기에 의한 방수특성이나 부식가스에 의한 내식성이 있어야 한다.

ⓔ 재료 : 반사판은 알루미늄 전해연마 제품을 사용하고 본체는 철판재, 스테인리스재, 알루미늄재를 사용한다. 또 글로브는 유리 또는 내열성 합성수지를 사용한다.

3) 터널구간의 조명 고려사항

① 입구부 조명

ⓐ 개요

주간의 터널에 운전자는 야외의 휘도에 순응되다가 내부에 들어올 때 암흑으로 보이는 암순응이 되므로 기본부보다 높은 수준의 조명시설이 필요하다.

ⓑ 조명기구 배치방법

터널의 길이가 50[m] 이상일 때 경계부, 이행부, 완화부로 나누어 휘도를 낮춘다.

② 기본부 조명

ⓐ 터널을 주행하는데 운전자가 장애물을 확인하는데 필요한 조명으로 터널 전체를 일정한 간격으로 배치한다.

ⓑ 평균 노면휘도는 속도 100[Km/h]일 때 평균 노면휘도가 주간 10[nt], 야간은 2.9[nt] 이상이어야 한다.

③ 출구부 조명

출구는 부근의 야간 휘도가 현저히 높게 되어 외부의 상태가 급격히 파악되지 않으므로 출구측이 70[m] 이상일 때 노면조도 70[lux] 이상으로 설계한다.

④ 접속도로 조명

터널출구에 이어지는 접속도로에는 터널의 연장처럼 조명을 한다. 만약에 조명이 없을 시 야간에 도로의 형태를 알 수 없어 위험하다.

⑤ 정전할 때 조명

기본조명의 일부를 비상전원에 연결하든지, 그 계통의 전원공급을 정전 방지시설을 한다.

연습문제

1. 다음 중에 명시론에서 설명하는 좋은 조명의 조건이 아닌 것은?
   ㉮ 휘도차가 2:1 이하로 한다.
   ㉯ 눈부심이 적게 하기 위해 휘도 0.2[cd/㎠] 이하로 한다.
   ㉰ 밝음과 어두움의 비가 3:1 이하로 한다.
   ㉱ 분광분포와 연색성이 좋은 조명을 한다.

2. 다음 중에 분위기조명의 항목 중에 중요시 하는 순서대로 나열한 것은?
   ㉮ 미적효과→광속분포→그림자→경제성 ㉯ 미적효과→분광분포→그림자→눈부심
   ㉰ 미적효과→광속분포→경제성→눈부심 ㉱ 미적효과→분광분포→그림자→경제성

3. 다음 중에 분위기를 중요로 하는 조명에 대한 설명 중에 틀린 것은?
   ㉮ 조명비를 1:10으로 지킬 필요가 없다.
   ㉯ 조도는 경제성이나 조명효과를 고려한다.
   ㉰ 원근감을 살리기 위해 명암의 비를 7:1 이상도 한다.
   ㉱ 분광분포는 장소와 시기에 알맞은 미적효과를 나눌 수 있다.

4. 다음 중에 조명기구의 광학적 기능이 아닌 것은?
   ㉮ 배광 ㉯ 보호각
   ㉰ 역률 ㉱ 휘도의 조절

5. 다음 중에 조명기구의 구조적 기능에 대한 설명이 아닌 것은?
   ㉮ 광학적인 기능을 수행하는 튼튼한 모양이어야 한다.
   ㉯ 밀폐형 용기는 단면적을 충분히 잡는다.
   ㉰ 용도에 따라 방폭, 내진 등이 요구되므로 재질의 검토가 필요하다.
   ㉱ 조정, 가설, 운반, 청소 등이 쉬워야 한다.

6. 다음 중에 등기구 모양에 따른 분류가 아닌 것은?
   ㉮ 단등 방식 ㉯ 다등 방식
   ㉰ 연속열 방식 ㉱ 선 방식

▸ 정답

1. ㉮ 2. ㉰ 3. ㉱ 4. ㉰ 5. ㉯ 6. ㉱

7. 다음 중에 직접 조명방식에 대한 설명이 아닌 것은?
   ㉮ 빛의 방향을 하향으로 90~100[%]까지 작업면에 투사한다.
   ㉯ 휘도의 차이가 적고 그림자와 눈부심이 있다.
   ㉰ 눈부심을 피하기 위해 보호각을 15~20° 정도로 설치한다.
   ㉱ 천정이 높은 곳에는 빛을 집중시키는 조명기구를 사용한다.

8. 다음 중에 간접 조명방식에 대한 설명이 아닌 것은?
   ㉮ 빛의 방향이 천정면에 투사하여 반사를 이용한다.
   ㉯ 눈의 직시에 의한 눈부심이 없다.
   ㉰ 경상비와 유지비가 적게 든다.
   ㉱ 분위기 위주의 조명에 적합하다.

9. 다음 중에 전반 확산 조명방식에 대한 설명이 아닌 것은?
   ㉮ 빛의 방향이 상 하향 고르게 발산하는 조명방식이다.
   ㉯ 광원의 휘도를 감소시켜 눈부심을 조절한다.
   ㉰ 외구의 크기를 온도상승에 따라 조절한다.
   ㉱ 학교, 도서관 등에 많이 사용한다.

10. 다음 중에 전반조명에 대한 설명 중에 틀린 것은?
   ㉮ 그림자가 강하다.
   ㉯ 방 전체를 균일하게 조명한다.
   ㉰ 조명의 모양이 좋다.
   ㉱ 큰 용량의 전등을 사용할 수 있다.

11. 다음 중에 건축화 조명에 천정에 매입하는 조명기구가 아닌 것은?
   ㉮ 다운 라이트
   ㉯ 라인 라이트
   ㉰ 코우퍼 조명
   ㉱ 루우버 조명

12. 다음 중에 국부조명에 대한 설명이 아닌 것은?
   ㉮ 희망하는 곳에 희망하는 광색을 얻을 수 있다.
   ㉯ 불필요한 장소에 소등을 마음대로 할 수 없다.
   ㉰ 한부분에 높은 조도를 얻을 수 있다.
   ㉱ 빛의 방향을 자유롭게 바꿀 수 있다.

▸ 정답

7. ㉯ 8. ㉰ 9. ㉱ 10. ㉮ 11. ㉱ 12. ㉯

13. 다음 중에 TAL(Task and Ambient)조명에 대한 설명이 아닌 것은?

㉮ 컴퓨터 디스플레이의 피로도를 적게 한 조명방식이다.

㉯ 국부와 직접 조명방식을 혼용한다.

㉰ 컴퓨터에는 전용의 국부조명을 한다.

㉱ 기타 환경에서는 간접 조명방식을 한다.

14. 다음 중에 조명기구의 설치방식에 대한 설명 중에 틀린 것은?

㉮ 직부형은 천정에 설치하는 조명기구이다.

㉯ 벽부형은 벽면 상단에 설치한다.

㉰ 펜단트형은 주로 거실에 많이 사용한다.

㉱ 매입등은 이중 천정 내에 설치한다.

15. 다음 중에 건축화 조명에 천정면을 광원으로 하는 조명기구가 아닌 것은?

㉮ 광천정 조명 ㉯ 코브 조명

㉰ 코니스 조명 ㉱ 루우버 조명

16. 다음 중에 건축화 조명에 벽면에 설치하는 조명기구인 것은?

㉮ 코니스 조명 ㉯ 코브 조명

㉰ 코우퍼 조명 ㉱ 루우버 조명

17. 다음 중에 조명기구의 배치에 대한 설명이 아닌 것은?

㉮ 방의 조건에 따라 배치한다.

㉯ 기둥과 보에 걸리지 않게 배치한다.

㉰ 벽과 조명기구의 길이는 기구 높이의 1/2 이상으로 한다.

㉱ 실지수가 높으면 배치가 쉽다.

18. 방의 크기 10×10[m], 작업면에서 광원까지 높이가 2[m]일 때 실지수는 얼마인가?

㉮ 1.0 ㉯ 1.5

㉰ 2.0 ㉱ 2.5

(풀이) 실지수 $= \dfrac{XY}{H(X+Y)} = \dfrac{10 \times 10}{2 \times (10+10)} = 2.5$

▸ 정답

13. ㉯ 14. ㉰ 15. ㉰ 16. ㉮ 17. ㉰ 18. ㉱

19. 다음 중에 감광보상율에 영향을 미치는 요소가 아닌 것은?

㉮ 필라멘트의 증발에 따른 광속의 감소

㉯ 유리구 내면의 흑화현상

㉰ 전압상승에 따른 필라멘트의 열화

㉱ 청소주기

20. 10×15 [m]인 일반사무실에 광속 7,000[lm]인 형광등 2등용 조명기구를 사용하고 조명률 0.6, 감광보상율 1.3, 필요조도 300[lux]할 때 조명기구의 수는?

㉮ 7　　㉯ 8

㉰ 9　　㉱ 10

(풀이) $F \times U \times N = A \times E \times D$

$F = 7{,}000 \times 2$, $U = 0.6$, $A = 10 \times 15$

$E = 300$, $D = 1.3$ 을 대입하면 $N = 6.96 \fallingdotseq 7$

21. 다음 중에 도로 폭에 포함되지 않는 곳은?

㉮ 차도　　㉯ 노견

㉰ 분리대　　㉱ 경계석

22. 다음 도로조명의 용어가 아닌 것은?

㉮ 평균 노면 휘도　　㉯ 일반 균제도

㉰ 차선축 균제도　　㉱ 눈부심 조절마크

23. 다음 중에 도로 폭이 15~25[m] 미만에 적용하는 조명기구 배열방식은?

㉮ 편측 배열　　㉯ 마주보기 배열

㉰ 지그재그 배열　　㉱ 중앙 배열

24. 도로 폭이 12[m] 미만의 공공도로에 시설하는 도로조명은?

㉮ 보안등　　㉯ 가로등

㉰ 보행등　　㉱ 정원등

▸ 정답

19. ㉰　20. ㉮　21. ㉱　22. ㉯　23. ㉰　24. ㉮

25. 다음 중에 주행하는 차량의 운전자에 대한 눈부심을 엄격히 제한한 도로에 사용하는 도로 조명기구의 배광방식은?

㉮ 컷오프형　　㉯ 세미 컷오프형
㉰ 논 컷오프형　　㉱ 세미 논 컷오프형

26. 차도 폭이 20[m]인 도로에 양측에 25[m]간격으로 마주보기식으로 가로등을 배열하며, 250[W] 메탈할라이드등을 설치하고자 한다. 조명률 0.34, 유지율 0.65이고 도로면의 MH 250[W]의 전광속은 25,000[lm]이다. 이때 도로면의 조도[lux]는?

㉮ 20.1　　㉯ 21.1
㉰ 22.1　　㉱ 23.1

(풀이) $E = \dfrac{FNU}{AD} = \dfrac{FNUM}{WS} = \dfrac{25,000 \times 2 \times 0.34 \times 0.65}{20 \times 25} = 22.1\,[\mathrm{lux}]$

27. 다음 중에 터널조명에서 일어나는 일반적인 트러블 현상이 아닌 것은?

㉮ 블랙홀 현상　　㉯ 다크 프레임 현상
㉰ 화이트 홀 현상　　㉱ 블랙 나이트 현상

28. 다음 중에 터널길이가 몇 [m] 이상일 때 경계부, 이행부, 완화부로 하는가?

㉮ 30　　㉯ 40
㉰ 50　　㉱ 60

29. 다음 중에 등기구의 간격(S: 등주의 간격, H: 터널의 높이)이 틀리는 배열방식은?

㉮ 맞보기 배열 : S ≤ 2.5 H　　㉯ 지그재그 배열 : S ≤ 1.5 H
㉰ 중앙배열 : S ≤ 1.5 H　　㉱ 편측 : S ≤ 1.0 H

30. 터널조명의 출구부 조명은 출구부가 70[m] 이상일 때 몇 [lux] 이상인가?

㉮ 60　　㉯ 70
㉰ 80　　㉱ 100

▸ 정답

25. ㉮　26. ㉰　27. ㉱　28. ㉰　29. ㉱　30. ㉯

2-6 조명 설비의 경제성

2-6-1 조명기구의 유지관리

(1) 전원

전압을 정격치를 유지하며 전압이 높으면 수명이 단축되고 낮으면 효율이 저하되며, 형광등의 소음이 나는 것은 정격전압 보다 높을 때 소음이 발생한다.

(2) 보수성

조명기구의 선택 시 전구의 교환, 기구의 청소, 수리, 보수 등이 용이한 조명기구를 설치한다. 예를 들면 천정이 높은 장소에서는 보수 통로를 확보하고 등주가 높을 때 보수용 리프트를 설치한다.

(3) 온도

조명기구는 온도에 영향을 받으며, 온도가 높을 때 백열전구는 소켓과 베이스가 분리될 수 있으며, LED는 효율이 떨어진다. 또 온도가 낮으면 형광등의 발광효율이 떨어지고 아주 낮을 때는 점등이 되지 않는다.

(4) 부품의 재고 상태

조명기구는 서로 모양이 다르므로 재고품을 확보해야 하며 유백색 아크릴 커버등은 먼지, 변색, 제작에 시간이 걸리므로 재고를 남겨 두어야 한다.

(5) 점검측정

① 절연 측정 : 1년에 1회 이상 점검한다.

② 전원 배선의 점검 : 전원전압이나 주파수 점검, 열에 의한 열화현상도 점검한다.

③ 조도 측정 : 설계대로 조도가 나오는지 측정하여 청소주기나 전구 교환 시기를 결정한다.

(6) 청소

조명기구 청소를 월 1회 이상 정기적으로 실시한다.

2-6-2 조명비

조명비는 조명기구의 설계부터 시공, 유지관리까지 총비용을 산출하여 합한 비용을 조명비라 한다. 조명비를 계산할 때 고려하여야 할 세 가지는 설비비, 기구의 청소, 전구의 교환비용 및 전력사용비 등이 있다. 설비비는 영구 값이 아니므로 매년 단위로 감가 삼각하여 산출한다.

(1) 청소와 광원의 교환

보수를 하기 전에 소요 조도를 확보하기 위해 보수율 또는 감광보상율을 고려한다.

① 보수의 효과
보수는 반사율의 증대, 발산광속분포의 개선, 조도의 향상 등이 있다. 예를 들면 실내면의 칠을 다시 할 때 당초에 49% 광속이 저하된 것에서 61%로 개선되며 광원의 조명기구 청소 시에 81%, 신제품 사용으로 100%로 개선할 수 있다.

② 청소간격
청소주기는 빠를수록 광속은 개선되나 청소비가 많이 들어가므로 먼지가 적은 장소는 2주에 한번 먼지 털기와 2달에 한번 물청소를 하며, 먼지가 많은 장소는 1주 및 1달 주기로 먼지 털이와 물청소를 한다.

③ 교환
조명기구를 교환하는 방법은 아래와 같다. 형광등의 교환간격은 5,000~6,000시간 정도가 경제적이다.

ⓐ 불량한 것은 개별 교환한다.
ⓑ 점차로 교환하여 일정한 시간 후 전부 교환한다.
ⓒ 일정한 시간 후 전체 교환 : 전등수가 많고 정격 평균수명의 70%가 지나고 점등되지 않는 광원이 10% 이상일 때 시행한다.

(2) 조명비 계산

① 조명비의 항목

ⓐ 고정비 : 전등 설비비의 감가 삼각비용, 유지비용, 기타 장비 사용대금을 말한다.
ⓑ 전등비 : 전등가격, 수명 및 교환비용에 따라 변동한다.
ⓒ 전력비 : 전등의 크기, 동정, 전기 요금제 및 점등시간에 좌우된다.

② 경제적인 조명비
초기투자비와 점등비를 고려하여 설계한다.

$$점등비\ R[원] = P + \frac{q \times w \times L}{10^3} \begin{cases} P : 광원의\ 가격,\ q : 전력요금[kWh당] \\ w : 총전력(안정기\ 포함),\ L : 수명 \end{cases} \quad (2.16)$$

[예제 2.5] 광원의 가격 8,000원, [kWh당]전력비 300원, 총전력 5[kWh], 수명 3,000시간일 때 점등비[원]은 얼마인가?

(풀이) 식 2.16에서

$$점등비\ R[원] = P + \frac{q \times w \times L}{10^3} \begin{cases} P : 광원의\ 가격,\ q : 전력요금[kWh당] \\ w : 총전력(안정기\ 포함),\ L : 수명 \end{cases}$$

광원의 가격 8,000원, 전력비 300원, 전력량 5[kWh], 수명 3,000시간이므로

$$점등비\ R = 8,000 + \frac{300 \times 5 \times 3,000}{10^3} = 12,500원$$

2-6-3 조명에너지 절약

(1) 광원의 효율

$$\eta = \frac{발생광속(\mathrm{lm})}{램프입력(\mathrm{W})} \quad (2.17)$$

(2) 광원의 효율 향상

① 백열구

ⓐ 유리구 내면에 확산성이 좋은 실리카 정전도장을 한다.

ⓑ 적외선 반사막 응용 할로겐램프 : 6~9% 에너지 절약 효과가 있다.

② 전구형 형광램프

ⓐ 전구형 형광램프 : 백열등과 교체할 때 호환성이 있다.

ⓑ 전구형 전자식 형광램프 : 전구형 형광등에 전자식안정기를 적용한다.

ⓒ 에너지 절약형 형광램프 : 봉입가스와 관 지름을 최적화 한다.

ⓓ 3파장 발광형 형광램프 : 3개의 파장대를 합성한 것으로 연색성이 우수하다.

(3) 안정기 손실경감

① 전원을 안정적으로 공급한다.

② 고효율 전자식 안정기를 사용한다.

(4) 기구효율의 향상, 배광의 개량

반사판이나 루버를 개선한다.

(5) LED사용

조명기구의 수명과 효율이 증대된다.

(6) 조명제어시스템 실시

효과적인 조명제어를 통한 에너지 절감을 한다.

2-6-4 조명제어 시스템

조명 제어 시스템은 쾌적한 환경과 에너지 절약을 목적으로 건물관리의 편리성을 추구하기 위해 적용한다.

(1) 조명제어의 목적

① 쾌적성 : 쾌적한 조명환경을 이룩하여 생산성을 도모한다.
② 높은 기능성 : 시스템 도입이 용이하며 레이아웃(Lay-Out)변경이 용이하다.
③ 에너지 절약 : 약 20% 정도의 절전을 할 수 있다.

(2) 주요 기능

① 조명 패턴 점멸제어 : 용도나 시간대에 맞춰 최적한 점등상태를 유지하며 공용부는 설비관리자가 일괄 관리한다.
② 영역 패턴 점멸제어 : 가까운 벽면에 설치한 영역 패턴 스위치로 임의의 조명을 점멸할 수 있으며 자유롭게 점등범위를 조정한다.
③ 리모콘 점멸제어 : 무선발신기에서 떨어진 곳에서 조명 점멸제어를 할 수 있고 광전식을 사용하여 다른 곳은 영향이 없다.
④ 스케줄 제어 : 최적 점등상태를 내장한 타이머로 자동적으로 재생하며 항상 최적의 조명환경을 유지한다.
⑤ 주광 센서 연동제어 : 입사되는 자연광의 양을 센서로 감지하여 필요 없는 조명을 소등하고 최적의 책상면 조도를 유지한다.
⑥ 점멸 잊음 방지제어 : 점멸 잊음 방지제어로 필요 없는 조명을 한 번에 조작 또는 제어하여 소등한다.

(3) 특징

① 자유로운 레이아웃 : 레이아웃은 메모리 변경으로 항상 가능하다.

② 풍부한 제어 기능 : 제어기능이 최적 상태를 유지한다.

③ 알기 쉬운 조작 : 액정화면을 통해 실행하는 대화식 조작과 고기능 스위치를 가지고 있다.

④ 주광의 유효한 이용 : 쾌적성과 에너지 절약을 도모한다.

⑤ 설계하기 쉬운 시스템

ⓐ 다중 전송 채택으로 신호배선이 간단하다.

ⓑ 점멸범위 및 위치가 변경하기 쉽다.

⑥ 무선 조작 : 점멸조작이 간편하고 시간이 절약한다.

⑦ 스케줄 제어 : 최적 점등 상태를 유지한다.

⑧ 유지 관리가 용이한 시스템 :

ⓐ 집중 감시제어 기능 : 액정 화면에 모든 문자 데이터를 기록한다.

ⓑ 타임 스케줄제어 기능 : 주간, 연간 스케줄을 자동으로 제어한다.

ⓒ 페일 세이퍼(Fail Safe) 기능 : 트러블 시 조명을 강제로 소등시켜 전력안정화를 도모 한다.

⑨ 전자 안정기 제어 : 인버터나 조광안정기로 제어 가능하다.

⑩ 통합 관리시스템 접속기능 : 중앙 감시 시스템과 연결하여 효율성이 높은 빌딩관리를 한다.

2-6-5 스마트조명

스마트조명은 네트워크와 유선 또는 무선으로 연결되어 센서, 제어기기 등의 정보의 입출력과 제어를 통해 조명의 품질을 만족하면서 주변 환경이나 사전 설정 등에 따라 변경이 가능한 조명 시스템으로 에너지 성능, 실시간 사용자 요구, 시각적 작업 또는 주위 환경과 같은 여러 측면에 따라 변경이 가능하다.

(1) 구성요소

① 형상적 요소 : 센서, 제어기기, 광원 및 등기구 등

② 비 형상적 요소 : 조명제어 방식, 통신 프로토클, 소프트웨어 등

③ 네트워크 요소 : 호환성, 적합성 및 응용분야 등의 시스템

(2) 주요기능

① 스위치별 제어, 실별 다단제어, 공실감지 제어
② 시간대 제어
③ 지능형 조광
④ 연속 조광 및 다중 장면 제어
⑤ 백색 색온도 제어
⑥ 네트워크 조명 제어 시스템
⑦ 원격제어
⑧ 도로조명의 통행량 분석

(3) 지능형 조명시스템

지능형센서(조도, 동체감지 등)를 사용해 인체 및 차량의 움직임을 감지하여 필요시에만 LED 조명을 자동으로 제어함으로써 조명기구의 향상과 효율적인 조명으로 전력을 절감하는 시스템으로 크게 유선제어와 무선제어 시스템으로 나눌 수 있다.

① 유선방식 : 제어기와 센서 일체형과 분리형, 집중제어방식이 있고 설정조도 변경이 비교적 복잡하다.
② 무선방식 : 제어기와 센서 일체형과 분리형, 모자방식이 있고 설정조도 변경이 비교적 용이하다.

(4) 스마트 LED조명시스템

스마트 LED조명시스템은 LED와 등기구를 스마트 센서와 스마트 제어장치를 통하여 다양한 기능의 제어를 할 수 있도록 하나의 시스템으로 구성하여 각 기능별 최소 1개 이상의 기능이 복합적으로 구현되도록 한 조명시스템이다.

① 실내조명용 LED 스마트 등기구는 광속 혹은 색온도가 변화되는 등기구로 최대 10단계의 광속 변화 기능을 가지며, 제조자의 선택으로 광속변화 단계조절이 가능하다.
② 현재 몇 개의 제조회사에서 스마트 LED조명시스템 시험인증을 준비 중인데 주요 시스템의 내용은 일반 LED에 밝기조절, 센서・제어, 절전운전, 주광변화에 따른 동작 등 다양한 기능을 접목하여 에너지 절감효과를 극대화하는 기술을 구현하고 있다.
③ 스마트 LED조명시스템은 기존 LED조명에 센서・제어 기술을 융합해 환경, 밝기, 시간대 제어 등을 할 수 있는 시스템을 고효율기자재 인증 대상으로 추가 하였다.

(5) 고효율 에너지기자재 인증제도

고효율인증제도는 에너지이용합리화법(제22조)에 의한 1996년부터 시행한 임의적 신청제도로서 국가에서 일정 기술기준 이상 제품에 인증을 부여하는 성능인증제도 이다. 변압기, 펌프, 송풍기, LED, 인버터 등 22개 품목을 대상으로 정부가 고시한 근거에 의해 인증서를 교부하며 고효율기자재 마크를 부착할 수 있다.

2-6-6 콘센트 설비

콘센트는 전기를 사용하는 수구로 단상 220[V]용과 삼상 380[V]용을 사용할 수 있으며 접지형과 비접지형, 1구형과 2구형 3구형, 일반용과 비상용, 대기전력 차단용으로 나눌 수 있으며 설치기준은 아래와 같다.

1) 콘센트의 위치는 입구의 문, 가구, 계기 등의 후면에 오지 않게 한다.
2) 콘센트는 1구용, 2구용, 3구용이 있고 방수형과 방폭형도 있다. 현재는 배선용 꽂음 접속기가 수구에 꽂혀 있어도 대기전력을 차단할 수 있는 콘센트도 사용한다.
3) 전압이 다른 분기회로에는 각 콘센트에 맞는 배선용 꽂음 접속기를 사용 한다.
4) 기둥에 설치할 경우에는 칸막이를 할 때 지장이 없어야 한다.
5) 일반 사무실에는 바닥 콘센트를 6×6[m]당 4개 이상 설치하며, 벽면에 설치하는 경우에는 콘센트를 6×6[m]당 2~4개를 설치하는 것이 바람직하다.
6) 욕실등은 습기를 감안하여 방적형 콘센트를 설치하고, 인체감전 보호용 누전차단기를 설치해야 한다.
7) 승강기 홀이나 복도등은 청소용 콘센트를 10~15[m] 마다 1개를 설치한다.
8) 콘센트를 문 옆에 설치하는 경우 20[cm] 이격하여 설치한다.
9) 주택의 옥내전로는 접지극이 있는 콘센트를 사용하며 접지하여야 한다.

2-7 조명 계획

2-7-1 주택 조명계획

주택은 휴식공간이기도 하며 작업하는 장소이다. 주방, 서재, 공부방은 작업능률이 높아야 하므로 명시조명을 하고 거실, 전실, 침실, 실내바 등은 실내장식을 고려하여 분위기 조명을 한다.

(1) 조명계획의 주안점

① 광원의 크기, 배치, 광색을 고려하여 방의 의장, 마감, 가구 등을 종합적으로 고려한다.
② 입주자의 취미, 가족구성을 고려한다.
③ 명시조명과 분위기 조명을 방의 특성에 따라 배치한다.

(2) 주요부분의 조명방식

① 거실조명
전반조명과 국부조명을 혼용하며 전반조명은 천정등으로 하고 국부조명은 스탠드 및 브라켓등을 적용한다.
② 식탁조명
분위기 조명을 하며 식기, 도자기 등에는 포인트 조명을 하고 식탁 위는 연색성이 좋은 펜던트등을 한다.
③ 주방조명
이상적인 조명은 100～200[lux]의 전반조명과 설걷이대 및 조리대에 국부조명을 겸용한다.
④ 침실조명
분위기 조명을 하며 전반조명과 침대 위 스탠드(Stand)는 국부조명을 병용하며, 전등의 위치는 침대에서 누운 상태에서 눈부심이 없게 설계한다.
⑤ 공부방조명
눈부심이 없도록 휘도 대비에 유의하고 작업능률이 높은 명시조명을 한다. 책상 위는 스탠드로 국부조명을 한다.
⑥ 욕실조명
방습형 형광등이나 전구를 사용하며, 욕실 천정에 성에가 서리므로 벽부형이 좋고 세면대 조명은 거울에 반사되지 않게 한다.
⑦ 현관조명
그늘이 지지 않게 간접이나 확산조명 전구를 사용하며 센서(Sensor)등이나 타임스위치(Time Switch)를 사용한다.
⑧ 문등조명
장식을 고려하고 문패가 잘 보이게 한다.
⑨ 정원조명
조명기구는 수목이나 화초의 연색성을 고려하며, 옥외 수은등이나 메탈할라이드등을 사용하고 산책로등은 전구나 LED를 사용한다.

(3) 조명기구

① 에너지 절약형 조명기구

ⓐ 인버터 회로를 적용한 형광등기구를 사용한다.

ⓑ 센서등을 사용한다.

ⓒ 단열차음 시공용 다운라이트 : 단열재와 일체형 조명기구를 사용한다.

ⓓ LED를 사용한다.

② 명시성이 좋은 조명기구

ⓐ 충분한 조도를 확보하는 연색성이 좋은 3파장 형광등을 사용한다.

ⓑ 심야에 눈부심이 적은 조명기구를 사용한다.

ⓒ 정전 시에 필요한 조도를 확보한다.

2-7-2 호텔 조명계획

(1) 조명계획의 주안점

① 조도의 차를 효과적으로 이용한다.

② 아름다움을 강조하며, 샹들리에(Chandelier) 조명, 전반 확산조명등을 사용한다.

③ 빛이 안 닿는 부분을 강조한다.

④ 특수조명과 색채를 이용한다.

⑤ 카드키(Card Key)을 사용하여 조명에너지 절감을 한다.

(2) 주요부분의 조명

① 현관홀 조명

ⓐ 소유자의 경영 방침에 맞는 외관 및 현관홀 조명이 중요하다.

ⓑ 건축화 조명을 한다.

ⓒ 전반조명에 포인트를 주는 형태로 한다.

ⓓ 조도는 100~200[lux]를 유지한다.

ⓔ 다운라이트가 많고 연회장, 로비 겸용은 샹들리에 조명을 사용한다.

② 로비 조명

ⓐ 분위기 조명을 하고 한가한 느낌을 주는 조명을 한다.

ⓑ 전반조명은 밝지 않게 설계하고 주벽에 밸런스 조명을 하고 장소에 어울리게 스탠드 조명도 가능하다.

그림 2.40 현관홀의 조명

③ 식당 조명

ⓐ 식사뿐만 아니라 회합, 댄스, 파티 등에 적합하게 융통성 있는 조명을 한다.

ⓑ 전반조명은 형광전구, LED로 하고 방주위에는 코너에 간접 조명하는 형태로 하고 천정은 스포트(Spot)나 푸트라이트(Foot Light)도 가능하다.

ⓒ 연색성, 눈부심, 조도에 유의하고 이미지를 준 샹들리에 조명을 중심으로 한 조명을 한다.

ⓓ 전반적인 조도는 낮게 하고 식탁 위는 밝게 하며 연색성에 유의한다.

④ 객실 조명

ⓐ 카드키를 사용하여 조명제어 함으로써 에너지를 절약한다.

ⓑ 전반조명은 현관 입구에 매입등으로 하고 침대 반대쪽이나 커턴 뒤에 밸런스 라이트를 설치하고, 소파부분에 부분적으로 스탠드로써 100~200[lux]를 유지한다.

ⓒ 침대의 머리 부분에는 점멸장치 및 조광을 할 수 있게 한다.

⑤ 안내대 조명

ⓐ 안내, 접수, 회계 등을 하며 글을 읽고 쓰기에 적합한 밝기와 사람의 표정이 잘 보여야 한다.

ⓑ 카운터 조명은 750~1,500[lux]으로 밝게 하고 주변과 조도차가 크지 않게 하며, 프런트(Front) 뒤쪽 벽면이나 계산대 밑은 간접조명을 한다.

⑥ 복도 조명

사람, 물체가 확인되고 방 번호와 카드 키가 인식되게 다운라이트를 하며, 객실 출입구 중심으로 조명한다. 복도 통로는 가급적 한가한 느낌을 주는 간접조명을 한다.

2-7-3 무대 조명계획

무대조명은 연극, 무용 등 분위기 조명이며 객석과 무대를 분리하여 조명계획을 세우며 무대, 배우, 관객을 시각적으로 일체화 하는 것이 중요하며 조명기법을 발휘하여 시각에 의한 연출효과를 극대화 한다.

(1) 조명계획의 주안점

① 무대상의 사물이 잘 보이게 한다.
② 미적효과를 나타낸다.
③ 사실적으로 표현한다.
④ 심리적 효과를 이용하여 연극의 내용을 조장하고 등장인물의 심리를 표현한다.

(2) 무대 조명의 설계 시 주안점

① 기구의 배치도를 작성한다.
② 동정곡선을 배려한다.
③ 큐시트(Q-Sheet)을 작성한다.

(3) 중요 부분의 조명방식

① 무대의 상부 : 무대의 위쪽 현수물 장치 등에 이동되는 조명설비로 **보드 라이트**(Board Light)를 시설한다. 보드 라이트는 3원색으로 하고 관객이 볼 수 없는 곳에 설치한다.
② 무대의 바닥 : 무대의 마루위에 사용하는 조명방식으로 **푸트 라이트**(Foot Light)를 설치한다.
③ 무대의 막앞 : 객석 쪽에서 무대로 향해 사용하는 기구로 **스포트라이트**(Spot Light)를 설치한다.

그림 2.41 무대 조명의 모습

(4) 무대 조명의 광원

전구, 할로겐, LED을 사용하고 소형 경량이며, TV 영상에서의 광색이 적절하고 조광을 이용해야 한다.

(5) 특수 조명

① 드라이아이스 기계(Dry Ice Machine)

무대연출 중 연출효과를 극대화하기 위해 안개처럼 운무를 발생하는 장치이며 무대 바닥에 깔려 구름바다를 연출한다.

② 스트로브 조명(Strobe Light)

1,500[W]의 크세논램프를 이용하고 강력한 백색 점멸기능을 가지며 점멸의 속도제어가 가능하여 무대에서 율동을 돋보이게 한다.

③ 사운드 에펙트 조명(Sound Effect Light)

간결하며 각도 조절이 되는 여러 개의 반사경을 통해 서로 다른 색상과 빔(Beam)으로 음악에 따라 환상적인 효과를 연출한다.

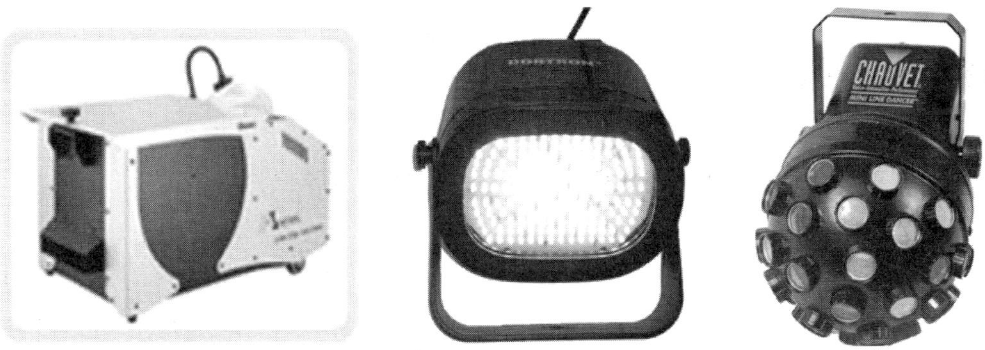

그림 2.42 특수조명(드라이아이스 기계, 스토로브 조명, 사운드 에펙트 조명)

2-7-4 사무실 조명계획

사무실은 조명에 있어 사무능률을 향상하고 피로를 방지하며, 눈부심의 억제를 통한 시환경 향상과 인텔리젠트 빌딩으로 인한 사무자동화(O.A) 기기가 많이 사용되므로 이에 대한 조명이 고려해야 한다.

(1) 조명계획의 주안점

① 높은 품질의 사무실조명 : 눈부심 방지와 연색성을 고려한다.
② 주광과 자연광의 조화 : PSALI 조명을 한다.
③ 종합적인 실내 환경을 만든다.
④ 조명열의 제거 및 실내 환경을 쾌적하게 한다.
⑤ 시공과 유지관리를 용이하게 한다.
⑥ 조명의 경제성을 추구한다.
⑦ 조명 제어 시스템을 활용한다.

(2) 사무실 조명의 요점

① 조도 기준 설정 : 설계실 750[lux], 사무실 300[lux]로 한다.
② 실내의 밝기 분포 :심리적인 안정감을 주며, 천정 80~90%, 벽 40~60%, 바닥 20~40%의 반사율을 준다.
③ 조명기구의 눈부심 억제 : 매입 개방형 눈부심 방지 루버를 사용한다.
④ 광색과 연색성을 고려 : 색온도 4,000~5,000K과 연색성 지수 Ra85 이상을 사용한다.

(3) 조명의 방법

① 글레어 컷(Glare Cut) 조명기구
천정이 낮은 것에 대비하여 매입형 루버(Louver)가 있는 형광등을 한다.
② TAL(Task and Ambient) 조명
작업에 필요한 조명(Task Light)와 주변의 조명(Ambient Light)을 가장 적합한 방법으로 조명하는 것으로 책상위의 작업면은 작업등으로 국부조명하고, 주변 조명은 천정면의 형광등이나 캐비넷 뒤쪽의 간접조명으로 해결하여 조명에너지를 절약하고 시환경을 쾌적하게 하는 데 있다.
③ PSALI(Permanent Supplementary Artificial Lighting in Interiors) 조명
PSALI 조명은 주간에 실내에서 주광을 보조하기 위해 항상 점등되는 인공조명을 말하며 **광센서**(Photo Sensor)를 통하여 창문부터 안쪽으로 점차 조도를 높게 하는 방식이다.
④ VDT(Visual Display Terminal) 조명
ⓐ 컴퓨터 단말기 주변의 적절한 조도를 유지한다.
ⓑ CRT(Cathode Ray Tube)면에 비추는 고휘도 광원의 제거가 필요하다. 따라서 CRT면에 비추는 보호각이 60° 이상 될 때 휘도를 제한한다.

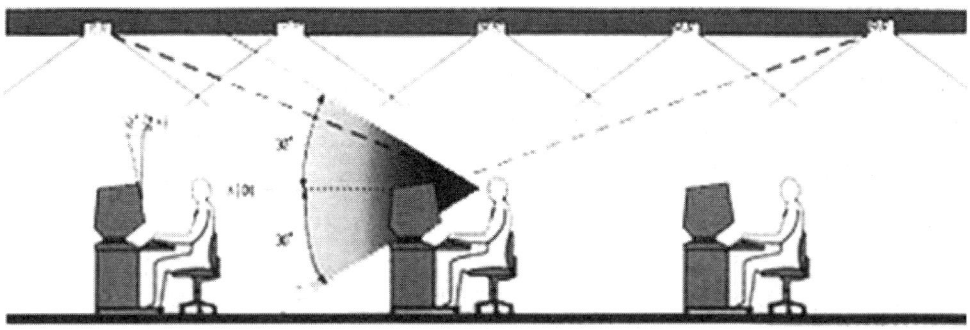

그림 2.43 VDT 조명

(4) 주요 부분의 조명

① 일반사무실 : 300[lux] 이상을 유지하고, 기기 배치는 창가 따라 배열하며 눈부심 방지 루버를 사용한다.

② 영업실 : 금전 출납에 필요한 500[lux] 정도의 조도가 필요하다.

③ 설계실 : 800~1,000[lux]의 라인 라이트(Line Light)가 필요하다.

④ 회의실 : 조명기구를 테이블 중심으로 집중적으로 배치한다.

⑤ 현관홀, 승강기홀 등 : 현관홀은 복도의 2~3배 정도의 조도를 유지하고, 승강기홀은 매입등을 설치하여 밝게 한다.

⑥ 안내실 : 국부조명을 이용하고 앞에서 눈부심이 없게 한다.

⑦ 복도 : 밑 바닥면에 밝음의 얼룩이 없게 하고 기준조도는 50[lux]을 유지한다.

2-7-5 상점 조명계획

상점 조명은 VMD(Visual Merchandising)에 의한 상품제공 형태가 정착하면서 공간연출, 상품연출, 쾌적한 쇼핑 등이 중요한 요소이며, 전반조명과 각 부분의 연출조명으로 나눌 수 있다.

(1) 상점 조명의 특징

① 상품이 잘 보이는데 중점을 둔다.

② 상품에 따라 질량감, 입체감이 표현해야 한다.

③ 연색성이 중요시 된다.

④ 손님이 상품에 대한 눈부심이 없어야 한다.

⑤ 자외선램프는 퇴색현상이 있으므로 유의한다.

(2) 전반조명

전반조명은 점포 내 전반 또는 각 부분을 기본으로 하는 조명이며, 매장 전체를 비추는 조명인 만큼 눈부심에 유의한다. 광원은 형광등, 고휘도 방전등(HID), LED을 사용하며, 조명기구는 형광등은 건축화 조명의 형태로 하고, HID, LED는 다운 라이트(Down Light) 조명을 사용한다.

(3) 연출조명(VP : Visual Point Lighting)

주로 스포트라이트(Spot Light)가 사용되며 간단하고 조명 특성에 맞게 설치하고 유난히 강조하는 곳은 전반조명의 8~10배, 매장 코너는 3~5배 정도로 사용된다.

① 조명의 요점

ⓐ 모델링 효과 : 음영을 1 : 3~5배의 조도 차를 유지하고 균형을 유지한다.

ⓑ 빛의 조사 방향 : 조사 각도 35° 정도를 유지한다.

ⓒ 배광특성 : 크기, 내용, 거리에 따라 배광 특성을 유지한다.

ⓓ 광색연출 : 광원의 광색을 변환시킨 조명효과를 연출한다.

② 광원

ⓐ 할로겐램프 : 라인 볼트용 할로겐전구를 사용하며 높은 조도의 연출이 용이하다.

ⓑ 낮은 전압 할로겐램프 : 12[V]로 반사경과 광원을 일체화하여 점포 사이를 산뜻하게 하는 효과가 있다.

ⓒ 콤팩트(Compact)형 메탈할라이드 램프 : 천정이 높은 곳의 조명등으로 사용한다.

(4) 주요 부분의 조명

① 진열창 조명

상점의 얼굴이므로 손님의 시선을 끌기 위해 상점 내 조도보다 2~4배 정도로 높게 하며 전반은 느낌이 부드러운 형광등으로 하고 포인트 조명은 할로겐전구를 사용한다.

② 진열장 조명

진열장 조도는 주변 조도의 2배 이상이며 아래가 어둡지 않게 1/3 정도의 곳을 목표로 조명한다.

ⓐ 양품점 : 연색성을 고려한다.

ⓑ 서점 : 침착한 느낌이 들도록 충분한 서가의 수직면 조도를 한다.

③ 진열함 조명

반사갓에 의한 눈부심을 제거해야 하며 낮은 진열함은 광원을 함 내 가설할 수 없을 때 벽부형으로 빛을 투사한다.

④ 진열대 조명

고객의 손이 직접 미치므로 바로 위쪽 반사갓을 통한 전반조명이 필요하다.

2-7-6 학교 조명계획

학교조명은 수업 시 필요한 시(視)작업에 대하여 충분한 밝음을 주고 질적으로 우수한 밝은 환경과 학습에 충분한 명시조명을 실시하는데 있다.

(1) 조명계획의 주안점

① 책상 위 휘도분포에 유의한다.

② 조명기구의 불쾌 글레어를 제거한다.

③ 밝기는 300[lux] 정도를 유지한다.

④ 천정면과 벽은 밝게 하여 안정감을 유지한다.

(2) 주요 부분의 조명

① 교실 조명

ⓐ 장시간 교육이므로 채광을 충분히 고려한다.

ⓑ 효율이 좋은 형광등에 의한 반 직접조명 및 전반 확산조명을 한다.

ⓒ 빛의 반사를 효율적으로 이용한다. 천정은 백색으로 80~85%, 벽은 연한색으로 50~60%, 밑바닥은 어두운색으로 20~50%, 책상도 35~50%정도의 반사율로 한다.

ⓓ 실내의 휘도분포를 적게 하여 눈부심을 줄인다.

② 흑판 조명

ⓐ 흑판의 반사에 의한 눈부심을 적게 한다.

ⓑ 흑판조명의 광원이 학생 눈에 직접 들어오지 않게 한다.

ⓒ 교사 측에서는 강의 중 눈부심이 없도록 램프를 45° 이상으로 한다.

ⓓ 칠판면의 연직면 조도가 높고 균제도가 좋으며, 평균조도와 최소조도의 비를 1/3 이하로 한다.

③ 도서실 조명

ⓐ 평균조도가 500[lux]로 한다.

ⓑ 질적인 부드러운 조명에 눈의 피로를 적게 하는 전반 확산조명을 한다.

ⓒ 서고는 수직면 조도가 중요하며 서가 쪽에 국부조명을 하거나 평행해서 형광등을 배치한다.

④ 시청각교실

슬라이드나 영화의 영사를 고려하여 조광이 가능한 설비를 한다.

⑤ 방송실 조명

ⓐ 티브이 스튜디오가 있는 경우 피사체의 연직면 조도를 2,000[lux] 이상으로 한다.

ⓑ 광원의 색온도를 통일해야 한다.

ⓒ 조도나 장면의 전환이 자유로운 조광장치를 한다.

2-7-7 체육관 조명계획

스포츠시설로서 전신의 힘과 기술을 겨루며 아름다움을 겨루는 선수의 모습을 관객이나 텔레비전 방송을 송출하는 조명이 필요하다.

1) 조도

경기장 내는 75~300[lux] 정도이며 고화질 티브이(HDTV)는 1,500[lux] 정도가 필요하다.

2) 휘도 분포와 균제도

경기를 하는 바닥에 심한 명암의 차이가 없고 공간에도 음영이 생기게 않게 한다. TV 중계 시에는 색온도를 고려한다.

3) 광원

경기를 쾌적하게 관람하게 연색성과 효율이 좋아야 하며, 할로겐전구나 고압 나트륨등이 사용된다.

4) 불쾌 글레어

불쾌한 눈부심은 경기자나 관객에게 쾌적하게 볼 수 없으므로 눈부심 방지 조명기구를 사용한다.

5) 조명방식

천정면에 조명기구를 같은 간격으로 배치하는 전반조명과 양쪽에 조명기구를 배치하는 측면 조명방식이 있다.

6) 조명기구

효율이 좋고, 조도분포를 좋게 하는 배광이 필요하며, 공이 조명기구에 닿는 경우가 있으므로 조명기구의 보호도 필요하다.

① 기구효율을 높이기 위해 다면현상의 상부 반사경 및 불쾌글레어를 억제하는 하부 기구를 지닌 구조이다.

② 투광형 고휘도 방전등(HID)으로 배광을 구분하여 사용할 수 있는 배광 가변 조명 기구를 사용한다.

③ 후방으로 빛을 차단하여 앞과 옆 방향으로 배광 설계하여 연직면 조도를 얻고 보조 경기장이나 전용경기장에 적합한 **사이드 라이팅**(Side Lighting)을 적용한다.

7) 보수

천정이 높으므로 광원 교환이나 기구의 청소를 하기 쉽게 보수 통로를 확보하고, 수동 또는 자동의 보수용 승강기를 사용한다.

8) 전광판

① 점수판

LED를 사용하여 경기에 맞는 시간, 득점, 안내 등을 기록한다.

② 제어반

체육관 내 득점이나 기록 등을 입력, 수정하는 곳으로 컴퓨터를 활용한다.

③ 전송장치

조작대로 부터 입력되는 데이터를 수신 분석 처리하여 전광판에 전달하는 장치이다.

④ 전원 공급 장치

교류전원을 직류전원으로 변환시켜 표시소자와 제어반에 공급하여 동작 상태를 안정시키고 데이터의 에러(Error)를 방지하며, 무정전 전원장치(UPS)를 설치하여 정전에 대비한다.

9) TV중계용 전원

방송사 별로 최소한 50[kVA]정도의 중계용 전원을 확보해 두고 운동장에서 효과적으로 전원을 인출하게 통로를 만들어 둔다.

10) 각 경기장별 유의할 점

① 야구장

ⓐ 투수석에서 타자가 친 공이 잘 보이게 조도를 유지해야 한다.

ⓑ 돔(Dome)구장인 경우에 타구가 날아가는 높이를 고려하여 수직높이 80[m] 이상을 유지해야 한다.

② 테니스장

ⓐ 테니스 선수가 공이 잘 보이게 눈부심에 유의하며, 조명기구가 눈높이에서 15° 이상은 각도를 유지한다.

ⓑ 테니스공이 날아가는 속도에 맞는 조도를 유지한다.

③ 수영장

ⓐ 할로겐전구와 수은등을 사용하며 사람의 얼굴을 밝게 하다.

ⓑ 수영장 위 천정조명 시 노출조명에 유의한다.

ⓒ 수영장 내 조명은 60[V] 이하 저전압 광원을 사용한다.

④ 빙상경기장

ⓐ 온도저하에 따른 조명기구(형광등) 점멸에 유의한다.

ⓑ 결로 현상에 따른 조명기구의 글로브 파손에 대비한다.

⑤ 농구장, 배구장, 탁구장등

ⓐ 안정기와 광원을 30[m] 내로 유지한다.

ⓑ 마감높이는 12[m] 이상은 유지해야 한다. 즉 조명기구가 내려와도 12[m]를 유지해야 하므로 건축마감은 0.6~1[m] 더 올라간다.

ⓒ 탁구장은 탁구대위의 반사에 의한 눈부심에 유의한다.

2-7-8 병원 조명계획

병원의 조명은 복잡한 작업내용을 갖는 진료, 치료의 업무를 원활하게 하면서 병실의 환자가 청결하고 쾌적한 환경에서 원활하게 치료 받을 수 있게 하는데 목적이 있다.

(1) 병원 각 부분별 특징

① 연색성이 강조 : 피부과, 약품의 조제실 등

② 정밀작업 : 조제실의 작업, 수술실 등

③ 호텔이나 주택의 기능 : 병실, 조리실 등

④ 명시조명 : 조리실, 세탁실 등

(2) 광원

① 형광등 : 사무실, 기계, 전기실 등에 사용한다.

② 고연색성 형광등 : 수술실, 약국, 병실, 검사실 등에 사용한다.

③ LED : 복도, 낭하, 심전도실 등에 사용한다.

④ 할로겐전구: 현관이나 대기실에 사용한다.
⑤ 메탈할라이드등 : 병원의 광장, 정원에 설치한다.

(3) 조광장치(Dimmer)

광속을 조절하는 것으로 수술실, 병실, 시기능 검사실, X선투시실, 내시경, 신생아실, 진찰실 등에 설치한다. 조광장치는 조도를 조절하기 위해 광원 광속을 변화할 수 있게 한 것으로 **권선형, 저항 강하형, 반도체(Thyristor)형** 세 종류로 구분한다. 반도체형은 종래의 저항형에 비해 직선에 가깝게 광속을 변화할 수 있다.

(4) 주요 부분의 조명

① 병실
　ⓐ 누워있는 환자에게 눈부심을 주지 않아야 한다.
　ⓑ 회진이나 환자의 독서에 적합한 침대조명(Bed Light)를 설치한다.
　ⓒ 심야 소등시를 대비한 바닥조명(Foot Light)을 하여 기본조도를 유지한다.
　ⓓ 점멸스위치는 전반조명은 출입구에 설치하고 침대 조명은 환자가 누워서 점멸이 가능하게 한다.

② 진료실
　ⓐ 부드럽고 안정된 조명을 하고 300~600[lux]정도로 한다.
　ⓑ 연색성이 좋은 조명기구를 선택한다.
　ⓒ 진료침대에 손 그늘이 생기지 않게 한다.
　ⓓ 칸막이 커튼의 구획에 주의한다.

③ 수술실
　ⓐ 무영등설치 : 수술대 위에 그림자가 생기지 않는 무영등을 설치하고 수술대 면은 10,000[lux] 이상의 조도를 유지한다.
　ⓑ 광속을 조절하기 위해 조광장치를 한다.
　ⓒ 연색성을 강조하고 조명기구의 반사면을 수술대 방향으로 설계한다.
　ⓓ 인화성 마취가스에 대비하여 방폭설비를 한다.

④ 기타
　ⓐ 피부과 : 고연색성 3파장 형광등을 사용한다.
　ⓑ 심전도실 : 백열등, 전자파 차단 형광등을 설치한다.
　ⓒ 촬영실 : **프리즘 커버(Prism Cover) 형광등**과 조광장치를 한다.
　ⓓ 청력검사실 : 프리즘커버 형광등을 사용한다.

ⓔ 안과검사실 : 조광장치가 필요하다.

2-7-9 미술관 조명계획

미술관, 박물관에서의 조명의 역할은 전시실이나 전시실의 함에 있어서 전시물의 형상과 색상을 바르고 본래의 모습대로 감상할 수 있도록 하는 것과 조명으로써 전시품을 손상시키지 않는 것이 중요하다.

작품의 보관실이나 수장실은 손상을 방지하기 위해 인공조명을 저조도로 억제하고 필요치 않을 때 소등하며, 통로는 옥외에서 들어올 때 눈의 순응을 고려한다.

(1) 조명계획의 주안점

① 밝고 균일하게 한다.
② 전시물이 돋보이게 한다.
③ 입체감을 살린다.
④ 눈부심을 방지한다.
⑤ 연색성이 좋은 광원 : 연색성 지수 Ra90 이상을 유지한다.
⑥ 전시물이 퇴색 방지 : 500[nm] 이하의 자외선 파장대를 억제한다.
⑦ 조명에 의한 온도상승을 방지 : 유화 등은 700[nm] 이상 적외선 파장대를 억제한다.
⑧ 주광이용 시 자외선필터를 설치한다.

(2) 주요 부분의 조명계획

① 벽면 전시 조명
ⓐ 부드러운 빛의 안정된 분위기로 연출한다.
ⓑ 벽면 전체에 균일한 조도를 유지한다.
ⓒ 전시내용에 따른 필요 조도를 확보한다.
ⓓ 눈부심이나 불쾌감이 없어야 한다.
ⓔ 그림에 그늘이 없어야 한다.

그늘이 생기지 않는 기구의 위치 $R = 0.58 \times \alpha$ (2.18)

(R : 벽면에서 기구까지의 거리, α = 천정에서 평균 눈높이 거리 차)

② 전시실의 조명
ⓐ 광천정 조명방식 : 자연광 및 인공광의 조화를 도모한다.
ⓑ 루버형 천정 매입 조명을 하여 눈부심을 방지한다.

ⓒ **서스펜션(Suspension) 조명방식** : 천정에서 라이딩 닥트(Riding Duct)를 이용하여 스포트라이트를 설치하고, 구조 변경이 자유롭다.

ⓓ 이동 칸막이에 조명장치를 설치하여 사용한다.

③ 조각 전시실의 조명

ⓐ 형광등은 조도 70~150[lux] 정도로 전반조명 하고 국부조명은 조각의 입체감을 보이기 위해 전구의 스포트라이트로 조명한다.

ⓑ 국부조명에서 빛의 방향과 감도가 중요하며 상방 40~70° 정도에 배치하여 강한 그늘로 입체감을 살리며 부속 광원을 사용하여 아래쪽에서 반사광도 좋다.

ⓒ 나무, 종이는 300~700[lux]이고 돌, 금속은 700~1,500[lux]의 조도를 사용한다.

그림 2.44 전시실의 조명

④ 전시함의 조명

벽이나 바닥에 고정시킨 전시함은 회화나 글씨를 전시하는 경우로 벽은 경사 성분이 있는 조명기구를 전시함 앞에 놓고 조명하며, 바닥은 전시함 상부면에 균일한 광원을 배치하여 덮개나 루버로써 빛을 아래쪽으로 집중한다.

ⓐ 전시함 내 광원이 직접 관람자에게 보이지 않게 한다.

ⓑ 광원의 열이나 자외선을 방지한다.

ⓒ 전시함이 서로 마주볼 때 반대 측 전시함도 고려한다.

연습문제

1. 다음 중에 조명기구의 유지관리와 관계가 없는 것은?
   ㉮ 전원　　㉯ 온도
   ㉰ 부품상태　　㉱ 청소

2. 다음 중에 청소의 간격에 대한 설명 중에 맞는 것은?
   ㉮ 먼지가 적은 장소는 1주에 한번 먼지 틀기
   ㉯ 먼지가 적은 장소는 2주에 한번 먼지 틀기
   ㉰ 먼지가 적은 장소는 3주에 한번 먼지 틀기
   ㉱ 먼지가 적은 장소는 4주에 한번 먼지 틀기

3. 다음 중에 전구의 교환에 대한 설명 중에 틀린 것은?
   ㉮ 형광등의 교환간격은 3,000~5,000 정도 시간이다.
   ㉯ 불량한 것은 개별 교환한다.
   ㉰ 점차로 교환하여 일정한 시간 후 전부 교환한다.
   ㉱ 전체 교환은 평균수명 70%가 지날 때 한다.

4. 다음 중에 조명비의 항목이 아닌 것은?
   ㉮ 고정비　　㉯ 전등비
   ㉰ 설치비　　㉱ 전력비

5. 광원의 가격 10,000원, [kWh당]전력비 300원, 총전력 5[kWh], 수명 5,000시간일 때 점등비 [원]은 얼마인가?
   ㉮ 15,000원　　㉯ 17,500원
   ㉰ 20,000원　　㉱ 22,500원

(풀이) 점등비 $R[\text{원}] = P + \dfrac{q \times w \times L}{10^3} = 10{,}000 + \dfrac{300 \times 5 \times 5{,}000}{10^3} = 17{,}500\text{원}$

6. 다음 중에 조명제어의 목적이 아닌 것은?
   ㉮ 쾌적성　　㉯ 높은 기능성
   ㉰ 에너지 절약　　㉱ 조명기구 효율 향상

▸ 정답

1. ㉰ 2. ㉯ 3. ㉮ 4. ㉰ 5. ㉯ 6. ㉱

7. 다음 중에 조명제어의 주요 기능이 아닌 것은?

㉮ 눈부심 방지 제어　　㉯ 영역 패턴 점멸제어

㉰ 점멸 잊음 방지제어　　㉱ 주광 센서 연동제어

8. 다음 중에 조명제어의 주요 특징이 아닌 것은?

㉮ 자유로운 레이아웃　　㉯ 알기 쉬운 조작

㉰ 스케줄 제어　　㉱ 시공하기 쉬운 시스템

9. 다음 중에 스마트조명의 주요기능이 아닌 것은?

㉮ 전자 안정기 제어

㉯ 연속 조광 및 다중 장면 제어

㉰ 백색 색온도 제어

㉱ 네트워크 조명 제어 시스템

10. 다음 중에 지능형 조명시스템의 유선방식의 종류가 아닌 것은?

㉮ 제어기와 센서 일체형

㉯ 제어기와 센서 모자방식

㉰ 제어기와 센서 분리형

㉱ 제어기와 센서 집중제어방식

11. 다음 중에 콘센트 설비에 대한 설명 중에 틀린 것은?

㉮ 전압이 다른 분기회로에는 각 콘센트에 맞는 플러그를 사용 한다.

㉯ 기둥에 설치할 경우에는 칸막이를 할 때 사용하는데 지장이 없어야 한다.

㉰ 일반 사무실에는 바닥 콘센트를 6×6 [m]당 4개 이상 설치하며, 벽면에 설치하는 경우에는 콘센트를 6×6 [m]당 6~8개를 설치하는 것이 바람직하다.

㉱ 욕실등은 방우형 콘센트를 설치한다.

12. 다음 중에 주택조명 계획에 주안점이 아닌 것은?

㉮ 광원의 크기, 배치, 광색을 고려하여 방의 의장, 마감 등을 종합적으로 고려한다.

㉯ 입주자의 취미, 가족구성을 고려한다.

㉰ 명시조명과 분위기 조명을 방의 특성에 따라 배치한다.

㉱ 거실은 연색성을 강조한다.

▸ 정답

7. ㉮　8. ㉱　9. ㉮　10. ㉯　11. ㉰　12. ㉱

13. 다음 중에 호텔조명의 주안점이 아닌 것은?

㉮ 조도의 차를 효과적으로 이용한다.

㉯ 아름다움을 강조하며, 샹들리에(chandelier) 조명, 국부 조명등을 사용한다.

㉰ 빛이 안 닿는 부분을 강조한다.

㉱ 특수조명과 색채를 이용한다.

14. 다음 중에 호텔조명의 현관홀 조명계획에 대한 설명 중에 틀린 것은?

㉮ 소유자의 경영 방침에 맞는 외관 및 복도 조명이 중요하다.

㉯ 건축화 조명을 한다.

㉰ 전반조명에 포인트를 주는 형태로 한다.

㉱ 조도는 100~200[lux]를 유지한다.

15. 다음 중에 무대조명의 주안점에 대한 설명 중에 아닌 것은?

㉮ 무대상의 사물이 잘 보이게 한다.

㉯ 미적효과를 나타낸다.

㉰ 현실적으로 표현한다.

㉱ 심리적 효과를 이용하여 연극의 내용을 조장하고 등장인물의 심리를 표현한다.

16. 다음 중에 무대 조명의 설계 시 주안점이 아닌 것은?

㉮ 기구의 배치도를 작성한다.

㉯ 동정곡선을 배려한다.

㉰ 큐시트(Q-sheet)을 작성한다.

㉱ 조명기구의 배광을 고려한다.

17. 다음 중에 무대조명 계획에 있어 중요 부분이 아닌 것은?

㉮ 무대의 상부 ㉯ 무대의 바닥

㉰ 무대의 막앞 ㉱ 무대의 막뒤

18. 다음 중에 무대조명에 연출하는데 있어 특수조명이 아닌 것은?

㉮ 푸트 라이트 ㉯ 드라이아이스 기계

㉰ 스토로브 조명 ㉱ 사운드 에펙트 조명

▸ 정답

13. ㉯ 14. ㉮ 15. ㉰ 16. ㉱ 17. ㉱ 18. ㉮

19. 다음 중에 사무실 조명의 주안점이 아닌 것은?

㉮ 종합적인 실내 환경을 만든다.
㉯ 조명열의 제거 및 실내 환경을 쾌적하게 한다.
㉰ 시공과 유지관리를 용이하게 한다.
㉱ 조명의 미적인 감각을 추구한다.

20. 다음 중에 사무실 조명의 방법이 아닌 것은?

㉮ VMD 조명　　㉯ TAL 조명
㉰ PASLI 조명　　㉱ VDT 조명

21. 다음 중에 상점 조명의 특징이 아닌 것은?

㉮ 상품에 따라 질량감, 입체감이 표현해야 한다.
㉯ 눈부심이 중요시 된다.
㉰ 손님이 상품에 대한 눈부심이 없어야 한다.
㉱ 자외선램프는 퇴색현상이 있으므로 유의한다.

22. 다음 중에 학교 조명의 설계 시 주안점이 아닌 것은?

㉮ 책상 위 휘도분포에 유의한다.
㉯ 조명기구의 불쾌 글레어를 제거한다.
㉰ 밝기는 500[lux] 정도를 유지한다.
㉱ 천정면과 벽은 밝게 하여 안정감을 유지한다

23. 다음 중에 흑판조명에 대한 설명 중에 틀린 것은?

㉮ 흑판의 반사에 의한 눈부심을 적게 한다.
㉯ 흑판조명의 광원이 학생 눈에 직접 들어오지 않게 한다.
㉰ 교사 측에서는 강의 중 눈부심이 없도록 램프를 45° 이상으로 한다.
㉱ 칠판면의 연직면 조도가 높고 균제도가 좋으며, 평균조도와 최소조도의 비를 1/4 이하로 한다.

24. 다음 중에 체육관 조명에 있어 고화질티브이로 중계할 경우 평균조도(lux)는?

㉮ 1,000　　㉯ 1,500
㉰ 2,000　　㉱ 2,500

▸ 정답

19. ㉱　20. ㉮　21. ㉯　22. ㉰　23. ㉱　24. ㉯

25. 다음 중에 수영장에 대한 조명에 대한 설명 중에 틀린 것은?
   ㉮ 할로겐전구와 수은등을 사용하여 사람의 얼굴을 밝게 한다.
   ㉯ 수영장 천정조명 시에 노출조명을 유의한다.
   ㉰ 수영장 내 조명은 60[V] 이하 저전압 광원을 사용한다.
   ㉱ 온도 저하에 따른 조명기구의 점멸에 유의한다.

26. 다음 중에 병원 조명계획의 각 부분별 특징에 대한 설명 중에 틀린 것은?
   ㉮ 연색성이 강조 : 피부과, 중환자실 등
   ㉯ 정밀작업 : 수술실, 조제실 등
   ㉰ 호텔이나 주택의 기능 : 조리실, 병실 등
   ㉱ 명시조명 : 조리실, 세탁실 등

27. 다음 중에 진료실에 대한 조명계획에 대한 설명이 아닌 것은?
   ㉮ 부드럽고 안정된 조명을 하고 300~600[lux] 정도로 한다.
   ㉯ 눈부심이 없는 조명기구를 선택한다.
   ㉰ 진료침대에 손 그늘이 생기지 않게 한다.
   ㉱ 칸막이 커튼의 구획에 주의한다.

28. 다음 중에 미술관 조명의 설계 시 주안점이 아닌 것은?
   ㉮ 밝고 균일하게 한다.
   ㉯ 전시물이 돋보이게 한다.
   ㉰ 입체감을 살린다.
   ㉱ 조도를 강조한다.

29. 다음 중에 벽면 전시 조명계획에 대한 설명 중에 틀린 것은?
   ㉮ 벽면 전체에 균일한 조도를 유지한다.
   ㉯ 전시내용에 따른 필요 조도를 확보한다.
   ㉰ 그림에 명암이 없어야 한다.
   ㉱ 눈부심이나 불쾌감이 없어야 한다.

30. 다음 중에 전시함의 조명에 대한 설명 중에 틀린 것은?
   ㉮ 전시함 내 광원이 직접 관람자에게 보이지 않게 한다.
   ㉯ 광원의 열이나 자외선을 방지한다.
   ㉰ 전시함이 서로 마주볼 때 반대 측 전시함도 고려한다.
   ㉱ 덮개나 루버로써 빛을 위쪽으로 집중한다.

▸ 정답

25. ㉱ 26. ㉮ 27. ㉯ 28. ㉱ 29. ㉰ 30. ㉱

2-8 경관조명

경관조명은 도시의 경관을 밝고, 아름답고, 알기 쉽게 하는 조명이다. 경관조명의 밝은 빛은 야간에 도시경관에 중요한 요소로서 주간경관에 비해 조명되고 있는 부분만 눈에 확연히 들어온다. 이러한 경관조명은 야간에 인간생활의 활력을 주고 사고나, 범죄를 예방하며 경제를 발전시키고 시민생활을 풍요롭게 한다.

우리나라에서는 1988년 서울 올림픽을 계기로 남대문, 남산 타워의 투광조명, 서울역사, 한강의 교량, 부산 광한대교, 대구 강창교 등에 경쟁적으로 경관조명을 하고 있다.

2-8-1 경관조명의 계획

(1) 정의

야간에 도시이미지를 향상하고 도시의 안정성을 높이는 목적으로 야간에 조명을 하여 도시 미관을 향상시키는 것을 말한다.

(2) 경관조명의 목적

① 도시를 밝고 아름답게 한다.
② 차별화된 경치, 지역의 상징을 만든다.
③ 알기 쉬운 거리를 만든다.
④ 친숙한 조명환경을 만든다.
⑤ 활동적인 야간생활과 환경을 조성한다.

(3) 경관조명의 구성

경관조명을 구성하는 요소는 역사적, 종교적, 상업적인 건축물, 공원, 교량, 수목, 분수 등의 구성요소가 잘 조화되고 야간의 경관환경을 위해 연출하는 것이 경관조명의 역할이다.

1) 가로조명

시가지를 통하는 도로, 가로, 지하도 등으로 이들의 기능을 효과적으로 운영될 수 있도록 협조하는 것이다.

① 보행자의 안전과 도로에서의 범죄방지, 사고, 재해의 방지를 위한 적당한 밝음의 조도를 확보한다.

② 건축물의 색채, 보행자의 형색 등이 자연에 가까운 상태로 보일 수 있는 연색성이 좋은 광원을 사용한다.

③ 조명기구, 등주가 그 거리의 경관에 조화되고 통일된 전체의 이미지를 형성해야한다.

2) 건조물의 투광조명

① 건축물, 기념탑, 상징물 등에서의 투광조명은 야간의 도시경관을 돋보이게 한다.

② 도시의 공간적인 넓이의 연출과 더불어 조직적인 입체감을 준다.

③ 투광조명은 건조물이 아름답게 보이고, 어둠속에 밝음을 준다.

그림 2.45 건물의 투광조명

3) 광장조명

역전광장, 사찰조명, 시가지 광장 등의 조명이 있다.

① 역전광장

역의 광장이나 버스터미널은 사람이나 차량의 흐름이 많고 그 거리의 얼굴을 대표하는 장소일 때가 많고, 조명으로서는 광장전체를 조명하는 것이다.

② 시가지 광장

시가지 내에 설치된 휴식의 장으로서 도시공간에 설치된 공원적인 성격이 강하다. 조명으로 광장의 분위기를 연출하는 것이 보통이다.

③ 건물 앞 공개공지

건물 앞쪽의 공개공지는 건물의 고층화에 따라 건물주변에 모두 사용 가능한 공지로서 건물에 부속되는 경우가 많고 조명도 다양하며 만남의 장소로 이용된다.

④ 공원조명

공원조명은 하늘, 식재, 꽃, 조형물 등 자연환경을 고려해야 한다. 또한 야간의 범죄행위 예방, 휴식과 편안한 분위기를 제공해야 한다.

ⓐ 안전 확보를 위한 먼 길을 중심으로 명시조명에 유의하며 조도 5[lux] 이상의 밝음이 필요하다.

ⓑ 식재를 아름답게 보이기 위한 연색성을 검토하고, 꽃을 중심으로 수목을 보이게 하는 효과를 연출한다.

ⓒ 조명의 대상을 적게 한 포인트 조명과 주간의 미관을 고려한다.

ⓓ 공원에 맞는 분위기, 주위의 환경과 맞는 조명광원, 조명방식을 채택한다.

4) 교량조명

교량의 조명은 자동차의 주행에 지장이 없도록 배려하고, 교량의 조형미나 전경을 야간에 연상할 수 있도록 연출하며, 수면에 비치는 건조물도 아름답게 연출할 필요가 있다.

그림 2.46 교량의 경관조명

① 대상의 선정

다리의 역사성, 상징성, 도시 계획적 가치에 대해 검토하고, 조명으로 얻을 수 있는 기대효과는 밝게 하는 것이다.

② 연출방법의 검토

교량은 가교의 형태가 다르므로 구조상의 특징을 잘 표현할 수 있어야 한다. 예를 들면 아치교나 현수교처럼 다리의 상부의 곡선부가 강조되는 것이 있고, 라멘교(Rahmen Bridge)나 형교처럼 교각이 강조되는 것이 있다.

③ 교량 위 자동차 운전자의 눈부심 방지

다리위에 통행하는 운전자, 보행자, 근처의 빌딩이나 주택 등에 시각장해나 불쾌감을 주어서는 아니 된다.

5) **수목조명**

수목부터 꽃, 잔디에 이르기까지 범위가 넓다. 수목의 조명은 아래부터 조명하는 투광조명으로 시야에 중심이 되는 수목을 정하여, 수 배 정도의 밝은 조도를 보내면 중심감을 얻을 수 있다.

잔디나 화단 등에 위치를 중심으로 낮은 위치로부터 광원이 보이지 않도록 빛의 수레바퀴로 율동적인 원형을 연출한다.

2-8-2 경관조명의 설계

(1) 사전조사

조명설계에 앞서 설계요건을 결정하기 위하여 필요한 선행 조사사항은 다음과 같다.

① 주변 환경의 밝음이 어느 정도인지 파악한다.
② 대상물의 크기와 형태를 파악한다.
③ 대상물의 표면의 재질 및 크기를 파악한다.
④ 보는 사람, 대상물, 조명기구의 위치를 파악한다.
⑤ 기대하는 조명효과를 알아본다.
⑥ 대상물의 경년적 변화와 주변 자연생태계의 영향을 파악한다.
⑦ 주간의 미관을 고려한다.
⑧ 안정성과 보수성이 좋은지 파악한다.
⑨ 사용광원에 따른 조도범위를 파악한다.
⑩ 주변 환경조건을 고려한다.

(2) 설계순서

① 대상물을 선정한다.
② 행정당국의 허가 : 해당 도시의 경관심의 등을 통과한다.
③ 자료수집
ⓐ 대상물의 규모를 파악한다.
ⓑ 조명의 설치장소를 알아본다.
④ 현장조사
ⓐ 주변의 야간조명을 고려한다.

ⓑ 계절적인 변화와 영향을 파악한다.
ⓒ 접근성과 설치, 보수성을 고려한다.
ⓓ 주로 보는 지점이 어디인지 파악한다.
ⓔ 전원 위치에 대해 알아본다.
ⓕ 비용이 어느 정도인지 계산한다.
ⓖ 전원의 공급방법을 알아본다.

⑤ 예비설계 : 조도, 조명방법, 광원을 결정한다.
⑥ 프레젠테이션 : 경관조명의 설계에 대해 사전설명으로 조명방향을 결정한다.
⑦ 최종설계
ⓐ 광원의 종류와 용량을 선택한다.
ⓑ 조명기구의 종류, 수량, 위치, 설치 방법을 결정한다.
⑧ 설치공사 : 주어진 설계 되로 경관조명을 시공한다.
⑨ 평가 : 패턴 판별 평가와 설문조사가 있다.
⑩ 주어진 평가에 따라 조정한다.

(3) 경관조명의 선정

1) 조도의 결정

경관조명에서 조도의 결정은 건축 마감면과 반사율에 따라 차이가 난다.

표 2.15 경관조명의 예상 조도

건물의 표면	표면의 상태		주위의 상태에 따른 조도(lux)		
	표면색	반사율(%)	밝음	보통	어두움
흰 대리석 크림색의 테라코타 백색 벽토	희다	70~85	150	100	50
콘크리트, 담황색 벽돌 밝은색의 석회석 밝은 회색과 담황색, 석회석	밝다	45~70	200	150	100
보통 회색 석회석 일반 황갈색 벽돌	보통	20~45	300	200	150
일반 붉은 벽돌, 다갈색 돌 착색된 나무 널빤지 어두운 회색 벽돌	어둡다	10~20	500	300	200

2) 광원의 선정

① 광원의 특성

광원은 광속, 효율, 수명, 동정, 광색, 연색성 및 색채 효과를 고려해야 하며, 특히 색채효과를 중요시 한다. 다음 표는 경관조명에 이용되는 광원의 특성이다.

표 2.16 경관조명에 쓰이는 광원의 특성

광원종류	효율	연색성	색온도	수명	색채 효과	
					강조색	약한색
할로겐전구	낮다	우 수	낮다	짧다	적, 주황	청
고압 수은등	보통	약간 낮다	낮다~높다	대단히 길다	황, 녹, 청	적, 주황
메탈 할라이드등	높다	높다	높다	길다	황, 녹, 청	적
고압 나트륨등	매우 높다	낮다	낮다	대단히 길다	주황, 황	황색계를 제외한 색

② 광원의 종류와 용도

ⓐ 할로겐전구

소형으로 손쉽게 사용할 수 있고 황색, 적색을 아름답게 눈에 띄게 하므로 휴식 광장이나 산책로에 적당하다. 수명이 짧으므로 높이 1[m] 전후의 조명이나 투광기가 소형이 필요한 간판조명에 적합하다.

ⓑ 고압 수은등

수목, 잔디의 녹색을 선명하게 눈에 띄게 하는 광원으로 적당하며, 수명이 길고 보수가 쉬워서 널리 쓰이나 눈부심이 있다.

ⓒ 메탈할라이드등

고효율과 연색성이 우수하므로 광장, 도로, 유원지, 산책로 등에 적당하며, 도로에 가장 많이 사용하고 있다.

ⓓ 고압 나트륨등

일반형은 고효율, 장수명이나 녹색으로 비치지 않으므로 경제성이나 보수성이 중요시 되는 교통도로, 광장 등에 적당하다. 높은 연색형의 나트륨등은 사람의 왕래가 많은 곳에 설치한다.

ⓔ LED

직진성이 강하고 에너지 절약형이므로 광고 이미지를 연출하거나 광장 등에 에너지 절약형으로 광원이 사용된다.

그림 2.47 공원에 사용하는 LED

③ 표면색과 조명광원

대상물의 색상에 따른 적합한 광원은 아래 표와 같다.

표 2.17 표면색에 따른 광원

표면색	광 원	
백, 적, 오렌지 계통	백열등, 할로겐, 고압나트륨등	크세논등 메탈할라이드등
백, 적, 녹 계통	수은, 형광수은등	

3) 조명기구

경관조명는 투광 조명방식이 사용되며, 조명기구로 투광기를 사용한다.

① 조명기구의 선정 시 고려할 사항

ⓐ 설치장소와 피조면과의 거리

ⓑ 주위환경

ⓒ 조명대상물

ⓓ 피조면의 모양과 크기

ⓔ 설계상의 조도

ⓕ 조명의 질 즉 명암대비, 연색성 등

ⓖ 경제성

ⓗ 도시경관과 조화

② 투광기의 종류

모양에 따라 환형 투광기와 각형 투광기를 나누고, 배광에 따라 광각형과 협각형이 사용된다. 투광기에는 주변의 빛이 새는 것을 방지하기 위해 후드 및 루버를 설치한다.

ⓐ 광각형 투광기 : 빛의 투광범위가 넓으며, 비교적 낮은 조도에 짧은 거리를 조명할 때 사용한다.

ⓑ 협각형 투광기 : 빛의 투광범위가 좁으며, 비교적 높은 조도에 먼 거리를 조명할 때 사용한다.

ⓒ 배광구분에 따라 한쪽 면만 배광하는 **축대칭 투광기**와 양면을 배광하는 **양면 대칭 투광기**가 있다.

표 2.18 투광기의 배광구분

배광의 구분, 종류의 기호		빔의 폭 [각도°]		주 빔(beam)	
		수직면 상	수평면 상	각도[°]	효율[%]
축대칭 배광	협각형	30 미만		30	25 이상
	중각형	30~60 미만		60	30 이상
	광각형	60 이상		90	35 이상
양면대칭 배광	협각형	30 미만	60 이상	30×90	30 이상
	중각형	30~60 미만	60 이상	30×90	35 이상
	광각형	60 이상	60 이상	30×90	40 이상

그림 2.48 각형 투광기

그림 2.49 환형 투광기

③ 조명기구의 배치

조명기구를 배치할 때 유의할 점은 다음과 같다.

ⓐ 주간의 경관

주간의 경관을 해치지 않고, 조명기구와 배선을 눈에 보이지 않게 배치한다.

ⓑ 눈부심

부근의 건물과 주거지의 거주자, 보행자, 자동차의 운전자 등에게 불쾌한 눈부심이 없어야 한다.

ⓒ 보수 관리

보수면에서 처음 설치 시의 조명효과가 유지되도록 하며, 보수작업의 편리성과 낙엽, 적설 등에 대한 대책도 고려해야 한다.

4) 조명기법

조명기법이란 대상물의 각 면을 적당히 밝고 어둡게 하여 그림자를 만들어 대상물 입체감을 주는 방법으로 경관조명에서는 매우 중요하다.

① 국제조명위원회(CIE) TC-506에 의한 조명기법

ⓐ 대상물의 명암을 이용

대상물이 밝은 경우에는 바깥 둘레를 약간 어둡게 하여 바깥 둘레부분에 그림자로써 윤곽을 만들고 배경의 명암 대비로 대상물을 부각한다. 대상물의 배경이 어두운 경우에는 바깥 둘레부분을 밝게 조명하여 그림자가 역으로 보이게 한다.

ⓑ 대상물에 입체감을 이용

대상물에 요철이 적은 경우에는 한 방향에서 투광하며 중요 시선방향과의 각도는 45° 이상 유지하며, 이때 양 방향으로 투광하면 그림자가 얇게 되어 입체감이 떨어진다. 대상물에 요철이 큰 경우는 주 조명으로는 그림자가 너무 크므로 반대 방향에 약한 빛을 주며, 주방향과 반대방향의 투광방향의 각도는 수직이 바람직하다.

② 경관 조명기법의 분류

건축물, 조형물이나 탑의 경관조명에서는 빛을 이용하는 방법에 따라 세 가지로 분류할 수 있다.

ⓐ 직접투광

투광기로 대상물을 직접 조명하는 방식으로 근대 건축물이나 역사적인 건물, 탑의 형태나 문화재 등에 형태나 전체 모습, 입체감 등을 살린다. 직접투광의 형태는 그림 2.45의 건물의 투광조명을 참고하면 된다.

ⓑ 발광

빛을 발산하여 조명 목적을 달성하는 방식으로 **일루미네이션**(Illumination) **조명**이라 한다. 건조물이나 탑의 외형, 구조가 강조된다.

ⓒ 투과광

실내조명으로 창밖의 야경을 연출할 때 활용하는 방법으로 특징은 고층건물이나 현대 건축물의 높이와 위용감이 표현된다.

그림 2.50 건물의 투과광

5) 외각조명을 이용한 조명기법

① 지면에 설치하여 투광하는 기법

지면에서 투광기를 통해 건물에 비추는 방식으로 공장, 광장의 탑 등 주변에 사용장소가 있는 경우에 사용하며, 거리가 15[m] 이하일 때는 광각 투광기를 15[m] 이상일 때는 중각, 협각 투광기를 사용한다.

② 등주위에서 투광하는 방법

도로가의 가로등이나 장소가 제한될 때 사용하는 방식으로 투광기를 등주에 설치하여 건물에 비추는 방식이다. 상점, 극장, 역 청사 등에 사용되며, 주로 광각 투광기를 사용 한다.

③ 건축물의 난간에서 투광하는 방법

건축물에 직접 난간에 설치하여 건물에 비추는 방식으로 시내 건축물에 많이 이용되며, 1층은 광각 투광기로 하고, 다른 층은 중각, 협각 투광기를 사용한다.

④ 인접 건축물에서 투광하는 방법

인접 건물에서 투광하는 방식으로 인접 건물을 이용할 수 있을 때 이용되며, 건물과의 거리와 피조면적에 따라 광각, 중각, 협각 투광기를 사용한다.

(4) 조명계산

탑이나 성 외각 등의 건조물은 대상물의 형태가 복잡하고, 기구의 설치도 건조물의 주위 수 개소에 설치되는 경우가 많아 간단하게 조명계산이 되지 않는다. 따라서 보통은 기구 1대에 대한 축점 조도계산을 하고 개략의 소요대수를 예측하여 컴퓨터 계산으로 설계조도를 추정한다. 개략적으로 계산하는 투광기의 대수는 아래식과 같다.

$$\text{투광기의 대수 } N = \frac{A \times E \times D}{F \times U} \begin{cases} A : \text{면적}, E : \text{조도}, D : \text{감광보상율} \\ F : \text{투광기의 광속 } U : \text{빔광속의 조명률} \end{cases} \qquad (2.19)$$

※ **감광보상율** : 전면에 유리가 부착된 경우 1.5
전면에 유리가 없는 경우 1.8

※ **빔광속의 이용율** : 피조 면에 유효하게 투자되는 광속과 빔광속의 비
중앙에서 조사 시 1.0, 측면에서 조사 시 0.5

※ **투광기의 조명률** : 협각형 0.28, 중각형 0.26, 광각형 0.24 정도이다.

[예제 2.6] 피조면의 면적 20×5[m], 필요조도 100[lux], 감광보상율 1.5, 투광기의 광속 10,000[lm], 빔광속의 조명률은 0.28이며 중앙에서 조사할 때 투광기의 대수는 얼마인가?

(풀이) 식 2.19에서

$$\text{투광기의 대수 } N = \frac{A \times E \times D}{F \times U} \begin{cases} A : \text{면적}, E : \text{조도}, D : \text{감광보상율} \\ F : \text{투광기의 광속 } U : \text{빔광속의 조명률} \end{cases}$$

면적 100[㎡], 필요 조도 100[lux], 감광보상율 1.5, 투광기의 광속 10,000[lm], 조명률 0.28을 대입하면

$$\text{투광기의 대수 } N = \frac{A \times E \times D}{F \times U} = \frac{100 \times 100 \times 1.5}{10,000 \times 0.28} = 5.35 \Rightarrow 6\text{개}$$

2-8-3 경관조명과 장해광

경관조명의 장해광은 옥외 조명기구로 부터 빛이 외부로 나오는 누설광으로 우리들의 생활환경이나 자연환경에 해를 끼치는 빛을 말한다. 국제 조명위원회(C.I.E)에서는 이러한 장해광의 제어에 관한 기술적인 추천치를 정하고 있고, 우리나라도 서울시에서는 사람이 거주하는 정도에 따라 장해광의 범위를 정하고 있다.

(1) 장해광의 종류

1) 사람

① 거주자에서의 영향 : 공원이나 가로등에 의한 안면방해 등을 말한다.

② 보행자에서의 영향 : 보행자의 눈부심으로 불쾌감을 유발한다.

③ 차량운전자에서의 영향 : 도로조명이나 교량조명에서 운전자의 눈부심으로 운전자의 교통안전을 방해한다.

2) 동식물

① 식물 : 빛으로 인해 광합성 작용의 혼란으로 새싹이나 잎의 성장, 단풍이 늦고 단풍색의 변화를 가져 온다.

② 벼 : 야간조명에 의한 짧은 일조기간에서 긴 일조기간으로 변경되어 벼 이삭의 발아가 늦어진다.

③ 야채 : 시금치 등이 야간조명으로 인해 너무 성장하여 상품이 되지 않는다.

④ 해충 : 강한 빛에 모인 해충이 주위 농작물과 주변의 사람에게 피해를 준다.

⑤ 야생동물 : 물고기는 밤에 활동하고, 까마귀는 밤에 활동하지 않아 생태계 변화가 일어난다.

3) 장해광의 대책

① 비추는 범위를 효율적으로 정한다.

② 위쪽으로 빛이 누설되는 것을 방지한다.

③ 눈부심을 주지 않는 조명기구를 선정한다.

④ 해충이 우려되는 곳은 살충광을 설치한다.

⑤ 빛이 누설되는 것을 억제하는 조명기구의 위치, 높이, 방향 등을 고려한다.

2-8-4 경관조명의 평가

경관조명은 보는 관점에 따라 다르게 보이므로 정량화된 평가기법을 통해 객관적으로 정리할 필요가 있으며, 경관조명의 평가개념은 아래의 사항에 유의하여 정한다.

① 피조면의 설정과 조명기구의 설치에 있어서 적정성

② 조도, 연색성이 디자인에 적합한 광원의 종류와 크기

③ 주간과 야간의 피조물에 대한 이미지 디자인

④ 경관조명에서의 장해광으로 인한 민원 발생

⑤ 경제성 및 에너지 절약

(1) 패턴(Pattern) 평가법

경관조명을 좌우하는 조도, 연색성, 경관정서의 세 가지 항목을 점수로 평가하여 삼각형이 정삼각형에 가까우면 적합으로 판별하는 방식이며, 점수는 각 항목 50점으로 하며 30점 이상이 나와야 한다.

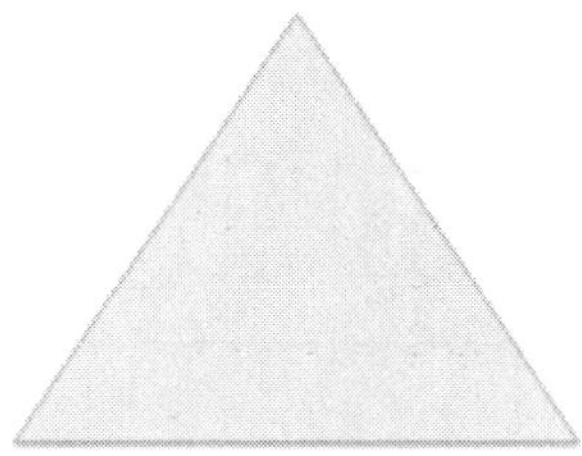

그림 2.51 패턴 평가법

① 조도(휘도) : 보이기 쉽게 하며, 조도(또는 휘도) 지수를 이용한다.
② 연색성 : 바르게 색상을 인식하는 평가이며, 연색성지수(CRI)를 이용한다.
③ 경관정서 : 피조물의 분위기 중 낮과 밤의 비교도 포함한 조명의 예술적, 공학적 검토로 부터 수치를 정해 평가한다.
④ 평가 : 각 항목 30점 이상이면서 정삼각형에 가까울 때 적합하다.

표 2.19 경관정서의 항목별 점수표

항목 \ 평가		5	4	3	2	1
1	지명도	내용을 잘 알고 있다	본 일이 있다	알고 있다	들은바 있다	모른다
2	주위 환경	대단히 좋다	약간 좋다	보 통	그리 좋지 않다	나쁘다
3	디자인	전체적으로 정리되다	조금 정리되다	보 통	그리 좋지 않다	나쁘다
4	주위와 조화	잘 조화되고 있다	조금 조화되다	보 통	그리 좋지 않다	나쁘다
5	설치 장소	적당하다	조금 적당하다	보 통	그리 좋지 않다	나쁘다

6	대상물 조명	적당하다	조금 적당하다	보 통	그리 좋지 않다	나쁘다
7	분위기	매우 좋다	알맞은 분위기다	보 통	약간 분위기가 요망 된다	분위기가 안좋다
8	밝 음	충분한 밝기이다	조금 좋은 밝기	보 통	약간 어둡다	어둡다
9	그 늘	매우 좋다	조금 좋다	보 통	그리 좋지 않다	나쁘다
10	광원의 색상	매우 좋다	조금 좋다	보 통	색을 바꾸는 것이 좋겠다	나쁘다

(2) 조사하여 평가하는 방법

실제 경관조명의 대상물을 조사하여 평가하는 방법으로 패턴평가에 비해 정확하다. 각 집단별 막대그래프를 그려 알맞게 나타나면 적당하고 목적에 따라 주요 항목이 높게 나와야 하며, 만약에 전문가 집단의 점수가 평균 이하일 때 무조건 부적합하다.

① 조사할 주변 지역을 정하며, 그 시설에 의해 변화가 있을 수 있는 지역이나 대규모 시설일수록 넓어진다.

ⓐ 야간에 평균조도에 변화가 있는 지역

ⓑ 교통량에 변화가 있는 지역

ⓒ 지방에는 지역의 대한 조례가 있는 대상지역

② 조사 집단을 결정하며, 조사인 수는 범위에 따라 정한다.

ⓐ 관광객, 통과자 : 그 시설을 통과한 평균 사람 수에 따른다.

ⓑ 주변 사람 : 지역 내에 거주밀도에 따른다.

ⓒ 주최자 : 민간은 기업의 책임자이고, 공공공사는 발주사의 책임자가 된다.

ⓓ 전문가 : 조명디자이너, 건축사, 전기기술사, 관련 교수, 건축위원, 발주자 등으로 관계 전문가를 구성한다.

③ 조사자 질문사항

ⓐ 관광객, 통과자 등

가. 방문하게 된 동기가 무엇인가?

나. 흥미가 있거나, 경관조명을 알고 있었던가?

다. 사진을 찍었는지, 찍고 싶은가?

라. 경치가 좋은가, 싫은가, 아름답게 느껴지는지?

마. 기회가 닿으면 다시 오겠는가?

바. 전체적으로 어떤가?

ⓑ 주변 사람

가. 언제부터 알고 있는가?

나. 가 보았는가, 보고 느낀 점은?

다. 경관조명 후 생활에 변화가 있었는가?

라. 전체적으로 어떤가?

ⓒ 주최자

가. 좋아진 점과 그 정도는?

나. 경제적으로 타당한가?

다. 전체적으로 어떤가?

ⓓ 전문가

가. 전문가의 입장에서 조명계획의 영향과 타당성이 어느 정도 인가?

나. 조명계획이 기술적으로 문제는 없는가?

다. 추후에 민원이 발생될 소지는 없는가?

라. 보수 관리상 문제는 없는가?

④ 평가

막대그래프를 가지고 판단하며 매우 좋음은 5, 좋음은 4, 보통은 3, 약간 부족은 2, 부족은 1로 보며 A는 통과자, B는 주변 사람, C는 주최자 및 발주자, D는 전문가의 평가로 한다. 그림 2.52은 주변 사람에서 좋은 평가이고, 그림 2.53는 통과자가 좋은 점수이며, 그림 2.54은 전문가의 점수가 30점 미만이므로 부적합하다.

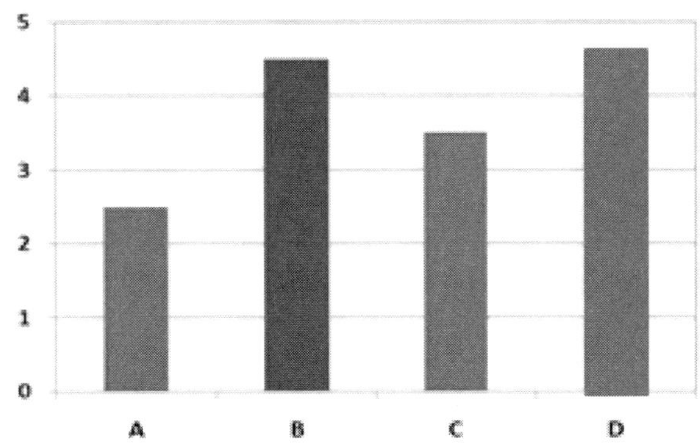

그림 2.52 주민 편의시설에 적합한 사례

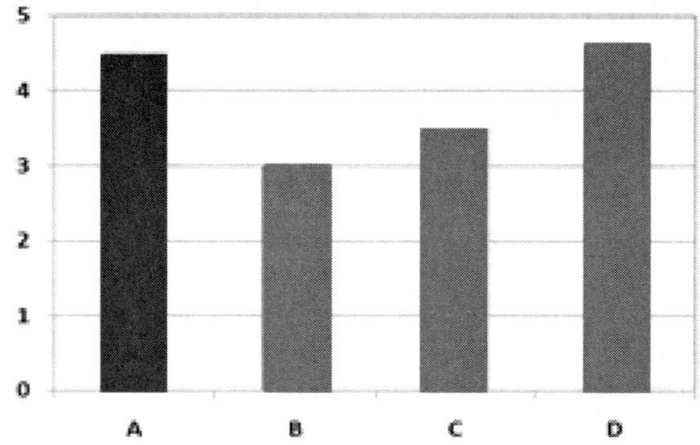

그림 2.53 관광지에 적합한 사례

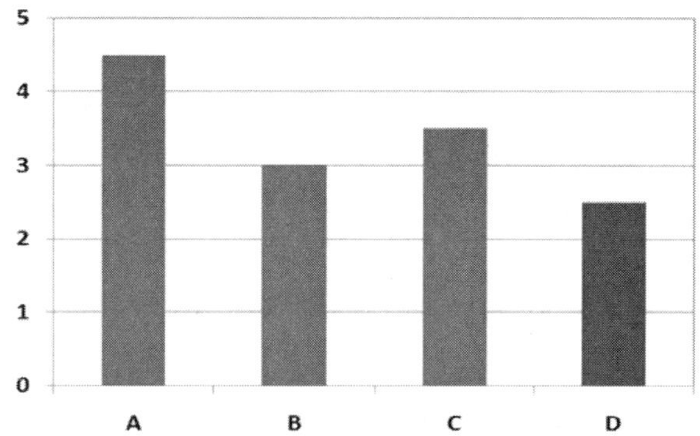

그림 2.54 부적합한 사례

연습문제

1. 다음 중에 경관조명의 목적이 아닌 것은?

㉮ 차별화된 경치, 지역의 상징을 만든다. ㉯ 안전한 거리를 만든다.
㉰ 친숙한 조명환경을 만든다. ㉱ 활동적인 야간생활과 환경을 조성한다.

2. 다음 중에 건조물의 투광조명에 대한 설명 중에 틀린 것은?

㉮ 건축물, 기념탑, 상징물 등에서의 투광조명은 야간의 도시경관을 돋보이게 한다.
㉯ 도시의 공간적인 넓이의 연출과 더불어 조직적인 입체감을 준다.
㉰ 투광조명은 건조물이 아름답게 보이고, 어둠속에 밝음을 준다.
㉱ 건축물의 색채 등을 고려하여 연색성이 좋은 광원을 사용한다.

3. 다음 중에 공원조명에 대한 설명 중에 틀린 것은?

㉮ 안전 확보를 위해 조도 10[lux] 이상으로 한다.
㉯ 꽃을 중심으로 수목을 보이게 하는 효과를 연출한다.
㉰ 포인트 조명과 주간의 미관을 고려한다.
㉱ 주위의 환경과 맞는 조명광원, 조명방식을 채택한다.

4. 조사하여 평가하는 방법 중에 조사 집단에 해당되지 않는 것은?

㉮ 관광객 ㉯ 주변사람
㉰ 설계관계자 ㉱ 전문가

5. 다음 중에 경관조명의 설계 중에 사전조사 항목이 아닌 것은?

㉮ 주변 환경의 밝음이 어느 정도인지 파악한다.
㉯ 대상물의 위치를 파악한다.
㉰ 대상물의 표면의 재질 및 크기를 파악한다.
㉱ 보는 사람, 대상물, 조명기구의 위치를 파악한다.

6. 다음 중에 경관조명의 설계순서 중에 제일 나중에 하는 것은?

㉮ 대상물 선정 ㉯ 행정허가
㉰ 자료수집 ㉱ 현장조사

▸ 정답

1. ㉯ 2. ㉱ 3. ㉮ 4. ㉰ 5. ㉯ 6. ㉱

7. 다음 중에 현장조사 항목이 아닌 것은?

㉮ 전압이 얼마인지에 대해 알아본다.
㉯ 접근성과 설치, 보수성을 고려한다.
㉰ 주로 보는 지점이 어디인지 파악한다.
㉱ 계절적인 변화와 영향을 파악한다.

8. 다음 중에 주위 상태가 보통일 때 건물의 표면에 따른 조도[lux]가 틀린 것은?

㉮ 백색벽토-100 ㉯ 콘크리트-150
㉰ 일반 황갈색 벽돌-200 ㉱ 착색된 나무 널빤지-250

9. 다음의 경관조명 광원 중에 황색, 적색을 아름답게 하는 광원은?

㉮ 고압 수은등 ㉯ 할로겐전구
㉰ 고압 나트륨등 ㉱ LED

10. 다음의 경관조명 광원 중에 수목, 잔디의 녹색을 선명하게 하는 광원은?

㉮ 고압 수은등 ㉯ 할로겐전구
㉰ 고압 나트륨등 ㉱ LED

11. 다음 중에 조명기구 선정 시 고려할 사항이 아닌 것은?

㉮ 피조면과의 거리 ㉯ 주위환경
㉰ 조명광원 ㉱ 설계상의 조도

12. 다음의 경관조명 광원 중에 백, 적, 오렌지 계통에 적합한 광원이 아닌 것은?

㉮ 고압 수은등 ㉯ 할로겐전구
㉰ 고압 나트륨등 ㉱ 백열등

13. 다음 중에 투광기의 종류에 대한 설명 중에 틀린 것은?

㉮ 광각형 : 투광범위가 넓다.
㉯ 협각형 : 먼거리 조명할 때 사용한다.
㉰ 광대칭 : 양면을 배광하는 투광기이다.
㉱ 축대칭 : 한면을 배광하는 투광이이다.

▸ 정답

7. ㉮ 8. ㉱ 9. ㉯ 10. ㉮ 11. ㉰ 12. ㉮ 13. ㉰

14. 다음 중에 조명기구의 배치 시에 유의할 점이 아닌 것은?

㉮ 주간의 경관 ㉯ 야간의 경관
㉰ 눈부심 ㉱ 보수 관리

15. 다음 중에 경관조명의 기법이 아닌 것은?

㉮ 간접투광 ㉯ 직접투광
㉰ 발광 ㉱ 투과광

16. 지면에 설치하여 투광하는 기법 중에 거리가 몇 [m] 이하일 때 광각 투광기를 사용하는가?

㉮ 5[m] ㉯ 10[m]
㉰ 15[m] ㉱ 20[m]

17. 피조면의 면적 20×5[m], 필요조도 150[lux], 감광보상율 1.5, 투광기의 광속 10,000[lm], 빔광속의 조명률은 0.28이며 중앙에서 조사할 때 투광기의 대수는 얼마인가?

㉮ 6 ㉯ 7
㉰ 8 ㉱ 9

(풀이) 투광기의 대수 $N = \dfrac{A \times E \times D}{F \times U} = \dfrac{100 \times 150 \times 1.5}{10,000 \times 0.28} = 8.03 \Rightarrow 9$

18. 다음 중에 장해광의 대책이 아닌 것은?

㉮ 비추는 범위를 효율적으로 정한다.
㉯ 아래쪽으로 빛이 누설되는 것을 방지한다.
㉰ 눈부심을 주지 않는 조명기구를 선정한다.
㉱ 해충이 우려되는 곳은 살충광을 설치한다.

19. 다음 중에 패턴평가 항목이 아닌 것은?

㉮ 조도 ㉯ 연색성
㉰ 눈부심 ㉱ 경관정서

▸ 정답

14. ㉯ 15. ㉮ 16. ㉰ 17. ㉱ 18. ㉯ 19. ㉰

단원 서술형 문제

1. 다음 단위를 설명하라.
   1) 광속 2) 광도 3) 조도 4) 휘도 5) 광속발산도 6) 전등효율

2. 반사율, 투과율, 흡수율에 대해 설명하고 관계식을 쓰라.

3. 다음 용어에 대해 설명하라.
   1) 연색성 2) 색온도 3) 순응

4. 눈부심의 원인에 대해 설명하라.

5. 백열전구의 동정특성에 대해 설명하라.

6. 백열전구의 특징에 대해 설명하라.

7. 백열전구를 사용할 때 주의할 점에 대해 설명하라.

8. 할로겐전구의 특징에 대해 설명하라.

9. 형광등의 특징에 대해 설명하라.

10. 형광등의 흑화현상 중에 ano-spot 현상의 원인에 대해 설명하라.

11. 옥외조명의 특징에 대해 설명하라.

12. LED의 특징에 대해 설명하라.

13. LED을 사용 시 주의할 사항에 대해 설명하라.

14. 명시조명에서 좋은 조명의 조건에 대해 설명하라.

15. 조명기구의 광학적 기능에 대해 설명하라.

16. 조명기구의 모양에 의한 분류를 하고 간단히 설명하라.

17. 조명기구를 배광 중에 간접 조명방식에 대해 설명하라.

18. 조명기구의 배치 중에 전반조명에 대해 설명하라.

19. 건축화 조명 중에 천정 매입하는 형태의 조명에 대해 설명하라.

20. 조명설계 시 고려할 사항에 대해 설명하라.

21. 조명률에 영향을 미치는 요소에 대해 설명하라.

22. 감광보상율에 영향을 미치는 요소에 대해 설명하라.

23. 다음에 있는 도로조명의 용어에 대해 설명하라.
1) 평균 노면 휘도 2) 종합 균제도 3) 차선축 균제도 4) 눈부심 조절 마크(G)

24. 도로 조명기구의 선정에 대해 설명하라.

25. 도로 조명기구의 배열에 대해 설명하라.

26. 조명비에서 전구의 교환에 대해 설명하라

27. 조명제어 주요 기능에 대해 설명하라.

28. 조명제어의 특징에 대해 설명하라.

29. 스마트조명의 주요기능에 대해 설명하라.

30. 주택 조명계획의 주안점에 대해 설명하라.

31. 호텔 조명계획의 주안점에 대해 설명하라.

32. 무대 조명계획의 주안점에 대해 설명하라.

33. 무대조명의 설계 시 특수조명에 대해 설명하라.

34. 사무실 조명계획의 주안점에 대해 설명하라.

35. 다음 조명에 대해 설명하라.
  1) TAL 조명 2) PSALI 조명 3) VDT 조명

36. 상점 조명계획의 특징에 대해 설명하라.

37. 학교 조명계획의 주안점에 대해 설명하라.

38. 병원 조명계획에 있어 병실의 조명에 대해 설명하라.

39. 미술관 조명계획의 주안점에 대해 설명하라.

40. 경관조명의 목적에 대해 설명하라

41. 경관조명의 사전조사 사항에 대해 설명하라.

42. 경관조명의 조명기구 선정 시에 고려할 사항에 대해 설명하라.

43. 경관조명의 투광기의 종류에 대해 설명하라.

44. 경관조명의 조명기구의 배치할 때 고려할 사항에 대해 설명하라.

45. 경관조명의 조명기법의 분류에 대해 설명하라.

46. 경관조명의 장해광에 대한 대책을 설명하라.

47. 경관조명의 패턴평가의 세 가지 요소에 대해 설명하라.

48. 경관조명을 조사하여 평가할 때 주변지역의 범위에 대해 설명하라.

49. 경관조명을 조사하여 평가할 때 조사 집단의 범위에 대해 설명하라.

단원 서술형 문제 풀이

번호	페이지	답
1	p14~18	2-2 조명의 단위와 용어 참조
2	p18	2-2-8 반사율, 투과율, 흡수율 참조
3	p18~20	2-2 조명의 단위와 용어 참조
4	p19	2-2-11 눈부심 참조
5	p24	1) 동정특성 참조
6	p24	(3) 백열전구의 특징 참조
7	p25	(4) 백열전구를 사용할 때 주의할 사항 참조
8	p26	(3) 할로겐전구의 특징 참조
9	p29~30	(4) 특징 참조
10	p30	(5) 흑화현상 참조
11	p31	(1) 옥외 조명의 특징 참조
12	p41~42	2-4-6 LED의 특징 참조
13	p43	2-4-8 LED 사용 시 주의할 사항 참조
14	p48	(2) 명시를 중요로 하는 조명 참조
15	p50	(1) 광학적인 기능 참조
16	p51	(1) 조명기구의 모양에 의한 분류 참조
17	p52	2) 간접 조명방식 참조
18	p52	1) 전반조명 참조
19	p54	1) 천정에 매입한 조명 참조
20	p57	(1) 조명설계 시 고려할 사항 참조
21	p60	③ 조명률 참조
22	p60~61	④ 감광보상율 참조
23	p63	(2) 도로조명의 용어 참조
24	p64	(4) 조명기구의 선정 참조
25	p64~65	(5) 조명기구의 배열 참조
26	p75	③ 교환 참조
27	p77	(2) 주요 기능 참조

28	p78	(3) 특징 참조
29	p79	(2) 주요기능 참조
30	p81	(1) 조명계획의 주안점 참조
31	p82	(1) 조명계획의 주안점 참조
32	p84	(1) 조명계획의 주안점 참조
33	p85	(5) 특수 조명 참조
34	p86	(1) 조명계획의 주안점 참조
35	p86	(3) 조명의 방법 참조
36	p87	(1) 상점 조명의 특징 참조
37	p89	(1) 조명계획의 주안점 참조
38	p93	① 병실 참조
39	p94	(1) 조명계획의 주안점 참조
40	p101	(2) 경관조명의 목적 참조
41	p104	(1) 사전조사 참조
42	p107-108	① 조명기구의 선정 시 고려사항 참조
43	p108	② 투광기의 종류 참조
44	p109	③ 조명기구의 배치 참조
45	p109-110	② 경관 조명기법의 분류 참조
46	p112	3) 장해광의 대책 참조
47	p113	(1) 패턴 평가법 참조
48	P114	(2) 조사하여 평가하는 방법 ①항 참조
49	P114	(2) 조사하여 평가하는 방법 ②항 참조

국가직무능력표준(NCS) 공부하기

분류번호 :	1901060106_16v3
능력단위 명칭 :	조명설비 설계
능력단위 정의 :	조명설비 설계란 주어진 장소의 사용목적에 가장 알맞은 광환경과 시각 작업에 적합하도록 조명요건을 분석하여 광원의 선정, 조명방식의 선정, 조도를 계산하여 설계에 적용할 수 있는 능력이다.

능력단위요소	관련 목차
1901060106_16v3.1 조명요건 분석하기	2-1 개요, 2-2 조명의 단위와 용어 2-5-1 명시조명과 분위기 조명, 2-6 조명설비의 경제성
1901060106_16v3.2 조명방식 선정하기	2-5-3 조명방식, 2-7 조명계획, 2-8 경관조명
1901060106_16v3.3 광원선정하기	2-3 조명의 광원, 2-4 LED, 2-5-2 조명기구의 기능
1901060106_16v3.4 조도계산하기	2-5-4 옥내조명 설계, 2-5-5 옥외조명 설계

chapter 3 수변전설비

직무	능력단위	능력단위코드
전기설비설계	수변전설비 설계	1901060111_16v3

건축물, 공장 등에 들어가는 전기설비에 필요한 부하는 일정용량 이상일 때 특고압 수전하므로 이 전압을 변압하여 필요한 전압의 전기를 사용하는 것을 **수변전설비**라고 하며 이 설비에는 변전시설과 개폐장치, 그리고 감시제어 장치가 들어간다.

또 한전으로 부터 전기요금 산정에 필요한 설비도 들어가며 대부분 설비는 한전 인입 개폐기(C.O.S) 이후부터 수용가가 관리하는 **자가용 수전설비**에 해당된다.

3-1 개요

3-1-1 전기설비의 종류

전기설비는 전기사업법에 규정되어 있고 발전, 송전, 변전, 배전 또는 전기사용을 위하여 설치하는 설비를 말하며, 다음의 세 가지로 나눌 수 있다.

1) **사업용 전기설비** : 한국수력원자력 등 발전사업자를 말한다.
2) **일반용 전기설비** : 전기용량 75[kW] 미만의 소규모 전기를 말한다.
3) **자가용 전기설비** : 전기용량 75[kW] 이상의 전기설비를 말한다.

(1) 자가용 전기설비의 범위

① 전압이 교류 1000[V]를 초과하는 경우
② 용량이 75[kW] 이상의 전기설비
③ 10[kW]을 초과하는 발전설비

④ 자가용 전기설비 설치장소와 동일한 수전장소에 설치하는 전기설비
⑤ 위험시설에 설치하는 용량 20[kW] 이상인 경우
⑥ 여러 사람이 이용하는 시설에 설치하는 용량 20[kW] 이상인 경우

(2) 자가용 전기설비의 특징

① 전력의 공급구역은 구내에 한정되고 있으며, 구역 외로 나가는 경우는 책임한계 및 전기요금 정산 등의 문제가 있기 때문에 거의 없다.
② 수용가가 관리하므로 정전 등의 서비스 확보 면에서 공급자보다 중요하지 않다.
③ 수전전압, 설비용량, 설비형식, 전력계통의 구성 등 그 내용이 광범위 하므로 표준 설계기준을 정하기 어렵다.
④ 수전은 1회선 수전이 대부분이고, 수전회로의 구성도 간단하다.
⑤ 부하의 종류, 운전제어의 합리화, 인건비의 절약으로 자동화되어 있어 감시제어가 복잡하다.
⑥ 정전을 대비하여 대부분 디젤 비상발전기를 사용하며, 부하관리를 위해 가스터빈 발전기를 사용하기도 한다.

3-1-2 수전전압

1) **저압** : 단상 220[V] , 삼상 380[V], 440[V]
2) **고압** : 삼상 3,300[V], 6,600[V]
3) **특별고압** : 삼상 22.9[kV], 154[kV], 345[kV], 765[kV]
4) **한전 수전전압**

① 계약전력이 1,000[kW] 미만 : 교류 단상 220[V], 교류 삼상 380[V]
단, 1,000[kW] 미만까지 저압으로 공급시에는 1 전기사용계약단위의 계약전력은 500[kW] 미만이어야 하며, 공급기준은 세칙에 따른다.
② 계약전력이 1,000[kW] 이상 40,000[kW] 이하 : 교류 삼상 22.9[kV]
③ 계약전력이 40,000[kW] 초과 400,000[kW] 이하 : 교류 삼상 154[kV]
④ 계약전력이 400,000[kW] 초과 : 교류 삼상 345[kV]

3-1-3 변전실의 건축계획

1) **건축구조**

① 충분한 천정높이를 확보한다. 고압은 3[m], 특별 고압은 4.5[m] 이상 확보한다.

② 바닥 하중은 중량물에 견디는 구조로 한다.
③ 바닥의 높이는 피트 또는 배관을 고려하여 콘크리트 200~300[mm] 두께로 한다.
④ 완전한 방화구획으로 하며, 출입문은 갑종 방화문으로 한다.
⑤ 장비의 기초는 지진을 대비하여 내진설계를 한다.
⑥ 벽은 내열자재를 사용한다.
⑦ 지하에 설치할 경우 침수에 대비하여, 집수정이나 배수펌프를 설치한다.
⑧ 장비 반입구를 고려하여야 한다.
⑨ 변전실 바닥면적이 300[㎡] 이상일 때 물분무등소화설비를 해야 한다.

2) 변전실의 면적

① 면적에 영향을 주는 요소
ⓐ 수전전압
ⓑ 변압기 용량 및 대수
ⓒ 특고압, 저압반 면수
ⓓ 증설 시의 용량

② 계산식
ⓐ 고압

$$A_t(m^2) = 3.3 \times \sqrt{Tr\text{용량}[\mathrm{kVA}]} \tag{3.1}$$

ⓑ 특별 고압

$$A_t = K_s \times W_t^{0.7} \begin{cases} W_t : \text{변압기 용량} \\ K_s : \text{특고→고압 } 1.7,\ \text{특고→저압 } 1.4 \end{cases} \tag{3.2}$$

ⓒ 개략 계산
변전실의 넓이는 변압기 한 대일 때 가로 및 세로 10×6[m], 변압기가 두 대일 때 12×6[m], 변압기 세 대일 경우 일렬로 수배전반을 배열할 때는 14×6[m], 두 열로 수배전반을 배열할 때는 10×12[m]로 한다.

3) 변전실의 위치

① 부하의 중앙에 위치한다.
② 전력 인입이 쉬운 곳에 위치한다.
③ 장비의 반·출입에 지장이 없어야 한다.
④ 재해에 우려가 없는 곳이어야 한다.

⑤ 먼지, 염해, 유독가스가 없는 곳이어야 한다.
⑥ 화재, 폭발의 위험이 적은 곳이어야 한다.
⑦ 보일러실 등과는 이격하여 설치한다.
⑧ 경제성을 고려해야 한다.

4) 변전실에 기기 배치 시 고려사항

① 전기의 흐름을 고려한다. 즉 특고압에서 변압기, 저압반으로 전기의 배전을 고려하여 배치한다.
② 인입 방향을 확인하며, 한전으로부터 전기를 인입하는 맨홀이 어느 방향인지 파악하여 특고압반을 배치한다.
③ 간선루트와 배선방향을 확인하며, 간선로 나가는 저압반은 간선의 인입구 방향으로 하면 케이블 시공이 편리하다.
④ 기기의 반입을 고려하며, 변압기나 발전기는 장비가 크므로 설치 및 보수 시 기기의 반입을 고려하여 출입구를 선정한다.
⑤ 장래의 증설을 고려한다. 전기설비는 내부 설비의 증설에 따라 부하가 늘어나므로 변압기, 차단기 등 장비를 배치할 예비공간을 확보해 둔다.
⑥ 운전 및 보수에 있어 안전을 확보해야 하며, 배전반 사이에 보수 공간이 확보되고 감시실에서 배전반이 모두 보여야 한다.

3-1-4 변전실의 형식

변전실의 형식은 배전반의 형태에 대한 것으로 개방형과 폐쇄형 배전반이 있는데 현재는 대부분 폐쇄형 배전반을 설치한다.

(1) 개방형(Frame Type) 배전반

도전부가 개방되어 있고, 소용량의 변전설비나 옥내에 설치장소가 없을 때 적용하고, 프레임(Frame)을 구축하는 것이 많다. 대용량의 한전 배전변전소도 프레임을 구축하여 변전설비를 배열하는 경우도 있다.

① 프레임 재료
조립 재료는 가스관, ㄷ 형강, ㄴ 형강 등이 많이 사용된다.
② 프레임의 블록(Block) 구성
인입 개폐기 프레임, 차단기 프레임, 변압기 프레임, 저압반 프레임 등이 있다.

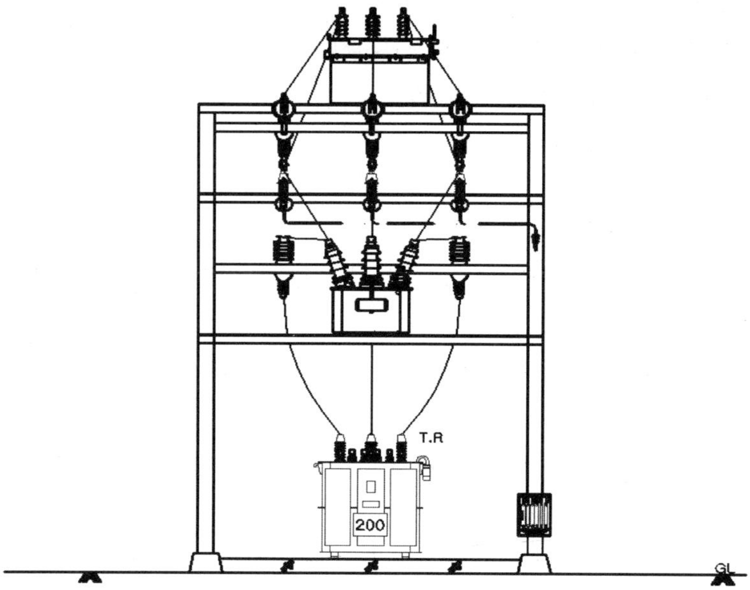

그림 3.1 개방형 배전반

(2) 폐쇄형(Cubicle Type) 배전반

도전부가 폐쇄되어 있고 최근의 절연재료와 각종 기기가 몰드 또는 밀폐형으로 생산되므로 외형이 미려하고 유지 보수가 편리해서 많이 사용하고 있다.

① 배전반의 재료

재료는 강판재, 스테인리스 강판재, 알루미늄재 등이 있으며 절연재는 베크라이트 판 등이 사용된다.

② 폐쇄형 배전반의 구성

전기의 흐름에 따라 특고압반, 변압기반, 저압반, 정류기반 등으로 구성한다. 다음은 각 배전반의 표준 크기이며 가로, 세로, 높이 순이다.

ⓐ 특고반 : 1,400×2,650×2,500[mm]

ⓑ 변압기반 : 500[kVA] 이하 2,200×2,650×2,500[mm]
1,000[kVA] 이하 2,400×2,900×2,500[mm]

ⓒ 저압반 : 800×2,350×2,500[mm]

ⓓ 동력반 : 600×2,350×1,500[mm]

③ 일체형 배전반

1,000[kVA] 이하의 용량에 변전실 공간의 축소를 위해 1면 또는 2면에 변압기, 개폐기, 차단기 등 모든 시설을 집합하여 넣은 것으로 제조 회사마다 크기는 다르나 보통 2,400×2,650×3,500[mm] 정도가 된다.

④ 폐쇄형 배전반의 특징

ⓐ 설치면적이 적다

ⓑ 설치가 간단하고 공기가 단축된다.

ⓒ 신뢰성이 있으며 표준화 되어 있다.

ⓓ 외관이 미려하다.

ⓔ 보수할 때 안전하다.

ⓕ 기기 자체의 보전과 고장 확대방지가 가능하다.

ⓖ 증설 및 이동설치가 용이하다.

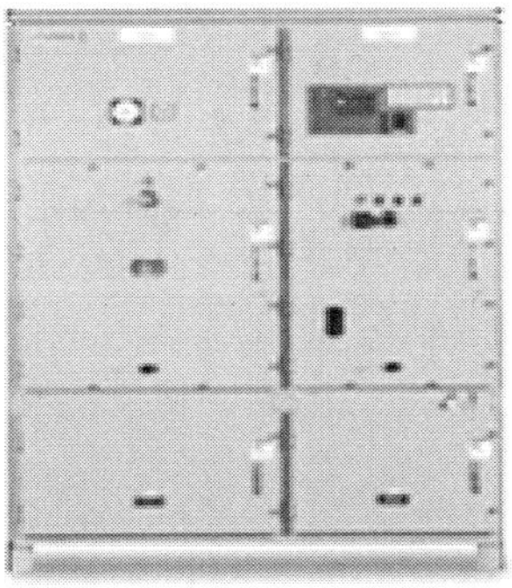

그림 3.2 폐쇄형 배전반

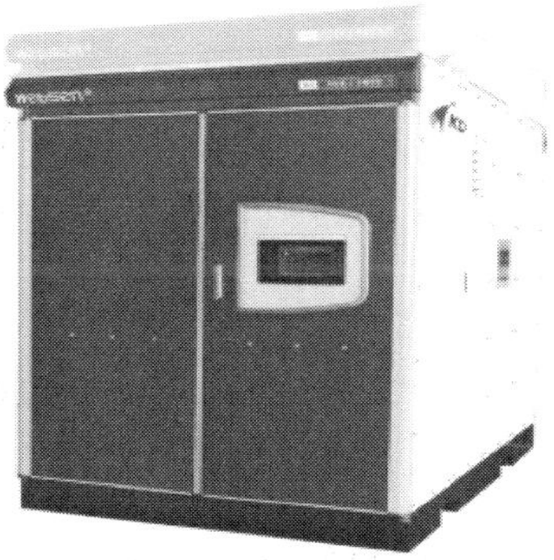

그림 3.3 일체형 배전반

3-2 수전방식

수전방식은 한전으로부터 전기를 공급받는 형식을 말하며 전압은 용량에 따라 특고압 수전을 받는 형태를 말한다. 수전방식에 따라 한전에 납부하는 수용가 부담금이 달라지므로 대부분 비용이 적은 1회선 수전방식을 채택한다.

3-2-1 1회선 수전방식

1회선 수전은 한전의 배전 변전소로부터 한 회선을 공급받는 수전방식이다.

1) 신뢰성이 낮으나 공사비가 싸다.
2) 대부분 사용하는 방식이다.
3) 송전선 사고 시에 정전되며, 복구시간은 송전선 복구시간과 같다.

그림 3.4 1회선 수전방식

3-2-2 2회선 수전방식

2회선 수전은 한전의 배전 변전소에서 2회선을 받거나 다른 변전소로부터 각각 1회선을 공급받는 방식이다.

1) 신뢰성이 1회선보다 높고 공사비도 비싸다.
2) 공공건물, 군사시설, 중요건물에 적용하는 방식이다.
3) 이 방식에는 π인입 수전방식이 있으며 π인입 수전은 인접한 건물에 전력을 공급하여야 하기 때문에 한전의 요구에 따라 시설하는 방식이다.
4) 보호 계전방식이 복잡해진다.

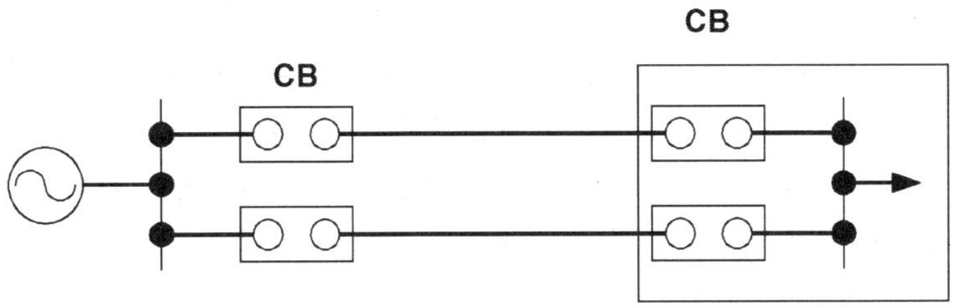

그림 3.5 2회선 수전방식

3-2-3 루프(Loop) 수전방식

루프 수전방식은 시내 밀집지역에 수용가를 서로 연결하여 루프 모양으로 배선망을 구성하고 정전에 대비한 방식이다.

1) 비용이 낮고 배선망 사이의 사고에 대비할 수 있다.
2) 시내 배전선 지중화 구간의 부하밀집 지역에 적용한다.

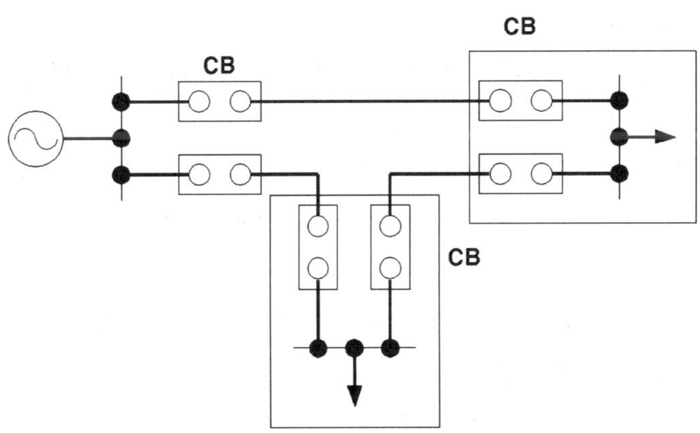

그림 3.6 루프 수전방식

3-2-4 스폿 네트워크(Spot Network) 수전방식

스폿 네트워크 방식은 2~4회선의 특고압 22.9[kV]로 수전하고 특고압 측은 차단기를 설치하지 않고 변압기의 여자전류를 개폐할 수 있는 개폐기만을 설치하며, 각 뱅크를 네트워크 모선으로 연결하여 병렬 운전하는 방식이다.

이 방식은 배전선 사고에 있어 전력회사의 송출단 차단기가 우선 차단하지만 수용가 측에서는 정지한 배전선에 접속된 변압기가 수용가 모선에서 역여자되어 테이크 오브 계전기로 검출하여 프로텍터 차단기를 차단한다. 이로서 사고회선은 분리되지만 수용가는 여분의 건전회선으로 전력 공급을 계속한다. 수용가의 네트워크 변압기는 변압기로 전 부하를 부담할 수 있도록 일정시간 과부하가 가능한 설계를 한다.

일본에서는 많이 사용하나 공사비가 많이 소요되므로 우리나라는 대전 제2정부 종합청사에 변압기용량 2.5[MVA]로 운용 중에 있다.

(1) 특징

① 공사비가 비싸고 회선이 복잡하다.
② 병렬 복수의 수전 방식으로 가장 신뢰성이 양호하다.
③ 사고의 차단·투입이 자동적이므로 감시반의 조작이 필요 없다
④ 차단기가 필요 없다.
⑤ 전체적인 변압기 용량이 커진다.
⑥ 각 차단기간 보호협조 시스템이 필요하다.

(2) 구성기기

① 부하 개폐기(Load Switch)
네트워크 변압기 1차측에 설치하며 변압기의 여자전류를 개폐한다.
② 네트워크 변압기(Network Transformer)
몰드변압기나 SF_6 가스변압기를 사용하며 1회선 정전 시 다른 건전한 회선으로 연결되며, 130%의 과부하에 8시간을 견딜 수 있어야 한다.
③ 프로텍터 퓨즈(Protector Fuse)
고압과 저압 프로텍터 퓨즈가 있으며 프로텍터 차단기와 협조하여 변압기 2차 측의 단락사고 시 대전류를 차단한다.
④ 프로텍터 차단기(Protector Breaker)
사고 회로를 분리하는 역할을 하며, 고압인 경우 진공차단기(VCB), 저압인 경우는 기중차단기(ACB)을 사용한다.
⑤ 테이크 오브 차단기, 퓨즈(Take off Breaker, Fuse)
네트워크 모선에서 분기 되는 곳에 사용하며 부하 측에서 단락사고 시 유입되는 대전류를 차단한다. 이때 차단용량을 보존하기 위해 퓨즈와 동시에 사용한다.
⑥ 네트워크 계전기(Network Relay)
사고의 발생 및 복구를 검토하며 프로텍터 차단기를 개폐한다. 네트워크 계전기는 신뢰성을 확보하기 위해 다음이 필요하다.

ⓐ 역전력 차단 특성

사고 시 다른 회선에서 네트워크 모선을 경유하여, 단락점으로 우회하는 역전력를 차단한다.

ⓑ 차전압 투입 특성

다른 뱅크로 운전 중에 고장선로가 복구하여 전압이 높아지면 두 뱅크를 비교하여 일정한 차전압이 발생하면 자동 투입된다.

ⓒ 무전압 투입 특성

전 회선이 정전으로 무부하 전압일 때, 1회선이라도 네트워크 변압기가 충전되면 자동으로 투입된다.

(3) 신뢰성

① 송전선 1회선 또는 변압기뱅크의 사고 시에 무정전이다.
② 송전선 보수 시에도 1회선만 정전이므로 다른 회선으로 공급이 가능하다.
③ 송전정지 또는 복구할 때 변압기의 2차측 차단기의 개방 또는 투입이 자동이다.

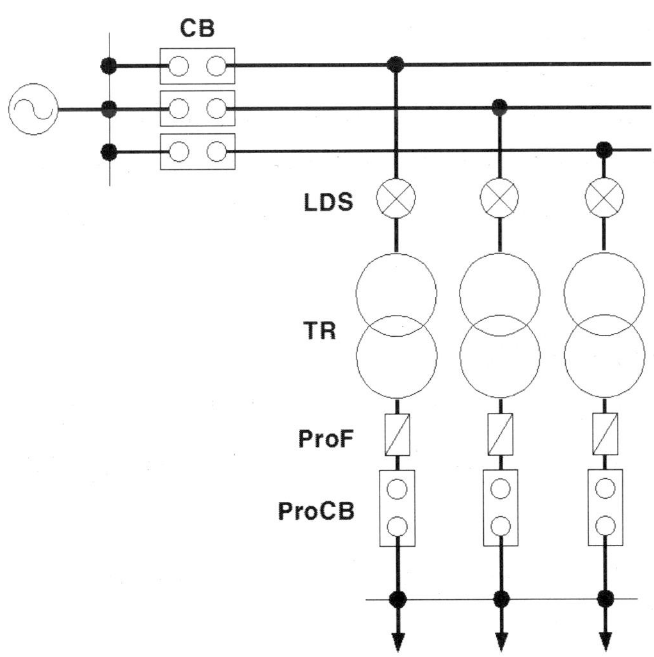

그림 3.7 스폿 네트워크 수전방식

(4) 오동작과 대책

① 진상용 콘덴서 : 잔류전하를 방지한다.
② 부하측 회전기에서 발생하는 회생전력 : 계전기의 탭(Tap)조정 시 고려한다.
③ 병렬 발전기 운전 : 발전기 사이에 인터록을 설정한다.

(5) 네트워크 방식 채택 시 유의할 점

① 네트워크 방식이 가능한지 관할 한전과 우선 협의해야 한다.
② 네트워크 방식의 기기는 한전 배전지침과 전기안전공사 사용전 검사기준에 적합한지 검토 후 사용한다.
③ 각종기기는 공인기관 시험 및 자체시험을 거쳐 설치하고 병렬운전 시험할 때 임피던스 불평등이 일어날 수 있으므로 주의한다.
④ 프로텍터 기기와 제어 시퀀스가 복잡하므로 서로 계통을 파악한 후 설치한다.
⑤ 승강기의 회생전력이 야간 경부하시 전원측으로 유입하여 프로텍터 차단기가 투입하여 정전이 일어날 수 있으므로 주의한다.
⑥ 고조파에 의한 네트워크 변압기의 용량 상승에 유의한다.
⑦ **펌핑(Pumping) 동작**에 유의한다.

※ **펌핑(Pumping) 동작**

수용가 A와 수용가 B가 모선 1회선 정전 시 수용가 B의 차단이 늦은 경우에 수용가 A로 전력이 역류되어 프로텍터 차단기가 투입되다가 다시 수용가 A변압기에 의해 차단 현상이 되풀이되는 것으로 이를 방지하기 위해 역전력 차단 후 일정한 시간이 지나서 투입되도록 한다.

(6) 네트워크 변압기의 용량

몰드변압기나 SF_6가스변압기를 사용하며, 1회선 정전할 때 다른 건전한 회선만으로 최대수요에 견딜 수 있어야 하고, 130%의 과부하에 8시간을 견딜 수 있어야 한다.

$$\text{네트워크 변압기 용량} = \frac{\text{최대수요전력}[\text{kVA}]}{(\text{수전회선수} - 1)} \times \frac{1}{1.3}[\text{kVA}] \qquad (3.3)$$

3-2-5 각 수전방식별 공급신뢰도

각 수전방식별로 전기 공급의 신뢰도를 보면 다음 표와 같다.

표 3.1 수전방식에 따른 공급신뢰도

사고 유형	구분	1회선수전	2회선수전	Loop수전	Network 수 전
한곳 사고	케이블	정 전	순간정전 후 복구	무 정 전	무 정 전
	수전 차단기	정 전	순간정전 후 복구	무 정 전	없 음
	변압기	순간정전 후 복구(부하제한)	순간정전 후 복구(부하제한)	순간정전 후 복구(부하제한)	무 정 전
	2차 차단기	순간정전 후 복구	순간정전 후 복구	순간정전 후 복구	무 정 전
이중 사고	케이블	정 전	정 전	정 전	무 정 전 (부하제한)
	수전 차단기	정 전	정 전	정 전	무 정 전 (부하제한)
	변압기	정 전	정 전	정 전	무 정 전 (부하제한)
	2차 차단기	정 전	정 전	정 전	무 정 전 (부하제한)
	1차 CT사고	정 전	정 전	정 전	무 정 전

3-2-6 모선 구성

모선 구성은 수배전설비의 단일모선, 이중모선, 루프모선 방식으로 구분되며, 설계할 때 중요도, 설비용량, 운용방법에 따라 선정한다.

(1) 단일모선 방식

단일모선 방식은 변압기와 부하기기를 한 개의 모선으로 연결하는 것으로 특징은 아래와 같다.

① 가장 간단하며 경제적이다.

② 모선사고 시는 모두 정전되고 모선 점검 시에도 정전이 필요하다.

③ 공사비가 절감된다.

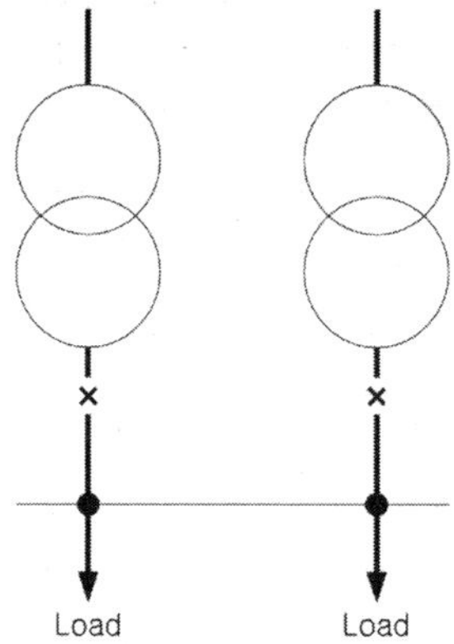

그림 3.8 단일모선방식

(2) 루프모선 방식

루프모선 방식은 변압기와 부하기기를 환형으로 연결하는 방식으로 그 특징은 아래와 같다.

① 간단해서 경제적이며, 공급 신뢰도가 높다.
② 모선사고 시에 예비성이 있어 보수 점검할 때 편리하다.
③ 케이블을 사용하면 표준적인 스위치기어 적용이 가능하다.
④ 중요한 설비계통에 많이 사용한다.

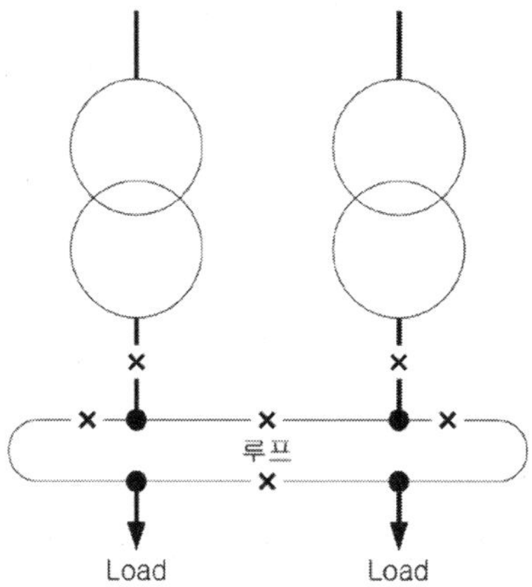

그림 3.9 루프모선 방식

(3) 이중모선 방식

이중모선 방식은 변압기와 부하기기를 이중으로 연결하는 방식으로 변압기 뱅크를 복수로 구성하는 방법과 예비전원을 연결할 때 사용하는 예비 모선으로 이중화를 도모하는 예비모선 방식으로 구분하여 사용한다. 그 특징은 아래와 같다.

① 운용에 예비성이 있으며 공급 신뢰도가 높다.
② 주 변압기 2차, 모선 연락, 공급전선 등의 차단기가 많아지므로 운용이나 보호협조 등이 복잡하다.
③ 스위치 기어에 수납하는 경우에는 모선의 위치와 분리에 주의할 필요가 있다.
④ 공사비가 많이 들어 대규모설비에 사용된다.

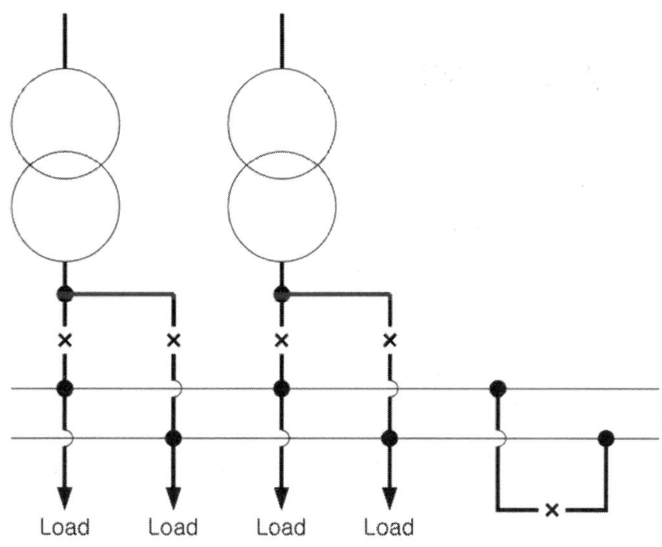

그림 3.10 이중모선 방식

3-3 전기용량의 산정

전기설비 용량은 예비변압기를 제외한 변압기 용량의 합을 의미하며 전기설비의 규모나 전기요금 및 전기안전관리자 등을 결정하는 중요한 요소이다.

3-3-1 전기용량의 검토

(1) 전기용량의 검토 시 고려사항

1) 부하의 실태에 맞는 정격의 변압기를 정한다.
2) 장차 건물의 확장, 설비의 증설 등을 고려하여 설비용량을 정한다.
3) 약간의 부하 증설 시에는 변압기의 대수 증가보다 냉각방식을 개선하면 20~25%의 효과를 가져 온다.
4) 피크 컷(Peak Cut)운전이나 변압기 대수제어를 통해 과도한 변압기 용량이 증가되지 않게 한다.
5) 변압기의 동손과 철손 비를 2 : 1 정도 즉 75%에서 최대 효율이 된다.
6) 변압기의 대수는 가급적 적게 하며 설비비나 면적에서 삼상 변압기가 유리하다.
7) 병렬운전을 통해 예비 변압기의 사용을 자제한다.

(2) 전기용량 산정 시 검토항목

1) 부하조사
2) 수전방식과 변압기 대수
3) 전압변동, 강하, 순시 정전대책
4) 주위 온도와 발열량 비교 및 냉각방식
5) 단락 보호방식
6) 단락전류의 추정과 차단기 선정
7) 부하의 평형과 시간대별 정격부하
8) 기타사항 : 접지보호, 서지보호, 여자 돌입전류, 플리커에 대한 대책 등이다.

(3) 사용설비에 의한 계약전력

사용설비에 의한 계약전력은 사용설비의 개별입력의 합계에 대하여 계약전력 환산율을 곱한 것이다.

표 3.2 계약전력 환산율

구 분	계약전력 환산율	비 고
처음 75[kW]에 대하여	100%	계산의 단수가 1[kW] 미만일 경우에는 소수점 이하 첫째자리에서 반올림 한다
다음 75[kW]에 대하여	85%	
다음 75[kW]에 대하여	75%	
다음 75[kW]에 대하여	65%	
300[kW] 초과분에 대하여	60%	

3-3-2 전기용량 계산

(1) 설비용량의 추정

산정방법 P **(설비용량)** = 표준 부하밀도(VA/㎡) × 연면적(㎡) (3.4)

표 3.3 표준 부하밀도[VA/㎡]

용도 종별	전 등	일반 동력	냉방 동력	전부하 용량
대형 사무실	37	59	37	133
점포(대 형)	62	72	43	177
호 텔	38	53	27	118
주 택	28(51)	14	28	70(93)
학 교	27	15	18	60
종 합 병 원	47	64	48	159
체 육 관	32	34	33	99
대형 전산센터	33	92	60	185
공 공 건 물	32	41	31	104
연 구 소	60	108	53	221
대 형 창 고	18	45	33	96

※ ( )은 전전화(全電化) 주택의 경우

(2) 변압기 용량의 결정

변압기 용량을 산정하는 공식은 다음과 같다

$$변압기용량\ P = \frac{설비용량 \times 수용률}{부등률}[kVA] \tag{3.5}$$

① 수용률(Demand Factor)

수용률은 수용 장소에 설비된 전용량에 대하여 실제 사용하고 있는 부하의 최대 전력 비율을 표시한 계수로 수용장소의 표준적인 사용량의 수치이다.

$$수용률 = \frac{최대수용전력[kW]}{설비용량} \times 100[\%] \tag{3.6}$$

수변전설비의 용량결정이나 배전선 및 실내 배선을 결정할 경우, 설비되어 있는 부하용량으로 설계하면 과다한 시설이 되므로 수용률을 적용하여 설비용량으로부터 사용 최대 수용전력을 결정하는 것이다.

표 3.4 전등부하의 수용률[%]

건물의 종류	수용률	
	10kVA 이하	10kVA 초과
주택, 아파트, 기숙사, 여관, 호텔, 병원 창고 등	100	50
사무실, 은행, 학교	100	70
기 타	100	

표 3.5 빌딩의 수용률[%]

구분 \ 건물의 종류	백화점 및 점포	사무실 및 빌딩
전 등 부 하	74.1~100	43.2~78.4
동 력 부 하	38~63.3	41~53.8
공 조 부 하	44.7~57.7	56.3~89.2
전 체 수 용 률	47.9~62.9	41.4~56.1

표 3.6 동력부하의 수용률[%]

부하의 종류	범위	인입용량 적용 시 수용률
펌프, 컴프레서, 엘리베이터, 송풍기	20~60	40
각종 공장의 반연속적 운전의 전동기	50~80	60
직물공장과 같은 연속운전의 전동기	70~100	90
아 크 로	80~100	100
유 도 로	80~100	80
아 크 용 접 기	30~60	40
저 항 용 접 기	10~40	30
저항기, 가열기, 오븐	80~100	90

[예제 3.1] 어떤 건물의 최대수용전력이 1,000[kVA]이고, 설비용량이 1,500[kVA]일 때 수용률을 구하라.

(풀이) 식 (3.6)에서 $\text{수용률} = \dfrac{\text{최대수용전력}[\text{kW}]}{\text{설비용량}} \times 100[\%] = \dfrac{1{,}000}{1{,}500} \times 100 \fallingdotseq 66.7[\%]$

② 부등률(Diversity Factor)

한 계통 내의 각개 단위 부하, 예를 들면 한 배전변압기에 접속되는 각 수용가의 부하는 각각의 특성에 따라 변동하여 최대 수용전력이 생기는 시각이 각기 다르므로 이러한 부하의 시간적인 특성을 고려한 것이 부등률이다. 부등률은 1보다 크다.

$$\text{부등률} = \frac{\text{각개의 최대수용전력의 합}[\text{kW}]}{\text{합성최대수용전력}[\text{kW}]} \tag{3.7}$$

표 3.7 각 부분의 부등률

공급 장소	전력 소비점	부등률
주상변압기	전등수용가	1.14
주상 변압기	동력수용가	1.58
배 전 간 선	전등수용가	1.35
배 전 간 선	전동기수용가	1.15
배 전 간 선	전등변압기	1.18
배 전 간 선	전동기변압기	1.36
1차변전소	배 전 간 선	1.09
1차변전소	배전용 2차 변전소	1.03

[예제 3.2] 어떤 건물의 합성최대수용전력이 1,000[kVA]이고, 개별 최대수용전력이 300, 400, 500[kVA] 일 때 부등률을 구하라.

(풀이) 식 (3.7)에서 $\text{부등률} = \dfrac{\text{각 개의 최대수용전력의 합}[\mathrm{kW}]}{\text{합성최대수용전력}[\mathrm{kW}]} = \dfrac{300+400+500}{1,000}$

$= 1.2$

③ 부하율(Load Factor)

부하의 평균전력을 최대수용전력으로 나눈 비로 부하율은 범위와 시간이 매우 중요하다. 실제 어느 정도 전력설비가 사용되는가를 나타낸다.

$$\text{부하율} = \frac{\text{부하의 평균전력(1시간 평균)}[\mathrm{kW}]}{\text{최대수용전력(1시간평균)}[\mathrm{kW}]} \times 100[\%] \quad (3.8)$$

(3) 변압기의 대수 결정(Bank 구성)

일반적으로 변압기의 대수 결정은 분리하는 용량이 정해져 있지 않다. 다만 아래를 기준으로 참고하여 설치하면 된다.

① 한국전기안전공사에서는 주거용 1,000[kVA], 비 주거용 500[kVA]를 한 뱅크(Bank)로 권장하고 있으나 보통 1,000[kVA]로 분리하는 것이 바람직하다.

② 전등과 동력부하는 서로 분리한다.

③ 계절부하(예. 냉방부하, 난방부하)는 서로 분리한다.

④ 일반과 비상부하는 분리한다.

⑤ 심야전력은 분리한다.

⑥ 1,000[kVA] 이하일 때 전등 및 동력부하를 서로 통합하여 1대로 설치한다.

[예제 3.3] 20,000[㎡]의 대형 사무실에 변압기 용량을 결정하고자 한다. 전등 변압기는 수용률 70%, 동력 변압기는 수용률 40%로 하고 부등률은 배전간선에 따른다. 이때 변압기 용량을 구하라.

(풀이) 변압기 용량은 식(3.5)에서

$$\text{변압기용량} = \frac{\text{설비용량} \times \text{수용률}}{\text{부등률}}$$ 이고, 설비용량 = 표준부하 × 연면적

설비용량은 표 3. 3에서 전등 설비용량 = 37×20,000 ÷ 1,000 = 740[kVA]

동력 설비용량 = (59 + 37)×20,000 ÷ 1,000 = 1,920[kVA]

부등률은 표 3.7에서 배전간선의 변압기 부등률은 전등은 1.18, 동력은 1.35이므로

$$\therefore \text{전등 변압기 용량} = \frac{740 \times 0.7}{1.18} \fallingdotseq 439[\text{kVA}]$$

$$\text{동력 변압기 용량} = \frac{1,920 \times 0.4}{1.35} \fallingdotseq 569[\text{kVA}]$$

여기서 변압기는 50[kVA] 단위로 생산되므로 **전등은 450[kVA]**, **동력은 600[kVA]**가 된다.

연습문제

1. 다음 중에 일반용 전기설비는 전기용량 몇 [kW] 미만을 기준으로 하는가?

㉮ 50 ㉯ 75
㉰ 100 ㉱ 150

2. 다음 중에 자가용 전기설비의 범위에 대한 설명 중에 틀린 것은?

㉮ 발전기용량이 10[kW]을 초과하는 경우
㉯ 자가용 전기설비 설치장소와 동일 구내에 설치하는 전기설비
㉰ 폭발성 또는 인화성 물질로 수전용량이 10[kW] 이상인 경우
㉱ 다중이용시설, 호텔, 의료기관 등에 수전용량 20[kW] 이상인 경우

3. 다음 중에 자가용 전기설비의 특징에 대한 설명 중에 틀린 것은?

㉮ 수용가가 관리하므로 정전 등의 서비스 확보 면에서 공급자보다 중요하지 않다.
㉯ 내용이 광범위 하므로 표준 설계기준을 정하기 어렵다.
㉰ 수전은 1회선 수전이 대부분이고, 수전회로의 구성도 간단하다.
㉱ 자동화되어 있어 감시제어가 간단하다.

4. 다음 중에 한전에서 공급하는 표준전압이 아닌 것은?

㉮ 저압 - 110[V] ㉯ 저압 - 380[V]
㉰ 특고압 - 154[kV] ㉱ 특고압 - 345[kV]

5. 다음 중에 변전실의 건축구조에 대한 설명 중에 틀린 것은?

㉮ 바닥 하중은 중량물에 견디는 구조로 한다.
㉯ 바닥에는 피트 또는 배관을 고려하여 콘크리트 200~300[mm] 두께로 한다.
㉰ 완전한 방화구획으로 하며, 출입문은 을종 방화문으로 한다.
㉱ 장비의 기초는 지진을 대비하여 내진설계를 한다.

6. 다음 중에 변전실의 면적에 영향을 주는 요소가 아닌 것은?

㉮ 사용 전류 ㉯ 변압기의 용량
㉰ 수배전반 면수 ㉱ 증설될 용량

▸ 정답

1. ㉯ 2. ㉰ 3. ㉱ 4. ㉮ 5. ㉰ 6. ㉮

7. 다음 변전실에 전기용량 900[kVA]이며, 전압이 고압일 때 면적은 얼마가 필요한가?

㉮ 33[㎡] ㉯ 66[㎡]
㉰ 99[㎡] ㉱ 129[㎡]

(풀이) $A_t(m^2) = 3.3 \times \sqrt{Tr\text{용량}[\mathrm{kVA}]} = 3.3 \times \sqrt{900} = 99[\mathrm{m}^2]$

8. 다음 중에 변전실의 위치에 대한 설명 중에 틀린 것은?

㉮ 부하의 말단에 위치한다.
㉯ 전력 인입이 쉬운 곳에 위치한다.
㉰ 장비의 반·출입에 지장이 없어야 한다.
㉱ 재해에 우려가 없는 곳이어야 한다.

9. 다음 중에 배전반의 절연재로 사용되는 것은?

㉮ 강판재 ㉯ 스테인리스 강판재
㉰ 알루미늄재 ㉱ 베크라이트재

10. 다음 중에 폐쇄형 배전반의 특징이 아닌 것은?

㉮ 신뢰성이 있으며 표준화 되어 있다. ㉯ 설치가 간단하고 공기가 단축된다.
㉰ 설치면적이 많다. ㉱ 외관이 미려하다.

11. 다음 중에 1회선 수전방식에 대한 사항이 아닌 것은?

㉮ 신뢰성이 낮으나 공사비가 싸다.
㉯ 대부분 사용하는 방식이다.
㉰ 송전선 사고 시에 정전되며, 복구시간은 송전선 복구시간과 같다.
㉱ 공공건물, 군사시설에 많이 사용한다.

12. 다음 중에 2회선 수전방식에 대한 사항이 아닌 것은?

㉮ 신뢰성이 높고 공사비가 비싸다.
㉯ π 인입 방식이 있다.
㉰ 보호계전방식이 간단하다.
㉱ 중요건물에 적용하는 방식이다.

▸ 정답

7. ㉰ 8. ㉮ 9. ㉱ 10. ㉰ 11. ㉱ 12. ㉰

13. 다음 중에 루프 수전방식에 대한 설명이 아닌 것은?

㉮ 시내 부하 밀집지역에 설치한다.
㉯ 배선망 사이의 사고에 대비할 수 있다.
㉰ 비용이 많이 들어간다.
㉱ 지중화 구간에 많이 사용한다.

14. 다음 중에 스폿 네트워크 수전의 특징이 아닌 것은?

㉮ 공사비가 비싸고 회선이 복잡하다.
㉯ 병렬 복수의 수전 방식으로 가장 신뢰성이 양호하다.
㉰ 사고의 차단・투입이 자동적이므로 감시반의 조작이 필요 없다
㉱ 차단기가 필요하다.

15. 다음 중에 네트워크 계전기의 특성이 아닌 것은?

㉮ 역전력 차단 특성
㉯ 차전력 차단 특성
㉰ 차전압 투입 특성
㉱ 무전압 투입 특성

16. 다음 중에 단일모선 방식의 특징이 아닌 것은?

㉮ 가장 간단하며 경제적이다.
㉯ 모선 사고 시에 정전된다.
㉰ 모선 점검 시에 정전이 필요 없다.
㉱ 변전실의 공사비가 절감된다.

17. 다음 중에 이중 모선방식의 특징이 아닌 것은?

㉮ 공급 신뢰도가 높다.
㉯ 모선 운용이나 보호협조 등이 복잡하다.
㉰ 대규모설비에 사용된다.
㉱ 모선의 위치와 분리에 주의할 필요가 없다.

18. 다음 중에 전기용량의 검토 시 고려사항이 아닌 것은?

㉮ 전압에 맞는 정격의 변압기를 정한다.
㉯ 장차 설비의 증설 등을 고려하여 설비용량을 정한다.
㉰ 약간의 부하 증설 시에는 냉각방식을 개선하면 된다.
㉱ 변압기 대수제어를 통해 과도한 변압기 용량이 증가되지 않게 한다.

▸ 정답

13. ㉰ 14. ㉱ 15. ㉯ 16. ㉰ 17. ㉱ 18. ㉮

19. 다음 중에 전기용량의 산정 시 검토 항목이 아닌 것은?

㉮ 수전방식과 변압기 대수
㉯ 전압변동, 강하, 순시 정전대책
㉰ 주위 온도와 발열량 비교 및 냉각방식
㉱ 지락 보호방식

20. 사용 설비용량이 300[kW]일 때 계약전력은 얼마인가?

㉮ 144[kW]　　㉯ 244[kW]
㉰ 344[kW]　　㉱ 444[kW]

(풀이) 표 3.2에서 75×1 + 75×0.85 + 75×0.75 + 75×0.65 ≒ 244[kW]

21. 어떤 건물의 최대수용전력이 800[kVA]이고, 설비용량이 1,500[kVA]일 때 수용률은 얼마인가?

㉮ 53.3[%]　　㉯ 63.3[%]
㉰ 73.3[%]　　㉱ 83.3[%]

(풀이) $\text{수용률} = \dfrac{\text{최대수용전력}[\mathrm{kW}]}{\text{설비용량}} \times 100[\%] = \dfrac{800}{1,500} \times 100 \fallingdotseq 53.3[\%]$

22. 어떤 건물의 합성최대수용전력이 1,200[kVA]이고, 개별 최대수용전력이 400, 450, 500[kVA]일 때 부등률은 얼마인가?

㉮ 1.10　　㉯ 1.11
㉰ 1.12　　㉱ 1.13

(풀이) $\text{부등률} = \dfrac{\text{각 개의 최대수용전력의 합}[\mathrm{kW}]}{\text{합성최대수용전력}[\mathrm{kW}]} = \dfrac{400+450+500}{1,200} \fallingdotseq 1.13$

23. 변압기 대수(Bank)는 통상 몇 [kVA]로 구분하는가?

㉮ 500[kVA]　　㉯ 750[kVA]
㉰ 1,000[kVA]　　㉱ 1,500[kVA]

▸ 정답

19. ㉱ 20. ㉯ 21. ㉮ 22. ㉱ 23. ㉰

3-4 변압기

변압기는 규소강판으로 성층된 철심과 감겨진 동, 알루미늄 권선으로 전자유도작용의 원칙에 따라 권선비율에 의해 전압비가 결정된다. 전기설비에서는 수전전압을 강압하여 저압으로 사용하는 변압기가 이용된다.

3-4-1 변압기의 종류

변압기의 종류는 사용목적, 구조상, 상수, 권선수 등으로 분류하고 가장 많이 분류하는 것은 1차권선과 2차권선의 절연매체에 따라 한다.

(1) 절연방식

1) 유입 변압기

유입 변압기는 절연유를 1차권선과 2차권선 사이에 넣어 절연하는 방식으로 종래에 많이 사용하였으나 효율이 떨어지고 절연유를 일정 주기별로 교체하여야 하며, 배전반에 배치할 때 열로 인한 소손이 우려되므로 현재는 일부 필요한 개소에 사용한다.

2) 건식 변압기

건식 변압기는 공기를 절연 매체로 사용하는 것으로 온도 상승면에서 유리한 H종 절연이 사용되며, 유입에 비해 보수 점검이 쉬우므로 한전의 배전용 주상변압기로 사용한다.

3) 몰드(Mold) 변압기

몰드 변압기는 권선을 에폭시 수지로 몰딩(Molding)하여 소형, 경량화 했으며 보수점검이 편리하여 현재 대부분 사용하고 있는 방식이다. 제조공정에 따라 금형을 만들어 하는 주형법과 금형이 없는 합침법으로 나눌 수 있으며, 배전반 내에 설치가 가능하다.

① 특징

ⓐ 에폭시 수지로 몰딩 하므로 전기적, 기계적 특성이 우수하다.

ⓑ 난연성 : 몰딩한 수지가 자기 소화성이고 열경화성이 강해 발화, 폭발의 위험이 없다.

ⓒ 안전성 : 다른 방식에 비해 감전 등에는 안전하나 운전 중에는 접촉해서는 안 된다.

ⓓ 내습성, 내진성이 있다.

ⓔ 소형 경량이다 : 유입 변압기에 비해 설치면적이 67% 정도 줄어든다.

ⓕ 건식에 비해 잡음이 적다.

ⓖ 저압측 코일 간 냉각닥트가 있어 공기에 의한 냉각효과가 크다.

ⓗ 효율이 높다 : 1,000[kVA]를 기준할 때 몰드는 9.5[kW], 건식은 18.5[kW]이고 유입은 15[kW]의 손실이 있다.

ⓘ 견고한 구조와 과부하 내량이 있다.

ⓙ 유지보수 및 반입 설치가 유리하다.

ⓚ 수배전반 내 설치가 가능하다

ⓛ 서지에 대한 내력이 약해 서지흡수기를 차단기 후단에 설치한다.

② 몰드변압기 설치 시 유의사항

ⓐ 용량 500[kVA] 이상은 잔류응력이나 집중응력이 발생하기 쉬워서 자기발열에 의한 크랙(Crack)의 원인이 될 수 있으므로 바닥에 방진고무를 설치한다.

ⓑ 용량 1,500[kVA] 초과할 때 별도의 소음방지 대책이 필요하다.

ⓒ 유입에 비해 내전압 성능이 낮으므로 진공차단기와 조합할 때 서지흡수기를 설치한다.

ⓓ 용량 1,500[kVA] 이상 일 때 냉각 팬(Fan)을 설치한다. 일반적으로 변압기반 내에서는 팬이 설치되어 일정 온도 이상일 때 팬이 동작한다.

ⓔ 에폭시 수지표면에 접촉할 때 충격을 받을 수 있으므로 배전반 내 설치한다.

4) SF_6 가스 변압기

형석(CaF_2)에서 정제된 불소(F)와 유황의 직접 반응으로 만들어진 SF_6가스는 무색, 무치, 무독, 불연성, 비 폭발성의 무거운 기체로 이것을 절연매체로 사용한 변압기이며, 한전의 배전 변전소나 대용량 변압기에 사용되었으며, 현재는 SF_6가스가 온실가스로 지정되므로 한전에서는 대체되는 가스변압기를 공급받고 있다.

① 압축성이 높아 유입 변압기에서 사용하는 컨서베이터 장치가 필요 없다.

② 불연성 재료이므로 소화, 방화설비를 경감할 수 있다.

③ 운전 및 보수가 간단하다.

④ 본체와 SF_6탱크를 분리할 수 있으므로 공정이 단축된다.

⑤ 가스 개폐기(G.I.S)와 직결함으로써 수배전반의 불연화와 크기를 축소할 수 있다.

⑥ 전용 탭(Tap)절환기도 개발되어 보수성과 신뢰성이 높다.

표 3.8 각종 변압기의 비교

항목	건식 변압기	유입 변압기	몰드 변압기	가스 변압기
절연종별	H종	A종	F종, B종	E종
권선허용한도	120℃	55℃	95℃, 75℃	70℃
절연재료	공 기	광 유	에폭시 수지	SF_6가스
환경오염	없 음	있 음	없 음	없 음
옥외사용	구분 없음	구분 없음	배전반 수납	구분 없음
연 소 성	난 연 성	가 연 성	난 연 성	불 연 성
소 음 도	90폰	62폰	72폰	62폰
치수의 크기	중 간	커 다	작 다	매우 작다
전력소비	커 다	중 간	적 다	매우 적다

다음 그림은 여러 가지 변압기의 형태이다.

그림 3.11 가스 변압기

그림 3.12 유입 변압기

그림 3.13 몰드 변압기

(2) 철심의 구조나 성분

1) 내철형(Core Type)

변압기의 철심을 내측에 설치하고 그 2개의 다리부분에 권선을 설치한 구조의 변압기이다.

2) 외철형(Shell Type)

변압기의 권선을 내측에 하고 철심이 둘러싼 형태를 말한다.

3) 아몰퍼스(Amorphous Core) 변압기

아몰퍼스 변압기는 1967년 캘리포니아 공과대학 폴 듀에즈 박사에 의하여 연구되어 1980년대에 상업화되었으며, 현재는 고효율 변압기로써 3,000[kVA]까지 국내에서 생산되고 있다.

① 아몰퍼스란?

액체를 원자로 재배열 할 시간이 없을 정도로 초급냉하여 내부 평형을 유지할 수 없게 되어 그대로로 동결된 상태로 규소강판이 적층된 철심에 비해 철손이 1/3~1/4 정도로 줄어든다.

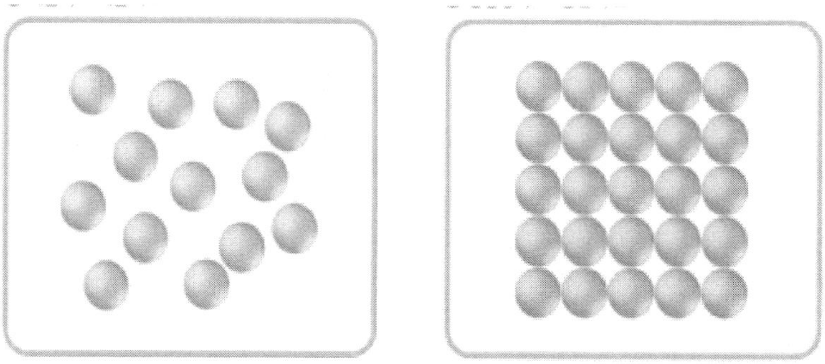

그림 3.14 아몰퍼스(좌)와 규소강판(우)의 분자구조

② 아몰퍼스 변압기의 효과

ⓐ 소형화가 가능하다.

ⓑ 철심은 무부하손 이므로 다른 변압기보다 75% 정도 절감된다.

ⓒ 고조파에 우수한 자기적 특성이 있다.

ⓓ 환경개선에 효과가 있다.

표 3.9 일반 변압기와 손실비교(500[kVA] 삼상 30% 부하율 기준)

구분	아몰퍼스 변압기	고효율 변압기	일반 변압기
철 손[W]	345	1,090	1,600
동 손[W]	540(6,000)	333(3,700)	585(6,500)
총 손 실[W]	885(6,345)	1,423(4,790)	2,185(8,100)
효 율[%]	99.41(98.75)	99.06(99.05)	98.56(98.41)

※ ( )은 100% 부하율임

4) 레이저 저소음 변압기

변압기의 기본 구성요소인 철심의 재료를 일반적인 방향성 규소강판(CGO)에서 자구미세화(Domain Refinment)코어를 이용한 것으로 변압기의 철손과 동손을 함께 줄일 수 있으며 2007년 7월 23일 고효율 기자재로 인증되었다.

① 자구미세화 코어란?

자구(磁區, Domain)를 강제적으로 분할시켜 철손을 개선한 제품으로 레이저 처리, 기어드 롤에 의한 기계적, 화학적방법이 있다. 레이저 처리의 경우 500℃ 이상 열처리하는 경우 강판이 열화 될 우려가 있다.

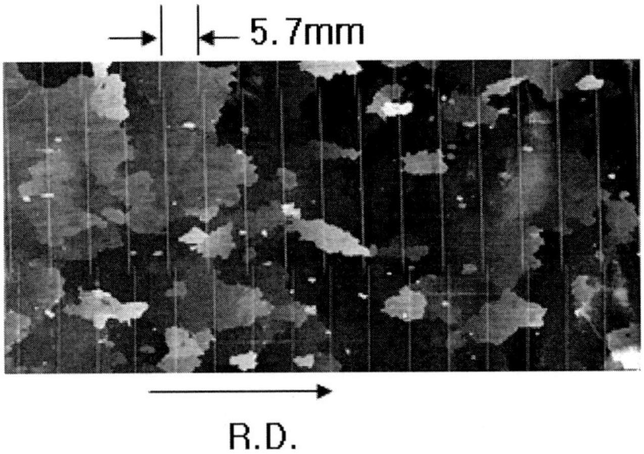

그림 3.15 자구미세화 코어의 모양

② 특징

ⓐ 무부하손 60%와 부하손 30%를 동시에 절감할 수 있다.
ⓑ 몰드변압기 대비 30% 정도의 저소음이 가능하다.
ⓒ 20[MVA] 정도의 대용량이 가능하다.
ⓓ 고주파 내량 증가로 고조파 대비가 가능하다.
ⓔ 평균 부하율이 높고 낮과 밤, 계절적인 편차가 크지 않는 수용가에 유리하다.
ⓕ 아파트, 사무용 빌딩, 제조공장, 병원, 방송국 등에 유리하다.

(3) 사용용도

① 주상 변압기 : 전주에 설치하는 변압기이며, 배전용이고 용량이 적은 건식변압기를 사용한다.
② 지중 설치형 변압기 : PAD형을 많이 설치하며, 지중화 구간에 설치한다.

③ 사용 장소에 따라 정류기용, 전기로용, 용접기용, 선박용, 방폭형, Δ결선에 사용되는 접지변압기도 있다.

(4) 권선수

① 단권변압기(Auto Transformer) : 1개의 권선에 1개 또는 복수개의 인출구를 가지는 것으로 감전압 기동에 사용되는 기동보상기 등 특수 용도로 사용된다.
② 2권선변압기 : 2개의 권선에 의한 권수비로 승압 또는 강압하는 방식이며, 일반 변압기에 해당된다.
③ 3권선변압기 : 권선비에 따라 2개 이상의 전압과 용량을 얻는 특수한 변압기이다.

3-4-2 변압기 일반

(1) 변압기의 구조

① 재료 : 도전재료는 동 및 합금을 사용하고 자성재료는 3~5%의 규소강판을 사용한다.
② 철심 : 자성재료로 자기회로를 구성하여 자속의 통로 역할을 한다.
③ 권선 : 내측 권선 후에 외측 권선을 감고 사이에 절연 처리한다. 코일 형태에 따라 각형, 원통형, 나선형, 다중 원통형 등이 있다.
④ 절연 종별 : Y종 90℃(-), A종 105℃(55℃), E종 120℃(70℃), B종 130℃(75℃), F종 155℃(95℃), H종 180℃(120℃)이 있다.
※주 : (　)안은 **변압기의 상승 허용 온도**이다.

(2) 변압기의 부속품

① 부싱(Bushing) : 본체의 중심에 있는 구출 선을 외함 밖으로 인출시키는 곳으로 단일형, 컴파운드(Compound)형, 유입형, 콘덴서 부싱형이 있다.
② 유면계 또는 유온계 : 절연유량 및 온도를 측정한다.
③ 흡습장치 : 절연유의 수분 침투를 방지한다.
④ 탭(Tap) 절환기 : 변압기의 2차 전압을 조절하는 장치로서 부하 시 전압강하를 보상한다.
⑤ 방압장치 : 적정한 압력(0.6kg/㎠) 이상일 때 경보를 발한다.

(3) 변압기의 특성

① 효율 : 변압기의 운전 중에 전력 손실의 비이다.

$$효율 = \frac{출력}{출력 + 전손실} \times 100\,[\%] \tag{3.9}$$

② 손실

ⓐ 무부하손 : 무부하시에도 변압기의 손실이 있는 것으로 철손이 대부분 차지하고 전체손실의 약 30% 정도이다.

- 무부하손
  - 철손
    - 와전류손
    - 히스테리시스손
  - 여자전류에 의한 저항손
  - 절연물에 의한 유전체손

ⓑ 부하손 : 부하 중에 변압기의 손실이 있는 것으로 동손이 대부분이다.

- 부하손
  - 저항손
  - 와전류손
  - 포유부하손

ⓒ 보기손 : 변압기와 주변기기의 손실을 말한다.

- 보기손 =
  - 송유용 펌프의 손실
  - 풍냉용 팬의 손실

ⓓ 손실 경감 대책

가. 무부하손의 경감 : 방향성 규소강판 사용, 아몰퍼스 변압기 사용, 철심구조의 개선, 철심 점적율 향상 등이 있다.

나. 부하손의 경감 : 코일 점적율 향상, 권선의 포유손 경감, 탱크구조물의 포유부하손 경감 등이 있다.

③ 전압변동율 : 부하에 따라 전압이 변동하는 비율이며, 약 2% 이하로 하고 있다.

$$전압변동율\ \epsilon = \frac{V_{2o} - V_{2n}}{V_{2n}} \times 100 \begin{cases} V_{2o} : 무부하시\ 전압 \\ V_{2n} : 부하시\ 전압 \end{cases} [\%] \tag{3.10}$$

④ 여자전류

2차측을 개방할 때 1차측 권선에서 흐르는 전류이며, 변압기 용량이 클수록 그 값이 작아진다. 즉 이 전류는 변압기의 고유전류이고, 여자전류라 한다.

⑤ 임피던스 전압

한쪽 권선을 단락하고 다른 쪽 권선에 정격전류를 흐르게 할 수 있는 전압을 임피던스(Impeadance) 전압이라 한다. 이 값이 커지면 전압변동이 커지고 계통안정도가 저하되며 지나치게 적어면 단락할 때 단락전류가 커져 차단기 용량이 증대된다.

(4) 변압기의 결선

① Δ-Δ 결선 : 1차권선이 Δ 상이고, 2차권선도 Δ 상인 방식으로 한상이 단락 시도 운전이 가능하다

ⓐ 선간전압의 위상차가 없다.

ⓑ 제3고조파가 발생하지 않는다.

ⓒ 대전류에 적합하다.

ⓓ 중성점 접지가 불가능하므로 지락사고 검출이 불가능하다.

ⓔ 각상의 전선의 임피던스가 다를 경우에 평형이 되어도 변압기의 부하전류가 불평형이 된다.

ⓕ 중성점이 접지되지 않으므로 아크, 지락 등에 의한 이상전압이 발생하기 쉽다.

ⓖ 지락보호가 어려우므로 따로 접지 변압기를 설치한다.

② Y-Y 결선 : 1차권선이 Y 상이고 2차권선도 Y 상인 방식이다.

ⓐ 1, 2차 권선의 위상전류의 변화가 없다.

ⓑ 중성점 접지가 가능하다.

ⓒ 고전압 결선할 때 유의한다.

ⓓ 제3고조파가 발생한다.

③ Δ-Y, Y-Δ 결선 : 1차권선이 Δ, Y 상이고 2차권선이 Y, Δ 상이다. Δ-Y 결선은 감압용이고, Y-Δ 결선은 승압용이다.

ⓐ Y 측에 중성점 접지가 가능하다.

ⓑ 탭 절환기가 필요하다.

ⓒ Δ 결선 측에 정현파 전압이 유지된다.

ⓓ 1, 2차간에 위상차가 30° 발생한다.

ⓔ 1상 또는 1대의 변압기에 고장이 생기면 송전을 계속할 수 없다.

④ V-V결선 : 단상변압기 2대로 삼상전력을 얻을 수 있다.

ⓐ 장래 부하증설이 예상되는 곳에 한다.

ⓑ 변압기 이용률이 86.6%로 떨어진다.

ⓒ Δ - Δ 결선을 V 결선으로 할 때 더욱 나쁘다. (57.7%)

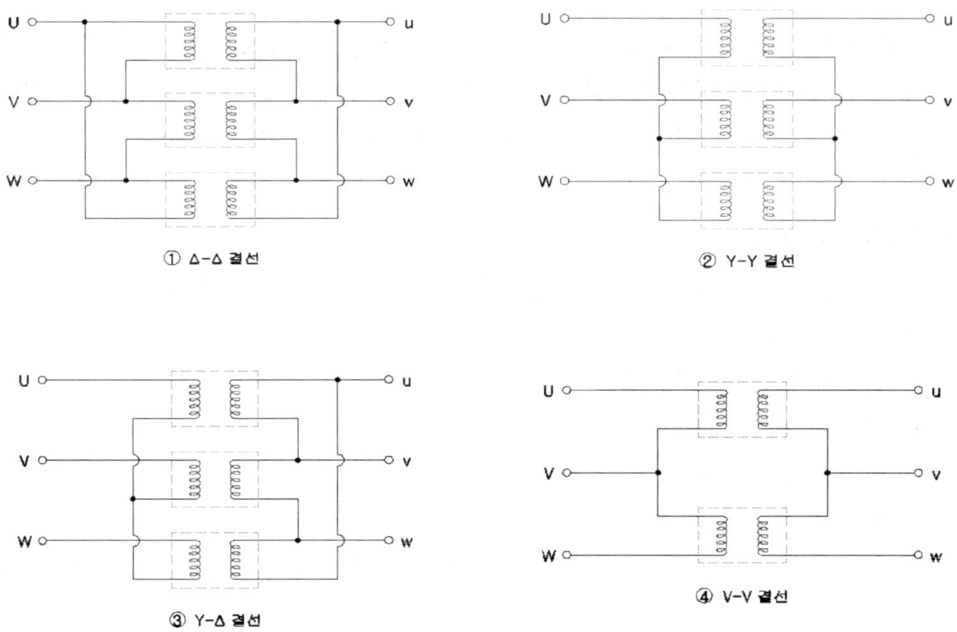

그림 3.16 변압기의 결선

(5) 변압기의 병렬운전

부하증가로 여러 대의 변압기를 동시에 운전하는 것을 말하며, 병렬운전할 때 다음의 조건이 되어야 한다.

① 1, 2차 전압이 같아야 한다.
② 단상은 극성이 같아야 하고, 삼상은 상회전 방향과 위상 변위가 같아야 한다.
③ 권선비가 동일해야 한다.
④ %임피던스가 같아야 하고, 저항과 리액턴스(Reatance)비가 같아야 한다.
⑤ 병렬운전이 안되는 결선방식
　ⓐ Δ-Δ와 Δ-Y결선
　ⓑ Δ-Y와 Y-Y결선

3-4-3 변압기 강압방식

변압기 강압방식은 전압을 바꾸는 형태에 따라 한 번에 특고압에서 저압으로 바꾸는 1단 강압방식과 특고압에서 고압, 고압에서 저압으로 두 단계를 거치는 2단 강압방식이 있다.

(1) 1단 강압방식

한 번에 특고압에서 저압으로 바꾸는 방식으로 **원 스텝**(One Step) **방식**이라 하며 장단점은 아래와 같다.

① 장점

ⓐ 전압 방식이 간단하다.

ⓑ 변전실 면적과 공사비가 절감된다.

ⓒ 변압기의 무부하 손실이 69.2%로 절감된다.

② 단점

ⓐ 부하 증설 및 변동에 대처가 곤란하다.

ⓑ 비상전원장치를 저압에 의존하므로 발전기가 커진다.

ⓒ 여러 가지 전압에 대처하기 곤란하다.

ⓓ 정전 시에 전체 부하가 정전된다.

③ 용도 : 아파트나 단순 규모의 전기설비에 설치한다.

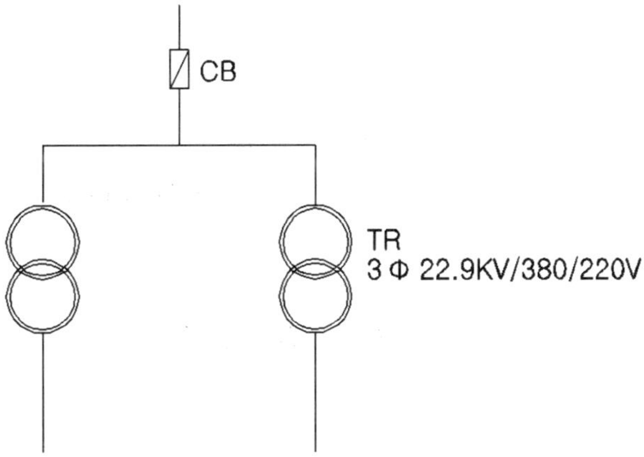

그림 3.17 1단 강압방식

(2) 2단 강압방식

두 번에 걸쳐 특고압에서 고압으로, 고압에서 저압으로 변경하는 것으로 **투 스텝**(Two Step)**방식**이라 하며, 장단점은 아래와 같다.

① 장점

ⓐ 부하증설 및 변동에 유리하다.

ⓑ 비상전원의 공급이 원활하다.

ⓒ 전압강하가 적어 장거리 케이블 포설이 가능하다.

ⓓ 고압전동기를 사용할 수 있다.

ⓔ 선로 사고가 날 때 파급효과를 구분할 수 있다.

② 단점

ⓐ 변전실 면적이 크고 공사비가 많다.

ⓑ 변압기 무부하 손실이 직강 모선방식에 비해 131.9%로 커진다.

ⓒ 모선이 길어지므로 전압강하가 커진다.

③ 용도 : 대형 빌딩이나 병원 등 규모가 크거나 설비가 복잡한 곳에 설치한다.

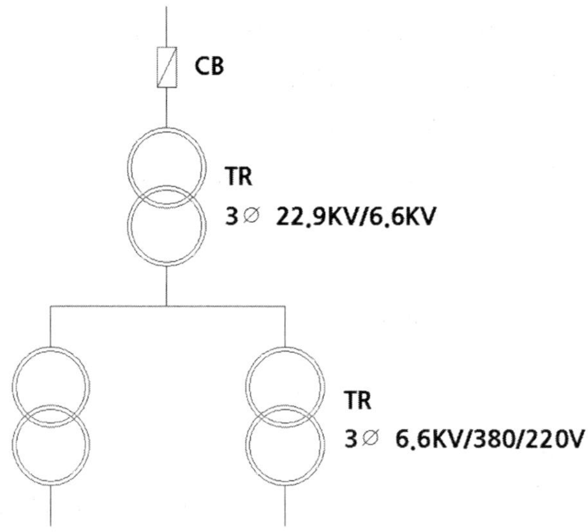

그림 3.18 2단 강압방식

3-5 개폐기(Switch)

개폐기는 부하, 무부하를 차단할 수 있지만 고장전류는 차단할 수 없어 퓨즈(Fuse)와 조합하여 수전단의 인입구에 설치한다. 수전설비의 개폐기는 단로기, 부하 개폐기, 자동 구간 개폐기, 자동부하 전환 개폐기, 컷 아웃 스위치 등이 있다.

3-5-1 단로기(Disconnection Switch : DS)

단로기는 [D.S]라고 하며 공칭전압 3.3[kV] 이상 인입구에 사용하며 보수점검 시 또는 회로변경 시 사용하고 무부하에서 개폐한다. 정격전압은 3.3, 7.2, 24, 168[kV]이고 정격전류는 200~4,000[A]까지 있다.

(1) 단로기가 필요한 곳

① 수전점의 인입구
② 피뢰기의 1차측
③ 계통의 연결점

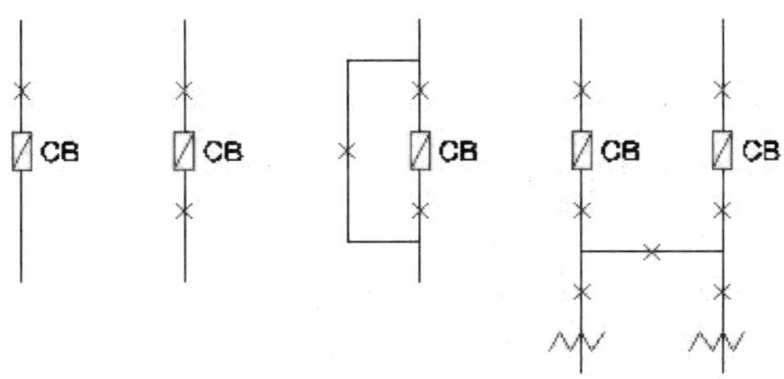

그림 3.19 단로기의 접속

(2) 단로기의 종류

① 사용 회로수 : 단투, 쌍투 스위치가 있다
② 단로 부수 : 한 점 차단, 두 점 차단방식이 있다.
③ 단로 방식
ⓐ 수평 차단방식 : 실외용으로 가격이 싸다.
ⓑ 수직 차단방식 : 고압, 특고압 실내에 설치하고 실외는 먼지나 염해 등의 피해가 있을 때 설치한다.
ⓒ 접속 방식 : 단자의 베이스(Base)가 표면에 있는 것과 뒷면에 있는 것이 있다.
ⓓ 고정 방식 : 단로기를 고정하는 위치에 따라 수평, 상향, 하향, 수직, 경사고정이 있다.

(3) 단로기의 구조

① 절연지지물 : 대지와 절연하는 지지물이다.
② 접촉부 : 상시 부하전류를 통전(通電)하는 곳이다.

③ 베이스 : 개로할 때 이격 거리를 유지하며 회로를 구분해 준다.

(4) 조작 장치

① 훅봉 조작 : 절연 훅봉으로 조작하는 것으로 가장 간단하고 많이 사용한다.
② 원격 수동 조작 : 연결 기구의 인력에 의해 기계력으로 조작한다.
③ 전동 조작 방식 : 배전반에서 조작개폐기에 의해 원격 조작하며, 장소가 넓은 곳이나 단로기 수가 많은 곳에 사용한다.
④ 공기 조작 방식 : 압축공기(5Kg/㎠)을 사용하여 피스톤과 실린더에 불어 넣어 차단한다.
⑤ 스프링 조작 방식 : 스프링의 힘으로 단로기를 개폐하는 것을 말한다.

(5) 실내 고정 시 유의사항

① 조작이 용이하고 위험의 우려가 없는 곳에 설치한다.
② 가로 방향으로 고정을 금지한다.
③ 단로기 날개를 개방했을 때 충전부에 닿지 않게 부하측에 고정한다.
④ 자중, 진동, 전자력 등으로 개방되지 않는 구조로 한다.

3-5-2 자동 구간 개폐기(Automatic Section Switch : ASS)

자동 구간 개폐기는 삼상 4선 22.9kV-Y결선에서 지락 시 고장전류가 커서 다른 회로에 영향을 주므로 정전을 최소화하기 위해 설치하며 수전용량 300~1,000[kVA] 이하의 특고압에 주 차단기가 설치되지 않는 간이 수전설비에 주로 사용된다.

(1) 정격

자동 구간 개폐기는 본채와 제어함으로 되어 있으며 정격전류 200[A], 차단전류 900[A], 단락용량 10[kA]이며 제어함은 50, 70, 100, 140, 200[A]의 전류에 차단할 수 있고, 과전류는 800±10%에 자동으로 차단할 수 있게 조정되어 있으며, 200회의 개폐가 가능하다.

(2) 특징

① 고장 구간이 자동으로 분리된다.
② 과부하 보호 : 900[A]에 자동차단 되고 800[A] 미만에서는 과부하와 이상전류를 차단한다.

③ 개방은 자동과 수동으로, 투입은 수동이다.
④ 개폐 조작은 스프링(Spring) 축력으로 하고 작동이 확실하고 신속하다.

(3) 구성

① 개폐기 : 주 회로와 접지회로 단자로 되어 있다.
② 수동 조작 손잡이 : 손잡이 방향이 오랜지색은 투입, 녹색은 개방을 의미한다.
③ 지침 : 투입, 개방의 상태를 표시한다.
④ 계수기 : 개폐 회수를 표시한다.
⑤ 제어함 : 본체와 별도로 설치할 때 제어하는 곳이다.

(4) 동작설명

① 800[A] 미만일 때 과부하나 고장전류를 자동으로 차단한다.
② 900[A] 이상일 때 개폐기는 잠기고 한전의 차단기가 동작한다. 따라서 자동 구간 개폐기는 정격 800[A] 미만의 수용가를 보호하고 한전에서는 신속한 사고개소 제거로 정전시간을 최소화 한다.
③ 투입은 수동인 경우는 수동투입 고리를 당기고 자동인 경우는 제어함의 스위치 누르면 되며, 차단은 수동차단 고리를 당기고 자동은 스위치를 누른다.

그림 3.20 자동 구간 개폐기

3-5-3 부하 개폐기(Load Breaker Switch : LBS)

부하 개폐기는 과전류, 단락전류는 차단하지 못하나 통상적인 부하를 개폐할 수 있으며 전력 퓨즈(PF)와 같이 사용된다. 이것은 단로기의 접촉부에 간단한 소호장치를 달아 부하 차단 능력을 높인 것으로 주로 인입구 개폐기로 사용된다. 부하 개폐기는 주 차단기가 설치된 정식수전설비에 많이 사용된다. 또 현재는 퓨즈(Fuse)가 내장되어 있는 퓨즈부 부하 개폐기도 많이 사용하고 있다.

(1) 구성

① 주회로 접촉부 : 회로의 개폐를 한다.
② 소호실 : 부하 차단할 때 아크 전류를 소호한다.
③ 애자, 절연바 : 회로와 본체의 절연을 한다.
④ 조작 손잡이 : 개방과 투입할 때 사용한다.
⑤ 지침 : 투입과 개방상태를 표시한다.

(2) 특징

① 소형, 경량이다.
② 기중식으로 단로 상태를 눈으로 확인할 수 있다.
③ 한류퓨즈 내장 시 고속도 차단으로 단락사고 점에서 사고를 최소화할 수 있다.
④ 무부하, 부하전류를 차단할 수 있다.

(3) 부하 개폐기의 열화 원인

① 주회로 접촉부 : 염분, 진애, 부식성가스에 의한 산화 부식되어 접촉저항이 증대되어 열이 발생한다.
② 소호실 : 전류차단의 아크열로 인한 열화현상이 일어난다.
③ 애자, 절연바 : 온도, 환경 조건에 따라 트래킹이 발생한다.

(4) 부하개폐기의 적용 시 유의사항

① 부하개폐기의 정격은 사용회로의 정격보다 큰 것을 적용한다.
② 한류퓨즈는 예비품을 구입한다.
③ 한류퓨즈의 설치위치는 전원, 부하측을 고려한다.
④ 수동 및 전동기에 의해 조작이 가능하나 정전 시를 대비하여 축전지 전원으로 조작이 가능하면 좋다.

그림 3.21 부하 개폐기

(5) 각 보호기기의 기능 비교

각 보호기기의 기능을 비교하면 아래 표와 같다.

표 3.10 각 보호기기의 기능 비교

구분	한류 퓨즈	부하개폐기	퓨즈부 부하개폐기	차단기
과 전 류	차 단	차단 안됨	차 단	차 단
한류 성능	있 음	없 음	있 음	없 음
소전류 차단	차단되나 결상우려	차 단	차 단	차 단
결 상	우 려	없 음	없 음	없 음
단로 성능	가능하나 결상우려	가 능	가 능	없 음
단락전류	차 단	차단 안됨	차 단	차 단
재 투 입	불 가 능	가 능	불 가 능	가 능

3-5-4 자동 부하전환 개폐기(Automatic Load Transfer Switch: ALTS)

자동 부하전환 개폐기는 정전 시 또는 전압이 기준치 이하로 떨어질 경우 예비전원으로 자동으로 전환되는 스위치로서 수전설비의 비상부하와 발전기 사이에 연결하여 정전시를 대비하는 자동으로 부하가 전환되는 스위치이다.

조작은 자동 또는 수동전환이 가능하고 배전반 내에서 원방조작도 가능하며 3상 일괄 조작방식으로 옥내와 옥외 설치가 가능하다.

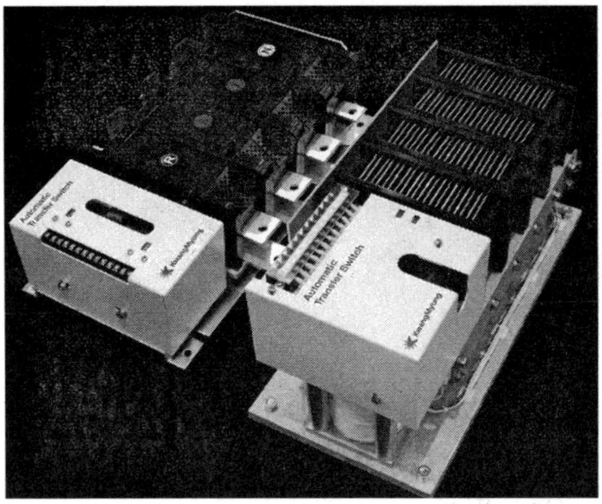

그림 3.22 자동 부하전환 개폐기

3-5-5 컷 아웃 스위치(Cut Out Switch: COS)

컷 아웃 스위치는 개폐기 내부에 퓨즈를 부착할 수 있는 장치를 가진 소형 단극 개폐기로써 수용가의 인입구에 설치하거나 변압기 1차측에 변압기를 보호하기 위해 설치한다. 그래서 컷 아웃 스위치는 단로기와 전력 퓨즈를 장점을 조합한 형태이다.

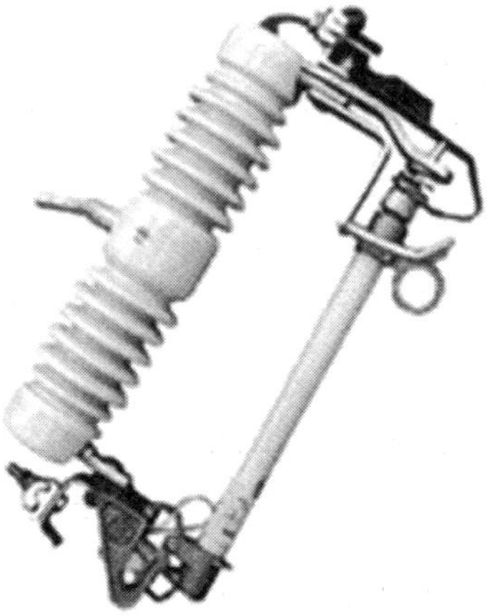

그림 3.23 컷 아웃 스위치

연습문제

1. 다음의 변압기 중에 온도 상승 면에서 유리하고 한전의 배전용 변압기로 주로 사용하는 변압기는 어느 것인가?

㉮ 유입 변압기 ㉯ 건식 변압기
㉰ 몰드 변압기 ㉱ 가스 변압기

2. 다음 중에 몰드 변압기의 특징이 아닌 것은?

㉮ 전기적, 기계적 특성이 우수하다. ㉯ 난연성, 내습성, 내진성이 있다.
㉰ 유지보수 및 반입 설치가 유리하다. ㉱ 서지에 대한 내력이 강하다.

3. 다음 중에 SF_6가스 변압기에 대한 설명 중에 틀린 것은?

㉮ 압축성이 높아 유입 변압기에서 사용하는 컨서베이터 장치가 필요 없다.
㉯ 불연성 재료이므로 소화, 방화설비를 경감할 수 있다.
㉰ 운전 및 보수가 간단하다.
㉱ 본체와 SF_6 탱크가 있으므로 공정이 복잡하다.

4. 다음 중에 아몰퍼스 변압기의 설치 효과가 아닌 것은?

㉮ 소형화가 가능하다.
㉯ 철심은 무부하손 이므로 다른 변압기보다 75% 정도 절감된다.
㉰ 고조파에 우수한 전기적 특성이 있다.
㉱ 환경개선에 효과가 있다.

5. 다음 중에 변압기의 권선수에 따른 분류가 아닌 것은?

㉮ 단권 변압기 ㉯ 다권 변압기
㉰ 2권선 변압기 ㉱ 3권선 변압기

6. 다음 중에 변압기에 잘 사용하지 않는 절연 종별은?

㉮ C종 ㉯ E종
㉰ F종 ㉱ H종

▸ 정답

1. ㉯ 2. ㉱ 3. ㉱ 4. ㉰ 5. ㉯ 6. ㉮

7. 다음 중에 변압기의 부속품에 대한 설명 중에 틀린 것은?

㉮ 부싱 : 본체의 중심에 있는 구출선
㉯ 흡습장치 : 절연유의 수분침투를 방지
㉰ 전류계 : 변압기의 부하전류를 측정
㉱ 방압장치 : 적정한 압력 이상일 때 경보

8. 다음 중에 변압기의 무부하손이 아닌 것은?

㉮ 저항손　㉯ 와전류손
㉰ 유전체손　㉱ 히스테리시스손

9. 다음 중에 변압기의 부하손이 아닌 것은?

㉮ 저항손　㉯ 와전류손
㉰ 포유 부하손　㉱ 보기손

10. 다음 무부하시 전압이 385[V], 부하 시 전압이 375[V]일 때 변압기의 전압변동율은 얼마인가?

㉮ 2.7[%]　㉯ 3.7[%]
㉰ 4.7[%]　㉱ 5.7[%]

(풀이) 전압변동율 $\epsilon = \frac{V_{2o} - V_{2n}}{V_{2n}} \times 100 = \frac{385 - 375}{375} \times 100 ≒ 2.7[\%]$

11. 다음 중에 변압기의 Y-Y결선에 대한 사항이 아닌 것은?

㉮ 1, 2차 권선의 위상전류의 변화가 없다.
㉯ 중성점 접지가 필요 없다.
㉰ 고전압 결선할 때 유의한다.
㉱ 제3고조파가 발생한다.

12. 다음 중에 단상변압기 2대로 삼상 전력을 얻을 수 있는 방식은?

㉮ Δ-Δ결선　㉯ Y-Y결선
㉰ Δ-Y결선　㉱ V-V결선

▸ 정답

7. ㉰　8. ㉮　9. ㉱　10. ㉮　11. ㉯　12. ㉱

13. 다음 중에 변압기의 병렬운전의 조건이 아닌 것은?

㉮ 1, 2차 전류가 같아야 한다.
㉯ 단상은 극성이 같아야 하고, 삼상은 상회전 방향과 위상 변위가 같아야 한다.
㉰ 권선비가 동일해야 한다.
㉱ %임피던스가 같아야 하고, 저항과 리액턴스(reatance)비가 같아야 한다.

14. 다음 중에 단로기를 실내 고정 시 유의사항이 아닌 것은?

㉮ 조작이 용이하고 위험의 우려가 없는 곳에 설치한다.
㉯ 세로 방향으로 고정을 금지한다.
㉰ 단로기 날개를 개방했을 때 충전부에 닿지 않게 부하측에 고정한다.
㉱ 자중, 진동, 전자력 등으로 개방되지 않는 구조로 한다.

15. 다음 중에 자동 구간 개폐기(ASS)의 특징이 아닌 것은?

㉮ 고장 구간이 자동으로 분리된다.　㉯ 900[A]에 자동 차단된다.
㉰ 개방 및 투입은 자동, 수동으로 한다.　㉱ 개폐 조작은 스프링 축력으로 한다.

16. 다음 중에 부하 개폐기(LBS)의 특징이 아닌 것은?

㉮ 소형, 경량이다.
㉯ 기중식으로 단로 상태를 눈으로 확인할 수 있다.
㉰ 한류퓨즈 내장 시 고속도 차단으로 단락사고 점에서 사고를 최소화할 수 있다.
㉱ 무부하, 이상전류를 차단할 수 있다.

17. 다음 중에 부하 개폐기(LBS)를 적용할 시 유의할 사항이 아닌 것은?

㉮ 정격은 사용회로의 정격과 동등 이상을 채택한다.
㉯ 한류퓨즈는 예비품을 확보한다.
㉰ 한류퓨즈의 설치는 전원, 부하측을 고려하여 설치한다.
㉱ 축전지 전원으로 조작이 가능하다.

18. 다음 중에 비상발전기가 있을 때 필요한 개폐기는?

㉮ 컷 아웃 스위치　㉯ 자동 구간 개폐기
㉰ 부하 개폐기　㉱ 자동부하 전환 개폐기

▸ 정답

13. ㉮　14. ㉯　15. ㉰　16. ㉱　17. ㉮　18. ㉱

3-6 차단기(Breaker)

차단기는 전로를 개폐할 수 있을 뿐 아니라 과전류, 단락, 지락 등이 발생하면 계전기와 차단 코일에 의해 전로를 자동적으로 개방하고 보호한다.

3-6-1 차단기의 종류

차단기는 구조 및 소호방식에 따라 다음과 같이 분류한다.

(1) 유입 차단기(Oil Circuit Breaker : OCB)

차단 및 투입 시에 발생하는 아크를 절연유로 소호하는 방식이다. 종래에 배전반에 많이 사용하였으나 절연유는 시간이 지남에 따라 경화되어 절연내력이 떨어지므로 현재는 일부만 사용되고 있다.

(2) 자기 차단기(Magnetic Blast Circuit Breaker : MBB 또는 MBCB)

자기 차단기는 차단 명령에 의하여 주 접촉자, 아크 접촉자 순으로 열리면 아크 접촉 자간에 발생한 아크를 아크슈트 속의 아크폰에 이행함과 동시에 차단전류에 의해 자기(磁氣)코일 내에 형성된 자계(磁界)와의 사이에 전자력에 의해 소호하는 방식이다. 아크 서지(Surge)가 적어 고압 회로용이나 공업 동력 제어용, 고압을 사용하는 빌딩 등에 사용되고 있다.

(3) 진공 차단기(Vacuum Circuit Breaker : VCB)

진공에서의 높은 아크 생성물이 진공 중으로 급속히 확산되는 것을 이용한 것으로 진공중에서 절연회복 특성이 우수하다. 현재 특고압 선로의 주 차단기로 널리 이용되고 있다.

1) 특징

① 차단성능 및 절연성능이 우수하다.
② 차단성능이 주위의 조건에 영향을 받지 않는다.
③ 고속도 재투입이 가능하다.
④ 차단할 때 소음이 적다.
⑤ 장수명이며 무보수에 가깝다.
⑥ 화재의 위험성이 없다.
⑦ 높은 안정성과 신뢰성이 있다.

⑧ 소형 경량이며 제품이 표준화되어 있다.

⑨ 차단할 때 서지가 발생되며 변압기 보호를 위해 서지흡수기를 설치한다.

2) 구조

용도에 따라 배전반에 수납하는 인출형과 프레임에 고정하는 고정형이 있으며, 주 차단부는 진공밸브로 삼상 분리형이며 고정 접촉자는 하부에 달려 접촉 스프링에 의해 압력이 주어진다.

그림 3.24 유입차단기

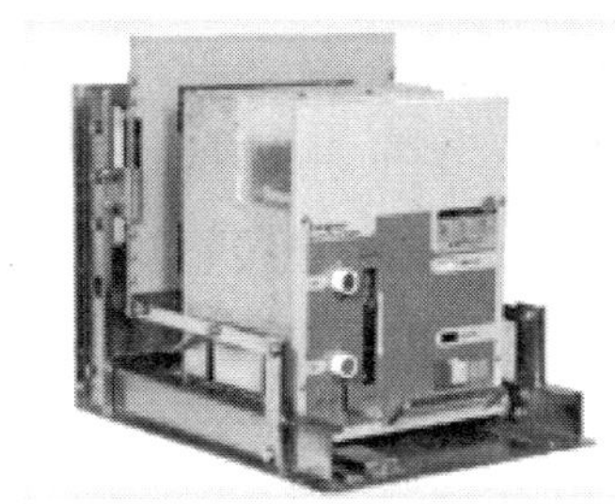

그림 3.25 진공차단기

(4) 공기 차단기(Air Blast Circuit Breaker : ABB)

차단기가 차단할 때 발생하는 아크를 높은 기압(10～30kg/㎠)의 압축공기로 차단 아크에 불어 넣어 소호하는 차단기이며, 차단기에는 저항과 콘덴서가 병렬로 접속되어 있으므로 각 점의 전압분포가 균등하며, 한전의 배전변전소에 많이 사용되고 있다.

장점은 유입에 비해 화재 위험이 없고 차단성능이 우수하며 유지보수가 간단하고, 단점은 압축공기 등의 부대설비가 필요하다.

(5) 기중 차단기(Air Circuit Breaker : ACB)

기중 차단기는 개폐, 조작기기, 차단장치 등이 분리하여 독립한 것을 하나의 프레임 속에 조립한 것으로 소호 매질로 대기 중의 공기를 이용하고 저압 차단기로 많이 사용하고 있다.

1) 특징

① 접촉자 점검이나 손질, 소모품 교환 등으로 어느 정도 사용한 것이라도 성능의 갱신이 가능하다.

② 예방보전이 되므로 전로의 보호용으로 우수하다.

③ 계전기를 이용하여 차단치를 조정할 수 있다.
④ 원방제어가 가능하다.
⑤ 차단 시 소음이 크다.

2) 기중차단기의 선정항목

정격전압, 절연계급, 정격전류, 정격주파수, 정격 차단전류, 정격 차단시간 등이 있다.

(6) 가스 차단기(Gas Circuit Breaker : GCB)

가스 차단기는 SF_6가스의 우수한 소호능력과 절연성능을 이용하며, 대형 차단기나 한전 배전변전소에 많이 사용되었으며, 현재는 SF_6가스가 온실가스로 지정되므로 한전에서는 대체되는 가스변압기를 공급받고 있다.

1) SF_6가스의 성질

① 아크속의 전자를 흡수하여 재결합하며, 소호성능 및 절연회복이 완벽하다.
② 전류차단에 따른 서지발생이 없다.

2) 특징

① SF_6가스의 우수한 차단 성능을 가지고 있다.
② 서지가 없다.
③ 소호실 구조가 간단하다.
④ 수명이 길고, 보수가 필요 없다.
⑤ 화재의 위험이 없고, 인체에 안전하다.
⑥ 소형, 경량이다.
⑦ 가격이 고가이고 설치면적이 적다.

3) 종류

① 완충(Buffer)식 가스차단기
부하 전류차단에 완충식의 소호방식을 이용한 것으로 특고용 가스차단기에 대부분 사용한다. 차단할 때 완충 실린더 내의 SF_6가스가 분출되어 콘넥터 간의 아크에 분무하여 소호한다.

② 회전 아크식 가스차단기
전류차단에 아크를 가스 속에 고속 회전시켜 소호하는 방식으로 3.6~15[kV]용으로 제작되고 있다. 소형 경량이고 구조가 간단하여 여러 개 쌓여있는 배전반에 적용하는데 유리하며, 조작은 직류 전자투입, 스프링 차단방식 등이 있다.

그림 3.26 가스 차단기

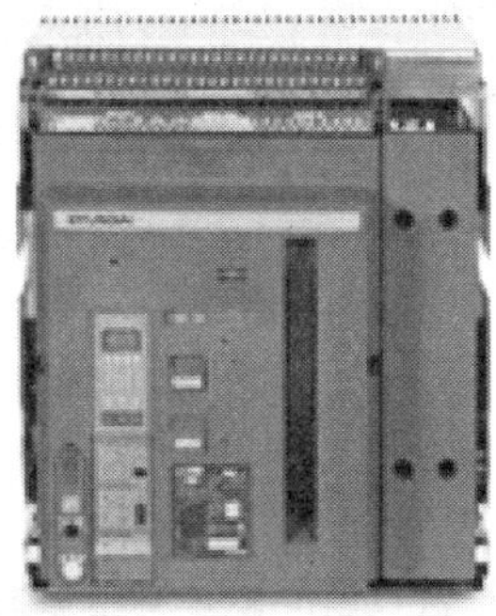

그림 3.27 기중 차단기

(7) 가스절연개폐장치(Gas Insulated Switchgear : GIS)

금속용기 내에 모선, 개폐장치, 변성기, 피뢰기 등을 내장시키고 절연 및 소호특성이 우수한 SF_6가스로 충진, 밀폐하여 절연을 유지시키는 개폐장치로 22[kV]급에서 1,200[kV]급까지 환경조화와 신뢰성이 요구되는 변전소에 주로 사용한다.

1) 장점

① 절연거리 축소로 설치면적이 적어진다.
② 조작 중 소음이 작고 전기적 충격 및 화재의 위험이 적다.
③ 주위 환경과 조화를 이룰 수 있다.
④ 부분 공장조립이 가능하여 설치공기가 단축 된다.
⑤ 절연물, 접촉자 등이 SF_6가스 내에 설치되어 보수, 점검 주기가 길어진다.

2) 단점

① 개폐기 등의 조작시 발생하는 과도현상에 대한 대책이 필요하다.
② GIS내 혼입금속에 의한 절연성능의 저하 가능성이 크다.
③ 기밀구조 유지 및 수분관리가 필요하다.
④ 구성기기의 고장발생시 고장파급 범위가 넓고 복구에 장시간이 걸린다.

3) 종류

① 혼합형(Hybrid) GIS : 차단기, 단로기 등의 개폐기와 모선, 계기용변성기 및 피뢰기 등을 절연된 밀폐 금속용기 내에 장치한 가스절연형(GIS)과 변압기의 내장모선, 지지모선 또는 케이블 등으로 연결시켜 공기절연형(AIS)을 혼합한 형태이다.

② 완전(Full) GIS : 금속용기 내에 모선, 개폐장치, 변성기, 피뢰기 등을 전부 가스절연형(GIS)를 한 형태이다.

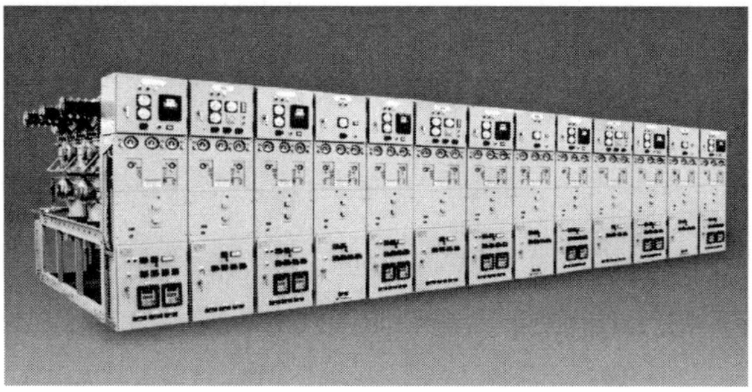

그림 3.28 가스절연개폐장치

(7) 각종 차단기의 특성비교

각종 차단기의 특성을 비교하면 아래 표와 같다.

표 3.11 각종 차단기 종류별 특성 비교

구분	내용	OCB	VCB	MBB	ACB	GCB
전기적인 특성	소호차단 능력	적다	좋다	매우 적다	보통	매우 좋다
	접점소모	크다	작다	보통	보통	보통
	절연회복 속도	보통	크다	적다	보통	보통
	서지발생	보통	크다	적다	보통	보통
	분해생성물	있음	거의 없음	있음	있음	있음
기계적인 특성	조작기구 크기	적다	적다	적다	크다	크다
	보조기구	없음	없음	없음	있음	있음
	여러 번 조작	부적합	적합	부적합	부적합	약간부적합
	부하개폐 수명	1,000회	1,000회	2,000회	500회	2,000회
	소음	적다	적다	보통	크다	보통
	무부하 수명	10,000회	10,000회	10,000회	3,000회	4,000회
기타	가격	매우 적다	보통	많다	적다	매우 많다
	보수성	어려움	쉬움	쉬움	보통	보통
	설치 면적	크다	적다	보통	보통	매우 적다
	중량	작다	작다	보통	크다	보통
	안정성	낮다	높다	약간 높다	약간 높다	높다

3-6-2 차단기의 투입과 차단 방식

(1) 투입 방식

사고전류에 의한 전자 반발력이나 차단장치 등의 제반장치의 힘보다 큰 동작 힘을 발생시켜 차단기의 가동접속부를 투입시키는 방식으로 정격 투입할 때 전압변동 범위는 교류 85~110%, 직류 75~125%에 동작하고 투입방식은 전기와 기계 조작방식으로 나눈다.

1) 전기 조작방식

① 전기 조작방식 : 직류전원의 투입용 전자석에 전류를 통하여 투입하는 것으로 0.5초 이하이다.

ⓐ 구조가 간단하고 고장이 적다.

ⓑ 보수하기가 쉽다.

ⓒ 부대 설비비가 싸다

ⓓ 투입시간이 변한다.

ⓔ 투입 시 전자석에 흐르는 전류가 많다.

ⓕ 멀리 떨어져 있는 경우 전압강하를 고려한다.

② 전동기 조작방식 : 특고압일 때 전동 스프링을 이용하여 조작한다.

2) 기계 조작방식

① 공기 조작 : 압축 공기를 투입하여 에어 컴프레샤를 통해 조작 장치의 실린더에 압축공기를 보내 투입한다.

ⓐ 처음부터 큰 힘을 낸다.

ⓑ 투입 시간이 짧고 재 폐로용이다.

ⓒ 투입 완료 시 충격이 적다.

ⓓ 설비비가 많다.

ⓔ 수리가 힘들고 배전반 내장이 적합하지 않다.

② 스프링 조작 : 스프링 힘에 의해 투입하며, 조작 전원이 없어도 가능하다.

③ 수동 조작식 : 인력으로 차단기를 투입하는 방식으로 차단전류 8[kA]까지 7.2[kV]용 100[MVA] 차단용량에도 투입이 가능하다.

④ 액체 조작 : 액체(절연유) 절연 매체로 조작한다.

ⓐ 공기보다 응동(應動)성이 좋으며 속도제어가 쉽다.

ⓑ 1대의 장치로 여러 대 설치가 곤란하다.

(2) 차단(Trip) 방식

고장을 검출해서 차단 코일이 작동하며, 폐로중인 차단기를 개방하여 선로를 차단한다.

① 전압을 이용한 차단
직류나 교류 전원을 인가하여 차단하는 방식으로 축전지를 전원으로 하고, 직류전원이 있어 정전 시에도 차단이 가능하여 신뢰성이 있다.

② 전류를 이용한 차단
변류기 2차전류의 차단 코일을 통해 차단하는 것으로 계전기의 동작에 의해 순시여자 되는 것과 변류기(CT) 2차전류에 의해 상시여자 되는 두 가지 방식이 있다.

③ 부족전압을 이용한 차단
전압이 정격값의 20~60% 떨어졌을 때 차단하고 70~90% 회복할 때 복귀한다.

④ 콘덴서를 이용한 차단
교류 100[V], 200[V]전원을 이용하여 차단기를 차단하는 것으로 교류를 정류기로 정류하고 콘덴서에 충전하여 조작스위치를 동작한다.

3-6-3 차단기의 정격

차단기의 정격이란 규정된 책무, 조건 및 특정한 조작 하에서 차단기가 갖는 성능의 보증 한계를 말한다.

(1) 정격전류

정격전압과 정격주파수에서 차단기의 각 부분에 온도상승 한도를 초과하지 않고 연속적으로 흘릴 수 있는 전류의 상한치이다. 정격전류는 일반회로용은 전부하 전류의 120%, 전동기회로용은 전부하 전류의 300%, 콘덴서용은 콘덴서군 전류의 150%를 선정한다.

(2) 정격 차단전류

정격전압과 정격주파수에서 규정된 사용조건에 따라 차단할 수 있는 차단전류의 한도를 정격 차단전류라 하며 단위는 [kA]로 표시한다.

(3) 정격전압

규정된 조건에 따라 그 차단기가 부과될 수 있는 사용회로 전압의 상한치를 말하며, 22.9[kV]선로의 정격전압은 24[kV]로 규정하고 있다.

(4) 차단기의 동작책무

동작책무란 1회, 2회 이상의 투입(C), 차단(O) 또는 투입 즉시 차단(CO)을 일정한 시간 간격으로 행해지는 일련의 동작을 말한다. 차단기의 동작책무는

① 일반용 차단기 : CO-15초-CO

② 고속도 재폐로용 : CO-0.3초-CO-3분-CO

(5) 정격 차단용량

① 삼상 차단용량

$$\text{차단용량[MVA]} = \sqrt{3} \times \text{정격전압[kV]} \times \text{정격차단전류[kA]} \qquad (3.11)$$

② 삼상 단락전류

$$I_{S3} = \frac{\text{기준용량[kVA]}}{\sqrt{3} \times \text{공칭전압[kV]}} \times \frac{100}{\%Z} = \text{기준전류[A]} \times \frac{100}{\%Z} \qquad (3.12)$$

$$\begin{cases} I_{S3} : \text{삼상 단락전류[A]} \\ \%Z : \text{합성\% 임피던스} \end{cases}$$

③ 삼상 단락용량

$$P_S = \sqrt{3} \times \text{삼상 단락전류[A]} \times \text{공칭전압[kV]} \qquad (3.13)$$

$$= \text{기준용량[kVA]} \times \frac{100}{\%Z}$$

$$\begin{cases} P_S : \text{삼상 단락용량[kVA]} \\ \%Z : \text{합성\% 임피던스} \end{cases}$$

3-7 콘덴서(Condenser)

전동기나 기타 기기의 역률을 개선하기 위해 부하와 병렬로 진상전류에 의한 콘덴서를 설치하여 역률을 개선한다. 진상전류를 사용하므로 진상용 콘덴서(Static Condenser)라 하며, 단위는 저압측은 [μF]를 사용하고 특고압측은 [kVA]을 사용한다.

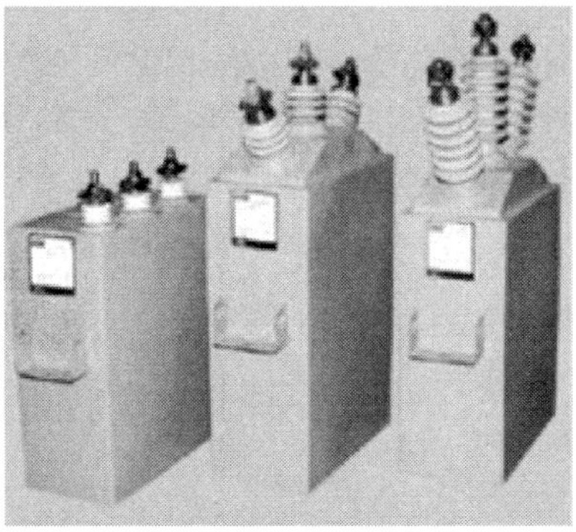

그림 3.29 콘덴서

3-7-1 콘덴서의 분류

(1) 콘덴서의 종류

① 병렬 콘덴서 : 특고압 선로와 병렬로 연결하여 역률개선, 전압강하 개선, 설비용량 증가 등을 목적으로 하며 자가용전기설비의 수배전반에 많이 사용한다.
② 직렬 콘덴서 : 배전 선로와 직렬로 연결하여 전압강하를 보상하고 송전용량 및 안정도를 증감하며 전력조류를 제어한다.
③ 결합 콘덴서 : 전력선, 반송전화 등에 사용된다.
④ 서지 흡수기 : 진공차단기 2차측에 설치하여 변압기를 보호한다.
⑤ 필터용 콘덴서 : 직류 변환회로(정류기)의 필터(Filter)용으로 사용된다.
⑥ 고조파용 콘덴서 : 발진회로와 유도로에 사용된다.
⑦ 기타 : 공기 차단기 분압용 및 방전 가공장치에 사용된다.

(2) 콘덴서의 설치 위치

콘덴서는 부하 어느 곳에나 설치할 수 있으나 설치효과는 전원측에 나타나며, 설치장소와 배치에 따라 효과가 달라진다.

1) 수전 모선단에 중앙 집중으로 설치하는 방법

그림과 같이 수전 모선단 중앙에 설치하는 경우 관리가 용이하고 무효전력에 신속히 대처할 수 있어 전기요금 절감을 가져올 수 있으나 선로의 개선효과를 기대할 수 없다.

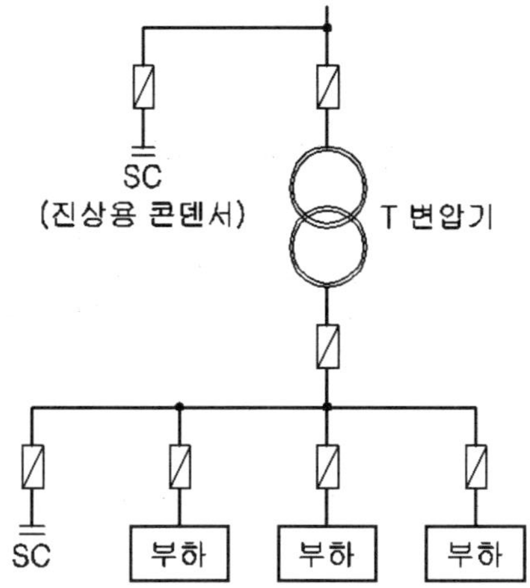

그림 3.30 콘덴서 모선 설치도

2) 부하와 중앙에 분산 배치하여 설치하는 방법

그림과 같이 수전 모선단 중앙과 부하와 병행하여 설치하는 방법으로 중앙설치 방법보다 선로에 개선효과가 있다.

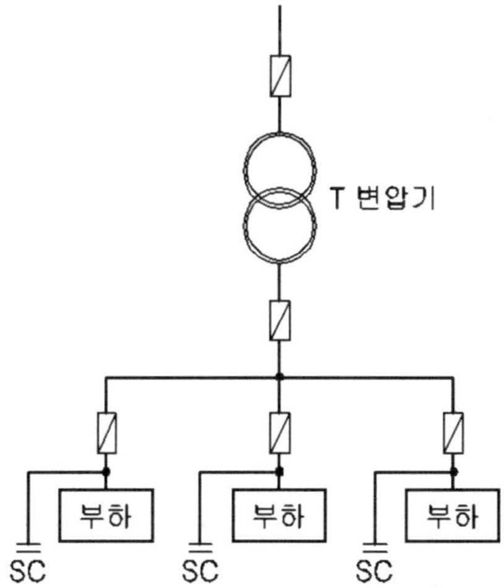

그림 3.31 콘덴서 부하 분산 배치도

3) 부하 말단에 분산하여 설치하는 방법

콘덴서를 설치하는 효과가 배전선을 포함한 경로에 나타나므로 각각의 부하에 개별적으로 설치하는 방법으로 비용이 많이 들어간다.

3-7-2 콘덴서 구성

(1) 필요 콘덴서 계산식

역율 개선에 필요한 콘덴서의 용량은 아래식과 같다.

$$Q_c = P(\tan\theta_0 - \tan\theta_1) \begin{cases} P : \text{부하전력[kW]} \\ \theta_0 : \text{개선전 역율각(°)} \\ \theta_1 : \text{개선후 역율각(°)} \end{cases} \tag{3.17}$$

[예제 3.4] 역률 85%인 부하를 역률 95%로 개선 하고자 한다. 부하용량 1,000[kW]일 때 콘덴서 용량은 몇 kVA인가 ?

(풀이) 콘덴서의 용량[kVA]는 식 (3.17)에서

$$Q_c = P(\tan\theta_0 - \tan\theta_1) \begin{cases} P : \text{부하전력[kW]} \\ \theta_0 : \text{개선전 역율각(°)} \\ \theta_1 : \text{개선후 역율각(°)} \end{cases}$$

$$Q_c = P\left(\frac{\sin\theta_0}{\cos\theta_0} - \frac{\sin\theta_1}{\cos\theta_1}\right) \quad (\text{단, } \sin\theta = \sqrt{1-\cos^2\theta})$$

$$\therefore \quad Q_c = P\left(\frac{\sqrt{1-\cos^2\theta_0}}{\cos\theta_0} - \frac{\sqrt{1-\cos^2\theta_1}}{\cos\theta_1}\right) = 1{,}000 \times \left(\frac{\sqrt{1-0.85^2}}{0.85} - \frac{\sqrt{1-0.95^2}}{0.95}\right)$$

$$\fallingdotseq 291\,[\text{kVA}]$$

(2) 구성기기

① 방전코일(Discharging Coil)

콘덴서를 개방할 때 잔류전하가 생기므로 이를 방지하기 위해 방전코일을 설치하여 잔류전하를 방전한다. 콘덴서 용량에 대해 5초 이내 잔류전하를 50[V] 이하로 저하 시킬 수 있는 것이 필요하며, 콘덴서가 부하와 직결되어 동시에 개폐할 경우 부하의 회로를 통해 방전하므로 생략할 수 있다.

② 직렬 리액터(Series Reactor)

콘덴서의 투입과 차단과정에서 제5고조파가 발생하여 이것이 인덕턴스(Inductance)와 공진을 일어나며 선로에 나쁜 영향을 미친다. 보통 500[kVA] 이상의 콘덴서에 설치하고 콘덴서 용량의 6% 정도로 리액터를 직렬로 연결한다.

중앙집중식 역률제어를 하는 경우에 부하변동에 따른 빈번한 투입과 차단이 행해지므로 150[kVA] 이하라도 직렬 리액터를 설치하는 것이 바람직하다. 직렬 리액터를 연결할 때 주의할 사항은 아래와 같다.

ⓐ 콘덴서 단자전압의 상승 : 6%의 리액터 연결할 때 단자전압은 6% 이상 증가하고 콘덴서는 13% 증가 하므로 배전반 내 발열에 유의한다.

ⓑ 다른 콘덴서와 같이 리액터를 연결 : 다른 콘덴서는 고조파 저감효과가 없다. 따라서 전체 리액턴스가 5% 이하가 되지 않게 한다.

ⓒ 콘덴서전류가 정격전류의 120% 이상 흐를 때 고조파가 의심되므로 직렬리액터를 설치한다.

ⓓ 모선의 단락전류가 큰 계통 및 병렬콘덴서 군이 있을 때는 콘덴서 투입할 때 전류가 과대해지므로 직렬리액터를 사용하는 것이 좋다.

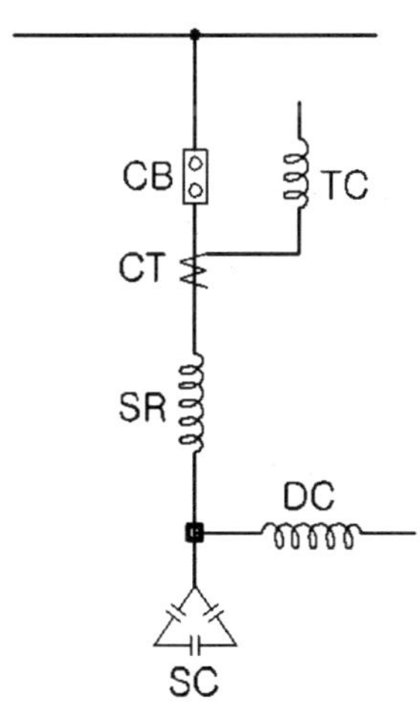

그림 3.32 직렬 리액터 결선도

(3) 설치효과

① 배전선의 손실이 감소된다.

② 변압기 손실(동손)이 감소된다.

③ 설비용량의 여유도가 증대된다.

④ 전압강하율이 개선된다.

⑤ 역률이 개선된다. 한전에서 역률 90~95%는 사용한 전기요금을 경감해주고, 90% 미만일 때 추가로 납부해야 한다.

3-7-3 역률 자동제어

콘덴서를 설치하고 운용하면서 역률은 부하에 따라 수시로 변하므로 전원측에 과부하로 인한 손실 증대를 방지하기 위해 역률 자동제어를 실시한다.

1) 무효전력에 의한 제어

무효전력을 검출하여 투입 설정 값보다 뒤졌을 때 투입하고, 앞섰을 때 개방함으로써 적정 값을 유지한다. 이 방식은 많은 수의 콘덴서 제어에 유리하며, 부하의 영향을 받지 않고 콘덴서의 용량에 의존한다.

2) 전압에 의한 제어

콘덴서의 투입으로 부하가 용량성이면 설치점의 전위가 상승하며, 이것은 전원 임피던스가 유도성인데 기인한다. 따라서 장거리 송전선인 경우에 전압강하로 인한 선로손실을 예방하기 위해 송전계통에 설치한다.

3) 역률에 의한 제어

역률을 검출하여 역률에 따라 콘덴서의 투입과 개방하는 것으로 경부하시를 고려하여 콘덴서 투입을 일정부하 이하는 고정하고 유효한 설정 폭을 확보하는 것이 중요하다.

4) 전류에 의한 제어

이 방식은 부하전류의 크기와 무효전력의 관계가 일정한 부하에 설치하여 개별기기의 역률개선을 목적으로 한다.

5) 프로그램에 의한 제어

일부하 곡선이 거의 일정하게 유지되고 있을 때 사용하며 제어부에 타이머(Timer)를 설치한다. 타이머는 일주일 단위로 하고 부하가 일정할 때 유리하며 회로가 간단하고 콘덴서의 개폐를 적게 하는 장점이 있다.

6) 특정부하 개폐신호에 의한 제어

변동하는 특정부하 이외의 부하에서는 무효전력이 거의 일정한 곳으로 개폐기의 접점 개폐만으로 간단히 할 수 있고 가격이 가장 싸다.

3-7-4 콘덴서 설치 시 유의할 점

1) 사용온도

진상콘덴서의 수명은 온도와 관계있고 보통 40℃ 이하에 사용하고, 24시간 평균기온이 35℃ 이하로 하고 있다.

2) 과전압

과전압은 온도상승을 초래하여 수명에 영향을 준다. 고압 진상콘덴서는 최고전압이 정격전압의 115%이고, 24시간 평균값이 정격전압의 110% 이내로 한다.

3) 과전류

과전류는 과전압과 고조파의 유입을 들 수 있으며, 고조파의 영향이 더 크다. 과전류에 의해 직렬리액터의 소손 및 콘덴서의 파괴로 이어짐으로 제5고주파 성분이 35% 이하이고 합성전류가 정격전류의 135%를 초과하지 않아야 한다.

4) 고조파

제3고조파가 발생하므로 직렬리액터를 설치한다.

5) 개폐 시 현상

① 콘덴서 투입 시 현상

돌입전류가 흐르고 이때 돌입전류는 직렬일 때 15배, 병렬일 때 300배 이상 흐르므로, 직렬리액터를 설치하여 돌입전류를 정격전류의 5~6배로 제한한다.

② 콘덴서 개방 시 현상

전류가 0일 때 전압은 90° 지연하여 최대가 되므로 전류가 없을 때 차단하면 전압은 최대치가 되어 잔류전하가 남는다. 이것을 방지하는 것이 방전코일이다.

6) 앞선 역률

부하가 줄어들면 역률이 높아져 앞선 역률이 생긴다. 이때 전력손실이 증대되고 계통 전압이 상승하고 계측기에도 오차가 발생하므로 무효전력의 보상으로 그림과 같은 분로 리액터를 설치한다.

그림 3.33 분로 리액터

연 습 문 제

1. 다음의 차단기 중에 차단할 때 발생하는 아크를 높은 기압의 압축공기로 소호하는 차단기는 어느 것인가?

㉮ 자기 차단기　　㉯ 진공 차단기
㉰ 공기 차단기　　㉱ 기중 차단기

2. 다음 중에 진공 차단기의 특징이 아닌 것은?

㉮ 고속도 재투입이 가능하다.　　㉯ 차단할 때 소음이 크다.
㉰ 장수명이며 무보수에 가깝다.　　㉱ 화재의 위험성이 없다.

3. 다음 중에 기중 차단기의 특징이 아닌 것은?

㉮ 예방보전이 되므로 전로의 보호용으로 우수하다.
㉯ TD를 이용하여 차단치를 조정할 수 있다.
㉰ 원방제어가 가능하다.
㉱ 차단 시 소음이 크다.

4. 다음 중에 가스 차단기의 특징이 아닌 것은?

㉮ 소호실 구조가 복잡하다.
㉯ 서지가 없다.
㉰ 수명이 길고, 보수가 필요 없다.
㉱ 화재의 위험이 없고, 인체에 안전하다.

5. 차단기의 투입방식 중에 기계 조작방법의 종류가 아닌 것은?

㉮ 공기 조작　　㉯ 스프링 조작
㉰ 액체 조작　　㉱ 유압 조작

6. 다음 중에 차단기의 차단방식이 아닌 것은?

㉮ 전압 차단　　㉯ 전류 차단
㉰ 리액터 차단　　㉱ 콘덴서 차단

▸ 정답

1. ㉰　2. ㉯　3. ㉯　4. ㉮　5. ㉱　6. ㉰

7. 차단기의 투입방식 중에 전기 조작방식의 특징이 아닌 것은?

㉮ 구조가 복잡하고 고장이 적다.
㉯ 보수하기가 쉽다.
㉰ 부대 설비비가 싸다
㉱ 투입시간이 변한다.

8. 다음 정격전압 삼상 22.9[kV]이고 정격 차단전류가 15[kA]일 때 차단용량[MVA]은 얼마인가?

㉮ 295 ㉯ 395
㉰ 495 ㉱ 595

(풀이) 차단용량[MVA] $= \sqrt{3} \times 22.9[\text{kV}] \times 15[\text{kA}] \fallingdotseq 595[\text{MVA}]$

9. 다음 중에 콘덴서의 종류가 아닌 것은?

㉮ 연결 콘덴서 ㉯ 결합 콘덴서
㉰ 서지 흡수기 ㉱ 병렬 콘덴서

10. 역률 85%인 부하를 역률 95%로 개선하고자 한다. 부하용량 1,500[kW]일 때 콘덴서 용량은 몇 kVA인가?

㉮ 237 ㉯ 337
㉰ 437 ㉱ 537

(풀이) $\therefore \quad Q_c = 1{,}500 \times \left(\frac{\sqrt{1-0.85^2}}{0.85} - \frac{\sqrt{1-0.95^2}}{0.95}\right) \fallingdotseq 437\,[\text{kVA}]$

11. 다음 중에 전기요금의 절감효과는 가져오나 선로의 개선효과를 가져올 수 없는 콘덴서의 설치 위치는?

㉮ 수전단 모선에 설치한다.
㉯ 부하와 중앙에 분산 배치한다.
㉰ 부하 말단에 분산 배치한다.
㉱ 부하 말단에 집중 배치한다.

▸ 정답

7. ㉮ 8. ㉱ 9. ㉮ 10. ㉰ 11. ㉮

12. 방전코일은 ( )초 이내 잔류전하를 ( )[V]로 저하시키는가?

㉮ 5 - 40　　㉯ 5 - 50
㉰ 6 - 40　　㉱ 6 - 50

13. 다음 중에 직렬리액터의 설치하는 콘덴서의 용량은 얼마인가?

㉮ 300[kVA]　　㉯ 400[kVA]
㉰ 500[kVA]　　㉱ 600[kVA]

14. 다음 중에 콘덴서의 설치효과가 아닌 것은?

㉮ 배전선의 손실이 감소된다.
㉯ 변압기 손실(동손)이 감소된다.
㉰ 설비용량의 여유도가 증대된다.
㉱ 전압변동률이 개선된다.

15. 다음 중에 역률 자동제어 방식의 종류가 아닌 것은?

㉮ 유효전력에 의한 제어
㉯ 전압에 의한 제어
㉰ 역률에 의한 제어
㉱ 프로그램에 의한 제어

16. 일부하 곡선이 거의 일정하게 되었을 때 사용하는 역률 자동제어 방식은?

㉮ 유효전력에 의한 제어
㉯ 전압에 의한 제어
㉰ 역률에 의한 제어
㉱ 프로그램에 의한 제어

17. 다음 중에 콘덴서 설치 시 유의할 점이 아닌 것은?

㉮ 사용온도를 40℃ 이하로 한다.
㉯ 최고전압이 정격전압의 115%이다.
㉰ 제3고조파가 생기므로 직렬리액터를 설치한다.
㉱ 부하가 늘어나면 앞선 역률이 발생한다.

▸ 정답

12. ㉯　13. ㉰　14. ㉱　15. ㉮　16. ㉱　17. ㉱

3-8 계기용변성기(Metering Out Fit : MOF)

계기용변성기는 계측기나 보호용 계전기를 사용하기 위해 주회로의 전압, 전류 등을 측정하고 전압이나 전류를 비례하는 작은 전기량으로 변성하는 것으로 변류기(Current Transformer : CT), 계기용변압기(Potential Transformer : PT), 영상 변류기(Zero-phase Current Transfomer : ZCT) 등이 있으며 전력 수급용으로는 전기 사용량을 적산하기 위해 V결선의 계기용변압기와 2개의 변류기를 한 용기 안에 넣은 것이다.

전력 수급용으로 사용되는 계기용변성기는 2차전압을 110[V]로 2차전류를 5[A]하며, 1차 전류와 2차전류의 배율 즉 CT비가 전기요금을 결정하므로 한전에서는 중요하게 생각한다. 따라서 증설 등의 원인으로 변류기의 배율이 변화하면 계기용변성기 전체를 교환해야 한다.

그림 3.34 계기용 변성기

3-8-1 계기용변성기의 구성

(1) 종류

① 보호 계전기용 : 사고 시에도 올바른 변압을 요구하며 변류기, 영상 변류기, 계기용 변압기, 콘덴서형 계기용변압기 등이 있다.

② 전력 수급 계기용

한전의 전기요금을 적산하는 무효 전력량계, 최대 수요 전력계를 측정하기 위해 계기용변압기와 변류기를 한 통에 넣은 것이다.

ⓐ 건식 : 종이, 솜 등 A종 절연물로 절연하고 절연니스로 진공 함침하여 굳힌 것을 말한다.

ⓑ 몰드형 : 권선 또는 권선과 철심 전부를 절연성이 좋은 에폭시 수지로 성형한 것이며, 현재 수전설비에서 많이 사용한다.

ⓒ 유입형 : 권선, 철선 등 변성기의 주요 부품을 절연유 속에 담근 것이며 종래의 수전설비에 많이 사용했으나 배전반 내에서 폭발의 위험이 있다.

③ 사용효과

ⓐ 계기의 표준화가 이루어진다.

ⓑ 계기의 배선이 쉬워진다.

ⓒ 원격측정이나 제어를 할 수 있다.

(2) 정격

① 정격 전류

1차전류는 부하전류에 따르고 2차전류는 5[A]가 표준이고 1, 0.1[A]도 있다.

② 정격 전압

1차전압은 22.9[kV]선로에서는 상전압인 13,200[V]이고, 2차전압은 110[V]이다.

③ 정격 과전류강도

성능을 보장하는 과전류 한도이며 열적 기계적 강도로 나누며, 온도는 A종 250℃, B종 350℃을 넘어서는 안 된다.

④ 계급

정밀도를 말하며 전력 수급용은 0.3급이며, 여기서 0.3급은 오차 범위가 ±0.3%를 의미한다.

⑤ 정격부담

계기가 2차 회로에서 부담하는 부하로 계기의 용량을 의미하며, 단위는 [VA]로 표시한다.

(3) 계기용변성기를 사용할 때 주의사항

① 정격전압은 주회로 정격전압 이상의 것을 사용한다.

② 2차측에 접속되는 계기, 계전기의 한계부담은 정격부담을 넘지 않아야 한다.

③ 변류기의 정격 내전류는 회로의 단락전류 이상이어야 한다.

④ 비율 차동계전기에 사용하는 과전류정수 및 오차계급은 같은 것으로 하고 오차에 의한 전류로 계전기가 동작되지 않게 한다.

3-8-2 계기용변압기(Potential Transformer : PT)

계기용변압기는 고압회로의 전압을 안전하게 측정하거나 계전기 등의 전원으로 사용하기 위하여 고압회로로부터 절연하여 고전압을 저전압으로 낮추는 것을 말한다. 배전반의 전압계, 전력계, 주파수계, 역률계, 표시등 및 계전기에 차단 코일의 전원에 사용된다.

(1) 종류

① 접지형

1차 단자 한 끝에 주 회로를 접속하고 다른 한쪽은 접지해서 사용하며 3차 권선도 있으며, 영상전압도 검출할 수 있다.

② 비 접지형

1차 단자 양단을 주회로의 상(Phase)사이에 접속해서 사용하고, 단상형과 삼상형이 있다.

(2) 원리

1, 2차권선 및 이 권선들과 결합한 철심으로 구성되며 변압기와 원리는 같다.

$$\text{권수비 } a = \frac{\text{2차권선}}{\text{1차권선}}, \text{ 변압비 } = a \times V \qquad (3.18)$$

(3) 특성

① 비오차

1, 2, 3차 전압의 비가 규약치에 기재된 공칭 변성비와 얼마나 차이 나는가를 나타낸 수치이며, 실제 계기용변압기는 비오차를 고려하여 처음보다 권수비를 적게 한다.

② 위상각

1차전압에 대해 180° 회전시킨 2차전압 또는 3차전압의 벡터(Vector)가 이루는 각을 분으로 표시한 것이다.

③ 잔류전압

평형 삼상전압을 가할 때 개방 3차단자에 나타나는 전압이고 각상 권선에 생기는 오차의 벡터 합이다. 이 전압은 정격 영상전압의 3~5%로 규정하고 있다.

(4) 접속

① Y 접속

단상 계기용변압기 3대에 의해 각 상전압 및 선간전압을 얻는데 사용한다. 1차측을 중성점 접지하고 2차측은 임의로 한다.

② Δ 접속

비접지용 단상 계기용변압기 3대로 1, 2차측 각기 접속하여 영상전압이 포함되지 않는 선간전압을 얻을 수 있다.

③ V 접속

비접지형 계기용변압기 2대로 1, 2차측을 각기 V 접속한다. 비접지형 삼상 계기용변압기의 기본적인 접속이고 영상전압이 포함되지 않는 선간전압을 얻을 수 있다.

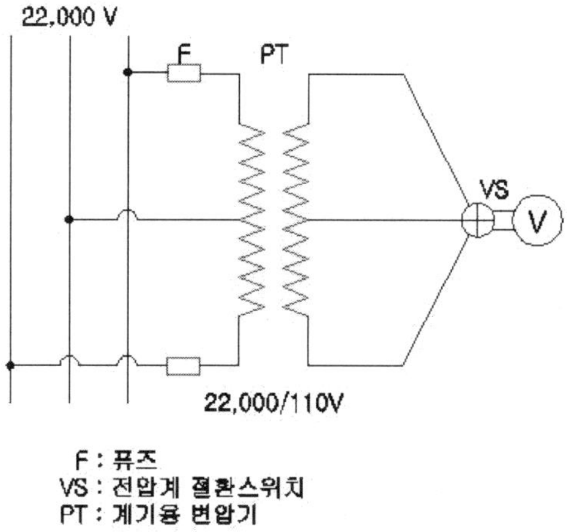

그림 3.35 계기용변압기의 접속

④ 오픈 델타(Open-Delta) 접속

이 접속은 지락보호에 필요한 영상전압을 얻는데 사용한다. 단상 계기용변압기 3대로 1차 Y, 2차측은 개방한 Δ 접속이다.

(5) 정격부담

계기가 정격전류로 흐를 때 계기의 부하용량을 정격부담이라 하며 계기용변압기로 부터 계기 등에 공급되는 피상전력[VA]으로 표시한다. 다음 표는 계기용변압기의 정격부담이다.

표 3.12 계기용변압기의 정격부담

계급	정격부담(VA)						
0.1급	1	15	25	-	-	-	-
0.2급	10	15	25	-	-	-	-
0.5급	-	15	-	50	100	200	-
1.0급	-	15	-	50	100	200	500
3.0급	-	15	-	50	100	200	500

3-8-3 변류기(Current Transformer : CT)

변류기는 정상 운전할 때 부하전류를 정확하게 변성할 것과 동시에 사고 시 수배의 정격전류에 견뎌야 한다.

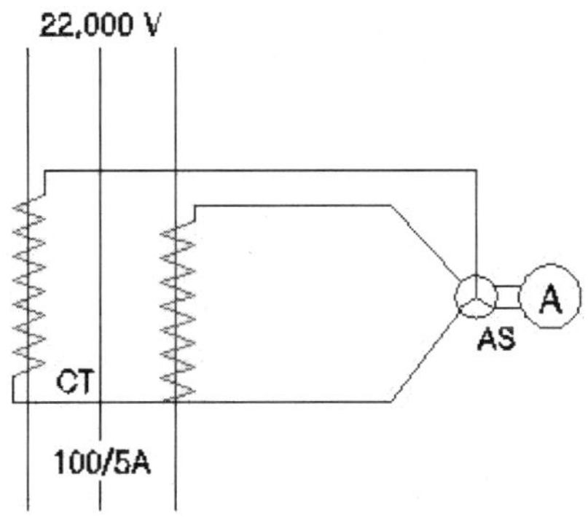

그림 3.36 변류기의 접속

(1) 종류

① 권선형 변류기

권선에 1차 권선도체 및 2차권선을 감은 형태로 다른 구조에 비해 필요한 특성을 쉽게 얻을 수 있다. 1차전류가 적은 변류기에 적합하다.

② 봉형 변류기

2차권선을 감은 철심 창에 1차도체를 넣어서 일체형 구조로 한 것이며, 1차전류가 큰 변류기에 적합하다.

③ 관통형 변류기

2차권선을 감은 철심창에 모선, 부싱(Bushing), 단심 케이블 등 1차도체를 삽입하여 사용한 것으로 1차도체에 따라 부싱형 변류기, 케이블용 변류기라 한다. 1차전류가 적은 곳은 오차특성이 맞추기 어렵고 수배전반 내에 많이 사용한다.

④ 3차 권선부 변류기

동일 철심에 1차권선, 2차권선 이외에 3차권선을 감은 것으로 3차권선은 영상분로 접속으로 영상전류의 변류에 사용한다. 보통 저항접지 계통에 있어서 정격 1차전류 400[A] 이상의 보호 계전기용 변류기로 사용된다.

⑤ 다중 철심형 변류기

여러 개의 철심에 공통의 1차권선을 감고 각 철심에 개별 2, 3차 권선을 감은 구조로 되어 있다. 사용 목적별 개별 변류치를 쉽게 얻을 수 있다.

(2) 구성

변류기는 1, 2차 권선 및 철심으로 구성되고 철심이 지나가는 자속을 매개로, 1차전류는 이것에 비례하여 2차전류로 변류하는 것이다.

$$\text{권수비 } a = \frac{\text{2차권수}}{\text{1차권수}}, \text{ 전류비 } = \frac{1}{a} \tag{3.19}$$

정격 1차전류의 결정은 아래와 같다.

① 수전 전압회로 및 변압기회로 : 최대 부하전류 × 1.2~1.5
② 계기용변성기 : 최대 부하전류 × 0.7~1.0
③ 전동기 : 최대 부하전류 × 2.0~2.5

(3) 정격부담

계기가 소비하는 피상전력으로 단위는 [VA]이다. 다음 표는 변류기의 정격부담이다.

표 3.13 변류기의 정격부담

계급	정격부담(VA)						
0.1급	2.5	5	-	15	25	-	-
0.2급	2.5	5	-	15	25	-	-
0.5급	-	-	-	15	25	40	100
1.0급	-	5	10	15	25	40	100
3.0급	-	5	10	15	25	40	100

(4) 변류기의 특성

① 과전류 특성

1차전류가 정격치를 상회할 때 철심에 포화가 생겨 비오차가 늘어난다. 따라서 과전류 특성을 고려치 않을 때 오동작이나 예정시간에 동작하지 않는다. 이 과전류에서의 비오차 특성을 과전류 정수라 한다.

② 내전류, 과전류강도

변류기에 사고전류가 흐를 때 변류기 자신이 대전류에 견디는 전류를 **내전류**라 하며, 2차권선 개방상태에서 2차 부담의 25%부담 하에 1차권선을 1초간 통전해도 성능을 보장 할 수 있을 때 정격 내전류라 하고, 정격 내전류를 정격 1차전류에 나눈 값을 **과전류 강도**라 한다.

③ 2차 개로

변류기 2차측은 정격부담[VA]을 걸지 않을 때 단락해 둬야 한다. 개로 상태에서 1차전류를 보내면 2차단자 간에 고전압이 발생하여 절연파괴 또는 철손 증대로 과열의 원인이 된다.

3-9-4 영상 변류기(Zero-phase Current Transfomer : ZCT)

비접지회로의 지락사고를 검출하기 위하여 지락 시 영상전류를 검출하는 것을 목적으로 한다. 일반 변류기와 차이점은 1차 도체의 삼상 회로도체를 모두 철심창 내에 관통 하도록 하는 것이다.

(1) 종류

① 권선형

한 개의 철심에 3조의 1차권선과 1조의 2차권선이 감겨 1차전류에 각상에 전류가 흐를 때, 2차 권선에서는 각상 영상전류의 3배에 영상전류가 흐른다.

② 관통형

배전계통에 많이 사용하며 2차권선을 감은 철심에 1차 도체로서 3심 케이블 또는 단심 케이블을 삼상에 관통시켜 사용한다.

(2) 원리

각상에 1차전류에 의해 생기는 자속에 따라 그에 대응하는 2차전류가 있으며 영상전류가 포함되지 않을 때 다음식과 같다.

$$IR + IS = IR_1 + IR_2 + IS_1 + IS_2 = 0 \text{ (지락 시 } 3I_0 \text{)} \qquad (3.20)$$

따라서 각상의 정상 및 역상전류의 영향을 받지 않고 영상전류를 검출할 수 있으나 1차 권선도체 위치의 비대칭, 2차 권선분포의 불균형 등으로 정상, 역상전류에 의한 오차전류가 흐르며, 이것을 **잔류전하**라고 한다.

(3) 특성

① 정격전류

1, 2차 전류 외에 정격 영상 1차전류(표준값 200mA)에 대응하는 정격 영상 2차전류(표준값 1.5mA)가 있다.

② 영상 2차전류의 허용차

주회로 전류에 비해 극히 적은 영상전류를 검출하는 영상변류기는 영상 2차전류의 오차를 적게 하기 위해 여자 임피던스가 큰 것을 선택한다. 여자 임피던스가 H급은 20[Ω], L급은 5[Ω]을 초과해야 한다.

③ 정격 과전류 배수

영상변류기가 포화되지 않는 영상 1차전류의 범위를 말한다.

④ 잔류전하

철심과 1, 2차 권선의 전기적 결합으로 불균일할 때 생기는 잔류전하의 범위는 다음과 같다.

ⓐ 정격 1차전류 400[A] 이상 : 영상1차 100[mA] + 영상 2차전류치

ⓑ 정격 1차전류 400[A] 미만 : 영상1차 100[mA] + 영상 2차전류치 × 0.8

3-9 보호기기

3-9-1 전력 퓨즈(Power Fuse : PF)

전력 퓨즈(Power Fuse)는 전기기기의 과전류 보호를 목적으로 퓨즈의 일부를 구성하는 가용액에 단락전류 또는 과전류가 흐를 때 그 자신의 발열로 용단하여 회로를 차단한다.

(1) 고압 퓨즈의 종류

1) 고압 퓨즈의 분류

- 고압 퓨즈
  - 배전용 컷아웃(COS)
    - 비한류형
    - 액체충전형
  - 전력 퓨즈(PF)
    - 한류형
    - 비한류형
    - 액체충전형

2) 전력 퓨즈의 종류

① 한류형

아크를 냉각시켜 아크전압을 높임으로써 단락전류가 그 파고치에 도달 전에 한류 차단하는 퓨즈이다.

② 비한류형

퓨즈가 용단한 후 구성 물질이 기화 등에 의하여 소호성 가스를 방출하고 전류 영점에서 극간 절연내력을 높여 아크 차단작용을 하는 것이다.

③ 액체 충전형

사염화탄소액이 들어 있는 퓨즈통내에 스프링의 장력을 받고 있는 퓨즈요소가 용단될 때 사염화탄소액으로 아크를 차단하며, 사용범위가 국한되어 있다.

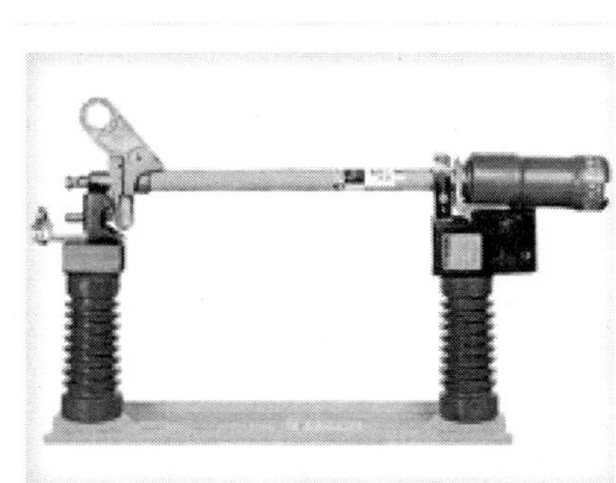

그림 3.37 한류형 퓨즈

(2) 전력 퓨즈 사용 시 장단점

1) 장점

① 가격이 싸다

② 소형이고 경량이다.

③ 계전기가 필요 없다.
④ 한류형일 경우 무음, 무방출이다.
⑤ 소형으로 큰 차단용량이 있다.
⑥ 고속도 차단이 가능하다.
⑦ 현저한 한류 특성이 있다.
⑧ 차지하는 면적이 적다.

2) 단점

① 재사용이 불가능하다.
② 과도전류에 쉽게 용단된다.
③ 소전류, 부하전류를 개폐할 수 없다.
④ 소전류로 흡상하기 쉽다
⑤ 장시간 과부하에 열화 되기 쉽다.
⑥ 한류형은 차단범위가 좁다.
⑦ 비한류형은 차단할 때 과전압이 발생한다.
⑧ 높은 임피던스 계통에서 접지계통의 접지보호를 할 수 없다.

(3) 전력 퓨즈의 선정과 차단기 협조

1) 전력 퓨즈의 선정

① 퓨즈의 성능
전압, 전류, 차단용량의 정격치와 특성곡선(동작시간, 용단시간, 허용시간)에 의해 결정된다.
② 정격 연속 전류 : 전 부하전류의 2배로 한다.
③ 퓨즈 링크의 표준화
ⓐ 정격 전류의 100%에서 통전되고 230%에서 용단된다.
ⓑ 동작시간은 K(Fast), T(Slow)정격으로 표시한다.
④ 정격전압 : 계통 최대전압으로 조정하며, 이때 결상을 고려한다.
⑤ 특성곡선 : 허용시간, 동작시간, 용단시간은 제조 회사마다 조금씩 다르다.

2) 차단기와 협조

변전실의 주 차단기 1차측과 전력퓨즈 2차측에 설치된 차단기 사이의 협조이다.

① 퓨즈의 정격은 변압기 전 부하전류의 2배로 한다.
② 과도전류는 여자 돌입전류의 경우 5~6cycle 내에 10배의 전류가 흐르므로 이때 파손되지 않는 퓨즈 정격을 한다.
③ 부하측에 고장이 발생할 때 가까운 차단기가 먼저 동작하게 한다.
④ 퓨즈의 정격 연속 전류치는 고장전류의 최대치보다 커야 한다.
⑤ 퓨즈가 열적으로 용단될 때 차단기가 먼저 차단한다.

3) **전력 퓨즈의 기능**

① 부하전류를 안전하게 통전시킨다.

② 동작대상의 일정값 이상 과전류에서는 오동작 없이 차단하여, 선로나 기기를 보호한다.

③ 예상되는 과부하전류에는 동작하지 않는 것이어야 한다.

④ 과도적인 서지전류에 동작하지 않는 것이어야 하며, 서지전류는 다음과 같다.

ⓐ 주변압기의 여자 돌입전류

ⓑ 전동기 및 축전지의 기동 돌입전류

3-9-2 피뢰기(Lighting Arrestor : LA)

피뢰기는 뇌 등으로 부터 과전압이 어느 값을 초과했을 경우, 방전으로서 과전압을 제한하여 전기시설의 절연을 보호하고 속류를 단시간에 차단시켜 계통을 정상상태로 자동 복귀시키는 기능을 한다.

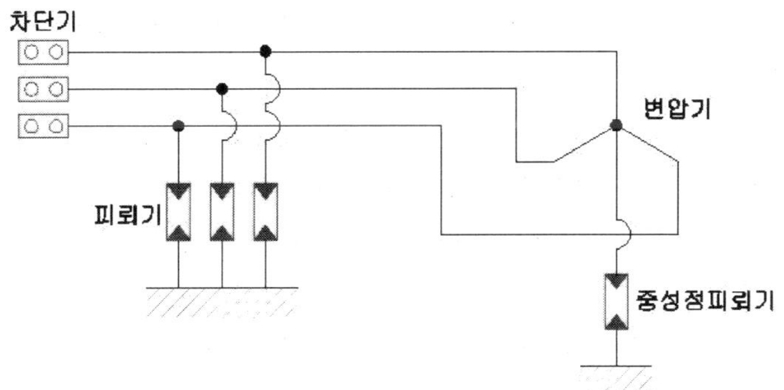

그림 3.38 피뢰기의 구성도

(1) 피뢰기의 성능

1) **피뢰기가 보호하는 이상전압의 유형**

① 직격 뇌서지 : 직접 뇌방전에 의해 발생한다.

② 유도 뇌서지 : 뇌로 부터 방전할 때 인근 전기설비의 유도전압에 의해 발생한다.

③ 개폐 뇌서지 : 차단기의 개폐할 때 발생하는 이상전압을 말한다.

2) 피뢰기가 갖추어야 할 성능

① 충격 방전 개시전압이 기기의 뇌충격 절연기준보다 매우 낮아야 한다.

※ **충격 방전 개시전압** : 충격전압이 발생하여 직렬갭이 방전을 개시하는 전압

② 제한전압이 기기의 절연강도(Bil)보다 낮아야 한다.

※ Bil(Basic Impluse Insulation Level) : 절연협조의 기준이 되는 기기의 절연내력 강도

③ 뇌전류 방전능력이 커야한다.

④ 속류차단을 확실히 해야 한다.

※ **속류** : 피뢰기의 방전 시 피뢰기가 접속된 회로의 전력전원으로부터 피뢰기를 통해서 계속 흐르는 전류를 말한다.

⑤ 반복 동작이 가능해야 한다.

⑥ 구조가 견고하고 특성의 변화가 없어야 한다.

(2) 피뢰기의 특성

① 보호 특성

뇌 임펄스(Impulse) 20%, 개폐 임펄스 15%의 보호레벨과 여유를 두고 산정한다.

② 방전 개시 전압

뇌 임펄스, 개폐 임펄스, 상용주파 방전 개시전압이 있다.

※ 상용주파 방전 개시전압은 선로의 이상전압에 대하여 피뢰가 방전하는 것을 방지하기 위해 정격전압의 1.5배로 하는 것을 말한다.

③ 제한 전압특성

뇌 임펄스 전류가 흐를 때 최고전압과 통상 정격전압 비를 구해 그 비율을 제한하여 최고치와 실효치의 비가 10~42[kV]까지는 3.35배 이하, 70[kV] 초과는 2.2~3.2배 이하로 한다.

④ 방전내량

임펄스 대전류 통과능력을 말한다.

⑤ 속류 차단능력

뇌서지, 개폐서지, 단로기 서지 등이 서지방전 후 계속 흐르는 전류를 차단하는 능력을 말한다.

⑥ 내(耐)오손 특성

애자 관내 표면이 오손되면 상용주파 방전 개시전압이 저하되어 계통전압에 영향을 미치므로 내오손에 대한 대책이 필요하며, 내오손 대책은 아래와 같다.

ⓐ 직렬갭에 분로저항, 콘덴서를 설치하여 전위 분포를 개선한다.
ⓑ 애관표면과 내부의 정전결합을 회피하는 방법으로 1개의 애관, 굵은 애관, 콘덴서형 절연통을 사용한다.
ⓒ 긴 애관을 사용한다.
ⓓ 실리콘 파운드를 애자표면에 도포한다.
ⓔ 애관을 세정한다.

(3) 피뢰기의 구조

① 직렬갭(Gap)

계통의 정상전압에는 방전하지 않고 절연상태를 유지하다가 이상전압 발생할 때 빠른 속도로 대지에 방전하여 이상전압을 내려 보낸다. 따라서 상용주파 방전개시 전압을 낮추고 뇌 임펄스 방전 개시전압을 높게 책정하며, 다음과 같은 성능을 구비해야 한다.

ⓐ 방전개시 시간의 지연이 없다.
ⓑ 소호 특성이 좋다.
ⓒ 상용주파수 또는 일상의 내부 이상전압에는 방전하지 않는다.
ⓓ 방습 및 기계적 강도가 많아야 한다.

② 특성요소

탄화규소 입자를 각종 결합체와 혼합 성형한 것으로 비 직선 저항특성이 있으므로 변 저항체라 한다. 이것은 뇌서지 등 큰 방전전류에 대해서는 저항값이 작아지며, 제한전압을 억제하고 비교적 낮은 계통전압에 의한 속류에 대해서는 저항이 높아져 전류를 억제하므로 직렬갭의 차단을 용이하게 한다.

③ 실드링(Shield Ring)

직렬갭이 다수 설치할 때 대지 정전용량 차에 의해 개별 갭의 합산이 전체 방전 개시 전압을 밑도는 것을 방지하기 위해 갭 위에 차폐된 링을 설치한다.

④ 공기 밀폐구조

직렬갭과 특성요소가 습기에 의해 방전 특성의 변화를 막기 위해 공기 밀폐구조로 한다.

(4) 피뢰기의 종류

① 밸브 저항형 피뢰기

직렬갭과 특성요소에 속류 아크를 제한하고 직렬갭을 넣은 실은 완전히 밀폐하고 특성요소는 산화규소(Sic)을 사용한다.

② P형 밸브 피뢰기

실의 아래에 삽입구조로 눈금판이 있어 방전위치나 크기를 알 수 있다.

③ 산화아연(ZnO) 피뢰기

갭이 없어 **갭레스(Gap-Less) 피뢰기**라고 하며 비직진성이 뛰어나 산화아연이 직렬갭과 특성요소의 기능을 동시에 할 수 있으며, 특징은 다음과 같다.

ⓐ 제한전압이 낮고 보호성능이 우수하다.

ⓑ 다중 뇌서지 처리능력이 우수하다.

ⓒ 구성이 간단해서 소형, 경량화가 된다.

ⓓ 많은 빈도의 동작에도 견뎌낸다.

ⓔ 속류에 따른 특성요소의 변화가 없다.

(5) 피뢰기의 설치장소

1) 피뢰기 설치장소

전기설비기술기준의 판단기준 제42조에 규정되어 있으며, 고압 및 특고압의 전로에 다음의 경우에 피뢰기를 설치한다.

① 발전소, 변전소 또는 이에 준하는 장소의 가공전선 인입구 및 인출구

② 가공전선로에 접속하는 제29조의 배전용 변압기의 고압 및 특고압측

③ 고압 및 특고압 가공전선로로부터 공급을 받는 수용장소의 인입구

④ 가공전선로와 지중전선로가 접속되는 곳

2) 제외 장소

① 각 호의 곳에 직접 접속하는 전선이 짧은 경우

② 각 호의 경우 피 보호기기가 보호범위 내에 위치하는 경우

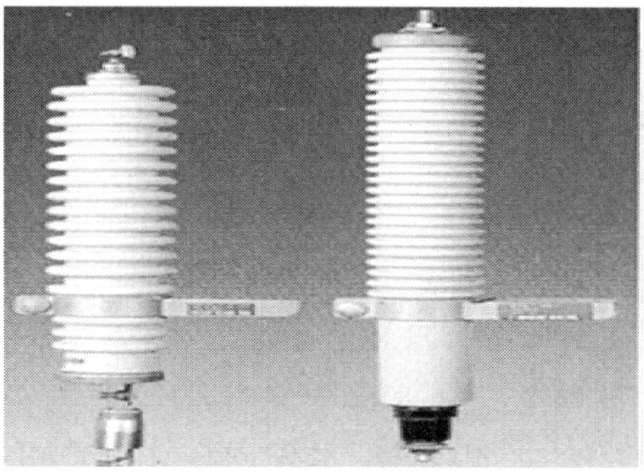

그림 3.39 피뢰기

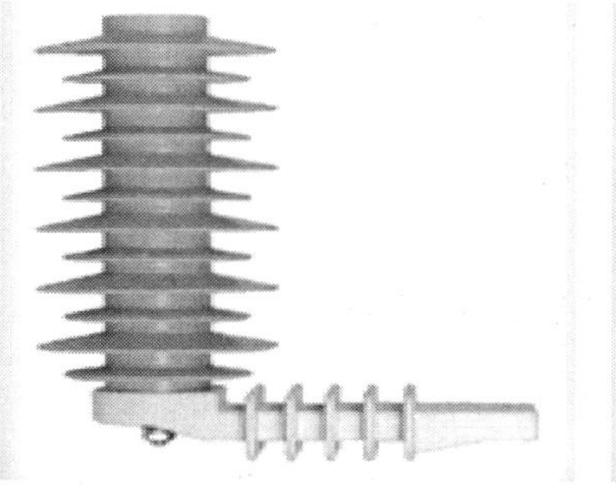

그림 3.40 서지 흡수기

(6) 서지흡수기(Surge Absorb : SA)

서지흡수기는 피뢰기와 같은 구조로 되어 있으나 적용 전압범위만 조정하여 사용하는 일종의 옥내 피뢰기로 선로에서 발생할 수 있는 개폐 서지, 순간 과도전압 등의 이상전압이 2차기기에 악영향을 주는 것을 막기 위해 차단기의 2차 측에 설치하는 것으로 몰드변압기나 고압전동기의 보호가 주 대상이다.

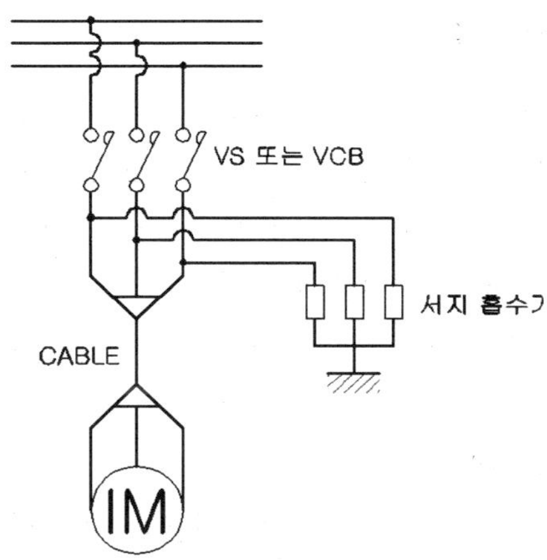

그림 3.41 서지흡수기의 설치

(7) 서지보호장치(Surge Protector Device : SPD)

배전계통으로부터 전달되는 과도현상에 기인한 과전압 및 설비의 기기개폐로 인한 개폐 과전압에 대한 전기설비의 보호를 위해 사용한다. 서지보호장치는 등급Ⅰ, 등급Ⅱ, 등급Ⅲ으로 나누며 등급Ⅰ은 인입구 뇌임펄스로 인한 피해를 방지하며 등급Ⅱ, Ⅲ은 배전선로 내에 유도된 뇌임펄스에 의한 피해를 방지한다.

그림 3.42 서지보호장치

3-9-3 보호 계전기(Protector Relay)

보호계전기는 기기 또는 선로에 사고가 발생했을 때 각종기기에 주는 손상을 최소화 하고 공급 지장 범위를 최소한 줄이기 위해 사고가 발생한 구간을 고속도 선택 차단하여 정상적인 구간에 사고가 파급되지 않는 동시에 전력계통의 안정도를 향상시킬 목적으로 한다.

(1) 보호계전기의 구비조건

① 검출감도 : 보호범위 내에 발생한 이상을 검출할 수 있는 기능을 말한다.
② 선택성 : 보호할 대상과 동작해서 안 될 이상상태를 식별하는 능력을 말한다.
③ 신속성: 이상 검출 시 작동하는 시간이며 고속도 계전기는 40[ms] 이내이다.
④ 신뢰성 : 이상상태를 확실히 검출해야 한다.
⑤ 경제성 : 비용이 싸야 한다.

(2) 보호계전기의 적용효과

① 사고지점의 손해를 최소화 하고 사고의 파급효과를 방지한다.
② 정전대상 범위를 최소화 하고 필요 없는 정전을 방지하여 수용가의 손해를 경감하며 수용가에 대한 서비스 향상을 도모한다.
③ 안정도 향상으로 계통 운용상의 제한을 완화하고 전력설비의 이용률을 현저히 높일 수 있다.
④ 사고의 선택성 향상에 따라 재폐로 또는 자동복구 장치를 추가하여 운전자의 노력을 경감하고 조작 처리를 용이하게 한다.

(3) 기본 구성

① 검출부 : 보호구간의 고장전류 및 전압을 검출하며 CT, PT, GPT 등이 있다.
② 동작부 : 접점을 개폐하는 기능을 담당하며 가동철심, 유도원판 등이 있다.
③ 판정부 : 동작여부를 결정하는 기능을 담당하며 반발스프링, 억제코일 등이 있다.

(4) 보호계전기의 보호대상

① 수전회로의 단락 및 지락사고
② 변압기의 내부고장 및 과부하
③ 변압기의 2차 모선단락 및 지락사고

④ 배전선의 단락사고 및 지락사고
⑤ 전력용 콘덴서의 설비사고

(5) 보호계전기의 분류

보호계전기를 구조별로 분류하면 다음과 같다.

① 가동철심형 계전기

코일 내 흐르는 전류에 의하여 발생하는 자계 내에 가동철심을 넣고 이것이 자화되면서 흡인되는 전자력에 의해 동작한다.

ⓐ 힌지형(Hinge)형 : 상시 개로상태에서 스프링에 의해 동작 한다.
ⓑ 회전철심형 : 자계속에 "I" 형의 가동철편이 회전하며 동작 한다
ⓒ 플런저형(Plunger)형 : 막대모양의 피스톤 압력에 의해 동작한다.

② 유도형 계전기

회전자계 또는 이동자계가 도체원판에 작용하면 유도 작용에 의해 원판에 토크가 생겨 접점이 동작하는 것으로 영구자석을 이용하고 과전류의 제동을 통해 한시특성을 얻는다. 동작이 정확하고 안정성이 풍부하고 소비전력이 적으며 조정이 용이하다.

③ 트랜지스터(Trangister)형 계전기

반도체 소자를 이용하여 트랜지스터의 베이스 이미터 전기량을 입력하면 되므로 기계적인 접점이 없다.

④ 디지털(Dgiter)형 계전기

입력된 신호를 트랜듀서(Tranduser : TD)의 변환 없이 마이크로컴퓨터의 소프트웨어에서 처리하고, 회선이 간단하고 동작 상태를 쉽게 볼 수 있으므로 자가용 수전설비에 많이 사용한다.

(6) 보호 계전기의 종류

1) 전류 계전기

① 기능별

ⓐ 과전류 계전기(Over Current Relay : OCR) : 구동전류 이상에서 동작하며 과부하를 감시한다.
ⓑ 부족전류 계전기(Under Current Relay : UCR) : 구동전류 이하에서 동작하며 부하의 동작여부를 판단한다.

② 동작 한시별

ⓐ 고속도형 : 정격전류 200% 이상에서 동작시간 40[ms] 이하에 동작한다.

ⓑ 한시형 : 입력전류가 일정치 이상일 때 동작한다.

가. 정한시형 : 일정시간 후 동작한다.

나. 반한시형 : 입력전류가 증가함에 따라 동작속도가 빠르다.

다. 반한시 정한시형 : 일정시간은 반한시이고 그 후에는 정한시이다.

라. 단한시형 : 다른 계전기와 조합하여 일정 범위마다 정한시성을 띄운다.

2) 전압 계전기

① 부족전압 계전기(Under Voltage Relay :UVR) : 일정전압 이하에서 동작하는 것으로 단락사고, 정전될 때에 작동하고 단락될 때 후비보호와 정전 시 콘덴서 개방, 발전기 기동용으로 사용된다.

② 과전압 계전기(Over Voltage Relay : OVR) : 일정전압 이상에서 동작하는 것으로 지락사고, 자기(Self) 여자현상, 역률의 과보상 등에 동작하며 변압기, 콘덴서 등의 소손을 방지한다. 또한 자가 발전기의 과전압도 방지한다.

3) 전력 계전기

① 전력 계전기(Power Relay : PR) : 유효전력을 검출하는 것으로 전력량계에 사용한다.

② 무효전력 계전기(Reactive Power Relay : RPR) : 무효전력을 검출하는 것으로 역율 개선장치 제어용으로 사용한다.

③ 부족전력 계전기(Under Power Relay : UPR): 부족전력을 검출하는 것으로 병렬 운전 시 단락사고의 역전력을 보호한다.

④ 과전력 계전기(Over Power Relay : OPR) : 과전력을 검출하는 것으로 발전기의 전동기화를 방지하는데 사용한다.

4) 방향 계전기 : 전기가 흐르는 방향을 찾는 계전기이다.

① 단락방향 계전기(Short Selecting Relay : SSR) : 단락사고가 발생할 때 고장전류를 판별한다.

② 전력방향 계전기(Power Selecting Relay : PSR) : 주로 배전선에 전력의 흐름을 판별한다.

③ 지락방향 계전기(Ground Selecting Relay : GSR) : 접지사고가 발생할 때 접지전류의 방향을 판별하며 루프계통의 접지사고에 사용한다.

5) **평형계전기**(Blance Relay : BR) : 같은 종류의 전기량이 예정 값을 넘어서 불평형이 되었을 때 동작하는 것으로 지락, 단락회선 선택계전기, 상평형 계전기, 전압평형 계전기 등이 있다.

6) **차동계전기**(Differential Relay : Diff R) : 보호해야 할 전기량 차가 예정된 량 또는 비율 이상일 때 동작하며 회전기, 변압기, 모선 등에 사용되며 전압, 전류, 주파수 계전기가 있다.

7) **접지계전기**(Ground Relay) : 배전선로에서 접지고장에 대해 동작하는 것으로 영상 전류와 대지 충전전류에 의해 동작한다.

8) **기타** : 송배전에 쓰이는 거리, 반송, 표시선 계전기가 있고 특수 계전기로는 속도, 액면, 온도계전기가 있다.

(7) 다기능 계전기(Multi Relay)

다기능 계전기는 스스로 판단하고 필요한 예방보전이 되는 마이크로컴퓨터가 내장된 지능형 계전기로써 여러 가지 기능을 동시에 수행하므로 많이 사용하고 있다.

1) 기능

① 과부하, 단락, 지락의 보호 외에 역전력, 부족전압, 화재검출 등의 기능을 가지고 있다.
② 순간적으로 각상 전류, 지락전류, 이상전류 값을 표시하고 감시하는 기능이 있다.
③ 여러 가지 상시감시에 대한 자기진단 기능이 있고 그 수치를 자동기록, 출력하는 기능이 있다.
④ 여러 가지 정보를 광케이블(Fiber Cable)로 보내는 정보통신 기능이 있다.
⑤ LED 표시기능 : 패널스위치의 선택으로 A, B, C, N상의 전류, 지락전류, 역전력 값이 표시된다.

2) 특징

① 실효값을 응답 : 고조파 성분을 포함한 과부하 보호에 효과적이다.
② 네 종류의 과부하 보호특성 : 일반용, 선박용, 발전기용, 백 업(Back-Up)퓨즈 등 네 종류의 과부하 보호 특성으로 모든 장치와 호환이 가능하다.
③ 단한시 보호특성, 지락 보호특성 : 일정전류까지는 $[I^2 \times t]$의 일정한 특성을 가지나 그 이상은 정한시로 되므로 전동기 보호, 하위 퓨즈 및 차단기의 보호협조가 가능하다.

④ 사고를 신속히 제거 : 선로를 선택차단 인터록(Inter-Lock) 한다.

⑤ 과부하 보호기능 : 2대 이상 발전기의 병렬 운전할 시 원동기나 계통의 역전력으로 인한 과부하 보호가 가능하다.

⑥ 중성선 보호기능 : 삼상 4선식 선로에서 중성선을 보호한다.

⑦ 수배전반 내 화재가 발생할 시 수신기와 연동이 가능하다.

3) 구성기기

① 주장치(Main Unit) : 중앙처리장치(CPU), 디스 플레이어, 표시기, 설정값 정정장치 등이 있다.

② 신호 변환기 : RS 인터페이스(Interface)라고 한다.

③ 아크 탐색기(Arc Detector) : 단락 발생지점을 찾는다.

④ 온도 검출센서 및 변류기 등이 있다.

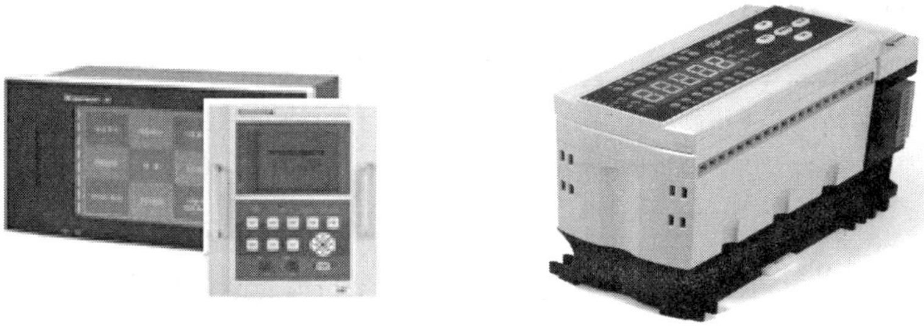

그림 3.43 다기능 계전기의 형태

(8) 보호계전기의 정정

보호계전기의 정정은 보호계전 방식과 사용하고 있는 계전기의 특성을 고려하여 설정값과 동작시간을 변경하는 것으로 수전설비의 설치 후 반드시 필요하다.

1) 계전기 정정 시 알아야 할 사항

① 각종기기의 정격전류, 허용전류, 동작시간

② 변압기, 발전기 등의 여러 가지 상수 및 사용 탭

③ 계전기에 결합되는 변류기, 계기용변압기의 특성 및 변성비

④ 계통의 단락 및 접지 고장전류의 분포

2) 정정 시 유의사항

① 정정 변경할 때 예비 탭을 사용한다.
② 나사에 맞는 드라이버를 사용한다.
③ 유도 원판형은 서서히 정정한다.
④ 최소 레버인 경우 동작하는지 확인한다.
⑤ 계기용변압기는 회로가 단락 시, 변류기는 통전 중에 2차측 개방으로 인한 오동작, 과전압에 유의한다.

(9) 보호계전 종류와 방식

1) 보호계전방식의 종류

① 주 보호방식 : 사고 점에서 가장 가까운 차단기가 동작하는 방식이다. 이 방식은 배전선로가 단순할 때 가장 쉽게 사용할 수 있다.
② 후비 보호 : 일명 **캐스케이드(Cascade) 차단방식**이라 하며 2차측은 낮은 차단용의 차단기를 설치하고 차단용량 이상의 단락전류가 흐를 때 상위 차단기가 백업(Back-Up)하는 방식이다. 이 방식은 차단기의 선정을 경제적으로 할 때 사용한다.
③ 한시차 계전방식 : 보호장치의 동작시간 차로 사고구간을 판별하는 계전방식이다.
   ⓐ 보호 장치의 종류
      ㉮ 보호계전기 + 차단기　　㉯ 보호계전기가 차단기에 내장
      ㉰ 자동 차단되는 차단기　　㉱ ㉯항 + 전력 퓨즈, ㉰항 + 전력 퓨즈
      ㉲ 퓨즈로 보호장치를 구성
   ⓑ 빌딩 수배전설비에 이용 : 수전회로 보호, 변압기 과부하 보호, 2차모선 보호, 배전선 보호 등이 있다.
④ 보호구간 양단에서 서로 전기량과 계전기 동작 상태를 전송해서 고장 구간을 발견하는 것으로 변압기 내부보호와 루프 수전방식의 선로와 모선보호에 이용된다.

2) 수전회로의 보호계전방식

수전방식별로 보호계전방식은 다음 표와 같다.

표 3.14 수전방식별 보호계전방식

수전방식	보호방식	비교
1회선, 2회선 수전	과전류 계전기	
Loop수전	파일럿 계전방식	전류 순환식, 표시선식
Spot-Network수전	네트워크 계전방식	

3) 변압기의 보호계전방식

① 비율 차동 계전방식 : 변압기에서 흘러가는 전류와 나오는 전류의 벡터차를 이용한다.

② 권선보호 : 과전류, 차동, 비율 차동계전기

③ 권선의 지락보호 : 영상, 방향 지락계전기.

④ 과부하 보호 : 과전류 계전기

⑤ 기계식 보호 : 부흐홀쯔 압력계전기

⑥ 용량별 보호 장치 설치기준

ⓐ 5,000[kVA] 미만 : 과전류 차단.

ⓑ 5,000~10,000[kVA] 미만: 과전류 차단, 내부고장 경보

ⓒ 10,000[kVA] 이상 : 과전류, 내부고장 차단

4) 배전선의 보호계전방식

① 저압회로

ⓐ 과부하 및 단락보호 : 과전류 차단부 차단기를 사용한다.

ⓑ 과전류 지락계전기 : 중성점 접지방식을 채택한 경우에 해당된다.

② 고압회로

ⓐ 과부하 및 단락보호 : 과전류계전기에 의한 한시차 계전방식이 적용되고 특수 시설에는 구간 보호계전방식을 사용한다.

ⓑ 지락보호 : 비접지 계통은 지락전류가 적으며, 영상변류기와 조합한 지락 방향 계전기를 이용한다.

5) 전력용 콘덴서의 보호계전방식

① 직렬, 병렬콘덴서 보호 : 과전압, 부족전압, 지락사고에 대한 보호를 한다.

② 용량별 보호장치

ⓐ 500[kVA] 초과~15,000[kVA] 미만: 과전류 차단.

ⓑ 15,000[kVA] 이상: 과전류, 내부고장 차단.

③ 보호계전기 : 과전류, 지락, 부족전압, 과전압계전기 등을 사용한다.

(10) 기타 계전기

1) 충격 압력 계전기(Sudden Pressure Relay)

유입 변압기의 내부 아크에 의해 가스압력이 갑자기 상승하는 것을 감지하기 위해 설치된 계전기로 용기 내에 압력감지 밸로즈, 마이크로스위치, 등압기 등으로 구성되며 변압기의 상부에 설치된다.

2) 부흐흘쯔 계전기(Buchholtz Relay)

플로트(Float)와 플로(Flow)계전기를 조합한 구조를 가진 것인데 변압기의 주 탱크와 컨서베이터(Conservator)와의 연결하는 관내에 설치하여 내부에 절연유가 지나가는 것을 확인할 수 있다.

그림 3.44 부흐흘쯔 계전기의 형태

연습문제

1. 다음 중에 계기용변성기의 사용 효과가 아닌 것은?

㉮ 계기의 표준화가 이루어진다. ㉯ 계기의 배선이 쉬워진다.
㉰ 원격측정이나 제어를 할 수 있다. ㉱ 검침을 자유롭게 할 수 있다.

2. 다음 중에 전력 수급용 변성기의 정밀도는?

㉮ 0.1급 ㉯ 0.2급
㉰ 0.3급 ㉱ 0.5급

3. 다음 중에 계기용변성기를 사용할 때 주의사항이 아닌 것은?

㉮ 정격전류는 주회로 정격전류 이상의 것을 사용한다.
㉯ 2차측에 접속되는 계기의 한계부담은 정격부담을 넘지 않아야 한다.
㉰ 변류기의 정격 내전류는 회로의 단락전류 이상이어야 한다.
㉱ 비율 차동계전기에 사용하는 오차계급은 같은 것으로 한다.

4. 다음 중에 계기용변압기의 접속 방식이 아닌 것은?

㉮ Y 접속 ㉯ Δ 접속
㉰ 오픈 Y접속 ㉱ 오픈 Δ접속

5. 다음 중에 변류기의 종류가 아닌 것은?

㉮ 권선형 변류기 ㉯ 봉형 변류기
㉰ 관통형 변류기 ㉱ 2중 철심형 변류기

6. 다음 중에 변류기의 정격 1차전류는 전동기의 경우 최대 부하전류의 몇 배 인가?

㉮ 1.2 ~ 1.5 ㉯ 0.7 ~ 1.0
㉰ 2.0 ~ 2.5 ㉱ 1.0 ~ 2.0

7. 권선형 영상 변류기에 각상 영상전류의 몇 배가 흐르는가?

㉮ 2배 ㉯ 3배
㉰ $\sqrt{2}$ 배 ㉱ $\sqrt{3}$ 배

▸ 정답

1. ㉱ 2. ㉰ 3. ㉮ 4. ㉰ 5. ㉱ 6. ㉰ 7. ㉯

8. 다음 중에 전력 퓨즈의 종류가 아닌 것은?

㉮ 한류 퓨즈 ㉯ 방출형 퓨즈
㉰ 전류 퓨즈 ㉱ 액체 충전 퓨즈

9. 다음 중에 전력 퓨즈 사용 시에 장점이 아닌 것은?

㉮ 가격이 싸다.
㉯ 계전기가 필요 없다.
㉰ 고속도 차단이 가능하다.
㉱ 현저한 난류 특성이 있다.

10. 다음 중에 피뢰기가 보호하는 이상전압의 유형이 아닌 것은?

㉮ 직격 뇌서지 ㉯ 서지 뇌서지
㉰ 유도 뇌서지 ㉱ 개폐 뇌서지

11. 다음 중에 피뢰기의 내오손 대책이 아닌 것은?

㉮ 직렬갭에 분로저항, 콘덴서를 설치하여 전위 분포를 개선한다.
㉯ 애관표면과 내부의 정전결합을 멀리하는 1개의 애관을 사용한다.
㉰ 짧은 애관을 사용한다.
㉱ 실리콘 파운드를 애자표면에 도포한다.

12. 다음 중에 산화아연(ZnO) 피뢰기의 특징이 아닌 것은?

㉮ 제한전압이 낮고 보호성능이 우수하다.
㉯ 다중 뇌서지 처리능력이 우수하다.
㉰ 구성이 간단해서 소형, 경량화가 된다.
㉱ 적은 빈도의 동작에도 견뎌낸다.

13. 다음 중에 피뢰기의 설치장소가 아닌 것은?

㉮ 발전소, 변전소 또는 이에 준하는 장소의 지중전선 인입구 및 인출구
㉯ 가공전선로에 접속하는 제29조의 배전용 변압기의 고압 및 특고압측
㉰ 고압 및 특고압 가공전선로로부터 공급을 받는 수용장소의 인입구
㉱ 가공전선로와 지중전선로가 접속되는 곳

▸ 정답

8. ㉰ 9. ㉱ 10. ㉯ 10. ㉯ 11. ㉰ 12. ㉱ 13. ㉮

14. 다음 중에 보호 계전기의 구비조건이 아닌 것은?
㉮ 감출감도　　㉯ 이중성
㉰ 신속성　　㉱ 신뢰성

15. 다음 중에 보호 계전기의 보호대상이 아닌 것은?
㉮ 수전회로의 단락 및 지락사고　　㉯ 변압기의 내부고장 및 과부하
㉰ 변압기의 1차 모선단락 및 지락사고　　㉱ 배전선의 단락사고 및 지락사고

16. 보호 계전기의 분류 중에 가동철심형 계전기가 아닌 것은?
㉮ 유도형 계전기　　㉯ 힌지형 계전기
㉰ 회전철심형 계전기　　㉱ 플런저형 계전기

17. 다음 중에 방향 계전기가 아닌 것은?
㉮ 단락방향 계전기　　㉯ 지락방향 계전기
㉰ 전력방향 계전기　　㉱ 전류방향 계전기

18. 다음 중에 다기능 계전기의 기능에 대한 설명 중에 틀린 것은?
㉮ 과부하, 단락, 지락의 보호 등의 기능을 가지고 있다.
㉯ 순간적으로 각상 전압, 지락 전류값을 표시하고 감시하는 기능이 있다.
㉰ 여러 가지 상시 감시에 대한 자기진단 기능이 있다.
㉱ 여러 가지 정보를 광케이블(fiber cable)로 보내는 정보통신 기능이 있다.

19. 다음 중에 다기능 계전기의 구성기기가 아닌 것은?
㉮ 지락 탐색기　　㉯ 온도 검출 센서
㉰ 신호 변환기　　㉱ 변류기

20. 다음 중에 계전기의 정정 시에 알아야 할 사항이 아닌 것은?
㉮ 각종기기의 정격전류, 허용전류, 동작시간
㉯ 변압기, 발전기 등의 여러 가지 상수 및 사용 탭
㉰ 계전기에 결합되는 변류기, 계기용변성기의 특성 및 변성비
㉱ 계통의 단락 및 접지 고장전류의 분포

▸ 정답

14. ㉯　15. ㉰　16. ㉮　17. ㉱　18. ㉯　19. ㉮　20. ㉰

3-10 중앙감시제어

전력, 방재, 동력, 조명설비 등은 한곳에 집중하여 제어, 감시하는 기능을 가진 설비를 말하며 컴퓨터에 의한 고장예측 및 경보기능, 프린터를 통한 각종 수치의 계량화가 이루어지며, 디지털 계기의 발달과 인건비의 상승으로 무인 원격제어가 많아지고 있다.

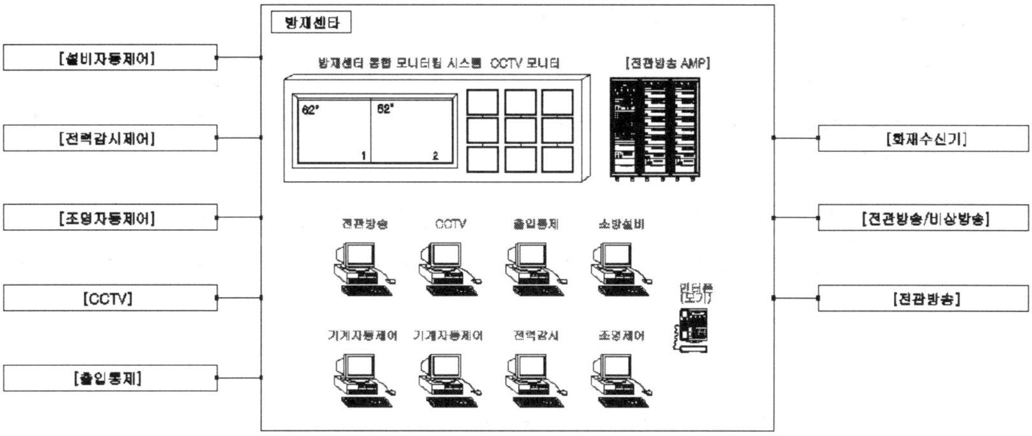

그림 3.45 중앙감시제어설비의 개념도

3-10-1 중앙감시제어의 구성

중앙감시제어는 제어장치, 주변장치 및 연결 단자(Interface Unit)로 구성한다.

(1) 제어장치

제어연산을 하는 중앙처리장치(CPU)로 하드웨어(Hardware)와 소프트웨어(Software)로 구분한다.

① 하드웨어 : 아날로그(Analog) 입력 변환부, 디지털(Digital) 연산부, 디지털(Digital) 입력부로 구성된다.

② 소프트웨어 : 입력된 프로그램에 따라 판단, 제어, 경보, 예측을 한다.

(2) 주변장치

운행상황을 표시하는 그래픽 판넬(Graphic Panel)과 디스플레이(Display)기능 및 정보를 입력하는 키보드(Key-Board), 기록을 출력하는 프린터(Printer) 등이 있다.

(3) 연결 단자(Interface Unit)

컴퓨터와 주변기기 및 입력신호를 연결하는 단자이다.

(4) 기능

① 자동기록 측정기능 : 모든 자료를 자동으로 일정주기로 측정한다.
② 원방 감시기능 : 전력계통 및 배전선의 각종 차단기, 보호계전기의 동작상태 및 사고 등을 감시하는 기능이 있다.
③ 원격 제어기능 : 차단기의 On-Off 및 변전실의 무인 운전이 가능하게 한다.
④ 자동경보 기능 : 화재 및 보안 상태에 이상이 있을 때 이를 분석 경보하는 것을 말한다.

(5) 감시방법

① 전원표시 : 전원의 On-Off상태를 표시한다.
② 운전표시 : 전동기 및 승강기, 공조기 등의 운행상태를 표시한다.
③ 고장표시 : 단락사고 및 과부하, 지락 등을 표시한다.
④ 램프점검 : 램프의 단선에 의한 표시기능 상실을 점검한다.
⑤ 집중제어 : 여러 대의 전동기나 조명설비, 승강기 등을 집중 제어한다.

3-10-2 중앙감시제어 설비

(1) 수변전설비

1) 수변전설비

① 감시대상 : 차단기, 최대 수요전력, 부하역률, 수전전압 등이다.
② 보호기기 및 대상 : 변압기 및 지락, 과전류, 전압, 부족전압 등이다.
③ 제어기능 및 대상 : 전압조정기에 의한 전압제어, 콘덴서 개폐에 따른 무효전력 제어, 사고 시 자동절체, 부하 및 발전전력제어 등이다.

2) 동력설비

① 감시대상 : 분배기용, 위생용, 소방용, 공조용 동력 등이다.

② 제어 기능 : 일반 동력은 PLC에 의해 자동운전하고, 소방용 동력은 R형수신기와 연동하여 제어한다.

3) 조명설비

사무실 창가에 광센서(Photo Sensor)에 의한 광속제어와 공용부분 조명제어, 출입카드와 연동한 조명제어를 한다.

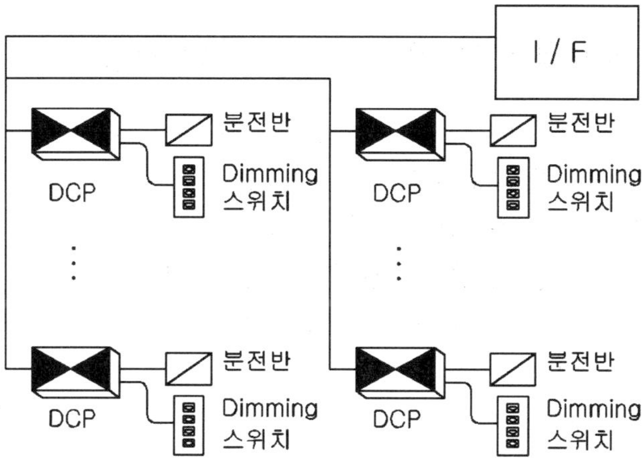

그림 3.46 조명제어

4) 승강기설비 및 에스컬레이터설비

에스컬레이터는 운행표시를 감시제어 하며 승강기는 전층, 격층, 기준층 운행상태 및 정지, 기동을 한다.

5) 정보 및 방재설비

① 전기시계, 방송모니터, CCTV 등 정보통신의 감시제어를 한다.

② 경보설비, 소화설비, 피난설비 등의 감시제어를 한다.

6) 공조설비

① 냉동기 대수제어

냉동기의 효율을 고려하여 그 시점의 열 부하에 대응한 냉동능력이 되는 대수를 결정하고 냉동기의 운전 정지를 제어한다.

② 펌프 대수제어

필요 냉, 온수의 송수량에 대응하여 적절한 운전대수를 결정하여 운전 정지를 제어한다.

③ 공조기기 스케줄제어

계절조건, 요일조건, 기동간격, 자가발전 운전할 때 조건 및 운전시간대를 사전에 정해두고 공조기기를 정해진 시간에 기동 및 정지시킨다.

④ 실내 온·습도 조절

인간이 쾌적하다고 느끼는 실내조건 가운데 온도와 습도가 최소가 되는 점을 설정하여 온·습도를 조정한다.

3-10-3 중앙감시제어 설비의 효과와 고려할 사항

(1) 효과

① 많은 데이터를 이용할 수 있다.
② 사고의 조기감지 및 신속한 조치가 가능하다.
③ 계통의 합리적 운용 및 전력 공급신뢰도 향상한다.
④ 주기적 각종 기록을 자동적으로 기록한다.
⑤ 운용비를 절감한다.
⑥ 에너지 절감을 한다.

(2) 적용할 때 고려할 점

① 전력설비의 규모가 클수록 효과가 있다.
② 다른 설비와 연동을 고려한다.
③ 적용시스템의 적응여부 및 호환성을 고려한다.
④ 경제성을 검토한다.
⑤ 소프트웨어 적용결정과 감시범위를 결정한다.

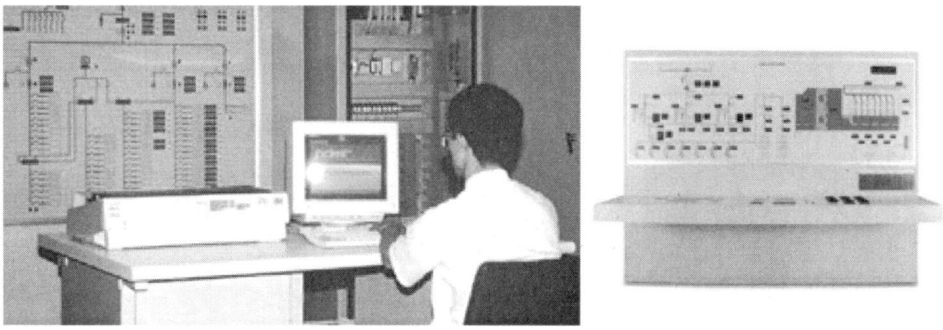

그림 3.47 중앙감시반의 운용 및 형태

3-11 표준결선도

3-11-1 간이수전설비의 표준결선도

다음 그림은 22.9kV-y 1,000[kVA] 이하에 시설하는 간이수전설비의 표준결선도이다.

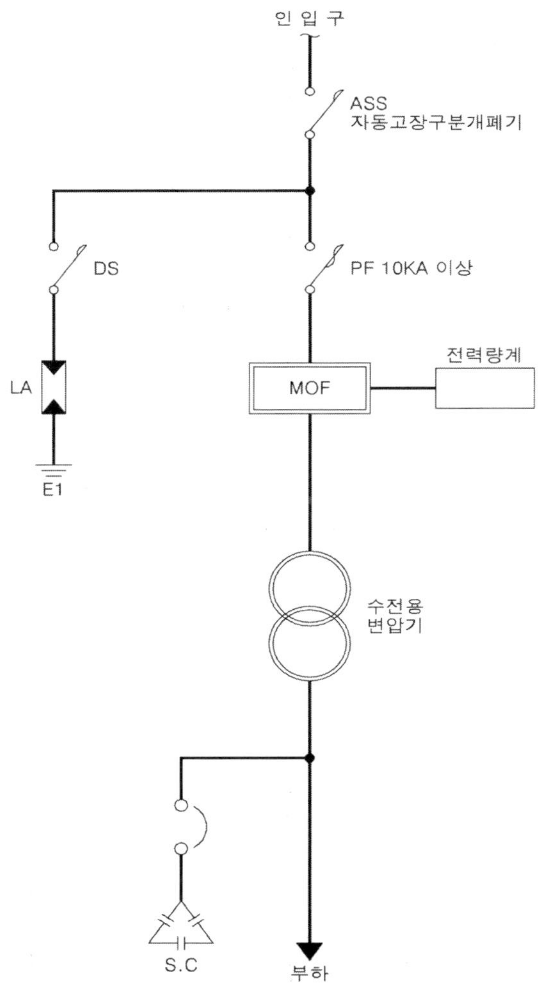

그림 3-48 간이수전설비의 표준결선도

※ 기본 개념도이므로 보호계전기나 부하용량 등은 생략하였다.

3-11-2 정식수전설비의 표준결선도

다음 그림은 22.9kV-y 선로의 주차단기(VCB)가 있는 정식수전설비의 표준결선도이다.

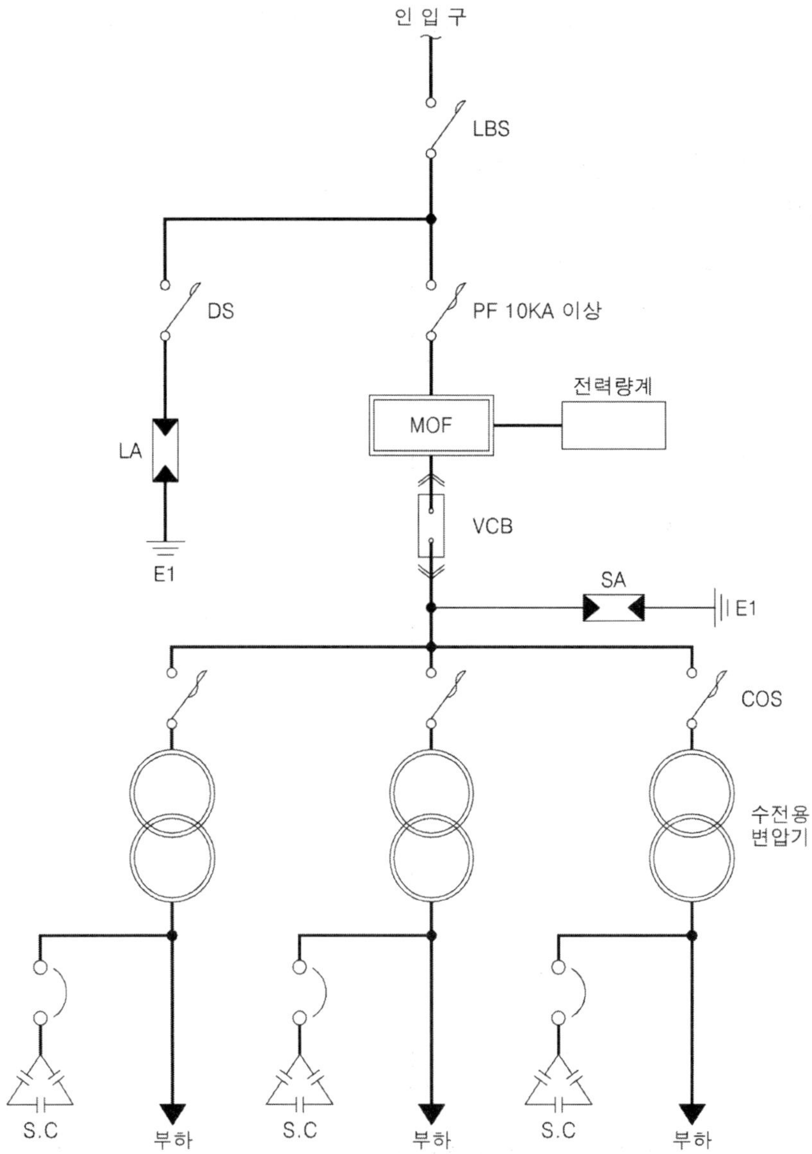

그림 3-49 정식수전설비의 표준결선도

※ 기본 개념도이므로 보호계전기나 부하용량 등은 생략하였다.

3-12 접지(Earth)

접지는 이상전류를 대지로 방류함으로써 인체와 전기기기를 보호한다. 따라서 접지저항은 적을수록 좋은 것이며, 접지공사는 전기설비에서 시공할 때 가장 먼저 하는 설비이고 정보통신, 소방, 방재설비 등 다른 설비에서도 보안상 매우 중요한 설비이다.

3-12-1 접지의 목적 및 형태

(1) 접지설비의 목적

① 지락 및 단락전류 등 고장전류나 뇌격전류의 유입에 따른 기기의 외함, 프레임, 저압 제어회로 등 접지부분 및 대지면의 전압변동에 대해 기기를 보호한다.

② 지표면의 국부적인 전위경도에서 일반 및 운전원의 감전으로부터 보호한다.

③ 계통에서의 회로전압, 보호계전기 동작의 안전과 정전 차폐효과를 가져온다.

④ 뇌로부터 기기 및 인체를 보호한다.

(2) 구성

① 접지 인하선

지락전류나 뇌전류가 흘러 용단되거나 피복이 소손되면 가연물에 위험이 따르므로 이온도에 충분히 견딜 수 있는 전선을 사용한다. 접지공사별 전선의 굵기는 표 3.19를 참조하면 된다.

② 접지용 재료 : 동판, 동봉, 전기용 강판 등을 사용한다.

③ 접지시험 단자함 : 접지저항을 측정하기 위해 옥내 또는 옥외에 노출 설치한다.

(3) 단독접지와 공통접지

1) 단독접지

개별적으로 접지공사를 하는 방식으로 이상적인 단독접지는 한쪽의 전극에 접지전류가 흘러도 다른 쪽에서 전위상승이 되지 않는 경우이다. 현실적으로 전위상승이 어느 정도 범위에만 들어가면 단독접지라고 할 수 있다. 단독접지는 각 접지극간 충분한 이격거리가 확보될 시 가능한 방식이다.

단독접지의 범위에는 다음 사항을 고려해야 한다.

① 발생하는 접지전류의 최대치

② 전위상승의 허용치

③ 그 지점의 대지저항률

2) 공통접지

1개소 혹은 수 개소에 시공한 공통의 접지극에 개개의 설비를 접속하여 접지하는 방식인데 접지선을 연접하거나 한 장소에 모은 것과 건축구조물에 접지선을 연결하는 방법이 있다. 현재 대부분 22.9[KV] 특고압 수전선로에서 사용하는 방식이다.

① 공통접지의 장점

ⓐ 단독접지에 비해 접지선이 작아져 접지계통이 단순하고 보수하기가 쉽다.

ⓑ 접지극중 하나가 불능이라도 다른 극으로 보완할 수 있어 접지의 신뢰도가 향상된다.

ⓒ 접지극이 복수인 경우 병렬접지의 효과로 합성저항이 감소한다.

ⓓ 전원측 접지와 부하측 접지의 공용에 있어서 지락보호, 부하기기에 대한 접촉전압의 적어진다.

ⓔ 건축구조물을 이용하면 접지저항이 매우 적기 때문에 공용접지의 장점을 살릴 수 있다.

② 공통접지의 단점

공통접지 때 접지전류가 흐르면 대지로 유출되어 접지극의 고유저항에 의해 접지전위차가 상승한다. 이 전위상승이 접지선을 타고 기기에 역류하여 전력기기나 인체에 피해를 주므로 지락방향 계전기(GSR)를 설치하여 전위상승을 감시하고 차단조치를 취할 필요가 있다.

3-12-2 접지의 종류

(1) 접지공사

접지공사는 제1종, 제2종, 제3종, 특별 제3종 접지공사가 있다.

표 3.15 접지공사의 종류

접지공사의 종류	접지 저항값	접지선 굵기(동선)
제1종 접지공사	10[Ω] 이하	6.0[㎟] 이상
제2종 접지공사	$\frac{150}{1선\ 지락전류}$[Ω] 이하 (1초를 넘고 2초 이내에 동작하는 자동차단장치가 있는 경우는 300, 1초 이내의 경우는 600)	6[㎟] 이상
제3종 접지공사	100[Ω] 이하	2.5[㎟] 이상
특별 제3종 접지공사	10Ω] 이하	2.5[㎟] 이상

① 제1종 접지공사 : 고압용 또는 특고압용 기계기구의 철대, 금속제 외함 및 프레임, 피뢰기 등에 설치한다.

② 제2종 접지공사 : 변압기와 발전기의 중성점에 혼촉 방지용으로 설치한다.

③ 제3종 접지공사 : 400[V] 미만의 기계기구의 철대, 금속제 외함 및 프레임에 설치한다.

④ 특별 제3종 접지공사 : 400[V] 이상의 기계기구의 철대, 금속제 외함 및 프레임에 설치한다.

⑤ 전기설비기술기준에 따른 접지공사의 접지저항 및 접지선 굵기는 2022년 이전에 신설 또는 증설한 건축물 및 구조물에만 해당된다.

(2) 한국전기설비규정에 의한 접지시스템

1) 접지시스템의 종류

① 계통접지

전력계통에 돌발적으로 발생하는 이상현상에 대해 대지와 계통을 연결하는 것으로 일반적으로 중성점에 접지하는 것으로 TN, TT, IT 계통의 접지를 말한다.

② 보호접지

고장 시 감전에 대한 목적으로 기기의 한 점 또는 여러 점을 접지하는 것으로 등전위 본딩 등을 하는 것을 말한다.

③ 피뢰시스템 접지

보호하고자 하는 대상물에 근접하는 뇌격을 확실하게 흡인하여 뇌격전류를 대지로 안전하게 방류함으로써 건축물 등을 보호하는 것을 말한다.

2) **접지시스템 선정방법**

① 선로의 고장 예상전류와 차단기의 동작시간을 고려하여 접지도체의 굵기를 산정한다. 이때 전압별 기기별 최소 단면적 이상이어야 한다.

② 대상 건축물의 대지 고유저항을 측정하여 환산 대지의 고유저항률을 구한다.

③ 대지 고유저항률에 따른 접지저항값을 산출한다.

④ 계통접지방식을 확인하여 TN계통(변압기 중성점 접지방식)이면 예상 접촉전압을 구해 허용 접촉전압 범위 내 인지 확인한다.

⑤ 이 때 허용 접촉전압 범위를 벗어나면 도체의 굵기를 조정하여 다시 계산한다.

3) **접지도체 선정**

① 접지도체 단면적 산정식

$$S = \frac{\sqrt{I^2 t}}{k} \quad \begin{cases} \text{S : 단면적}(mm^2) \\ \text{I : 예상고장전류 실효값(A)} \\ \text{t : 보호장치의 동작시간(s)} \\ \text{k : 보호도체, 절연 및 기타 재질의 초기온도,} \\ \quad \text{최종온도에 따라 정해지는 정수(k값 : PVC 115, PE 143)} \end{cases} \tag{3.21}$$

② 특고압, 고압 전기설비용 접지도체

식 (3.21)을 만족하는 값으로 최소 6[㎟] 이상의 연동선 또는 동등 이상의 단면적과 강도를 가질 것

③ 변압기 중성점 접지도체

식 (3.21)을 만족하는 값으로 최소 16[㎟] 이상의 연동선 또는 동등 이상의 단면적과 강도를 가질 것

④ 저압 접지계통별 접지도체

식 (3.21)을 만족하는 값으로 최소 6[㎟] 이상의 값으로 하고, 피뢰시스템에 접속할 경우 16[㎟] 이상의 연동선 또는 동등 이상의 단면적과 강도를 가질 것

(2) 접지공사의 형태에 따른 분류

① 피뢰등전위본딩 : 뇌전류에 의한 전위차를 감소시키기 위한 직접적인 도전 접속 또는 서지보호장치를 통한 분리된 금속부의 피뢰시스템에 대한 전기적 접속이다.

② 등전위 본딩 : 감전을 예방하기 위해 도전부 상호간을 연결하여 같은 전위를 형성하는 것을 말한다.

③ 계통접지 : 전력계통에 돌발적으로 발생하는 이상현상에 대해 대지와 계통을 연결하는 것으로 TN, TT, IT 계통의 접지를 말한다.

④ 망상접지 : 플랜트 등 격자형으로 접지선을 포설하는 방법으로 메쉬(Mesh) 접지방식이라 한다.

⑤ 천공접지 : 전위차를 적게 하기 위해 깊게 천공하여 접지하는 방식이다.

⑥ 철골접지 : 철골조의 구조물을 이용하는 방식이다.

⑦ 수도관 등의 접지 : 지중에 매설된 3 [Ω] 이하의 수도관을 접지의 도체로 이용한 방식이다. 다음은 금속제 수도 관로를 접지공사의 접지극으로 사용하는 경우에 지켜야 할 사항이다.

ⓐ 접지선과 금속제 수도 관로의 접속은 안지름 75[mm] 이상인 금속제 수도관의 부분 또는 이로부터 분기한 안지름 75[mm] 미만인 금속제 수도관의 분기점으로부터 5[m] 이내의 부분에 있을 것

ⓑ 접지선과 금속제 수도 관로의 접속부를 수도계량기로부터 수도 수용가 측에 설치하는 경우에는 수도계량기를 사이에 두고 양측 수도 관로를 등전위본딩할 것

ⓒ 접지선과 금속제 수도 관로의 접속부를 수도계량기로부터 수도 수용가측에 설치하는 경우에는 손상을 방지하도록 방호장치를 설치할 것

ⓓ 접지선과 금속제 수도 관로의 접속에 사용하는 금속제는 접속부에 전기적 부식이 생기지 아니 하는 것일 것

(3) 접지방식

1) 직접접지 방식

① 회로 : Δ - Y선로의 Y결선에 중성점 접지를 하는 방식이다.

② 사용 : 자가용 수전설비의 인입에 많이 사용한다.

③ 특징

ⓐ 지락사고 시 전류가 크다.

ⓑ 사고에 대한 피해도 매우 크다.

ⓒ 과도 이상전압에 대해 효과적으로 제한한다.

ⓓ 아크, 지락사고의 보호가 필요하다.

ⓔ 고장점을 찾기가 매우 쉽다.

ⓕ 사고가 발생할 때 차단기가 차단된다.

2) **비접지 방식**

① 회로 : Δ - Δ결선, Δ - Y결선에 중성점 접지를 하지 않는 방식이다.

② 사용 : 6.6[kV] 선로에 많이 사용한다.

③ 특징

ⓐ 처음 지락에 대해 사고전류가 없다.

ⓑ 아크(Arc) 지락이 발생할 때 과도 이상전압이 유기된다.

ⓒ 사고지점의 검출이 어렵다.

3) **직접접지방식과 비접지방식의 비교**

다음은 직접접지와 비접지방식을 비교한 표이다.

표 3.16 직접접지 방식과 비접지 방식의 특성비교

비 고	직접접지방식	비접지방식
접지방식	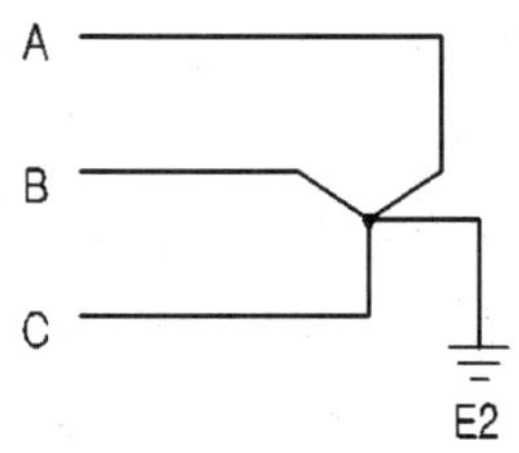	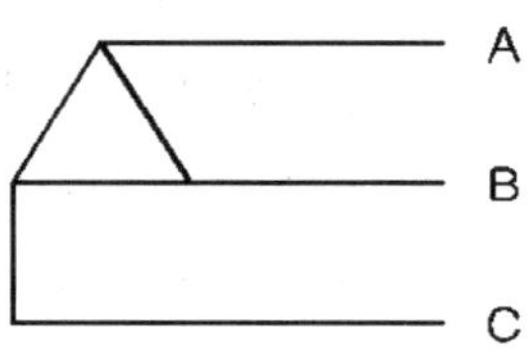
고장전류(지락)	커 다	작 다
수전방식	3Φ 4W 22.9kV-Y	3Φ 3W 6.6kV-Δ
영상전류검출	CT	ZCT
보호계전기	OCR, OVR, UVR	SGR, GR, OCR, UVR
사고에 대한 피해	매우 크다	처음 지락 시 피해 없다
사고지점 찾기	쉽다	매우 어렵다

(4) 계통접지

저압전로의 보호도체 및 중성선의 접속 방식에 따라 TN, TT, IT 계통으로 분류하고 TN계통은 변압기 중성점 접지를 하는 방식이고, TT계통은 중성점은 있으나 변ㄴ압기 중성점 법지를 하지 않는 방식이고, IT계통은 중성선이 없는 방식이다.

1) TN 계통접지

TN 계통이란 전원의 한 점을 직접접지하고 설비의 노출 도전성부분을 보호선(PE)을 이용하여 전원의 한 점에 접속하는 접지계통을 말한다. TN 계통은 중성선 및 보호선의 배치에 따라 TN-S 계통, TN-C-S 계통 및 TN-C 계통의 세 종류가 있다.

기호 설명	
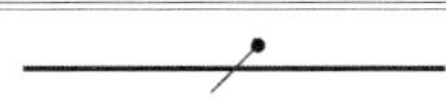	중성선(N)
	보호선(PE)
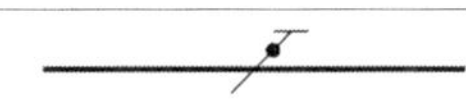	보호선과 중성선 결합(PEN)

그림 3.50 TN, TT, IT 계통의 기호 설명

① TN-S 계통은 계통 전체의 중성선과 보호선을 사용한 경우(1)와 계통 전체에 접지된 상전선과 보호선을 사용한 경우(2)가 있다. 이 방식은 대부분 22.9 kV Y방식으로 수전하는 대부분 수용가에 해당되며, 접지공사에서 대지전위가 상승하므로 접촉 허용전압 범위를 감안하여 산출하여야 한다.

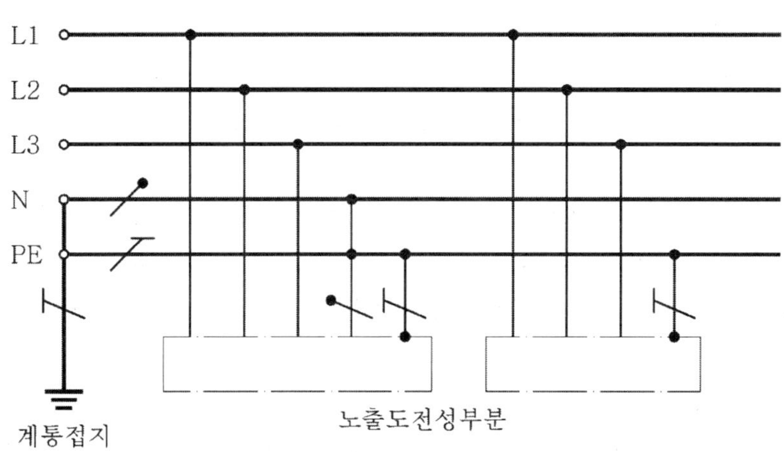

그림 3.51 TN-S 계통의 개념도(1)

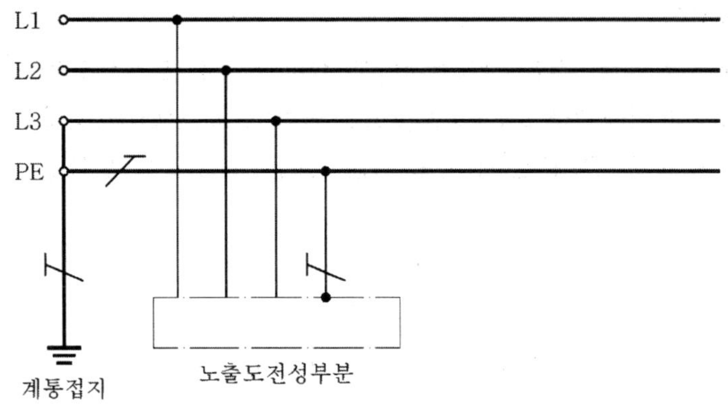

그림 3.52 TN-S 계통의 개념도(2)

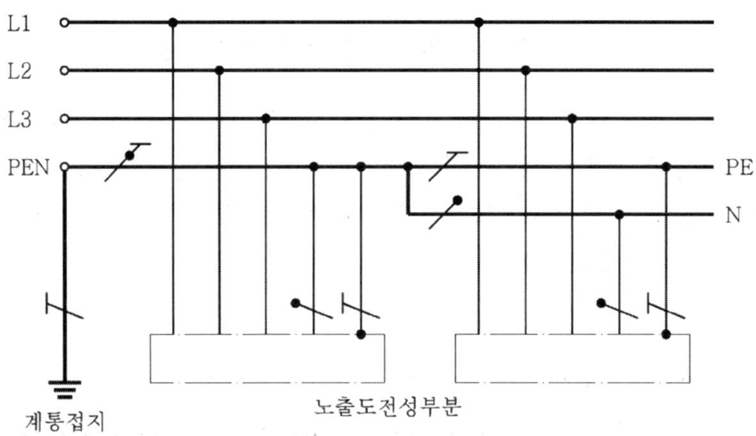

그림 3.53 TN-C-S 계통의 개념도

② TN-C-S 계통은 계통 일부의 중성선과 보호선을 동일전선으로 사용한다. 저압수전하는 경우 이 방식이 해당된다.

③ TN-C 계통은 계통 전체의 중성선과 보호선을 동일전선으로 사용한다.

2) TT 계통접지

전원의 한 점을 직접접지하고 설비의 노출 도전성부분을 전원계통의 접지극과는 전기적으로 독립한 접지극에 접지하는 접지계통이다. 중성선에 계통접지를 하는 경우(1)과 상전선에 계통접지를 하는 경우(2)가 있다.

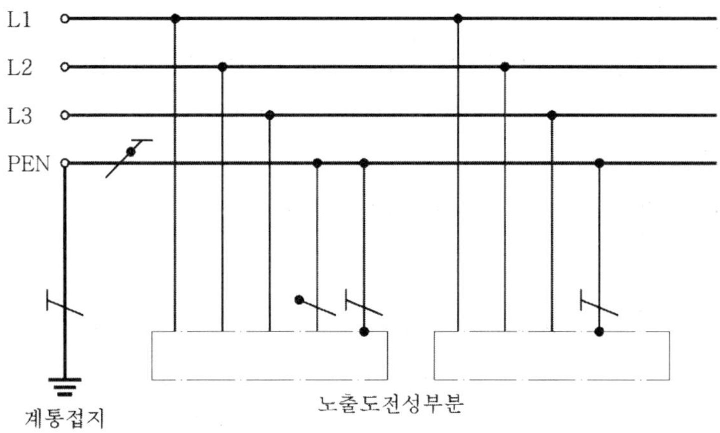

그림 3.54 TN-C 계통의 개념도

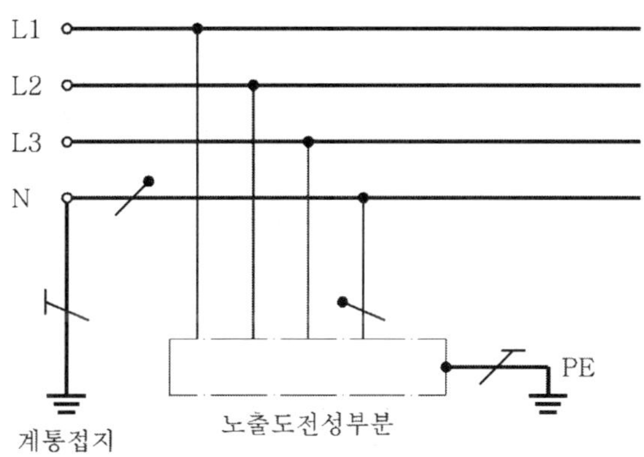

그림 3.55 TT 계통의 개념도(1)

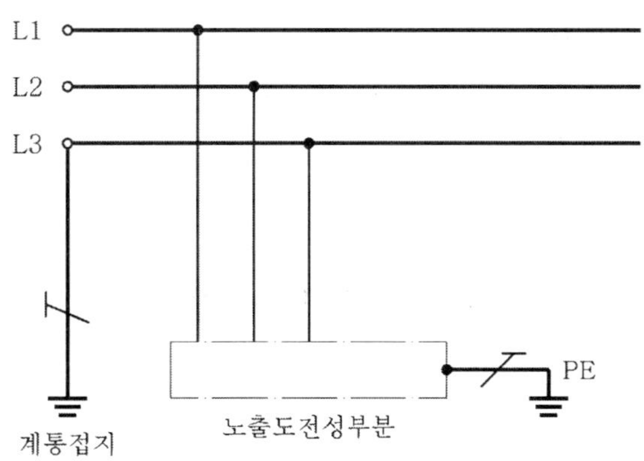

그림 3.56 TT 계통의 개념도(2)

3) IT 계통접지

충전부 전체를 대지로부터 절연시키거나, 한 점에 임피던스를 삽입하여 대지에 접속시키고, 전기기기의 노출 도전성부분 단독 또는 일괄적으로 접지하거나 또는 계통접지로 접속하는 접지계통을 말한다.

중성선에 계통접지를 하는 경우(1)와 상전선에 계통접지를 하는 경우(2)가 있다.

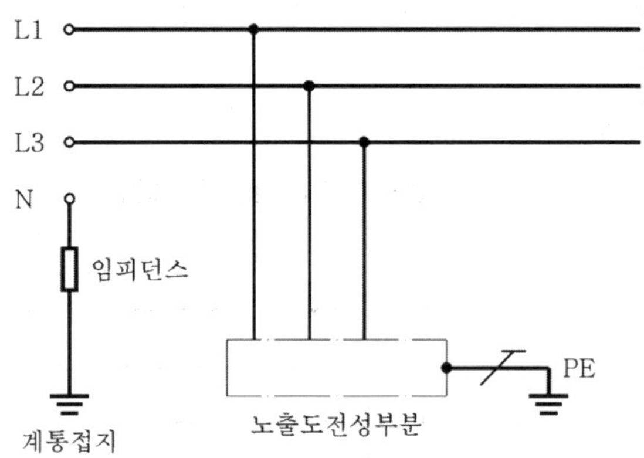

그림 3.57 IT 계통의 개념도(1)

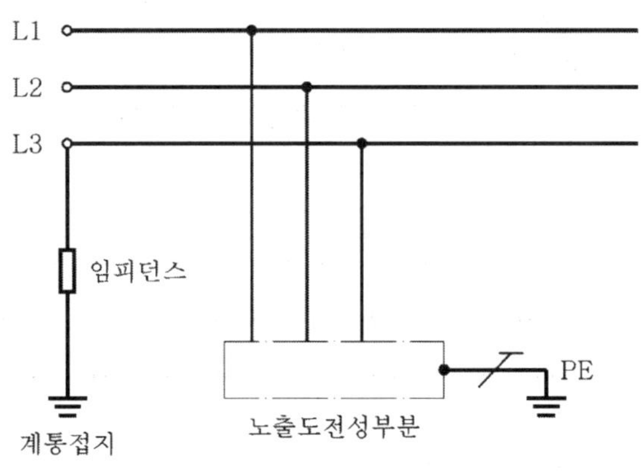

그림 3.58 IT 계통의 개념도(2)

3-12-3 접지저항의 저감

접지저항은 접지극과 대지 사이의 저항을 말하는 것으로 이상전압이 발생할 때 대지로 신속히 방류해야 하므로 적은 것이 좋다.

(1) 접지저항

1) 접지저항의 결정요소

① 접지전극의 모양

② 접지전극의 크기

③ 매설깊이 및 접지방법

④ 토양의 고유저항

2) 접지저항 계산식

$$\text{접지저항 } R(\Omega) = \frac{\rho}{2\pi L} \times \log_e \frac{L}{r} \begin{cases} \rho : \text{대지의 고유저항}[\Omega \cdot m] \\ L : \text{매설깊이} \\ r : \text{봉의 반지름} \end{cases} \tag{3.22}$$

3) 대지의 고유저항

대지의 고유저항은 토양에 따른 접지저항을 상수로 표시한 것으로 다음의 영향을 받는다.

① 흙의 종류나 수분의 양, 흙에 함유된 물질의 농도

② 물질의 온도

③ 토양입자의 크기 및 조밀도

표 3.17 대지의 고유저항

흙의 종류	대지의 고유 저항률[Ω · m]
늪지 및 진흙	80~120
점토질이 있는 모래	150~300
모래	250~500
사암 및 암반지대	10,000~100,000

(2) 저감대책

① 접지극을 병렬 접속한다.

② 접지극의 치수를 확대한다.

③ 매설지선을 사용한다.

④ 화학저감재 사용 : 카본과 생석회가 주성분이고 매설지선보다 접지저항을 40% 이상 저감할 수 있다. 화학저감재는 3~5년 주기로 교체해야 하고 화학저감재는 아래 사항을 만족해야 한다.

ⓐ 저감효과가 커야 한다.

ⓑ 접지극을 부식시키지 않아야 한다.

ⓒ 연속성이 있어야 한다.

ⓓ 공해가 없어야한다

⑤ 다중 접지시드를 사용 : 화학 플랜트 등에 사용한다.

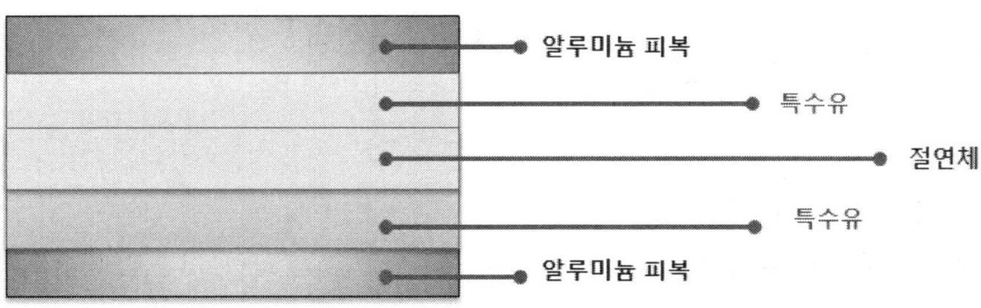

그림 3.59 다중접지시드

⑥ 심타식 접지방식 : **보링접지**(Boring Grounding)이라 하며 수직으로 지반을 천공하여 화학 저감재를 넣고 접지전극을 매설하는 방법이다.

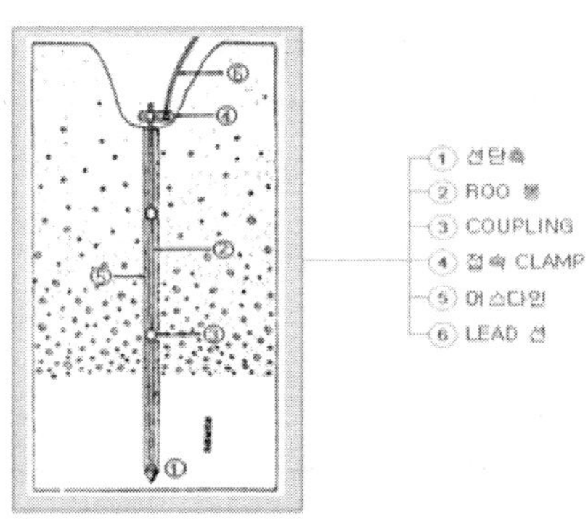

그림 3.60 심타식 접지

3-12-4 접지공사의 시공법

(1) 접지공사의 시공

1) 습기와 온도가 많은 곳에 설치하고 토양의 고유저항에 따라 많이 차이 나므로, 토양의 성분에 유의한다.
2) 접지선과 접지전극 사이는 터미널 크램프와 취부 금구를 탈락하지 않게 한다.
3) 접지선은 지표상 2[m]까지 합성수지관 또는 동등 이상 몰드로 덮고, 지하 75[cm] 이상 매설한다.
4) 제어회로등 약전의 접지선과는 20~30[cm] 이격한다.
5) 접지전극의 매설장소를 표시한다.
6) 접지공사의 접지선은 녹색표시를 하여야 한다.
7) 접지극과 다른 접지극은 1[m] 이상 이격한다.
8) 동판은 두께 0.7[mm] 이상, 면적 900[㎠] 편면(片面) 이상으로 하고, 동봉은 지름 8[[mm], 길이 0.9[m] 이상의 것으로 한다.

(2) 보폭전압과 접촉전압

1) 보폭전압

변전소내 고장전류가 유입했을 때 지표면 상에 근접거리 두 점간의 전위차로 감전 등의 원인이 된다.

2) 접촉전압

접지한 도전성 구조물과 그 인근의 지표 점과의 전위차이며 통전방향이 중요하며, 접촉전압은 인체의 심장을 통과하기 쉬우므로 보폭전압보다 위험하다.

그림 3.61 보폭전압

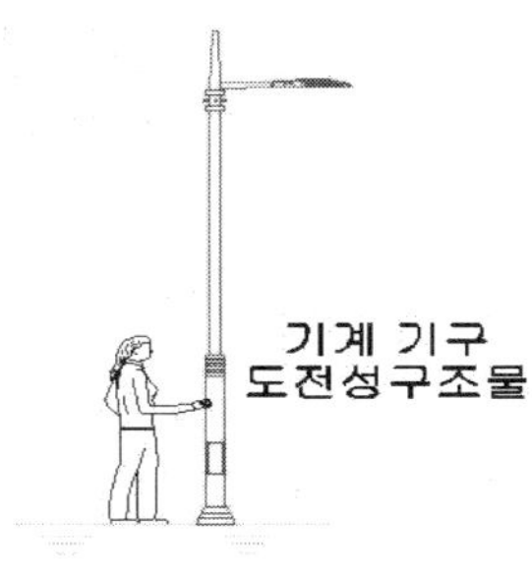

그림 3.62 접촉접압

3) 대책

① 전기기기 : 철구 등 주변 1[m] 위치에 깊이 0.2~0.4[m]의 보조접지선을 매설하고 주 접지선과 연접한다.

② 접지기기 및 철구 : 15[cm] 정도로 바닥에 자갈 또는 콘크리트를 타설한다.

3-12-5 접지저항의 측정

(1) 접지저항 측정

접지저항의 측정은 다음과 같다.

① 검류계의 지침이 0위에 있는지 확인한다.

② 전지 체크 버튼을 눌러 유효범위 내에 있는지 확인한다.

③ 측정대상 개소에서 직선상으로 1[m] 간격으로 전압용 보조접지봉 P와 전류용 보조 접지봉 C를 대지에 박고 결선한다.

④ 전압레인지로 대지 전압의 유무를 확인한다.

⑤ 저항레인지로 변환하여 푸시 버튼을 누르면서 다이얼 손잡이를 돌려 검류계의 지침이 0위를 지칭하도록 한다.

⑥ 이때의 지표위치 다이얼 눈금지시가 구하는 접지 저항값이다.

그림 3.63 직독식 접지 저항계

(2) 접지 저항계의 종류

① 직독식 저항계 : 여러 가지 방식이 많이 있으나 주로 직독식 접지저항계가 가장 많이 사용되고 있다. 아날로그 방식 및 디지털 방식이 있으며, 최대 1,000[Ω]까지 측정이 가능하다.

② 혹크온 저항계 : 중성선 다중접지 계통의 접지저항 측정 시 접지극을 분리하지 않고 측정이 가능하다.

③ 대지저항률 측정기 : 대지 저항률의 측정용으로 가장 많이 사용하며, 배너의 4전극법을 이용한 전위차계 방식이다. 4전극법은 보조접지봉을 땅속 해당 깊이만큼 수직으로 박지 않고 수평으로 배치한다.

연습문제

1. 다음 중에 중앙감시제어의 기능이 아닌 것은?

㉮ 근거리 감시기능 ㉯ 원격 제어기능
㉰ 자동경보 기능 ㉱ 자동기록 측정기능

2. 다음 중에 중앙감시제어의 감시방법이 아닌 것은?

㉮ 정전표시 ㉯ 운전표시
㉰ 고장표시 ㉱ 전원표시

3. 다음 중에 중앙감시제어 설비의 효과가 아닌 것은?

㉮ 사고의 조기감지 및 신속한 조치가 가능하다.
㉯ 계통의 합리적 운용 및 전력 공급신뢰도 향상된다.
㉰ 주기적 각종 기록을 자동적으로 기록한다.
㉱ 공사비 및 운용비를 절감한다.

4. 다음 중에 중앙감시제어 설비를 적용할 때 고려할 점이 아닌 것은?

㉮ 전력설비의 규모가 작을수록 효과가 있다.
㉯ 다른 설비와 연동을 고려한다.
㉰ 적용시스템의 적응여부 및 호환성을 고려한다.
㉱ 경제성을 검토한다.

5. 다음 중에 정식수전설비와 간이수전설비를 구분하는 요소는?

㉮ 변압기 ㉯ 차단기
㉰ 콘덴서 ㉱ 개폐기

6. 다음 중에 접지설비의 목적이 아닌 것은?

㉮ 지락 및 단락전류 등 고장전류나 뇌격전류의 유입에 따른 기기의 외함, 프레임, 저압 제어회로 등 접지부분 및 대지면의 전압변동에 대해 기기를 보호한다.
㉯ 지표면의 국부적인 전위경도에서 일반 및 운전원의 감전으로부터 보호한다.
㉰ 계통에서의 회로전압, 개폐기 동작의 안전과 정전 차폐효과를 가져온다.
㉱ 뇌로부터 기기 및 인체를 보호한다.

▸ 정답

1. ㉮ 2. ㉮ 3. ㉱ 4. ㉮ 5. ㉯ 6. ㉰

7. 다음 중에 단독접지 범위의 고려사항이 아닌 것은?

㉮ 발생하는 고조파의 범위

㉯ 발생하는 접지전류의 최대치

㉰ 전위상승의 허용치

㉱ 그 지점의 대지저항률

8. 다음 중에 공통접지의 장점이 아닌 것은?

㉮ 접지계통이 단순하고 보수하기가 쉽다.

㉯ 접지의 신뢰도가 향상 된다.

㉰ 직렬접지의 효과로 합성저항이 감소한다.

㉱ 공용에 있어서 지락보호, 부하기기에 대한 접촉전압의 적어진다.

9. 다음 중에 전기설비시설기준에 따른 접지공사 종별에 따른 접지저항이 틀리는 것은?

㉮ 제1종 접지공사 - 10[Ω]

㉯ 제2종 접지공사 - 1선 지락전류/150[Ω]

㉰ 제3종 접지공사 - 100[Ω]

㉱ 특별 제3종 접지공사 - 10[Ω]

10. 수도관 등의 접지에서 지중에 매설된 수도관은 몇 [Ω] 이하로 하나?

㉮ 3 ㉯ 5

㉰ 10 ㉱ 100

11. 다음 중에 자가용 수전설비에 가장 많이 이용하는 접지방식은?

㉮ 직접접지 방식 ㉯ 비접지 방식

㉰ 고저항 접지방식 ㉱ 리액턴스 접지방식

12. 다음 중에 직접접지 방식의 특징이 아닌 것은?

㉮ 지락사고 시 전류가 크다.

㉯ 사고에 대한 피해도 매우 크다.

㉰ 과도 이상전압에 대해 효과적으로 제한한다.

㉱ 아크, 단락사고의 보호가 필요하다.

▸ 정답

7. ㉮ 8. ㉰ 9. ㉯ 10. ㉮ 11. ㉮ 12. ㉱

13. 다음 중에 비접지 방식의 특징이 아닌 것은?
   ㉮ 처음 지락에 대해 사고전류가 없다.
   ㉯ 아크(Arc) 지락이 발생할 때 과도 이상전압이 유기된다.
   ㉰ 사고지점의 검출이 어렵다.
   ㉱ 사고가 발생할 때 차단기가 동작한다.

14. 다음 중에 접지저항을 결정하는 요소가 아닌 것은?
   ㉮ 접지전극의 모양　　㉯ 접지전극의 크기
   ㉰ 매설깊이 및 상태　　㉱ 토양의 고유저항

15. 다음 중에 접지저항의 저감대책이 아닌 것은?
   ㉮ 접지극을 직렬 접속한다.
   ㉯ 접지극의 치수를 확대한다.
   ㉰ 매설지선을 이용한다.
   ㉱ 화학저감재를 사용한다.

16. 다음 접지공사의 시공방법 중에 올바르지 않는 것은?
   ㉮ 접지전극의 매설장소를 표시한다.
   ㉯ 접지선은 지표와 75[cm] 이상 매설한다.
   ㉰ 제어회로등 약전의 접지선과는 30~50[cm] 이격한다.
   ㉱ 접지선과 접지전극 사이는 취부금구를 탈락하지 않게 한다.

17. 변전소내 고장전류가 유입했을 때 지표면상에 근접거리 두 점간의 전위차를 무엇이라 하는가?
   ㉮ 대지전압　　㉯ 보폭전압
   ㉰ 접촉전압　　㉱ 근접전압

18. 다음 중에 접지저항의 측정방법이 아닌 것은?
   ㉮ 검류계의 지침이 ∞위에 있는지 확인한다.
   ㉯ 전지 체크 버튼이 유효범위 내에 있는지 확인한다.
   ㉰ 접지극 사이는 1[m] 간격을 유지한다.
   ㉱ 전압레인지로 대지전압 유무를 확인한다.

▸ 정답

13. ㉱　14. ㉰　15. ㉮　16. ㉰　17. ㉯　18. ㉮

단원 서술형 문제

1. 전기설비의 종류에 대해 설명하라.

2. 자가용 전기설비의 특징에 대해 설명하라.

3. 변전실의 면적에 영향을 주는 요소에 대해 설명하라.

4. 변전실의 위치에 대해 설명하라.

5. 폐쇄형 배전반의 특징에 대해 설명하라.

6. 1회선 수전방식에 대해 설명하라.

7. 2회선 수전방식에 대해 설명하라.

8. 루프 수전방식에 대해 설명하라.

9. 스포트 네트워크 수전방식의 특징에 대해 설명하라.

10. 스포트 네트워크 수전방식에서 계전기의 특성에 대해 설명하라.

11. 스포트 네트워크 수전방식을 채택할 시 유의할 사항에 대해 설명하라.

12. 단일모선 방식의 특징에 대해 설명하라.

13. 루프모선 방식의 특징에 대해 설명하라.

14. 전기용량 검토 시 고려할 사항에 대해 설명하라.

15. 전기용량 산정 시 검토항목에 대해 설명하라.

16. 수전설비에 수용률, 부등률, 부하율에 대해 설명하라.

17. 변압기의 대수 결정(bank 구성)에 대해 설명하라.

18. 몰드변압기의 특징에 대해 설명하라.

19. SF_6가스변압기의 특징에 대해 설명하라.

20. 아몰퍼스 변압기의 효과에 대해 설명하라.

21. 변압기의 부속품에 대해 간단히 설명하라.

22. 변압기의 결선방법 중에 Δ-Y와 Y-Δ결선에 대해 설명하라.

23. 변압기의 병렬운전의 조건에 대해 설명하라.

24. 단로기가 필요한 장소에 대해 설명하라.

25. 단로기의 실내 고정 시 유의사항에 대해 설명하라.

26. 자동 구간 개폐기(ASS)의 특징에 대해 설명하라.

27. 부하개폐기(LBS)의 특징에 대해 설명하라.

28. 부하개폐기(LBS)의 적용 시 유의사항에 대해 설명하라.

29. 진공차단기의 특징에 대해 설명하라.

30. 기중차단기(ACB)의 특징에 대해 설명하라.

31. SF_6가스차단기의 특징에 대해 설명하라.

32. 차단기의 전기 조작방식에 대해 설명하라.

33. 차단기의 공기 조작방식에 대해 설명하라.

34. 차단기의 차단방식에 대해 설명하라.

35. 콘덴서의 종류에 대해 설명하라.

36. 콘덴서의 설치효과에 대해 설명하라.

37. 콘덴서의 역률 자동제어에 대해 설명하라.

38. 전력콘덴서의 설치 시 유의할 사항에 대해 설명하라.

39. 계기용변성기를 사용할 때 주의사항에 대해 설명하라.

40. 계기용변압기의 특성에 대해 설명하라.

41. 영상 변류기(ZCT)의 특성에 대해 설명하라.

42. 전력 퓨즈의 종류에 대해 설명하라.

43. 전력 퓨즈의 장점에 대해 설명하라.

44. 피뢰기가 갖추어야 할 성능에 대해 설명하라.

45. 피뢰기의 특성에 대해 설명하라.

46. 피뢰기의 종류에 대해 설명하라.

47. 보호계전기의 적용효과에 대해 설명하라.

48. 보호계전기의 보호대상에 대해 설명하라.

49. 다기능계전기의 특징에 대해 설명하라.

50. 보호계전기를 정정할 때 유의사항에 대해 설명하라.

51. 보호계전방식의 종류에 대해 설명하라.

52. 중앙감시 제어설비의 효과에 대해 설명하라.

53. 공통접지의 장점에 대해 설명하라.

54. 직접 접지방식의 특징에 대해 설명하라.

55. 접지저항의 결정요소에 대해 설명하라.

56. 접지저항 저감대책에 대해 설명하라.

57. 보폭전압과 접촉전압에 대해 설명하라.

58. 접지저항계의 종류에 대해 설명하라.

국가직무능력표준(NCS) 공부하기

분류번호 : 1901060111_16v3

능력단위 명칭 : 수변전설비 설계

능력단위 정의 : 수변전설비설계란 수전지점에서 전력을 수전하고 변전설비에서 전압을 변성하여 배전반까지 전력을 공급하는 설비를 설계하는 능력이다.

능력단위요소	관련목차
1901060111_16v3.1 시스템 선정하기	3-1 개요, 3-2 수전방식, 3-11 표준결선도, 3-12 접지
1901060111_16v3.2 기기선정하기	3-4 변압기, 3-5 개폐기, 3-6 차단기, 3-7 콘덴서 3-8 계기용변성기, 3-9-1 전력퓨즈, 3-9-2 피뢰기
1901060111_16v3.3 용량선정하기	3-3 전기용량의 산정

분류번호 : 1901060112_16v3

능력단위 명칭 : 보호계전시스템 설계

능력단위 정의 : 보호계전시스템 설계란 계통의 이상 시 보호계전기를 이용하여 고장의 범위를 최소화하여 기기의 손상을 방지하고 전력공급신뢰도를 향상시키는 능력이다.

능력단위요소	관련목차
1901060112_16v3.1 보호계전 설계하기	3-9-3 보호계전기

분류번호 : 1901060113_16v3

능력단위 명칭 : 감시시스템 설계

능력단위 정의 : 감시시스템 설계란 실시간 상태감시, 경보관리를 위하여 통합자동제어설비, 주차관제설비, 객실관리설비 등을 설계하는 능력이다.

능력단위요소	관련목차
1901060113_16v3.1 통합자동제어설비 설계하기	3-10 중앙감시제어

단원 서술형 문제 풀이

번호	페이지	답
1	p126	3-1-1 전기설비의 종류 참조
2	p128	(2) 자가용 전기설비의 특징 참조
3	p128	2) 변전실의 면적의 ①항 참조
4	p128~129	3) 변전실의 위치 참조
5	p131	④ 폐쇄형 배전반의 특징 참조
6	p132	3-2-1 1회선 수전방식 참조
7	p132~133	3-2-2 2회선 수전방식 참조
8	p133	3-2-3 루프 수전방식 참조
9	p134	(1) 특징 참조
10	p134~135	⑥ 네트워크 계전기 참조
11	p136	(5) 네트워크 방식 채택 시 유의할 점 참조
12	p137~138	(1) 단일모선 방식 참조
13	p139	(2) 루프모선 방식 참조
14	p140	(1) 전기용량의 검토 시 고려사항 참조
15	p140	(2) 전기용량 산정 시 검토항목 참조
16	p142~144	① 수용률 ② 부등률 ③ 부하율 참조
17	p144	(4) 변압기의 대수 결정 참조
18	p150~151	① 특징 참조
19	p151	4) SF_6가스 변압기 참조
20	p153	② 아몰퍼스 변압기의 효과 참조
21	p155	(2) 변압기의 부속품 참조
22	p157	③ Δ-Y, Y-Δ결선 참조
23	P158	(5) 변압기의 병렬운전 참조
24	p161	(1) 단로기가 필요한 곳 참조
25	p162	(5) 실내 고정 시 유의사항 참조
26	p162~163	(2) 특징 참조
27	P164	(2) 특징 참조

28	p164	(4) 부하개폐기의 적용 시 유의사항 참조
29	p170~171	1) 특징 참조
30	p171~172	1) 특징 참조
31	p172	2) 특징 참조
32	p175	1) 전기 조작방식의 ①항 참조
33	p175	2) 기계 조작방식의 ①항 참조
34	p176	(2) 차단(Trip) 방식 참조
35	p178	(1) 콘덴서의 종류 참조
36	p181~182	(3) 설치효과 참조
37	p182	3-7-3 역률 자동제어 참조
38	p183	3-7-4 콘덴서 설치 시 유의할 점 참조
39	p188	(3) 계기용변성기를 사용할 때 주의사항 참조
40	p189	(3) 특성 참조
41	p194	(3) 특성 참조
42	p195	2) 전력 퓨즈의 종류 참조
43	p195~196	(2) 전력 퓨즈 사용 시 장단점의 장점 참조
44	p198	2) 피뢰기가 갖추어야 할 성능 참조
45	p198~199	(2) 피뢰기의 특성 참조
46	p199~200	(4) 피뢰기의 종류 참조
47	p202	(2) 보호계전기의 적용효과 참조
48	p202~203	(4) 보호계전기의 보호대상 참조
49	p205~206	2) 특징 참조
50	P207	2) 정정 시 유의사항 참조
51	P207	1) 보호계전방식의 종류 참조
52	P216	(1) 효과 참조
53	P220	① 공통접지의 장점 참조
54	P223	③ 특징 참조
55	P229	1) 접지저항의 결정요소 참조
56	P230	(2) 저감대책 참조
57	P231~232	(2) 보폭전압과 접촉전압 참조
58	P232~233	(2) 접지 저항계의 종류 참조

chapter 4 예비전원설비

직무	능력단위	능력단위코드
전기설비설계	예비전원설비 설계	1901060103_16v3

예비전원설비는 한전으로부터 정전될 때 발전기나 축전지 등으로 중요부하의 전원을 공급하는 시설을 말한다. 최근 전력사용량이 최대 전력생산량에 한계치에 와서 강제정전을 하는 사태로 가면서 더욱 예비전원 확보의 중요성은 필요하게 되었다.

또한 소방시설 설치유지 및 안전관리에 관한 법률이나 건축 관련 법규상으로 예비전원 사용을 요구하고 있으나 종래는 법규만 만족하는 예비전원시설을 했으나 현재는 수용가가 스스로 법규상 외에도 예비전원을 확보하여 만일의 정전 시에 중요 부하를 보전하는 추세에 있다.

4-1 개요

4-1-1 예비전원이 필요한 설비

(1) 법규상 필요한 곳

1) 건축 관련법

① 비상용 조명장치

② 방화 셔터

③ 비상용 승강기

④ 비상용 급・배수시설

2) 소방 관련법

① 옥내소화전 : 지하층을 제외한 7층 이상이고 연면적이 2,000[㎡] 이상이거나 지하층

의 바닥면적 합계가 3,000[㎡] 이상일 때

② 스프링클러설비 (다만, 차고, 주차장으로써 면적합계가 1,000[㎡] 미만은 비상전원수전설비로 할 수 있다.)

③ 물분무등소화설비

④ 제연설비

※ 비상전원수전설비는 일반과 소방용 부하를 분리하여 구성하는 전원이다.

(2) 자위상 필요한 경우

1) 조명용 : 상시등이 정전될 때 운전조작이 필요한 장소 및 야간의 보안등
2) 공조, 환기용 : 중앙 집중 냉・난방, 지하주차장, 자가발전실, 중앙감시실 환기 등
3) 일반 승강기용
4) 위생용 : 급수, 배수, 오수용 펌프전원 등
5) 제어용 : 중앙감시반, 차단기 조작전원 등
6) 보안 방재용 : 군사시설, 공공건물의 필수전원, 휴대폰 기지국 전원, CCTV, 방범시설 등
7) 영업상 : 영업장의 조명, 공조, 광고판, 환기, 승강기 등

4-1-2 비상용 예비전원의 KEC 시설기준

1) 비상용 예비전원은 고정설비로 하고 상용전원 고장에 의해 해로운 영향을 받지 않는 방법으로 설치한다.
2) 비상용 예비전원은 운전에 적정한 장소에 설치해야 하며, 기능자 및 숙련자만 접근 가능하도록 설치하여야 한다.
3) 비상용 예비전원에서 발생하는 가스, 연기 또는 증기가 사람이 있는 장소로 침투하지 않도록 확실하고 충분히 환기하여야 한다.
4) 비상용 예비전원은 유효성이 손상되지 않는 경우만 비상용 예비전원 이외의 목적으로 사용할 수 있다. 비상용 예비전원설비는 다른 용도의 회로에 일어나는 고장 시 어떠한 비상용 예비전원설비 회로도 차단되지 않도록 하여야 한다.
5) 비상용 예비전원으로 전기사업자 배전망과 수용가 독립된 전원을 병렬운전이 가능하도록 시설하는 경우, 독립운전 또는 병렬운전 시 단락보호 및 고장보호가 확보되어야 한다. 이 경우, 병렬운전에 관한 전기사업자의 동의를 받아야 하며 전원 중성점간 접속에 의한 순환전류와 제3고조파의 영향을 제한하여야 한다.

4-2 발전기(Generator)

4-2-1 발전기의 구성

(1) 발전기의 구성

그림 4.1 발전기 구성도

자가용 발전설비는 다음과 같은 장치로 구성되어 있다.

1) **원동기** : 엔진본체, 조속기, 계측장치, 기동장치 및 정지장치, 방진장치로 되어있다.
2) **교류발전기** : 본체, 여자장치 등으로 구성된다.
3) **배전반** : 자동 부하전환 개폐기, 차단기, 터미널 박스 등이 있다.
4) **운전반** : 기동 및 정지장치 등이 있다.
5) **연료탱크** : 디젤, 가솔린 등의 연료를 사용한다.
6) **기동장치**
   ① 공기식 : 공기압축기, 제어반, 공기탱크 등으로 구성하며 대용량 발전기의 기동에 사용된다.
   ② 전기식 : 기동용 축전지, 충전지 등으로 직류 24[V]로 기동하며 중소용량 발전기의 기동에 사용된다.
7) **부속장치 관계**
   ① 소음기 : 배기가스 등의 소음을 차단한다.

② 냉각수 : 용량 500[kW] 이상의 큰 발전기에 사용한다.

③ 급기, 배기덕트(Duct) : 연소에 필요한 공기의 급기와 폐열가스를 배기한다.

(2) 엔진의 출력

1) 엔진선정 시 고려사항

① 출력의 검토 : 전동기의 기동전류를 감안한 용량선정을 한다.

② 회전속도의 검토 : 고속기와 저속기의 장단점을 비교하여 선정한다.

③ 부하의 순간투입에 대한 검토 : 대용량 전동기, 전기노 등의 순간투입을 고려한다.

④ 고조파 발생에 따른 출력의 저하를 고려한다.

⑤ 아래의 주위 환경조건에 대하여 고려한다.

ⓐ 냉각수 온도가 30℃ 이상일 때

ⓑ 설치장소가 해발 500[m] 이상일 때

ⓒ 주위온도가 40℃ 이상일 때

⑥ 발전기 출력에 대한 여유율을 고려한다.

ⓐ 비상용 발전기 : 1.0~1.1배 정도

ⓑ 상용 발전기 : 1.1~1.3배 정도

2) 엔진의 출력

$$\text{엔진의 출력 } R_S = \frac{P_G \times Pf_G}{0.736 \times \eta_G} = \frac{P_{KVA} \times COS\theta}{0.736 \times \eta_G} [PS] \tag{4.1}$$

P_G : 발전기 출력 [kVA], η_G : 발전기 효율 (0.95), Pf_G : 발전기 역률 (0.8), 1 PS : 0.736 [kW]

[예제 4.1] 발전기 출력 1,000[kW]이고 발전기 효율 0.95, 발전기 역률 0.8일 때 엔진의 출력[PS]을 구하라.

(풀이) 식(4.1)에서

$$\text{엔진의 출력 } R_S = \frac{P_G \times Pf_G}{0.736 \times \eta_G} = \frac{1,000 \times 0.8}{0.736 \times 0.95} \fallingdotseq 1,144 [PS]$$

3) 발전기의 특성

① 전압변동률 : 정격역률에서 50% 이내로 한다.

② 순시 전압변동률 : ±30% 이내로 한다.

③ 단락비 : 무부하 정격전압을 발생하는데 필요한 여자전류와 삼상 단락으로 정격 전기자 전류를 발생하는데 필요한 여자전류와의 비율이며 전기자 반작용의 크기를 표시하는 양이다. 여기서 디젤발전기의 돌극형은 단락비가 0.5~0.7이고, 원통형은 0.3~0.4정도이다.

④ 전압파형 : 발전기 단자 간에 전압파형이 어긋나는 비율로 5% 이내로 잡고 있다.

⑤ 온도 상승한도 : 기준 주위온도 40℃ 기준하며 상승한도는 KS기준에 따른다.

⑥ 절연내력

ⓐ 고정자 권선 : 2E + 1,000[V] (최저 1,500V)

ⓑ 계자 권선 : 10E (최저 1,500V, 최고 3,500V) [E : 정격전압]

⑦ 절연저항

ⓐ 전기자 : 저압발전기는 3[MΩ] 이상이고 고압발전기는 5[MΩ] 이상이다.

ⓑ 계자 : 3[MΩ] 이상이다.

⑧ 과속도 내력 : 무부하 및 무여자로 정격주파수의 120%속도로 1분간 운전이 가능해야 한다.

⑨ 과부하 출력 : 정격주파수 및 정격역률에서 정격용량의 110%부하로 1시간 운전해도 지장이 없어야 한다.

4) 발전기의 정격

① 전압

ⓐ 380 [V]급 : 용량 1,000[kVA] 이하

ⓑ 3.3, 6.6 [kV]급 : 용량 1,000[kVA] 초과

② 주파수와 회전수

ⓐ 주파수 : 60[Hz]

ⓑ 회전수 : 900, 1,000, 1,200, 1,500, 1,800 [rpm]이고 1,200[rpm] 이상은 고속기이며, 이하는 저속기이다. 여기서 rpm(Revolution Per Minute)은 분당 회전수이다.

③ 절연종별 : 절연은 380[V]급은 E종(120℃)이며, 6.6[kV]급은 B종(130℃), F(155℃)종이다.

④ 역률 : 정격은 0.8의 늦은 역률이며, 극히 작은 용량은 0.8~0.9의 늦은 역률이다.

4-2-2 발전기의 분류

발전기는 다음의 여러 항목으로 분류할 수 있다.

(1) 부하기능에 의한 분류

1) 비상용 발전기

상용전원이 정전할 때 비상용 전원이 필요한 장소에 설치하는 것으로 대부분 발전기가 이에 해당한다.

2) 상용 발전기

평상시에도 발전하며 한전전력의 보조전원이나 도서 벽지에 전원공급이 곤란할 때 사용한다.

3) 피크 컷(Peak-Cut)용 발전기

전기요금을 경감하기 위해 첨두부하를 발전기가 담당하는 것을 말한다.

4) 열병합(Co-Generation)용 발전기

열과 전기를 동시에 이용하는 것으로 폐열회수 발전장치를 갖추고 있고 아파트, 공장 등에 사용하는 발전기이다.

(2) 엔진구동방법에 의한 분류

1) 디젤(Diesel) 발전기

① 주요구성 : 실린더, 기동장치, 냉각장치, 필터장치, 배기장치 등으로 구성한다.
② 사용연료 : C경유, 중유를 사용한다.
③ 엔진의 동작행정 : 흡입→압축→폭발→배기의 맥동행정을 한다.
④ 사용용도 : 비상발전기용으로 대부분 사용하고 있다.

가스터빈과 디젤 발전기를 비교하면 아래 표와 같다.

표 4.1 디젤과 가스터빈 발전기의 비교

구분	가스터빈 발전기	디젤 발전기
구 동 형 태	연속 회전행정	맥동 회전행정
구 조	간단하고 가볍다	복잡하고 무겁다
발전기실 면적	작 다	크 다
연속연료 소비율	높 다	낮 다
보수점검	용 이 하 다	복잡하고 어렵다
공 해 대 책	적 다	많 다

순간전압 변동률	작 다	크 다
엔진소음(패킹 시)	고속 회전 소음(적다)	맥동 소음(많다)
냉각수 라지에타 확보	필 요 없다	500[kVA] 이상 필요하다
가 격	높 다	낮 다

2) 가솔린(Gasoline) 발전기

주요 구조와 동작행정은 디젤과 같으나 연료로 휘발유를 사용하고 소용량, 저효율, 저토크 특성으로 양호한 기동을 원하는 소형 발전기에 사용한다.

3) 가스터빈(Gas Turbine) 발전기

① 주요구성 : **압축기, 연소기, 터빈**의 3가지 요소로 되어 있다.

ⓐ 압축기

내연기관의 효율을 높이기 위해 외부에 인입되는 공기를 가압하여 보내는 장치이고, 최고 풍속한도는 550~570[m/sec]로 제한하고 있다.

ⓑ 연소기

압축기에서 흡입된 공기에 연료를 분사시켜 고온 고압으로 가열된 기체를 생성하며, 입력손실이 적고 연소효율이 높으며 착화성이 뛰어나고, 출구온도가 높아야 한다.

ⓒ 터빈

가열된 기체를 회전력으로 변환시키는 구조로 터빈 수명이 발전기의 수명과 직결되고 높은 회전수에 마모율이나 열팽창률이 적어야 한다.

② 사용연료 : LPG, LNG, A중유, 경유 등이 있다.

③ 특성

ⓐ 연속 회전행정

가스터빈 발전기는 압축은 압축기가 연소는 연소기가 팽창은 터빈이 하는 식이므로 각기 개별적으로 연속 회전행정을 한다.

ⓑ 고온·고압 배기가스 배출

가스터빈은 연속행정이므로 고온·고압의 가스가 그대로 배기되며, 이러한 고온·고압 배기가스는 열병합발전의 연료로 사용된다.

ⓒ 간단한 구조와 경량

기본구조와 부속장치의 단순화로 구조가 간단하다. 따라서 설치운반이 용이하고 크기가 작으므로 변전실 면적을 줄인다.

ⓓ 연료 소비율이 높고 다양한 연료를 사용

연속회전이므로 거의 완전 연소하고 배기가스는 유황분의 분량이 적어 공해방지 대책의 부수적인 효과를 얻는다. 또 연료가 도시가스, LPG, A중유, 중유, 등유 등 다양한 연료의 채택이 가능하다.

ⓔ 엔진소음

디젤엔진은 맥동소음인데 비해 가스터빈은 고속 회전소음이므로 엔진을 **패킹**(Packing)할 때 소음이 현저히 줄어든다.

※ Packing : 가스터빈 엔진부분을 강판 등으로 둘러쌓는 것을 말한다.

ⓕ 전부하특성

디젤은 단계적으로 부하를 투입하나, 가스터빈은 전부하를 단번에 투입할 수 있다. 따라서 대형 전산센터 및 인텔리젠트빌딩, 병원설비 등의 중요 부하에 정전 시에 유효하게 대처할 수 있다.

④ 설계 시 고려사항

ⓐ 급기대책

연료의 연소와 몸체를 냉각하기 위해 많은 공기량이 필요하며 급기 시 기온 온도가 중요하다. 따라서 충분한 외기의 급기구를 확보하고 유입이 되게 설계한다.

ⓑ 배기대책

고온·고압 배기가스를 배출하기 위해 연도의 크기와 단열에 대해 충분한 고려가 있어야 한다. 단시간 운전의 경우에 옹벽 + 단열재 + 내화벽돌 형식의 연돌을 사용하고, 장시간 운전의 경우는 그림과 같은 공기순환 배관(AS Pipe)을 사용한다.

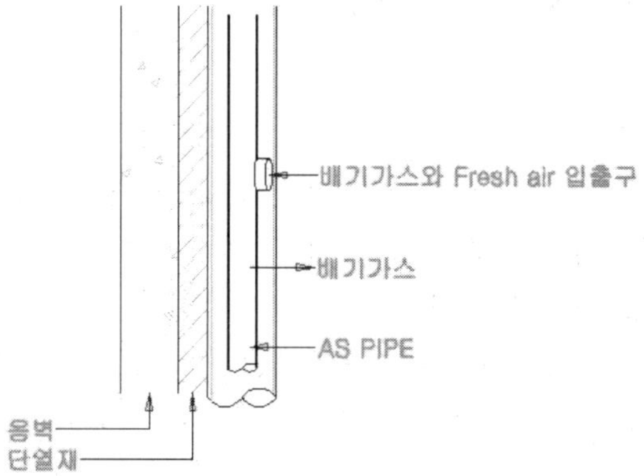

그림 4.2 AS 파이프의 형태

ⓒ 연료대책

다양한 연료를 선택할 수 있으나 가스를 이용할 경우 LNG(도시가스), LPG로 할 것인지 결정하고, 도시가스는 연결구의 위치나 연결배관을 고려하며, LPG는 저장소 등을 고려해야 한다.

⑤ 가스터빈 발전기를 사용하면 유리한 부하

ⓐ 비상전원에 대한 의존도가 높고 양질의 전원을 요하는 부하

ⓑ 건축물을 현대화 하는 부하

건축물의 구조를 바꾸거나 개조할 때 발전기실 설치가 어느 곳에나 가능하고 용량이 증설되어도 기존공간을 이용할 수 있는 가스터빈 발전기를 채용한다.

ⓒ 냉각수 확보가 어렵고 소음이 우려되는 부하

ⓓ 열병합 발전 시스템이나 피크 컷(Peak-Cut) 겸용 부하

(3) 설치방법에 의한 분류

① 고정 거치형

거의 모든 중규모 이상 발전기가 해당된다. 대부분 운전반, 연료탱크, 냉각수가 필요하기 때문에 전기실과 가까운 장소에 방화구획된 발전기실을 고정하여 설치한다.

② 이동형

현장의 필요에 따라 이동을 요구하거나 임시시설일 때 이동형을 설치하며 차량에 탑재하여 이동하고 200[kVA] 미만이 해당된다. 공기 냉각방식이 대부분이며 운전반도 발전기에 같이 설치되어 있다.

(4) 기동방법에 의한 분류

① 전기 기동형

엔진용 구동모터에 의한 방식으로 직류 24[V]의 축전지에 접속시킨 구동모터와 피니언 기어를 연결시켜 엔진기관의 플라이 휠(Fly Wheel)기어를 맞물리게 하여 기동시키는 방식이다.

② 공기 기동형

중고속의 직접 분사식에 많이 사용하고 방폭지역에 효과적이며, 공기식 기동형은 공기압축기로 30[kg/㎠]~10[kg/㎠]의 공기압으로 압축시켜 기동한다. 설치면적이 넓고 고가이므로 전기불꽃으로 인한 폭발의 위험이 있는 경우에 사용한다.

(5) 냉각방식에 의한 분류

① 라지에타식

보통 발전기는 라지에타를 통한 냉각수를 흘려 엔진을 냉각하며, 라지에타를 발전기에 설치할 수 없을 때 엔진과 떨어져 사용하는 리모트방식이 있다.

② 열교환식

발전기에 냉각수 탑을 사용하여 별도로 냉각수를 흘려 사용하는 방식으로 용량에 관계없이 현장여건에 따라 특수 주문하여 사용한다.

(6) 운전방식에 의한 분류

① 단독운전

몇 대가 설치되어도 각기 다른 부하 분담을 가지고 개별운전 하는 경우이다.

② 병렬운전

2대 이상 발전기 또는 상용전원 계통을 함께하는 방식이며, 전압, 주파수, 위상 등의 조건을 일치하고 계통적으로 동기투입이 가능한 설비를 말한다.

(7) 동작행정

① 4사이클 : 흡입-압축-폭발-배기의 4행정을 2회전 중에 행하는 것으로 비상발전기가 해당된다.

② 2사이클 : 흡입-압축-폭발-배기의 4행정을 1회전 중에 행하는 것으로 발전기에 사용하지 않는다.

(8) 회전수에 따른 분류(디젤방식만 해당)

① 고속형

대체로 회전수가 1,200[rpm] 이상에 적용되며 몸체, 가격, 설치면적에서 유리하나 소음과 진동이 커지는 단점이 있다. 대부분 비상발전기는 고속기이다.

② 저속형

대체로 회전수 900[rpm] 이하에 적용되며 소, 중, 대형 모두 가능하며 소음, 진동, 전압 안정도에서 유리하나 몸체가 커지며 가격이 비싸고 설치면적이 많은 단점이 있다. 대부분 상용발전기에 적용한다.

③ 비교

고속형과 저속형을 비교하면 아래 표와 같다.

표 4.2 고속형과 저속형의 비교(디젤발전기만 해당)

구분	고속형	저속형
회전수(rpm)	1,200 이상	900 이하
연 속 운 전	적합하지 않다	적합하다
치 수	작 다	크 다
고 장 빈 도	높 다	낮 다
설 치 면 적	작 다	크 다
진 동	크 다	작 다
중 량	가 볍 다	무 겁 다
발 전 기 용 량	중, 소형 용량	대 형 용 량
부 하 기 능	비 상 발 전 기	상 용 발 전 기
건 설 비	적 다	많 다

4-2-3 발전기 용량

발전기용량은 한국전기설비규정를 따른 발전기의 용량산정과 소방부하용 발전기의 용량산정으로 구분한다.

(1) 한국전기설비규정을 따른 발전기 용량산정

발전기 용량은 고조파 부하가 있는 경우 1)과 2)에서 값이 큰 것을 선택한다.

1) 고조파 부하가 없는 경우 발전기 용량

$$GP = [\Sigma P + (\Sigma P_m - \Sigma P_L) \times a + (PL \times a \times c)] \times k \tag{4.2}$$

GP : 발전기출력용량[kVA]

ΣP : 전동기 이외의 부하합계[kW]

ΣP_m : 전동기 부하용량 합계[kW]

P_L : 전동기 부하 중 기동용량이 가장 큰 전동기 용량

a : 전동기의 kW당 입력용량 계수(고효율 1.38, 일반 1.45)

c : 전동기 기동계수

k : 발전기 허용전압강하 계수(1.07 ~ 1.13적용)

2) 고조파 부하가 있는 경우 발전기 용량

① UPS 입력용량

$$P_u = (\frac{\text{UPS 출력(kVA)}}{\text{UPS 효율}} \times \lambda) + \text{축전지 충전용량} \tag{4.3}$$

P_u : UPS 입력용량(kVA)

λ : 고조파부하 유형에 따른 가중계수(일반적으로 2적용)

② UPS 이외 고조파 입력용량

$$P = \frac{\text{고조파부하용량(kW)}}{\text{부하효율} \times \text{부하역율}} \times \lambda \tag{4.4}$$

③ 고조파 부하가 있는 경우 발전기 용량

1)항의 고조파부하가 없는 발전기용량과 2)항의 고조파가 있는 발전기용량을 더한 값이 발전기용량이 된다.

표 4.3 고조파 유형에 따른 가중값 계수

고조파 부하 유형	단상전원	UPS, 축전지	직류 drive	AC 전압조정기
가중값 계수(λ)	2.5	2.0	1.0	0.7

(2) 소방부하용 발전기 용량산정

소방부하용 발전기의 용량은 다음 세 가지 식으로 산출한 가장 큰 값을 산정한다.

① PG_1: 정격 운전상태에서 부하설비의 가동에 필요한 발전기 용량

$$PG_1 = \frac{\Sigma P_L}{\eta_L \times PF_L} \times a \quad [\text{kVA}] \tag{4.5}$$

ΣP_L : 부하의 출력합계 [kW]

η_L : 부하의 종합효율(특별한 내용이 없을 때 0.85적용)

PF_L : 부하의 종합역률(특별한 내용이 없을 때 0.8적용)

a : 부하율, 수용률을 감안한 계수

② PG_2: 부하 중 최대의 기동[kVA] 값을 갖는 전동기가 기동할 때 허용전압 강하를 고려한 발전기 용량

$$PG_2 = P_L \times a \times c \times \chi_d \times \frac{100 - \Delta V}{\Delta V} \tag{4.6}$$

P_L : 기동[kVA]가 최대인 전동기의 출력[kW]

a : 전동기의 출력 1[kW]에 대한 입력용량계수

c : 기동방식에 따른 계수

χ_d : 발전기 과도 리액턴스(특별한 내용이 없을 때 : 0.25 적용)

ΔV : 허용 전압강하율(특별한 내용이 없을 때 : 25% 적용)

표 4.4 기동방식에 따른 계수

기동방식	직입기동	Y-Δ기동	인버터 기동	리액터기동
계수(c)	6.0	2.0	1.5	3~4.8

③ PG_3: 부하 중 최대전동기를 최후에 기동할 때 허용 전압강하를 고려한 발전기 용량

$$PG_3 = \left(\frac{\Sigma P_L - P_N}{\eta_L} + P_N \times a \times c \times PF_S\right) \times \frac{1}{\cos\theta} \text{[kVA]} \tag{4.7}$$

ΣP_L : 부하의 출력합계[kW]

P_N : 최대전동기 출력[kW] 또는 전동기군의 출력[kW](두개중 큰 쪽을 선택)

PF_S : P_N 전동기의 기동시 역률(특별한 내용이 없을 때 : 0.4 적용)

η_L : 부하의 종합효율(특별한 내용이 없을 때 : 0.85 적용)

$\cos\theta$: 발전기의 역률(특별한 내용이 없을 때 : 0.8 적용)

(3) 용량산정 외에 고려하여야 할 사항

1) 단상부하

교류 삼상발전기에 단상부하를 접속하면 발전기로서는 그 부하의 $\sqrt{3}$배의 부하를 접속한 것과 같은 결과가 되어 발전기에 접속할 수 있는 삼상부하가 감소한다. 또한 각 상별로 불평형이 일어나므로 불평형률을 10% 이하로 줄일 필요가 있다.

2) 감(減)전압 시동

전동기는 기동할 때 기동전류를 제한하는 기동방식을 채택하므로 발전기의 용량을 적게 할 수 있다. 그러나 이때 시동토크도 줄어들므로 전동기가 충분한 회전속도가 되지 않은 상태에서 전(全)전압으로 전환되면 기동전류가 미쳐 저하되지 않아 순시 전압강하를 일으켜 전동기가 멈춘다. 따라서 기동방식 채택 시 감전압에서 전전압으로 변환시간을 충분히 고려해야 한다.

3) 정류기 및 인버터식 승강기

정류기 및 주파수제어를 하는 인버터식 승강기는 부하를 접속하면 고조파가 발생하는데 이 고조파로 인해 전원용량이 감소한다. 따라서 발전기 용량을 크게 하거나 필터를 설치하여 고조파를 제거한다.

[예제 4.2] 다음 조건일 때 발전기의 용량을 구하라.

- 발전기에 필요한 부하합계 1,000[kW]
- 수용률 0.8
- 부하의 종합효율 0.85
- 부하의 종합역률 0.9
- 고효율 전동기 [kW]당 입력용량계수 1.38
- Y-Δ기동계수 2.0
- 과도리액턴스 0.2
- 허용 전압강하율 0.25
- 전동기 기동 시 역률 0.4
- 최대 전동기용량 100[kW]
- 발전기 역률 0.8
- 나머지 전동기의 합 90[kW]
- 발전기 허용 전압강하계수 1.1
- UPS 효율 0.95
- UPS 출력 1,000[kVA]
- 축전지 충전용량 6[kVA]
- UPS외 고조파 입력용량 100[kW]
- 고조파 유형에 따른 가중값 계수 2.0

(풀이)

1) 한국전기설비규정에 따라 발전기 용량을 계산하면

① 고조파 부하가 없는 경우 발전기 용량

식 (4.2)에서

$$GP = [\Sigma P + (\Sigma P_m - \Sigma P_L) \times a + (PL \times a \times c)] \times k$$

$$\therefore GP = [1{,}000 + (190 - 100) \times 1.38 + 100 \times 1.38 \times 2.0] \times 1.1$$

$$= 1{,}540[kVA]$$

② 고조파 부하가 있는 경우 발전기 용량

ⓐ 식 (4.3)에서

$$P_u = (\frac{UPS출력(kVA)}{UPS효율} \times \lambda) + 축전지충전용량$$

$$= (\frac{100}{0.95} \times 2) + 6 = 217[kVA]$$

ⓑ 식 (4.4)에서

$$P = \frac{고조파부하용량(kW)}{부하효율 \times 부하역율} \times \lambda = \frac{100}{0.95 \times 0.9} \times 2 = 234[kVA]$$

③ ①과 ②를 합하면 1,540 + 217 + 234 = 1,991[kVA] 따라서 50[kVA]단위로 직상위 것을 선택하면 발전기 용량은 2,000[kVA]가 된다.

2) 소방부하용 발전기 용량을 계산하면

① PG_1 은 식 (4.5)에서 $PG_1 = \frac{\Sigma P_L}{\eta_L \times PF_L} \times a \quad [kVA]$

$$\therefore PG_1 = \frac{1,000}{0.85 \times 0.9} \times 0.8 ≒ 1,046[kVA]$$

② PG_2 은 식 (4.6)에서 $PG_2 = P_m \times a \times c \times \chi_d \times \frac{100 - \Delta V}{\Delta V}$

$$\therefore PG_2 = 100 \times 2.0 \times 1.38 \times 0.2 \times \frac{100-25}{25} ≒ 166[kVA]$$

③ PG_3 은 식(4.7)에서

$$PG_3 = (\frac{\Sigma P_L - P_N}{\eta_L} + P_N \times a \times c \times PF_S) \times \frac{1}{\cos\theta} [kVA]$$

$$\therefore PG_3 = (\frac{1,000 - 100}{0.85} + 100 \times 1.38 \times 2.0 \times 0.4) \times \frac{1}{0.8}$$

$$≒ 1,461[kVA]$$

③ ①과 ②, ③중에 제일 큰 값을 선택하면 1,461[kVA] 따라서 50[kVA]단위로 직상위 것을 선택하면 발전기 용량은 1,500[kVA]가 된다.

4-2-4 발전기실의 계획

(1) 발전기실의 건축적인 고려사항

1) 엔진기초는 건물기초와 관계가 없어야 한다.
2) 엔진실의 천정 높이는 피스톤 배출의 높이와 연료탱크의 높이를 고려하여 정한다.
3) 엔진실의 구조는 중량물의 운반, 설치가 용이하게 해야 한다.
4) 배기관은 소음과 환경오염을 고려해야 한다.
5) 냉각수탱크는 엔진의 펌프 쪽에 설치한다.

(2) 배전반의 위치

1) 발전기의 단자측에 가깝고 출입에 지장이 없어야 한다.
2) 엔진의 운전측으로 부터 배전반의 각 계기가 보여야 한다.
3) 보수점검에 필요한 공간을 확보하고 옥외에 설치할 때 울타리 등을 한다.

(3) 각 기기의 위치

1) 공기압축기는 공기탱크 주변에 있어야 하며 작업공간을 확보한다.
2) 공기탱크는 엔진기동 공기관 입구에서 핸들을 용이하게 조작할 수 있어야 한다.
3) 연료탱크의 밑면은 연료탱크 출입구로부터 1[m] 이상의 높이에서 설치하고 엔진 조작반의 연료 눈금판이 보여야 한다.
4) 연료공급용 펌프는 조작이 쉽고 통로에 방해가 되지 않아야 한다.
5) 소음기는 엔진 배기관에 설치하고 인근에 피해가 없도록 한다.
6) 보일러 연통과 연결하는 경우에 소음기의 배압을 고려하여 관의 지름을 정한다.

(4) 발전기실의 면적

① 발전기실의 넓이

$$S \geq 1.7\sqrt{P}\ [\text{m}^2]\ \text{추천치}\ S \geq 3\sqrt{P} \begin{cases} S : \text{필요면적}[\text{m}^2] \\ P : \text{마력}[\text{ps}] \end{cases} \quad (4.8)$$

② 발전기실의 높이

$$H = (8 \sim 17)D + (4 \sim 8)D \begin{cases} D : \text{실린더의 지름}[\text{mm}] \\ \text{H} : \text{발전기실 높이}[\text{m}] \end{cases} \quad (4.9)$$

③ 발전기실의 기초

$$W_f = C \cdot W \cdot \sqrt{n} \begin{cases} W_f : \text{기초의 중량}[\text{t}],\ W : \text{발전기의 중량}[\text{t}] \\ n : \text{회전수}[\text{rpm}],\ C : \text{실험계수(약 2)} \end{cases} \quad (4.10)$$

표 4.5 용량별 발전기실 면적 및 중량

용량(kVA)	가로(m)	세로(m)	높이(m)	중량(kg)
300	7	5	4	3,900
400	7.5	5.5	4	4,600
500	8	6	4	6,650
600	8	6	4	7,500
750	8.5	6.5	4	9,800
800	8.5	6.5	4	10,000
900	9.5	6.5	4	11,000
1,000	9.5	6.5	5	12,000
1,250	9.5	6.5	5	14,500
1,500	10	6.5	5	15,500
1,750	10	6.5	5	16,500
2,000	10	6.5	5	16,500

※ 발전기제조사에 따라 면적 및 중량이 약간의 차이가 있음

4-2-5 소형 열병합발전

LNG를 연료로 사용하는 소형 가스엔진 또는 터빈발전기에서 상시 전기를 생산하여 아파트 세대 및 공용시설에 공급하고 발생된 폐열을 열교환기로 회수하여 냉·난방 및 급탕에 이용하여 에너지를 절감한다.

(1) 효과

① 에너지 절감 : 폐열회수와 열효율을 개선하며 부족한 전기를 대체할 수 있다.
② 전원대책 : 비상전원 뿐만 아니라 상용전원측의 공급신뢰도를 향상한다.
③ 효율적인 에너지 이용 : 전기와 열을 동시에 효율적으로 이용한다.
④ 전력설비 개선 : 최대부하를 피크 컷(Peak Cut)할 수 있으므로 전력설비를 효율적으로 운용할 수 있다.
⑤ 전기요금 절감 : 가정용 전기는 사용량에 따라 더 많이 나오는 누진제이므로 사용량을 일정 부분 열병합발전기가 담당하므로 전기요금을 절감할 수 있다.
⑥ 한전설비의 예비율 증가 : 한전의 전력생산량이 한정되므로 전력 예비율을 올릴 수 있다.
⑦ 공해감소 : 폐열가스를 회수함으로써 공해를 감소할 수 있다.

(2) 시스템 구성

가스엔진, 발전기, 냉각수 열교환기, 배기가스 폐열회수장치, 조작반, 동기검정기, 차단기, 승압장치, 보일러로 구성되어 있다.

① 구동시스템 : 발전기를 구동하는 장치로 가스엔진과 터빈장치, 발전기가 있다.
② 배기가스 폐열회수장치 : 구동시스템이 가동 후 발생되는 열 회수를 하는 것으로 복수기 등이 있다.
③ 열교환기 : 고온·고압의 가스를 증기나 온수로 교환하는 시스템을 말한다.
④ 동기검정기 : 한전 계통과 주파수, 파형, 전압을 일치시키기 위한 검정장치이다.
⑤ 승압장치 : 저압을 수전단의 특고압으로 바꾸는 변압기이다.
⑥ 보일러 : 보조 보일러로 난방이나 급탕의 온도가 낮을 때 보충하여 가동한다.
⑦ 전기장치 : 차단기, 조작반 등 전력설비를 운용하기 위한 장치이다.

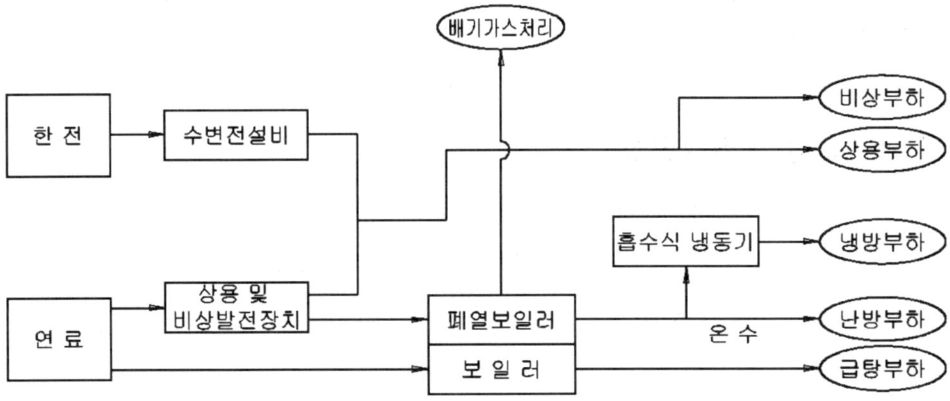

그림 4.3 소형 열병합발전의 흐름도

(2) 특성

1) 엔진

① 가스엔진 구동방식 : 주로 50, 100 , 200[kW]급에 사용하고 자연급기이며 피스톤 엔진이다.
② 가스터빈엔진 구동방식 : 주로 300, 500, 600[kW]급에 사용하고 압축급기이며 터보 엔진이다.

2) 연료 : 도시가스를 주로 이용한다.

3) **기동시간** : 자동기동에서 동기검정기(Syncronizer)작동 및 개폐기 투입시간이 30초 ~2분 정도이다.

4) **용량선정** : 일 부하곡선, 초기 투자비용, 절감비용 등을 종합 검토하여 경제성을 토대로 선정한다.

(3) 에너지 비용 및 비용부담

1) 전력생산 및 공급흐름도

· 가스엔진→발전기→동기검정기→저압차단기(ACB)→승압변압기→특고압차단기→22.9kV 수전단

2) 열량생산 및 공급

① 흐름도 : 엔진 냉각수 열교환기(1차 폐열회수)→배출가스 열교환기(2차 폐열회수)→보일러→급탕 · 난방공급

② 엔진에서 600~700℃인 가스온도를 90~120℃로 냉각하여 폐열 회수한다.

③ 엔진 냉각방식 : 폐쇄형 수냉식으로 한다.

④ 회수폐열이 이용되지 않을 경우 외부의 냉각기를 통하여 대기 중으로 방출한다.

3) 에너지 효율

운전조건에 따라 전기, 난방 · 급탕의 에너지 효율은 다음 표와 같다.

표 4.6 운전조건에 따른 에너지효율

운전조건	전기	난방	계	비고
전 부 하	34%	56%	90%	
50% 부하	33%	55%	88%	
40% 부하	32%	54%	86%	운 전 정 지
30% 부하	22%	48%	70%	

(4) 운전방식 검토

1) 전력부하 분담

① 최대수요전력의 일정비율 이하로 부하의 변동폭이 많지 않는 기저부하(Base Load)를 중심으로 하여 상시운전 한다.

② 분담하는 전력의 경제성을 전기요금제(누진제), 열 이용률 등을 분석하여 효율 운전한다.

2) 부하 추적운전

전기부하 또는 열 부하 추적운전방식이 있으나 전기부하를 중심으로 운전하는 것이 경제성이 있다. 열 부하 추적운전의 경우 전부하로 운전할 때 역송전의 문제가 발생한다.

※ 40%부하(전기) 이하에서는 효율이 급격히 떨어지므로 운전을 정지한다.

3) 역송전 금지로 인한 기저부하 운전

① 유럽 등의 경우 기존 송전선로에 역송전이 가능토록 제도화되어 있으며, 수전요금과 송전전력의 요금을 다르게 하여 정산한다.

② 한국의 경우 역송전이 금지되어 있으며, 이로 인한 문제점은 다음과 같다.

ⓐ 작은 전력의 역송전은 전력계통의 안정도에 거의 영향을 미치지 않고 기술적인 장애 요소는 없다.

ⓑ 역송전이 발생할 때 수용가 생산에너지가 요금정산의 대가 없이 전력계통에 흘러들어 수용가에 경제적인 손실이 발생한다.

4) 비상발전기 대체

① 상용운전 중 정전할 때 즉시 비상전원으로 대체한다.

② 효율저하로 일시정지 중에 정전 시 재가동하여 비상전원으로 대체한다.

③ 보수로 휴전할 때 비상발전기가 없으면 문제될 수 있으므로, 2대의 발전기로 병렬운전하여 문제점을 해소한다.

5) 전력회사와 협의

① 한전전원과 발전기간 주파수, 위상 등을 협의한다.

② 예비전원으로 대체가 가능한지 협의한다.

(5) 문제점 및 대책

① 상시운전에 따른 문제점

ⓐ 소음 발생에 따른 대책이 필요하다.

ⓑ 폐열배출 시 냉각장치 설치에 따른 대기온도 상승 및 주변의 민원에 유의한다.

② 한전계통 연계운전에 따른 문제점

ⓐ 잉여 전력의 다른 수용가에 공급을 허용이 안 되고 있다.

ⓑ 투입·차단에 따른 안전장치 보완이 필요하다.

ⓒ 승압설비에 따른 안전장치가 확보가 필요하다.

③ 한전 전기요금제도(누진제)가 폐지될 때 경제성이 결여된다.

4-2-6 환경대책

발전기는 소음과 연료에 의한 분진이 발생하므로 그에 대한 대책이 필요하며, 비상용은 가끔 사용하지만 상용 발전기는 계속 사용하므로 발전기설치의 계획단계에서부터 환경대책을 세워야 한다.

(1) 소음대책

① 기관음 : 기관음은 실린더 내에 연료가 연소하고 그 연소음이 실린더 벽을 진동시켜 외부로 나는 소리이다. 방지대책으로는 방음커버를 사용하거나 장치실 외벽을 무창 밀폐구조로 한다.

② 배기음 : 배기가스가 고속 또는 충격적인 유동으로 대기 중에 개방할 때 발생하는 소음이며 고주파 성분이 크다. 방지대책으로는 소음기를 사용하여 방지할 수 있다.

③ 흡기음 : 실린더수와 회전속도에 따라 발생하는 저주파성분이 주가 되고 배기음에 비해 소음이 적다. 방지대책으로는 흡음용 소음기로 예방할 수 있다.

(2) 공해대책

① 배기가스에 의한 공해

상용 디젤발전기는 경제성 때문에 B, C중유를 사용하므로, 유황 산화물로 인한 공해가 따른다.

② 오염방지대책

ⓐ 연료를 교체한다.

ⓑ 높은 굴뚝을 세워 확산하게 한다.

ⓒ 배연 탈황설비를 한다.

연습문제

1. 다음 중에 소방관련 법령에서 예비전원설비가 반드시 필요한 설비가 아닌 것은?
   ㉮ 포소화설비 ㉯ 스프링클러설비
   ㉰ 물분무 소화설비 ㉱ 자동화재탐지설비

2. 다음 중에 화재안전기준의 옥내소화전에 규정한 예비전원설비가 필요한 곳은?
   ㉮ 지하층을 제외한 층수가 7층 이상이고 연면적이 2,000[㎡] 이상인 곳
   ㉯ 지하층을 포함한 층수가 7층 이상이고 연면적이 1,000[㎡] 이상인 곳
   ㉰ 지하층의 바닥면적 합계가 2,000[㎡] 이상인 곳
   ㉱ 지하층의 바닥면적 합계가 1,000[㎡] 이상인 곳

3. 다음 중에 발전기의 원동기에 설치된 기기가 아닌 것은?
   ㉮ 조속기 ㉯ 여자장치
   ㉰ 계측장치 ㉱ 기동장치

4. 다음 중에 발전기의 엔진선정 시에 고려할 점이 아닌 것은?
   ㉮ 출력 ㉯ 회전속도
   ㉰ 부하의 투입 ㉱ 주위 환경조건

5. 다음 중에 발전기 출력 500[kW], 발전기 효율 0.9, 발전기 역률 0.8일 때 엔진의 출력 [PS]은 얼마인가?
   ㉮ 604 ㉯ 704
   ㉰ 804 ㉱ 904

(풀이) 엔진의 출력 $R_S = \frac{P_G \times Pf_G}{0.736 \times \eta_G} = \frac{500 \times 0.8}{0.736 \times 0.9} \fallingdotseq 604\,[PS]$

6. 발전기의 전압변동률은 정격역률에서 몇 % 이내로 하는가?
   ㉮ 30 ㉯ 40
   ㉰ 50 ㉱ 60

▸ 정답

1. ㉱ 2. ㉮ 3. ㉯ 4. ㉰ 5. ㉮ 6. ㉰

7. 발전기의 절연저항에 대한 내용 중에 틀린 것은?

㉮ 저압발전기 : 전기자 3[MΩ] 이상
㉯ 저압발전기 : 계자 3[MΩ] 이상
㉰ 고압발전기 : 전기자 5[MΩ] 이상
㉱ 고압발전기 : 계자 5[MΩ] 이상

8. 발전기의 부하기능에 따른 분류가 아닌 것은?

㉮ 일반용 발전기
㉯ 피크-컷(Peak-Cut)용 발전기
㉰ 비상용 발전기
㉱ 열병합용 발전기

9. 다음 중에 디젤 발전기의 주요 구성이 아닌 것은?

㉮ 실린더
㉯ 기동장치
㉰ 연료장치
㉱ 배기장치

10. 다음 중에 가스터빈 발전기의 주요 구성이 아닌 것은?

㉮ 압축기
㉯ 기동장치
㉰ 연소기
㉱ 터빈

11. 다음 중에 가스터빈 발전기의 주요 특성이 아닌 것은?

㉮ 연속 회전행정
㉯ 간단한 구조와 경량
㉰ 다양한 연료 사용
㉱ 맥동 소음

12. 다음 중에 가스터빈 발전기를 사용할 부하가 아닌 것은?

㉮ 비상전원에 대한 의존도가 높고 양질의 전원을 요하는 설비
㉯ 건축물을 신축하는 부하
㉰ 냉각수 확보가 어렵고 소음이 우려되는 부하
㉱ 열병합 발전 시스템이나 피크 컷(peak-cut) 겸용 부하설비

13. 다음 중에 발전기의 냉각방식이 아닌 것은?

㉮ 라지에타식
㉯ 리모트식
㉰ 덕트식
㉱ 열교환식

▸ 정답

7. ㉱ 8. ㉮ 9. ㉰ 10. ㉯ 11. ㉱ 12. ㉯ 13. ㉰

14. 다음 중에 발전기 회전수가 고속형은 몇 [rpm] 이상 인가?

㉮ 900　　㉯ 1,200
㉰ 1,500　　㉱ 1,800

15. 소방용부하용 발전기 용량 산정에 대한 설명이 아닌 것은?

㉮ PG_1 : 정격에서 부하설비의 가동에 필요한 발전기 용량
㉯ PG_2 : 부하 중에 최대 전동기가 기동할 때 전압강하를 고려한 용량
㉰ PG_3 : 부하 중에 최대 전동기를 최후 기동할 때 전압강하를 고려한 용량
㉱ PG_4 : 고조파 전류를 감안한 발전기 용량

16. 발전기의 일반적인 용량산정 외에 고려하여야 할 사항이 아닌 것은?

㉮ 단상부하　　㉯ 전전압 시동
㉰ 정류기 부하　　㉱ 파형의 찌그러짐

17. 다음 중에 발전기의 파형의 찌그러짐에 대책으로 틀린 것은?

㉮ 발전기의 리액턴스(reactance)가 작은 것을 선정하거나 용량이 큰 것을 선택한다.
㉯ 부하 측에 정류상수를 크게 한다.
㉰ 필터(filter)를 설치한다.
㉱ 발전기의 용량을 고조파가 포함된 부하의 용량보다 1.5배 이상 크게 한다.

18. 다음 중에 발전기실의 건축적인 고려사항이 아닌 것은?

㉮ 엔진기초는 건물기초와 연결하여 흔들림이 없어야 한다.
㉯ 엔진실의 천정 높이는 피스톤 배출의 높이를 고려하여 정한다.
㉰ 엔진실의 구조는 중량물의 운반, 설치가 용이하게 해야 한다.
㉱ 배기관은 소음과 환경오염을 고려해야 한다.

19. 다음 중에 발전기실의 각 기기에 대한 설명 중에 틀린 것은?

㉮ 공기압축기는 공기탱크 주변에 있어야 하며 작업공간을 확보한다.
㉯ 공기탱크는 엔진기동 공기관 입구에서 핸들을 용이하게 조작할 수 있어야 한다.
㉰ 연료탱크의 밑면은 연료탱크 출입구로부터 2[m] 이상의 높이에서 엔진 조작반의 연료 눈금판이 보여야 한다.
㉱ 연료공급용 펌프는 조작이 쉽고 통로에 방해가 되지 않아야 한다.

▸ 정답

14. ㉯　15. ㉱　16. ㉯　17. ㉱　18. ㉮　19. ㉰

20. 다음 중에 소형 열병합발전의 효과가 아닌 것은?

㉮ 에너지 절감
㉯ 전기요금 절감
㉰ 설치비 절감
㉱ 전력설비 개선

21. 다음 중에 소형 열병합발전의 전력생산 및 공급흐름도가 맞는 것은?

㉮ 발전기 → 동기검정기 → 승압변압기 → 특고압차단기 → 22.9kV 수전단
㉯ 발전기 → 승압변압기 → 동기검정기 → 특고압차단기 → 22.9kV 수전단
㉰ 발전기 → 동기검정기 → 특고압차단기 → 승압변압기 → 22.9kV 수전단
㉱ 발전기 → 승압변압기 → 특고압차단기 → 동기검정기 → 22.9kV 수전단

22. 다음 중에 소형 열병합발전 운전방식의 검토사항이 아닌 것은?

㉮ 전력부하 분담
㉯ 부하 추적운전
㉰ 한전과의 송전협의
㉱ 비상발전기 대체

23. 소형 열병합발전에서 부하 추적운전 시에 몇 %에서 운전 정지하는가?

㉮ 30
㉯ 40
㉰ 50
㉱ 60

24. 다음 중에 소형 열병합발전의 한전 계통연계에 따른 문제점이 아닌 것은?

㉮ 잉여 전력의 다른 수용가에 공급을 허용이 안 되고 있다.
㉯ 투입 · 차단에 따른 안전장치 보완이 필요하다.
㉰ 승압설비에 따른 안전장치가 확보가 필요하다.
㉱ 전기요금제도(누진제)로 경제성이 결여 된다.

25. 다음 중에 발전기의 공해방지 대책이 아닌 것은?

㉮ 소음기를 사용한다.
㉯ 연료를 교체한다.
㉰ 높은 굴뚝을 세워 확산하게 한다.
㉱ 배연 탈황설비를 한다.

26. 다음 중에 발전기에서 나는 주요 소음이 아닌 것은?

㉮ 기관음
㉯ 배관음
㉰ 배기음
㉱ 흡기음

▶ 정답

20. ㉰ 21. ㉮ 22. ㉰ 23. ㉯ 24. ㉱ 25. ㉮ 26. ㉯

4-3 축전지 설비

축전지 설비는 비상용 전원설비나 제어전원으로 많이 사용하고 있으며, 상용으로는 무정전 전원장치(UPS)의 전원공급을 위하여 사용되고 있다. 또 배전반의 조명과 차단기 차단전류로서 수배전설비를 운용하기 위해 사용하고 있다.

이러한 축전지 설비는 수명과 부하가 제한적일 수밖에 없기 때문에 운전조작에 필요한 장소의 최소한의 전원 및 기동용의 중간전원으로 사용되고 장래에는 전기자동차의 보급과 더불어 충전시간, 충전방법 등이 비약적으로 발전하게 될 것이다.

4-3-1 축전지의 발전원리

축전지는 직류전원의 하나이고 양극과 음극 및 전해질에 따라 분류한다. 그중에 가장 대표적인 축전지는 연축전지와 알칼리 축전지이다.

(1) 연(鉛)축전지

연축전지는 양극에 과산화연(pbO_2), 전해액으로 황산(H_2SO_4) 그리고 음극이 납(pb)으로 되어 있다. 충・방전 시 반응이 가역적이며 다음과 같은 화학방정식을 가지고 있다.

$$PbO_2 + 2H_2SO_4 + Pb \;{}_{충전}\!\leftrightarrow_{방전}\; PbSO_4 + 2H_2O + PBSO_4$$

연축전지는 양극판의 구조에 따라 클래드식과 페이스트식으로 구분한다.

① 클래드식 극판
납합금으로 만든 심금 속에 유리섬유 등의 미세한 구멍이 많은 튜브를 삽입해서 그 속에 양극작용을 하는 물질을 채운 것으로 완만하게 방전한다.

② 페이스트식 극판
납합금인 격자에 양극작용을 하는 물질을 채운 것으로 급하게 방전한다.

(2) 알칼리 축전지

니켈 카드늄 알칼리 축전지라 하며, 양극 활성물질은 수산화 제2니켈(NiOOH), 음극 활성물질은 금속 카드늄(Cd), 전해액은 수산화칼륨(KOH)을 이용, 양극 사이에 1.2[V]의 기전력이 발생되는 축전지를 말한다.

알칼리 축전지의 기초 화학반응식은 다음과 같다.

$$2NiOOH + 2H_2O + Cd_{방전} \leftrightarrow_{충전} 2Ni(OH)_2 + Cd(OH)_2$$

알칼리 축전지의 형식은 양극판과 음극판 속의 작용물질에 따른 포켓식과 소결식(燒結式)이 주로 사용된다.

① 포켓(Pocket)식 극판
니켈도금을 한 마대강판에 작은 구멍을 뚫고, 작은 상자(포켓)속의 수산화 니켈을 주성분으로 하는 작용물질을 충전한다. 이 포켓의 작용물질로서 수산화 니켈을 충진하면 음극판이 된다. 포켓식의 양극판 및 음극판은 천공한 강판의 포켓속에 활물질을 충전하여 틀속에 배열한 구조이다.

② 소결식 극판
얇은 강판의 표면에 니켈 분말을 고온으로 소결하면 무수한 작은 구멍의 기판이 생긴다. 이 작은 구명속에 작용물질을 함침(含浸)시킨 것이 소결식 극판이다. 양극판의 작용물질은 수산화 니켈을 쓰고, 음극판 작용물질은 수산화 카드늄을 함침 시킨다. 소결식 극판은 구멍이 매우 많아서 표면적이 크므로 일반적으로 대전류이고 우수한 전압특성이 요구되는 초급방전용 알칼리 전지에 사용된다.

4-3-2 축전지의 종류

축전지의 종류는 연축전지와 알칼리 축전지로 분류하고 내부구조에 따라 다음과 같이 분류하며, 전해액의 보수 여부에 따라 개방형과 밀폐형으로 구분한다. 대부분 비상전원용 축전지는 연축전지 페이스트식(HS형)을 많이 사용한다.

① 연축전지
- 클래드식(CS 형) : 완방전
- 페이스트식(HS 형) : 급방전

②알칼리 축전지
- 포켓식
  - AL형 : 완방전형
  - AM형 : 표준형
  - AMH형 : 급방전형
  - AH－P형 : 초 급방전형
- 소결식
  - AH－S형 : 초 급방전형
  - AHH형 : 초초 급방전형

(1) 연축전지와 알칼리 축전지의 비교

연축전지와 알칼리 축전지의 특성을 비교하면 아래와 같다.

표 4.7 연축전지와 알칼리 축전지의 비교

구분	연축전지	알칼리축전지
특성	① 공칭전압 : 2[V/cell] ② Ah당 단가가 낮다 ③ 축전지의 필요 셀수가 적다 ④ 충방전 전압의 차이가 적다 ⑤ 전해액의 비중에 따라 방전상태를 알 수 있다 ⑥ 기대수명 : CS형 10~15년 HS형 5~7년 ⑦ 최대방전전류 : 1.5[C] ⑧ 정격용량 : 10[Ah] ⑨ 100[V]당 50~55셀(cell)	① 공칭전압 : 1.2[V/cell] ② 극판의 기계적강도가 강하다 ③ 과방전, 과전류에 강하다 ④ 고효율 방전특성이 좋다 ⑤ 저온특성이 좋다 ⑥ 부식성 가스가 발생되지 않는다 ⑦ 보존이 용이하다 ⑧ 기대수명 : 30년 ⑨ 최대방전전류 : 포켓 2[C], 소결 10[C] ⑩ 정격용량 : 5[Ah] ⑪ 100[V]당 80~86셀(cell)

(2) 밀폐형(Sealed Type) 축전지

축전지는 충전 중에 전해액이 물 분해나 증발에 의해 전해액이 서서히 감소하므로 규정 액면 보다 저하했을 경우 정제수를 보급해야 하고 이것은 별도의 구획된 실과 보수가 필요하므로 이러한 단점을 보완한 형태가 밀폐형 축전지이다. 현재는 대부분 밀폐형을 사용하며 배전반 내에 설치하고 용량도 12, 24[V]로 크다.

밀폐형 축전지를 만드는 방법은 아래와 같다.

① 촉매식 : 축전지에 발생하는 수소가스와 산소가스를 촉매에 의해 재결합하여 물로 되돌리는 방식이다.
② 보조 전극식 : 축전지에 보조전극을 설치하여 전해액과 가스 양자에 접촉시켜 두고 수소가스와 산소가스를 함께 이온화하여 환수하는 방식이다.
③ 가스 흡수식 : 양극판에 발생하는 수소가스를 음극 활성물질에 흡수시킴과 동시에 음극판을 화학적 방전상태로 수소가스 발생을 억제하는 방식이다. 수소 가스를 흡수함으로써 거취형 축전지로는 부적합하다.
④ 과승 액량식 : 장기간 보수를 불필요하게 하기 위해 극판 상에 과승전해액을 보유시키는 방법인데 촉매식 밀폐형 축전지와 동등의 성능을 위해 5배 이상 전해액을 극판에 유리해야 한다.
⑤ 자동 급수식 : 사용 중 전해액이 감소하면 감소된 만큼 상비된 탱크에서 축전지의 전해액을 자동으로 보수하는 방식으로 압력 평형형, 플루트 밸브식, 전기식 등이다. 밀폐형 축전지의 각 방식별로 장단점을 비교하면 아래 표와 같다.

표 4.8 밀폐방식의 장단점 비교

방식	장점	단점
촉 매 식	① 축전지 성능에 영향 없다 ② 고정이 용이하다 ③ 기설품에 개조가 가능하다	① 환수효율이 저하된다 ② 영하의 기온에 사용이 곤란하다 ③ 수명이 3~5년 정도이다
보조 전극식	① 밀폐성이 안전하다	① 고정이 복잡하다 ② 기설품의 개조가 곤란하다 ③ 수명이 3~5년 정도이다
가스 흡수식	① 촉매로 보조전극 등이 불필요	① 거치용 연축전지로는 곤란하다
과승 액량식	① 특별한 부품이 필요 없다 ② 안정성이 높다	① 중량, 능률, 용적률이 저하 된다 ② 전해액이 농축되기 쉽다
자동 급수식	① 안정성이 높다	① 기구가 복잡하다

4-3-3 용량산출

축전지 용량을 산출하려면 다음과 같은 순서에 의한다.

1) 방전전류(I)의 산출

축전지가 부담하여야 할 부하용량에서 방전전류를 산출한다.

$$\text{방전전류}[\mathrm{I}] = \frac{\text{부하용량}[\mathrm{VA}]}{\text{정격전압}[\mathrm{V}]} \tag{4.11}$$

2) 방전시간(t)을 구한다.

소방 관련법을 적용받는 부하는 30분, 교류발전기를 설치하여 변환 사용하는 곳은 10분 정도로 한다.

3) 방전전류와 방전시간을 가지고 부하특성곡선을 그린다.

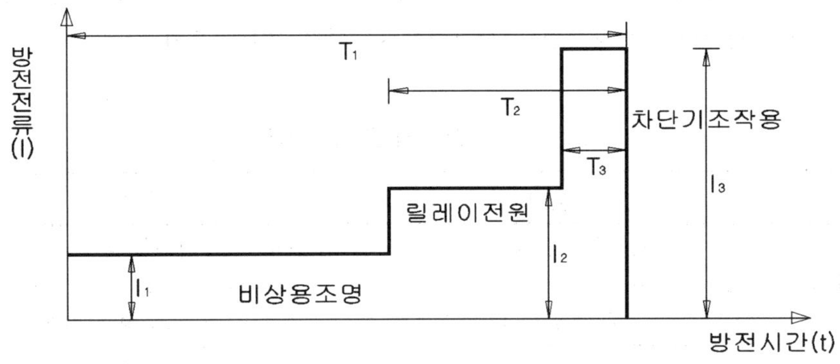

그림 4.4 축전지 부하 특성곡선

4) 축전지 종류의 결정

연축전지 급방전형(HS형)이 많이 사용하고 성능면에서는 알칼리 축전지가 좋다.

5) 축전지의 셀(cell)수 결정

표준 셀수로 연축전지는 54셀, 알칼리 축전지의 경우는 84셀, 12[V] 밀폐형 축전지는 9개 정도로 한다. 보통 전압이 떨어지는 것을 감안하여 100[V]보다 약간 높게 산정한다.

6) 허용최저전압의 결정

축전지의 허용최저전압을 각종 부하, 기기로부터 요구되는 최저전압 중에서 가장 높은 전압의 값과 축전지와 부하사이의 전압강하를 더한 값이다. 이것을 식으로 표시하면 다음과 같다.

$$V = \frac{V_a + V_c}{n} \,[\mathrm{V/cell}] \begin{cases} V_a : \text{부하의 허용 최저전압[V]} \\ V_c : \text{축전지와 부하간 전압강하[V]} \\ n : \text{직렬 접속된 셀수} \\ V : \text{허용 최저 전압[V]} \end{cases} \quad (4.12)$$

다음 표는 각 축전지의 1셀 당의 허용 최저전압이다.

표 4.9 1셀당 허용 최저전압

정격전압	100V					
허용 최저전압	95V		90V		85V	
종 류	연축전지	알칼리	연축전지	알칼리	연축전지	알칼리
셀 수	54	86	54	86	54	86
셀당 최저전압	1.80	1.10	1.70	1.06	1.60	1.00

7) 용량환산시간 K 값을 선정

아래 특성곡선이나 용량환산표를 보고 K값을 구한다.

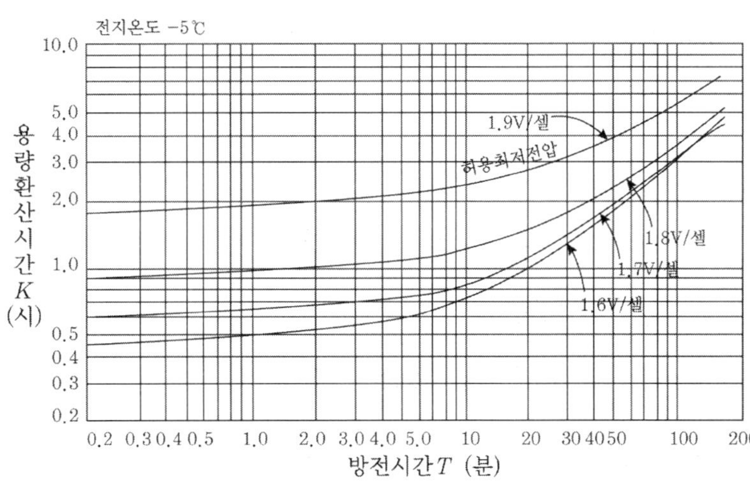

그림 4.5 HS형 연축전지의 특성곡선

8) 용량환산공식에 적용

환산용량을 식으로 나타내면 아래와 같다.

$$C = \frac{1}{L}[K_1 I_1 + K_2(I_2 - I_1) + \cdots + K_n(I_n - I_{n-1})] \tag{4.13}$$

C : 10시간 기준에 있어서의 정격 방전용량(Ah/10hr)

L : 보수율(보통 0.8 적용)

K : 최저전압에 의한 용량 환산시간[h]

I : 부하 특성별 방전전류[A]

[예제 4.3] 다음과 같은 부하의 축전지 용량[Ah/10hr]을 구하라.

1) 부하
   ① 차단기의 투입전류 60[A] 시간은 20초
   ② 직류등의 투입전류 40[A] 시간은 30분
   ③ 비상등의 투입전류 4[A] 시간은 30분
   ④ 표시등의 투입전류 1[A] 시간은 30분
   ⑤ 계전기의 투입전류 10[A] 시간은 15분

2) 사용 축전지는 연축전지 HS형으로 한다.

3) 최대 허용전압강하는 5[V]로 하고 부하의 허용 최저전압을 90[V]로 하며 사용전압은 직류 100[V]이다.

(풀이) ① 방전전류(I)를 구하면

$I_1 = 40 + 4 + 1 = 45$[A], $I_2 = 10$[A], $I_3 = 60$[A]

② 방전시간(t)을 구하면

$T_1 = 30$분, $T_2 = 15$분, $T_3 = 20$초

③ 방전시간(t)와 방전전류(I)의 부하특성 곡선을 그리면

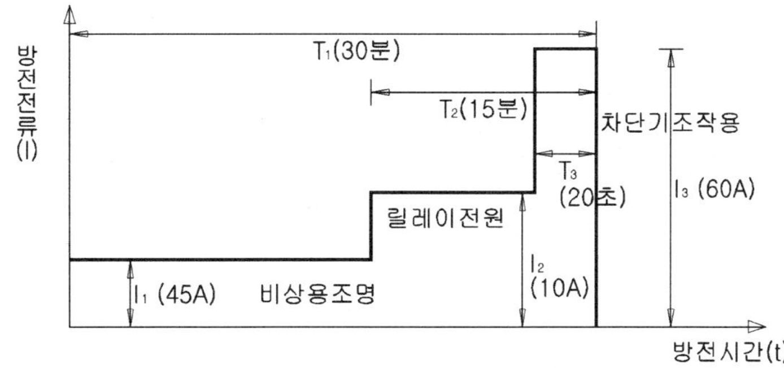

④ 축전지는 문제에서 연축전지 급방전형으로 주어졌고

허용최저전압 = 90 + 5 = 95 [V]이므로 표 4.6에서 셀수는 54개,

셀당 허용최저전압은 1.8[V]이다

⑤ 셀당 허용최저전압과 방전시간을 보고 K값을 그림 4.8 특성곡선에서

I_1 에서의 $K_1 \fallingdotseq 1.8$, I_2 에서의 $K_2 \fallingdotseq 1.3$, I_3에서의 $K_3 \fallingdotseq 0.9$

⑥ 용량 환산공식에 대입하면

$$C = \frac{1}{L}[K_1 I_1 + K_2(I_2 - I_1) + \cdots\cdots + K_n(I_n - I_{n-1})]$$

$$C = \frac{1}{0.8}[1.8 \times 45 + 1.3 \times (10 - 45) + 0.9 \times (60 - 10)] \fallingdotseq 100[Ah]$$

∴ 표준 연축전지 HS형식의 100[Ah/10hr]을 사용한다.

4-3-4 충전방식

1) **보통충전** : 필요할 때 마다 표준시간을 정해 충전하는 방식이다.
2) **급속충전** : 비교적 단시간에 보통충전의 2~3배로 충전하는 방식이다.
3) **부동충전** : 전지의 자가 충전을 보충함과 동시에 상용부하에 대한 전력공급은 충전기가 하되 충전기가 부담하기 어려운 대부하 전류는 축전지가 부담하게 하는 방식이다. 이 방식은 대부분 수전설비에서 사용하고 있으며 장점은 아래와 같다.

① 축전지가 항상 완전 충전되어 있다.
② 정류기 용량이 적어도 된다.
③ 축전지 수명에 좋은 영향을 준다.

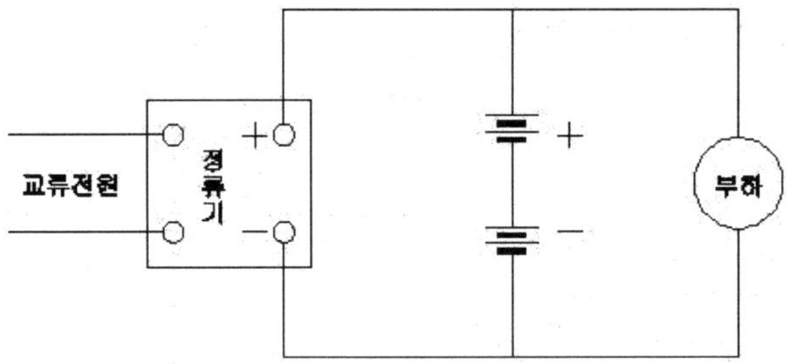

그림 4.6 부동충전회로의 구성도

4) **균등충전** : 부동 충전시의 셀 간의 전위차를 보정하기 위해 1~3개월마다 1회씩 전해액을 균일하게 충전하는 방식이다.

5) **세류충전** : 자기 방전량만을 충전하는 부동충전의 일종으로 부하를 개방한 상태에서 미소전류를 충전하는 방식이다.

4-3-5 정류기 용량

정류기는 축전지를 충전하기 위한 충전장치이다. 일반적으로 사용되는 삼상 380[V] 부동충전으로 반도체소자를 사용한 정류기 용량은 다음과 같다.

$$P_{AC} = \frac{(I_L + I_C) \times V_D}{\cos\theta \times \eta \times 10^3} [\mathrm{kVA}] \tag{4.14}$$

$$I_{AC} = \frac{(I_L + I_C) \times V_D}{\sqrt{3} \times E \times \cos\theta \times \eta} [\mathrm{A}] \tag{4.15}$$

P_{AC} : 정류기 교류측 입력용량[kVA], I_{AC} : 정류기 교류측 입력전류[A]

I_L : 정류기 직류측 부하전류[A], I_C : 정류기 직류측 충전전류[A]

V_D : 정류기 직류측 전압[V], E : 정류기 교류측 전압[V]

$\cos\theta$: 정류기 역율[%], η : 정류기 효율[%]

4-4 무정전 전원장치(Uninterruptible Power Supply : UPS)

무정전 전원장치는 순시 전압강하나 전압 변동률을 제한한 고품위 무정전 장치로 최근 컴퓨터, 반도체 등 정밀산업과 인텔리젠트빌딩의 백업용으로 인버터를 통해 전압, 주파수를 안정시키고 축전지를 부착하여 정전될 때에도 안정된 전원을 공급하는 시설을 말한다.

4-4-1 무정전 전원장치의 구성

(1) 인버터의 사용방식

1) PAM(Pulse Amplitude Modulation)방식

이 방식은 그림과 같이 파형이 모양이 변조되고 저소음이고, 응답속도가 늦다. 따라서 소용량에 적합하다.

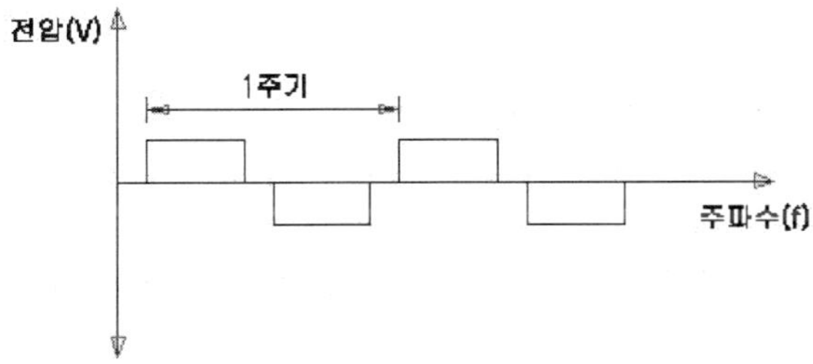

그림 4.7 PAM방식의 변조 파형도

2) PWM(Pulse Width Modulation)방식

이 방식은 그림과 같이 파형의 폭이 넓어지고 소음은 나지만 응답속도가 빠르다. 대용량에 적합하다.

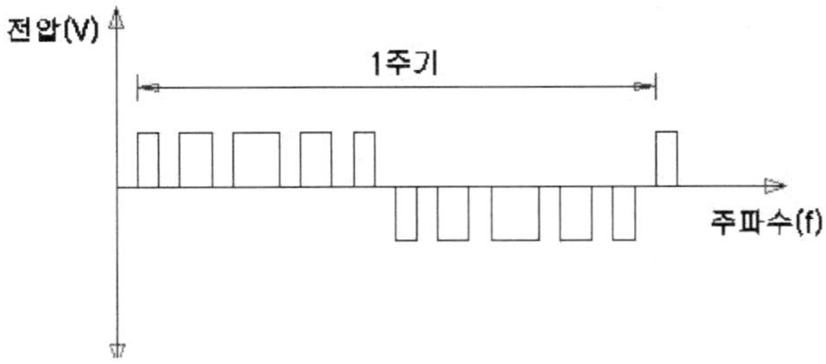

그림 4.8 PWM방식의 변조 파형도

(2) 무정전 전원장치의 원리

교류전원을 직류전원으로 바꾸어 정류한 후 인버터를 사용하여 전압, 주파수를 안정화 시키고 직류전원 축전지에서 사이리스터를 연결하여 정전될 때 고속 검출하여 축전지를 통해 전원을 공급하는 방식이다.

(3) 무정전 전원장치의 구성

무정전 전원장치의 구성은 정류기, 충전기, 축전지, 인버터, 직・교류 필터, 사이리스터 등으로 구성되어 있다.

① 정류기, 충전지, 직류필터 : 교류 전원을 고품질의 직류전원으로 변환하고, 축전지를 충전한다.
② 인버터, 교류필터 : 직류전원을 사용할 수 있는 고품질의 교류로 변환한다.
③ 축전지 : 정전 시 부하에 전원을 공급한다.
④ 사이리스터 : 정전 시 고속 검출하고 축전지로 전환하여 무정전의 전원을 보낸다.

4-4-2 무정전 전원장치의 사용

(1) 부하분류

무정전 전원장치는 투입순서에 따라 부하 중요도를 매기고 우선순위를 부여한다.

1) **1순위** : 컴퓨터 감시 장치, 방재센터, 통신시설, 국가 기간시설 등
2) **2순위** : 컴퓨터, 공조기, 승강기, 방재설비 등
3) **3순위** : 일반 동력, 전등 및 전열 등

(2) 무정전 전원장치의 결정 시 고려할 사항

1) 부하 합계표를 작성한다.
2) 전원의 과도현상을 제거한다.
3) 고조파 전류를 고려한다.
4) 추후 증설에 대비하여 충분한 용량을 확보한다.
5) 필요전원의 상(Phase)이나 전압값을 확인한다.
6) 단상부하는 불평형에 유의한다.

(3) 정격용량의 산정

1) **용량의 산정** : 부하용량 + 부하의 기동 돌입전류 + 차후 증설용량
2) **축전지의 용량산정** : 방전전류, 방전시간, 허용 최저전압에 의해 결정한다.

(4) UPS용 축전지

전원측에 설치되는 무정전 전원장치도 대형화 경향에 따라 상용전원의 정전될 때의 전원이 되는 축전지에도 대용량화가 요구되고 있다.

1) UPS용 축전지의 필요사항

① 높은 신뢰성
② 고 에너지 밀도
③ 고출력 밀도
④ 긴 수명
⑤ 경제성

2) UPS용 축전지의 선정

고효율 특성이 좋은 축전지를 선택해야 하며 필요조건은 아래와 같다.

① 방전 지속시간
② 방전전류
③ 최저 축전지 온도
④ 허용 최저 축전지 전압
⑤ 보수율

4-4-3 각종 전원장치의 비교

무정전 전원장치를 각종 전원 안정화 장치와 비교하면 아래 표와 같다.

표 4.10 각종 전원장치의 비교

기능	방식	장점	단점
AVR	유도전압조정기 (IVR)	① 가격이 싸다 ② 대용량(1,000kVA) 가능하다	① 기계적 기구가 많다 ② 수명이 짧다 ③ 반응속도가 늦다
	정지형 자동전압조정기 (AVR)	① 응답속도가 빠르다 ② 수명이 길다 ③ 보수가 필요 없다	① 유도전압조정기에 비해 고가이다

<table>
<tr><td rowspan="2">CVCF
FC(주파수 변환)</td><td>회전형
CVCF</td><td>① 서지내량이 크다
② 입력전원의 순간정전에 강하다</td><td>① 효율이 낮다.
② 주파수정제도가 낮다
③ 응답속도가 늦다
④ 진동소음이 크다
⑤ 보수가 복잡하다</td></tr>
<tr><td>정지형
CVCF</td><td>① 효율이 높다
② 주파수정제도가 높다
③ 응답속도가 빠르다
④ 진동 소음이 적다
⑤ 보수가 간단하다</td><td>① 서지 내량이 적다</td></tr>
<tr><td>UPS</td><td>정지형 UPS</td><td>① 효율이 높다
② 주파수정제도가 높다
③ 응답속도가 빠르다
④ 진동 소음이 적다
⑤ 보수가 간단하다
⑥ 정전 시에도 계속 전원공급이 가능하다</td><td>① 서지 내량이 적다</td></tr>
</table>

4-5 에너지 저장장치(Energy Storage System : ESS)

과잉 생산된 전력을 저장했다가 전력부족이 발생하면 송전해 주는 저장장치로 충전과 방전이 가능하다는 점에서 2차 전지의 한 종류로 분류된다. 이러한 에너지 저장장치는 잉여 전력을 저장함으로써 전력 생산의 효율화와 태양광, 풍력 등 신재생에너지를 생산할 때 출력을 안정화 하는데 쓰이며, 정전 등 비상시에도 활용할 수 있다.

4-5-1 에너지 저장기술

1) 개요

화학, 동역학, 위치 에너지 같은 여러 에너지 형태를 활용해 전기로 변환시킬 에너지로 저장하는 기술이다.

2) 물리적 저장방식

양수발전, 공기 압축식 전력시장, 플라이휠 등이 있는데 고출력 에너지를 신속히 저장할 수 있으나 초기 투자비가 많이 든다.

3) 화학적 저장방식

가장 일반적으로 사용하는 방식으로 화학반응식을 일으켜 전기를 생산하는 방법으로 리듐 이온(Li-ion), 나트륨 유황(NaS), 바나듐 레독스(Vanadium Redox)전지 등이 있다.

4-5-2 에너지 저장장치의 구성

1) EMS(Energy Management System)

전력을 운영 제어하고 전력제어 시스템(PCS) 및 건물관리 시스템(BMS)에 필요한 명령을 전달한다.

그림 4.9 EMS의 형태

2) PCS(Power Control System)

교류를 축전지 전원에 맞는 직류로 변환하고, 주파수 등을 평활하여 전력의 품질을 좋게 한다. 용량은 50, 100, 250[kW]이며, 동작은 직류전압 250~850[V]에 동작한다.

3) BMS(Building Management System)

축전지의 모니터링 및 전력 충방전 제어를 담당한다.

4) 축전지(Battery)

전력의 저장을 담당하며 수명은 10~12년 정도이며 효율은 85% 정도이다.

① 셀 : 축전지의 가장 기본단위이며 116.55[Wh]의 용량이다.

② 모듈 : 셀의 모임이며 14셀 2열로 되어 있으며 3.26[kWh]의 용량이다.

③ 랙 : 모듈의 모임이며 14모듈 + 1BTU로 되어 있으며 45.6[kWh]의 용량이다.

그림 4.10 셀, 모듈, 랙의 형태

4-5-3 에너지 저장장치의 활용 효과

1) 전력생산 효율화

① 부하에 따른 발전량 조절

② 전력수요 분산으로 피크(peak) 수요 완화

③ 발전기 예비전력 감쇄

2) 효율적인 에너지 사용

① 전기 사용 비용 절감

② 순간전압 저하 및 정전방지

③ 수요량 조절 및 UPS와 연계

3) 전력 품질 향상

4) 신재생에너지에 의한 불규칙한 발전량 보완

5) 전력망 부하 감소로 추가투자 비용 절감

6) 최대부하 제어

4-5-4 에너지 저장장치의 열폭주(Thermal Runaway)현상

열폭주현상은 배터리시스템 내의 타 배터리에 비해서 3[℃]이상 상승하는 현상을 의미한다. 열폭주가 일어나면 전압이 상승하거나 배터리가 부풀어 오르고 전해액의 온도가 상승하여 끓어오르는 현상이 발생하여 배터리 화재의 원인이 된다.

1) **열폭주의 원인**

① 건물에너지관리의 결함

건물에너지관리의 결함으로 인한 결로나 누수현상이 발생하여 배터리 셀의 냉각수가 제대로 돌지 않는다든가, 냉각수에 의해 셀들이 합선되는 경우이다.

② 설치작업자의 부주의

배터리 자체가 물리적 충격에 의해 내부분리막이 소손되어 현장에서 충·방전이 계속되는 경우 내부합선으로 열이 발생한다.

③ BMS결함 또는 보호장치 누락

배터리를 제어하는 BMS가 제대로 동작하지 못해 과충전과 방전을 막지 못해 셀이 가열하여 화재가 발생한다.

④ 내부 분리막의 합선

⑤ 온도제어 실패

2) **열폭주의 대책**

① ESS 전용 소형 셀을 사용

② 과 충·방전 방지

③ 열폭주에 생기는 가스누설 감시

④ 적응성(금속화재)있는 소화기 설치

그림 4.11 열폭주 현상

연습문제

1. 다음 중에 축전지를 극판에 따라 분류한 것이 아닌 것은?
   ㉮ 함침식 극판 ㉯ 페이스트식 극판
   ㉰ 포켓식 극판 ㉱ 소결식 극판

2. 다음 중에 연축전지의 특성이 아닌 것은?
   ㉮ 공칭전압 : 1.2[V/cell]
   ㉯ Ah당 단가가 낮다.
   ㉰ 축전지의 필요 셀수가 적다.
   ㉱ 충·방전 전압의 차이가 적다.

3. 다음 중에 알칼리 축전지의 특성이 아닌 것은?
   ㉮ 과방전, 과전류에 강하다.
   ㉯ 고효율 방전특성이 좋다.
   ㉰ 고온특성이 좋다.
   ㉱ 부식성 가스가 발생되지 않는다.

4. 다음 중에 밀폐형 축전지를 만드는 방법이 아닌 것은?
   ㉮ 촉매식 ㉯ 보조 전극식
   ㉰ 가스 흡수식 ㉱ 과승 액체식

5. 다음 중에 부하의 허용 최저전압이 90[V]이고, 축전지와 부하간 전압강하가 5[V]일 때 직렬 접속된 셀수가 54[cell]이면 허용최저전압은 얼마인가?
   ㉮ 1.7[V/cell] ㉯ 1.8[V/cell]
   ㉰ 1.9[V/cell] ㉱ 2.0[V/cell]

(풀이) $V = \frac{V_a + V_c}{n}[V/cell] = \frac{90+5}{54} \fallingdotseq 1.8[V/cell]$

▸ 정답

1. ㉮ 2. ㉮ 3. ㉰ 4. ㉱ 5. ㉯

6. 다음 중에 축전지의 충전방식이 아닌 것은?

㉮ 보통충전 ㉯ 긴급충전
㉰ 부동충전 ㉱ 균등충전

7. 무정전 전원장치의 결정 시 고려사항이 아닌 것은?

㉮ 부하 합계표를 작성한다.
㉯ 전원의 과도현상을 제거한다.
㉰ 과도 전압을 고려한다.
㉱ 추후 증설에 대비하여 충분한 용량을 확보한다.

8. 다음 중에 UPS용 축전지의 기본사항이 아닌 것은?

㉮ 방전심도 ㉯ 높은 에너지 밀도
㉰ 경제성 ㉱ 긴수명

9. 다음 중에 UPS용 축전지의 필요조건이 아닌 것은?

㉮ 방전 지속시간 ㉯ 방전전류
㉰ 보수율 ㉱ 최고 축전지 온도

10. 다음 중에 정지형 UPS의 장점이 아닌 것은?

㉮ 서지 내량이 크다. ㉯ 주파수 정제도가 높다.
㉰ 진동 소음이 적다. ㉱ 응답속도가 빠르다.

11. 다음 중에 에너지 저장장치(ESS)에 사용하는 전지가 아닌 것은?

㉮ 리튬이온 전지 ㉯ 나트륨황 전지
㉰ 레독스흐름 전지 ㉱ 알칼리 전지

12. 다음 중에 에너지 저장장치(ESS)의 활용 효과가 아닌 것은?

㉮ 전력생산 효율화 ㉯ 효율적인 역률제어
㉰ 최대부하 제어 ㉱ 전력품질 향상

▸ 정답

6. ㉯ 7. ㉰ 8. ㉮ 9. ㉱ 10. ㉮ 11. ㉱ 12. ㉯

단원 서술형 문제

1. 발전기의 엔진선정 시 고려사항에 대해 설명하라.

2. 발전기를 부하기능에 따라 설명하고 간단히 설명하라.

3. 가스터빈 발전기의 설계 시 고려할 사항에 대하여 설명하라.

4. 가스터빈 발전기를 사용할 부하에 대하여 설명하라.

5. 소방부하용 발전기의 용량산정인 PG_1 , PG_2 , PG_3 의 개념에 대해 간단히 설명하라.

6. 발전기 용량산정 외에 고려할 사항에 대하여 설명하라.

7. 발전기실의 건축적인 고려사항에 대하여 설명하라.

8. 소형 열병합발전기의 효과에 대하여 설명하라.

9. 소형 열병합발전의 문제점과 대책에 대하여 설명하라.

10. 발전기의 소음대책에 대하여 설명하라.

11. 연축전지와 알칼리축전지의 극판에 대해 설명하라.

12. 밀폐형 축전지를 만드는 방법에 대해 간단히 설명하라.

13. 축전지의 충전방식에 대하여 설명하라.

14. 무정전 전원장치(UPS)의 구성에 대하여 설명하라.

15. 무정전 전원장치의 결정 시에 고려할 사항에 대하여 설명하라.

16. 에너지 저장장치(ESS)의 활용 효과에 대해 설명하라.

단원 서술형 문제 풀이

번호	페이지	답
1	p248	1) 엔진선정 시 고려사항 참조
2	p250	(1) 부하기능에 의한 분류 참조
3	p252~253	④ 설계 시 고려사항 참조
4	p253	⑤ 가스터빈 발전기를 사용하면 유리한 부하 참조
5	p256-257	(2) 소방부하용 발전기 용량산정 참조
6	p257~258	(4) 용량산정 외에 고려하여야 할 사항 참조
7	p260	(1) 발전기실의 건축적인 고려사항 참조
8	p261	(1) 효과 참조
9	p264	(5) 문제점 및 대책 참조
10	p265	(1) 소음대책 참조
11	p270~271	(1) 연축전지, (2) 알칼리 축전지 참조
12	p272~273	(2) 밀폐형 축전지 참조
13	p277~278	4-3-4 충전방식 참조
14	p280	(3) 무정전 전원장치의 구성 참조
15	p280	(2) 무정전 전원장치의 결정 시 고려할 사항 참조
16	p284	4-5-3 에너지 저장장치의 활용 효과 참조

국가직무능력표준(NCS) 공부하기

분류번호 : 1901060103_16v3

능력단위 명칭 : 예비전원설비 설계

능력단위 정의 : 예비전원설비설계란 유지보수 및 계획·사고정전 시 자가발전설비, 축전지설비, 무정전전원설비, 에너지저장장치 등으로 전력을 공급하는 시스템을 설계하는 능력이다.

능력단위요소	관련목차
1901060103_16v3.1 자가발전설비 설계하기	4-1 개요, 4-2 발전기
1901060103_16v3.2 축전지설비 설계하기	4-3 축전지
1901060103_16v3.3 무정전 전원장치설비 설계하기	4-4 무정전 전원장치
1901060103_16v3.4 에너지저장장치 설계하기	4-5 에너지 저장장치

chapter 5

배선설비

직무	능력단위	능력단위코드
전기설비설계	배선설비 설계	1901060104_16v3

배선설비는 수용가의 전기실에서 분전반까지 가는 간선시설과 분전반에서 부하로 가는 분기시설로 되어 있다. 이러한 전기설비는 변압기 배전반을 거쳐 각 수용장소에서 분전반까지 연결되어 있으며 그곳으로 부터 조명기구, 콘센트, 전동기 등의 부하로 공급한다. 또한 배전선로에서 생기는 이상 현상으로는 고조파 현상이나 전압불평형, 전압변동 등이 있다.

5-1 간선설비

건물 내의 전력계통 중 인입점, 발전기 또는 축전지 등의 전원에서 변압기 또는 분전반 사이를 접속하는 배전선로 또는 배전반에서 각 전등분전반, 동력제어반에 이르는 배전선로를 **간선**이라 하며 배선으로는 보통 케이블을 이용한다.

5-1-1 배전방식

(1) 사용목적에 의한 분류

간선을 사용목적에 따라 분류하면

① 동력간선 { 일반 동력간선 : 일반용 급배수펌프, 승강기 등
비상용 동력간선 : 정전이나 화재 시 가동되는 동력

② 전등간선 { 일반 전등간선 : 일반전등
비상용 전등간선 : 정전이나 화재 시 점등되는 전등

③ 특수용간선 { 전산기기용 간선
기타 특수용도 간선

여기서 특수용 간선은 건물기능의 다양화와 부하특성의 복잡화 등으로 별도의 기능을 요구하는 동력간선이다

(2) 전압에 의한 분류

간선을 전압에 의해 분류하면 저압 간선, 고압 간선 및 특별고압 간선으로 분류할 수 있다.

①저압 간선 { 단상 2선식 : 220 [V] → 일반주택, 상가 등에 사용
삼상 3선식 : 220/440 [V] → 공장 및 빌딩에 사용
삼상 4선식 : 220/380 [V] → 삼상 동력 및 전등간선에 사용

②고압 간선 : 삼상 3선식 : 3.3 [kV], 6.6 [kV] → 대형부하의 고압 전동기, 중간 변전실로의 간선

③특별고압 간선 { 삼상 3선식 : 22 [kV] → 154[kV] 의 배전선로
삼상 4선식 : 22.9 [kV] → 자가용 수전설비

다음 그림은 전압에 따른 배전방식의 개념도이다.

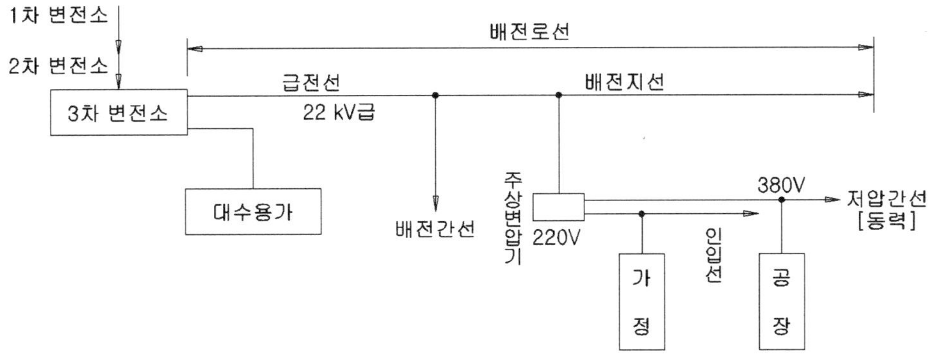

그림 5.1 배전방식의 종류

(3) 간선의 배선에 따른 분류

1) 나뭇가지형

① 나뭇가지처럼 위로 갈수록 부하가 감소하는 방식으로 간선이 분기되는 지점에 차단기를 설치해야 한다.

② 공사비가 적고 소규모 건물에 유리하다.

2) 나뭇가지 평행형

① 집중되어 있는 부하에 중간배전반을 설치하고 주 배전반부터 중간배전반까지는 평행형으로 하고 중간배전반에서 분전반까지는 나뭇가지 식으로 배선하는 방법이다.

② 고층건물에 몇 계층씩 묶어서 배선할 때 사용한다.

3) 평행형

① 배전반으로부터 각 분전반마다 단독으로 배선된다.

② 전압강하가 적고 사고가 발생할 때 파급범위가 적다.

③ 배선의 복잡하고 공사비가 많다.

④ 대용량 부하에 적합하다.

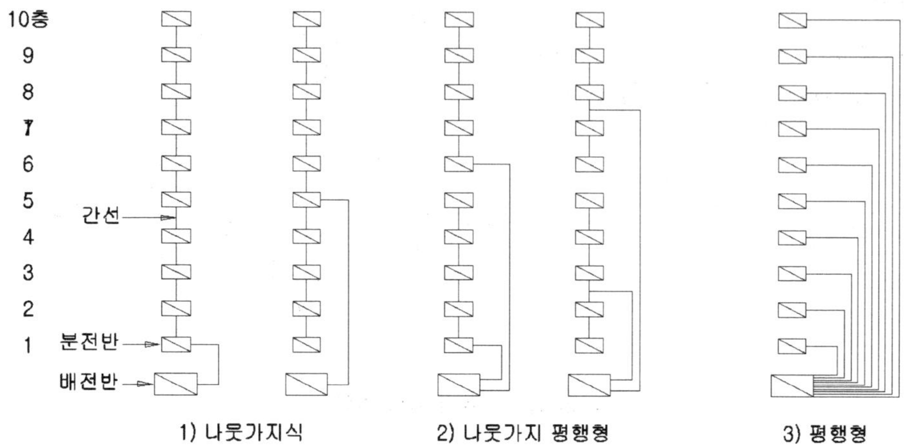

그림 5.2 간선의 배선방법

5-1-2 간선의 부설방식

간선의 부설방식은 건물의 형태, 간선용 배선재료에 따라 달라진다. 지하의 공동구를 이용하거나 전기용 샤프트(EPS)을 이용하여 케이블 트레이나 강관을 배관하며, 수배전반내의 배선은 용량이 크므로 버스덕트를 이용하고 콘크리트 매입 부분은 PVC파이프를 이용한다.

(1) 배선용 피트(Pit)

전기실, 발전기실, 기계실 등 일반인의 출입이 적은 실내에 사용하며 아래 그림과 같이 실내바닥에 홈을 파고 내부에 콘크리트로 마감하며 덮개는 금속제를 사용한다. 피트의 크기는 케이블의 수량과 크기에 따라 다르며, 지하에 있는 전기실의 바닥에 설치할 때 침수에 대비해야 한다.

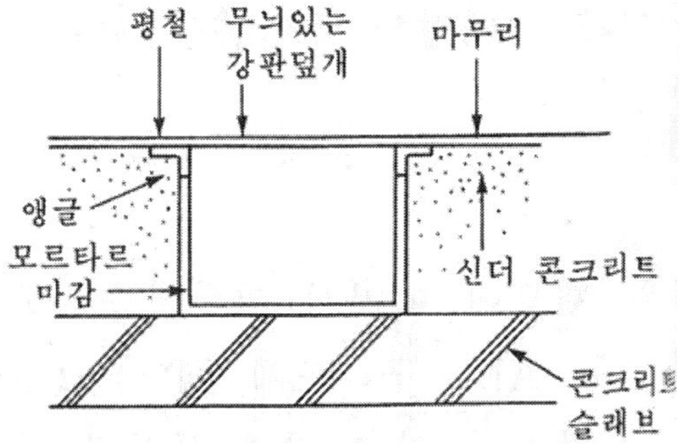

그림 5.3 배선용 피트의 단면도

(2) 금속덕트(Duct)

금속덕트는 공장, 빌딩 등의 전기실에서 다수의 옥내배선을 인출할 경우 등에 사용하며 절연전선이나 케이블을 포설하며, 설치 및 선정할 때 유의할 사항의 내용은 다음과 같다.

① 전선은 절연전선으로 하며 전선 단면적의 합계는 덕트 내부단면적의 20% 이하로 한다.
② 금속덕트의 폭이 50[mm]를 초과하고, 또한 두께가 1.2[mm] 이상인 철판 또는 금속제로 해야 한다.
③ 금속덕트는 3[m] 이하의 간격으로 견고하게 지지한다.
④ 금속덕트 안에서는 전선에 접속이 없어야 한다.

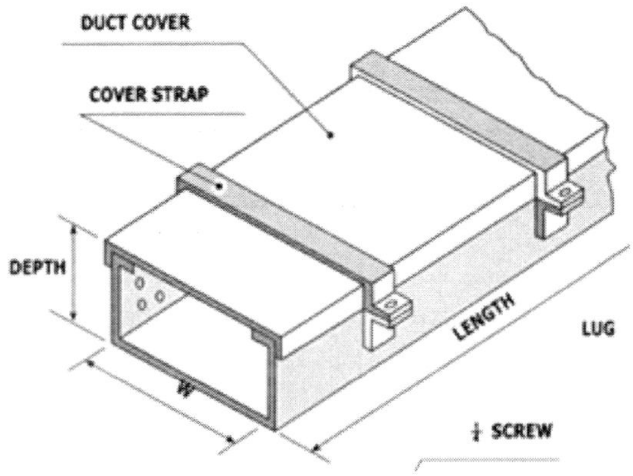

그림 5.4 금속덕트의 단면도

(3) 버스덕트(Bus Duct)

버스덕트는 도체와 덕트가 일체식으로 제작된 것으로 용량이 200[A]에서 5,000[A]까지 있고 대용량 간선에 적합하며 선로 정격전류의 1,000[A] 이상이어야 경제적이다.

변전실의 저압 대전류의 배전반 사이에 이동이나 대용량부하의 배전용으로 사용되며, 도체는 단면적 20[㎟] 이상의 띠 모양, 지름 5[mm] 이상의 관 모양이나 둥근 막대모양의 동 또는 단면적 30[㎟] 이상의 띠 모양의 알루미늄을 사용한다.

1) 사용재료

알루미늄도체에 철제덕트(Al-Fe), 알루미늄도체에 알루미늄덕트(Al-Al), 구리도체에 철제덕트(Cu-Fe) 및 구리도체 알루미늄덕트(Cu-Al) 등이 있으며 접속이 용이한 알루미늄도체에 철제덕트(Al-Fe)가 많이 사용된다.

2) 사용 시 장단점

① 화재 시 2차 재해가 없다.
② 보수가 간편하다.
③ 설치면적이 적다.
④ 전압강하가 적다.
⑤ 단락강도가 크다.
⑥ 전압변동이 적다.
⑦ 현장가공이 어렵다.
⑧ 접속부가 많다.
⑨ 재료의 가격이 높다.
⑩ 내진성이 약하다.

3) 버스덕트의 선정

버스덕트의 두께 선정은 아래 표와 같다.

표 5.1 버스덕트의 두께 선정

덕트의 최대 폭 (mm)	덕트의 판 두께(mm)		
	강 판	알루미늄판	합성수지판
150 이하	1.0	1.6	2.5
150 초과 300 이하	1.4	2.0	5.0
300 초과 500 이하	1.6	2.3	—
500 초과 700 이하	2.0	2.9	—
700 초과	2.3	3.2	—

4) 시설기준

① 덕트 상호간 전기적으로 완전히 접속한다.
② 덕트의 상호간 연결은 3[m] 이내로 하고 견고하게 접속한다.
③ 환기형을 제외한 덕트는 끝을 막고, 내부에 먼지가 침입하지 않게 한다.
④ 습기가 많은 장소 또는 물기가 있는 장소에 시설하는 경우는 옥외용 버스덕트를 사용하고 버스덕트 내부에 물이 침입하여 고이지 않게 한다.
⑤ 도체 지지물은 절연성·난연성 및 내수성이 견고한 것으로 한다.

그림 5.5 버스덕트의 형태

(4) 셀룰라덕트(Cellular Duct)

셀룰라덕트는 건축의 바닥구조에 사용하는 **덱 플레이트**(Deck Plate)의 일부를 이용해서 금속으로 된 공동(Cell)을 구성시킨 덕트에 **헤드 덕트**(Head Duct), **트렌치 덕트**(Tranch Duct), **플로어 덕트**(Floor Duct)를 직각으로 조립하여 그 내부에 전기배선을 하는 방법이다.

1) 특징

① 대형 철골조의 건물에 파형 덱 플레이트를 타설하는 경우가 많은데 이 덱 플레이트의 홈부분을 이용해서 전기의 배선공간으로 폐쇄하여 연속된 덕트를 구성하여 배선한다.

② 다른 배관공사에 비해 배선공간이 크고, 배선을 꺼내는 위치의 적정한 변경이 자유스러워 장래의 부하증설이나 위치변경에 대응하기 쉽다.

③ 셀룰러 덕트 안은 전선 접속점을 만들지 않는다.

2) 셀룰라덕트의 시공방식

① 덱 플레이트를 이용하지 않는 방식

그림과 같이 특별 셀룰라덕트를 제작하고 덱 플레이트와 같은 높이로 시공하여 거푸집의 역할도 하게 한 방식이다.

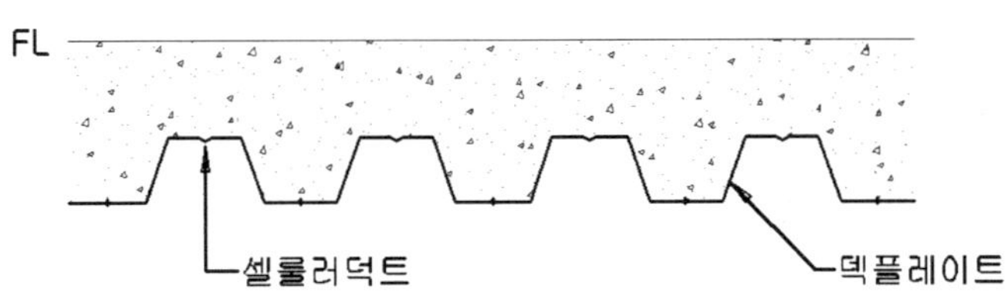

그림 5.6 덱 플레이트를 이용하지 않는 방식

② 덱 플레이트를 써포트 밑판에 달아 셀을 구성하는 방식

그림과 같이 건축공사에 병행해서 덱 플레이트에 밑판을 설치하는 방식이다.

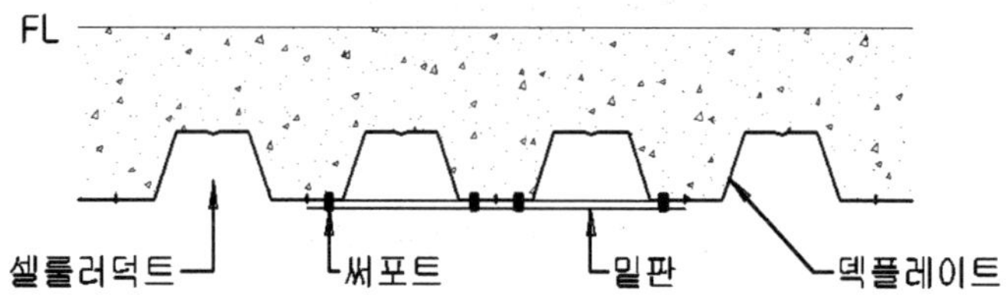

그림 5.7 써포트 밑판에 달아 셀을 구성하는 방식

③ 덱 플레이트에 철판용접을 해서 셀을 구성한 방식

그림과 같이 건축공사에 병행해서 덱 플레이트에 밑판에 철판용접을 해서 시설하는 방식이다.

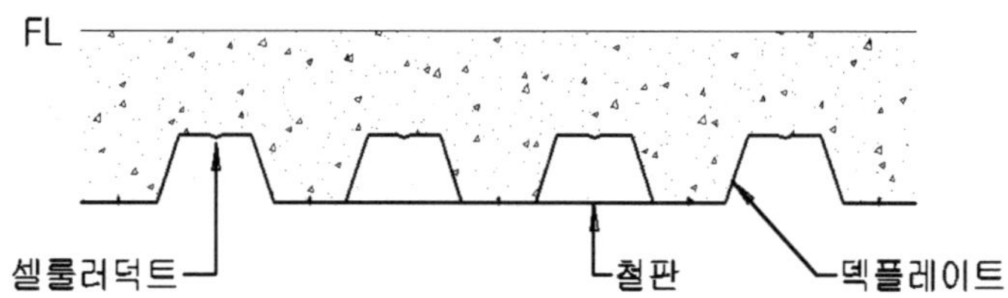

그림 5.8 플레이트에 철판용접을 해서 셀을 구성한 방식

3) 셀룰라덕트 및 부속품의 규격

① 덕트 및 부속품은 강판으로 구성하고 덕트의 절단면 및 내면은 전선의 피복을 손상시키지 않게 매끄럽게 한다.

② 셀룰라덕트의 내면 및 외면에 방청을 위해 도금 또는 도장한다.

③ 셀룰라덕트의 두께는 다음과 같다.

ⓐ 최대 폭 150[mm] 이하 : 판의 두께 1.2[mm] 이상

ⓑ 최대 폭 150[mm] 초과 200[mm] 이하 : 판의 두께 1.4[mm] 이상

ⓒ 최대 폭 200[mm] 초과 : 판의 두께 1.6[mm] 이상

ⓓ 부속품의 판 두께는 1.6[mm] 이상

4) 부속품의 종류

① 셀룰라 카프링(Coupling) : 셀과 셀의 접속을 한다.

② 셀룰라 엔드(End) : 말단을 막아 이물질의 침입을 방지 한다

③ 셀룰라 마커(Maker) : 셀룰라덕트의 시설위치를 표시한다.
④ 헤드 덕트(Head Duct) : 셀룰러덕트를 처음 접속하는 것을 말한다.
⑤ 트렌치 덕트(Tranch Duct) : 셀룰러덕트가 분기하는 것을 말한다.

5) 시설기준

① 전선은 절연전선으로 하며 전선 단면적 10[㎟] 이하를 제외하고는 연선을 사용한다.
② 셀룰라덕트 안에서는 전선에 접속이 없어야 한다.
③ 덕트의 종단부는 폐쇄한다.
④ 덕트 및 부속품은 물이 괴는 낮은 부분이 생기지 않게 시설한다.
⑤ 덕트 안 전선을 외부로 인출하는 경우 관통부분에 전선의 손상이 없어야 한다.

(5) 케이블 트레이(Cable Tray)

금속이나 알루미늄제 사다리로 된 전선로이며 이것을 벽이나 천정에 고정하여 케이블을 포설한다. 증설이나 유지보수가 편리하고 시공도 간단하여 배전간선으로 많이 사용한다.

1) 종류

① 사다리형 : 양 측면이 사다리처럼 가로 방향 부재로 연결된 형태이며, 가장 많이 사용한다.
② 펀칭형 : 직선방향 옆면 레일에서 바닥까지 통풍구가 있는 것으로 폭이 100[mm] 초과하는 경우이다.
③ 메시형 : 바닥에 바람이 통하는 구멍이 있는 트레이로 폭이 150[mm] 이하인 트레이이다.
④ 바닥 밀폐형 : 직선방향 옆면 레일과 바닥이 밀폐되어 있는 구조이다.

2) 시설방법

① 전선은 케이블 또는 전선관에 넣은 절연전선을 사용한다.
② 수용된 전선을 지지하는 강도이며 안전율은 1.5 이상이어야 한다.
③ 저압과 고압, 특고압 케이블을 동일 트레이에 설치하면 안 된다.
④ 금속제는 부식이 방지되고, 모든 트레이는 피복의 손상이 없어야 한다.
⑤ 트레이는 단층으로 함을 원칙으로 하고, 상시 전류가 흐르지 않는 보호도체는 복층으로 할 수 있다.
⑥ 케이블 지름의 합계는 트레이의 내측폭 이하로 하고 단층으로 시설한다.

3) 부속자재

① 레듀서(Reducer) : 서로 다른 규격의 트레이를 연결할 때 사용한다.
② 엘보(Elbow) : 수평과 수직구간의 연결에 사용한다.
③ 라이자(Riser) : 경사진 곳에 연결할 때 사용한다.
④ 티이(Tee) : 2방향으로 T형태로 분기할 때 사용한다.

그림 5.9 트레이의 형태

(6) 합성수지 전선관(PVC Pipe)

합성수지관은 옥내의 콘크리트 매입 전선관으로 사용하고 종래에는 내 충격용 비닐전선관을 주로 사용했으나 현재는 합성수지제 가요전선관을 사용하며, 전선은 단면적 10[㎟](알루미늄 16㎟)을 초과하는 것은 연선을 사용한다.

1) 종류

① 내 충격용 비닐전선관(Hi-PVC) : 옥내의 콘크리트 매입 배관에 많이 사용했으나 굴곡 등에 시공이 어려워 현재는 일부 사용하고 있다.
② 경질 비닐전선관(Ve-PVC) : 땅속에 매입배관 등 비교적 충격이 적은 장소에 사용하고 배관의 색상이 내 충격용보다 연한 회색을 띄고 있다.
③ 합성수지제 가요 전선관(CD관 또는 PF관) : 가요성이 있어 커넥터 등의 부속자재가 필요 없고 전선관 1본의 길이도 길어 시공성이 뛰어나며 색상도 다양하여 현재 콘크리트 매입 배관에 가장 많이 사용되고 있다. 여기서 CD는 Combined Duct, PF는 Plastic Flexible의 약어이다.
④ 파상형 경질폴리에치렌 전선관(FEP) : 옥외전력 인입, 단지 내 보안등 관로 등에 사용한다.

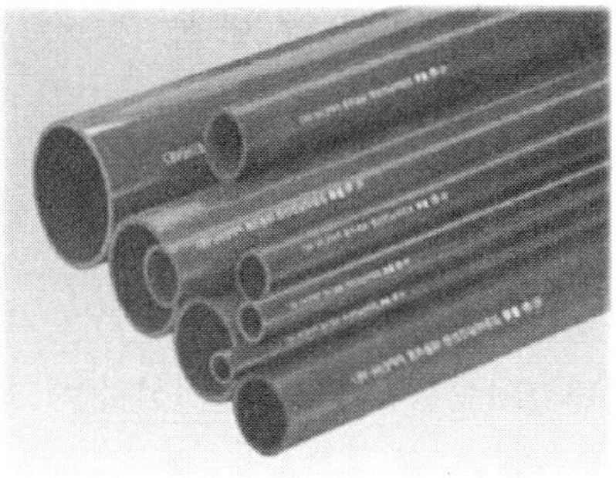

그림 5.10 내충격성 비닐전선관

그림 5.11 합성수지제 가요 전선관

2) 일반 특징

① 전기적 절연성이 우수하고 누전의 위험이 없다.
② 내약품성, 내습, 내수성이 뛰어나고 부식하는 일이 없다.
③ 시공이 간편하고 단가도 저렴하므로 공사비가 적다.
④ 금속에 비해 기계적인 강도가 뒤지므로 시공에 유의한다.
⑤ 배관 내 전선의 허용전류가 금속관에 비해 적다.
⑥ 열팽창계수가 크므로 신축을 고려하여 배관해야 한다.

3) 합성수지제 가요 전선관(CD관)의 특징

① 운반이 편리하다.
② 길어서 휨 가공이나 절단이 간편하고 작업성이 좋다.
③ 중간에 접속이 거의 없어 재료의 손실이 적다.
④ 여러 가지 색상으로 되어 있어 부하의 구분이 쉽다.
⑤ 마찰저항이 적어 입선하기 쉽다.
⑥ 가요성이므로 지지결속이 많아진다.

4) 시설기준

① 전선은 절연전선을 사용한다.
② 습기가 많은 장소 또는 물기가 있는 장소에 시설하는 경우 방습장치를 한다.
③ 합성수지관은 지지점의 거리를 1.5[m] 이하로 하고 관의 끝, 관과 박스의 접속점과 가까운 곳에 설치한다.
④ 관과 박스의 접속 깊이는 관의 바깥지름의 1.2배(접속재 사용 0.8배) 이상으로 하고 삽입 접속에 의해 견고하게 접속한다.
⑤ 합성수지제 가요관의 상호간 직접 접속하면 안 된다.

⑥ 이중천정 및 반자속 내에 합성수지관(CD관 포함)시설이 안 된다.

5) 합성수지제 가요 전선관(CD관) 시설이 가능한 장소

① 직접 콘크리트에 매입하여 시설하는 경우
② 전개된 장소에 시설하는 경우
③ 불연성 마감재 내부, 전용의 불연성 전선관 또는 덕트에 넣어 시설하는 경우

6) 부속자재

① 커프링(Coupling) : 전선관과 전선관의 접속에 사용된다.
② 커넥터(Connector) : 전선관과 박스를 연결하는데 사용한다.
③ 노말밴드(Normal band) : 90° 굴곡 부위에 사용하며 전선관의 관경이 28[mm] 이상 일 때 사용한다.

그림 5.12 부속자재의 모양

(7) 금속제 전선관(Conduit)

금속제 전선관은 모든 장소에 사용하고 합성 수지관에 비해 공사비가 비싸므로 건축물의 노출부분에 많이 사용하며, 전선은 단면적 10[㎟](알루미늄 16㎟)을 초과하는 것은 연선을 사용한다.

1) 특징

① 단락 시 외부에 불꽃이 튀지 않으므로 전기화재의 염려가 적다.
② 금속관이 전선관을 보호하고 있으므로 외부로부터 손상을 받지 않는다.
③ 안전하게 접지되므로 누전에 의한 화재 위험성이 없다.
④ 증설이나 개수할 때 전선을 변경하가 쉽다.
⑤ 방폭설비에도 유효하다.
⑥ 모든 시설 장소에 사용이 가능하다.

⑦ 공사비가 많이 들어간다.
⑧ 이동이 불편하고 시공하기가 어렵다.

2) 시설기준

① 콘크리트 강도를 유지하기 위해 배관을 2개 이하로 겹치게 한다.
② 전선관의 최소 곡률반경은 관의 반지름의 6배 이상으로 한다.
③ 전선관을 직각으로 굴곡 하는 장소를 4개소 이하로 한다.
④ 전선은 합성수지관을 준용한다.
⑤ 콘크리트에 매입할 경우 관 두께는 1.2[mm] 이상이며 그 이외는 1.0[mm] 이상 설치하면 된다.

3) 전선관의 규격

전선관은 두께가 엷은 박강관과 두꺼운 후강관으로 구분하며, 대부분 후강 전선관을 사용한다. 박강관의 규격은 홀수로 하며 외경치수를 나타내고, 후강관은 짝수로 하고 내경치수를 나타낸다.

① 박강전선관 : 19, 25, 31, 39, 51・・・・・・[mm]
② 후강전선관 : 16, 22, 28, 36, 42・・・・・・[mm]

4) 부속자재

① 커프링(Coupling) : 전선관과 전선관의 접속에 사용된다.
② 록너트(Rock Nut) : 전선관과 박스를 연결하는데 사용한다.
③ 노말밴드(Normal Band) : 90° 굴곡 부위에 사용하며 전선관의 관경이 28[mm] 이상일 때 사용한다.
④ 새들(Saddle) : 전선관의 설치고정에 사용된다.
⑤ 부싱(Bushing) : 전선관에 전선의 입선할 때 피복을 보호한다.
⑥ 링리듀서(Ring Reducer) :금속관을 박스에 취부 시 보조제품이다.

(9) 한국전기설비규정(KEC)의 배선설비

1) 배선설비 적용 시 고려사항

① 하나의 회로도체는 다른 다심케이블, 전선관, 케이블덕팅시스템 또는 케이블트렁킹 시스템를 통해 배선해서는 안 된다.
② 여러 개의 주회로에 공통 중성선을 사용하는 것은 허용되지 않는다.

③ 병렬도체 사이 부하전류가 균등하게 배분될 수 있도록 조치한다.

④ 도체상호간, 도체와 다른 기기의 접속은 내구성이 있는 전기적 연속성이 있어야 하며, 적절한 기계적 강도와 보호를 갖추어야 한다.

⑤ 화재의 확산방지를 위해 다음을 갖추어야 한다.

ⓐ 건축구조물 통과 후 규정된 내화등급에 따라 밀폐

ⓑ 관통 전의 각 부분의 등급 수준까지 내부도 밀폐

ⓒ 하중을 받는 건축 구조 부재의 통과 금지(통과 후 하중 보증 시 제외)

⑥ 전선의 접속점 및 연결점은 기계적 응력이 미치지 않아야 한다.

2) 배선설비의 공사방법

표 5.2 배선설비의 공사방법

전 선	케이블공사			전선관	케이블 트렁킹	케이블 덕트	케이블 트레이	애자 공사
	비고정	고정	지지선					
나전선	×	×	×	×	×	×	×	○
절연 전선	×	×	○	○	○	○	×	○
케이블 (다심)	○	○	○	○	○	○	○	△
케이블 (단심)	△	○	○	○	○	○	○	△

※ 용어해설

① 비고정 : 전선 및 케이블을 포설한 그 상태로 두는 방법

② 케이블 트렁킹 : 고정되는 본체부와 개폐할 수 있는 커버

③ 케이블 덕트 : 플로어 덕트나 금속 덕트가 해당

④ ○ : 사용가능, △ : 사용가능하나 잘 사용하지 않음, × : 불가능

3) 배선공사의 종류

표 5.3 공사방법의 종류

종류	공사방법
전선관공사	합성수지관공사, 금속관공사, 가요전선관공사
케이블트렁킹공사	합성수지몰드공사, 금속몰드공사, 금속트렁킹공사
케이블덕트공사	플로어덕트공사, 셀룰러덕트공사, 금속덕트공사
애자공사	애자공사
케이블트레이공사	케이블트레이공사
케이블공사	고정하지 않는 방법, 직접 고정하는 방법, 지지선 방법
※ 금속트렁킹공사 : 금속본체와 커버를 개폐할 수 있는 금속덕트를 말한다. 금속덕트공사 : 본체와 커버 구분 없이 하나로 구성된 금속덕트를 말한다.	

5-1-3 간선의 굵기 산정

(1) 간선결정의 요소

① 허용전류 : 간선이 견딜 수 있는 최대전류를 말하며, 각 전선별 허용전류는 KS C(한국 산업표준) 및 한국전기설비규정(KEC), 국제전기규격(IEC) 기준에 적용한다.

② 전압강하 : 전선의 길이에 대한 전압강하는 일반부하와 전동기부하의 기동이나 운전할 때를 고려하여 결정한다.

③ 간선의 온도상승 : 간선의 온도상승은 일반부하와 전동기의 기동할 때를 고려하여 결정한다.

④ 차단기와 보호협조 : 전선의 단면적에 대한 허용전류와 차단기의 단락용량을 고려한다.

⑤ 간선의 굵기 산정 : 허용전류, 전압강하, 온도 상승, 보호협조 등을 고려하여 간선의 굵기를 산정한다.

(2) 허용전류

1) 허용전류의 분류

배전선에 허용전류 이상의 전류가 흐르면 주울 열에 의해 전선이 열화 되어 화재의 원인이 된다.

$$I = K_1\sqrt{\frac{T_1 - T_2 - T_d - T_S}{nrR_{th}}}\,[\mathrm{A}] \tag{5.1}$$

여기서, I : 연속시 허용전류[A], n : 심선수

r : T_1℃에 있어서의 교류도체실효저항[Ω/cm], R_{th} : 전열저항[Ω]

T_1 : 도체의 최고 허용온도[℃], T_2 : 주위온도[℃]

T_d : 유전체 손실에 의한 온도상승[℃], T_s : 일사에 의한 온도상승[℃]

K_1 : 다조 포설에 있어서의 전류 저감률

① 상시 허용전류 : 정격부하에서 배전선에 흐르는 허용전류를 말하며 간선결정에 허용전류 산정 시 이것을 기준으로 산정한다. 또한 온도가 30℃ 이상, 전선관 내에 전선을 3본 이상 넣을 때 전류 감소계수를 적용한다.

② 순시 전류 : 기동전류가 큰 전기기계기구는 배전선의 손상 없이 0.5초 이내로 최대로 허용할 수 있는 순시전류를 고려한다.

③ 단락 시 허용전류 : 단락, 지락사고 시 고장전류가 흐르는 2초 이하의 짧은 시간동안 통전 가능한 허용전류를 고려한다. 이러한 단락전류의 결정값은 차단기 용량[kA], 전기기기의 열적강도, 보호계전기의 형식 및 정정에 참고하며, 단락전류 계산은 차단기편을 참조하면 된다.

단락전류가 발생하면 다음과 같은 영향이 생긴다.

ⓐ 계통안정도에 심각한 영향

ⓑ 기계의 열적, 기계적 파손이 발생

ⓒ 선로의 소손

ⓓ 인접 평행 통신선로에 유도장해의 발생

④ 간헐부하 허용전류 : 간헐부하를 개폐할 때 과도전류에 대해 고려한다.

2) 간선의 허용전류

① 일반부하의 허용전류

$$I_B = \frac{S}{\sqrt{3}\ V} \times \alpha \times h \times k[\mathrm{A}] \tag{5.2}$$

I_B : 회로의 설계전류(A)　S : 부하용량(kVA)

V : 정격전압(V)　α : 수용율

h : 고조파유입계수　k : 부하불평형에 대한 선전류 증가계수

② 전동기부하의 허용전류

$$I_m = \frac{P}{\sqrt{3}\ V \cdot \eta \cdot \cos\theta}[\mathrm{A}] \tag{5.3}$$

I_m : 전동기의 정격전류(A)　P : 전동기 출력(kW)

V : 정격전압(V)　η : 효율, $\cos\theta$: 역률

표 5.4 HIV, HFiX 절연전선 및 F-CV케이블 허용전류[단위 : A]

도 체		HIV (전선관시공)	HFiX (전선관시공)	F-CV 저압케이블 (단심 기중)
전선의 구분	공칭단면적 (㎟)	허용전류(A)	허용전류(A)	허용전류(A)
단 선	1.5	20		
	2.5	28		
	4	37		
	6	48		
	10	66		
연 선	1.5	19	19	27
	2.5	26	26	36
	4	35	35	47
	6	45	45	60
	10	61	61	82
	16	81	81	107
	25	106	106	144
	35	131	131	177
	50	158	158	216
	70	200	200	275
	95	241	241	340
	120	278	278	398
	150	318	318	460
	185	362	362	532
	240	424	424	638
	300	486	486	740
	400	579	579	868
	500			1,016
	630			1,188

① 허용전류는 KS C IEC 60364-5-52의 조건별 표에 따른다.

② 기(氣)중은 공기 중에 노출된 형태의 케이블 포설을 의미한다.

3) 전선의 허용전류에 영향을 미치는 요소

① 절연물과 허용온도

표 5.5 절연물에 따른 허용온도

절연물의 종류	허용온도(℃)
염화비닐(PVC)	70(전선)
가교폴리에치렌(XLPE) 및 에틸렌프로필렌(EPR)	90(전선)
무기질(PVC 피복 또는 나전선 피복으로 사람이 접촉할 우려가 있는 것)	70(시스)
무기질(접촉에 노출되지 않고 가연성 물질과 접촉할 우려가 없는 나전선)	105(시스)

② 주위온도 : 케이블 및 절연전선의 기준을 기중 30[℃], 지중 20[℃]로 한다.

③ 토양의 열저항률 : 토양의 열저항률은 2.5[K・m/W]이며, 국내 부합화한 값 1.5[K・m/W] 이다.

④ 2회로 이상인 경우 : 그룹 보정계수는 최악의 조건을 가진 절연전선이나 케이블 그룹을 적용한다.

⑤ 부하도체의 수 : 통전되는 전선의 개수이며, 평형부하에서는 중성선은 포함되지 않는다.

⑥ 병렬전선 : 부하의 전류가 균등하게 분배하도록 한다.

⑦ 경로중 시설조건의 변화 : 온도 등에서 가장 나쁜 조건의 부분에 적합하도록 허용전류를 결정해야 하며, 0.35[m] 이내의 시설조건 변화는 무시한다.

(3) 전압강하

전류가 배전선로를 통과할 때 전선의 임피던스에 의해 전압이 감소되는 현상을 말한다. 전압강하가 10%을 초과하면 기기의 작동 및 수명에 나쁜 영향을 주므로 수전전압이나 부하의 형태에 대해 한국전기설비규정(KEC)에서 규정하고 있다.

$$\text{전압강하율}\,(\epsilon) = \frac{V_S - V_R}{V_R} \times 100\ [\%] \begin{cases} V_S : \text{송전단 전압}\,[\mathrm{V}] \\ V_R : \text{수전단 전압}\,[\mathrm{V}] \end{cases} \tag{5.4}$$

수용가 설비에서의 전압강하는 다음 표와 같다.

표 5.6 수용가설비의 전압강하

수전전압	전압강하 [%]	
	조명	기타
저압으로 수전하는 경우	3	5
고압 이상으로 수전하는 경우	6	8
※ 고압 이상으로 수전하는 경우 사용자의 배선설비가 100[m]를 넘는 부분의 전압강하는 미터 당 0.005% 증가 할 수 있으나 이러한 증가분은 0.5%를 넘지 않아야 한다.		

1) 전압강하의 계산법

① 교류전압에서의 전압강하

$$\epsilon(\%) = \frac{K_w \times I_B \times L(\cos\theta + \sin\theta)}{V} \times 100 \tag{5.5}$$

여기서, K_w : 전기방식에 의한 계수

R : 전선 1m 당의 저항 [Ω/m]

X : 전선 1m 당의 리액턴스 [Ω/m], θ : 역율각[°]

I_B : 전류 [A], L : 선로의 길이 [m]

표 5.7 전기방식에 의한 계수(K_w)

전기방식	K_w
단상 2선식	2
단상 3선식	1
3상 4선식	1
3상 3선식	$\sqrt{3}$

② 직류전압에서의 전압강하

전선 단면적과 전압강하는 전기방식별로 표 5.8을 참조하면 된다.

표 5.8 전기방식별 전선의 굵기

전기방식	전압강하 [V]	전선의 단면적 [㎟]
직류 2선식	$e = \dfrac{35.6\,IL}{1000A}$	$A = \dfrac{35.6\,IL}{1000e}$
직류 3선식	$e = \dfrac{17.8\,IL}{1000A}$	$A = \dfrac{17.8\,IL}{1000e}$

※ A : 전선의 단면적 [㎟], e : 각선간의 전압강하 [V]
I : 부하전류 [A], L : 전선의 길이 [m]

③ 전동기에서의 전압강하

$$\epsilon(\%) = \frac{K_w \times I_{ms} \times L(R\cos\theta_s + X\sin\theta_s)}{V} \times 100 \qquad (5.6)$$

여기서, I_{ms} : 전동기 기동전류(A) $\cos\theta_s$: 전동기 기동시 역률

$\sin\theta_s$: 전동기 기동시 무효율

2) 허용전압강하를 결정할 때 고려사항

① 부하의 기기를 손상시키지 않는 범위일 것
② 부하단자 전압의 변동 폭이 적을 것
③ 각 부하 단자전압이 균일 할 것
④ 배전중의 전력손실이 적을 것
⑤ 경제적일 것

3) 전압강하를 고려한 전선 굵기

전압강하를 고려한 전선의 굵기는 다음 사항을 고려한다.
① 간선, 수용률, 역률 등을 고려하여 최대 사용전류를 산출한다.
② 전압강하의 한도를 간선, 분기회로 별로 결정한다.
③ 부하중심까지의 거리를 결정한다.

(4) 간선의 온도상승

1) 단락고장전류

단락고장전류에 의한 도체의 온도상승을 고려한 단면적은 다음 식과 같다.

$$S = \frac{I_s \times \sqrt{t_n}}{k \times n} \times \alpha [mm^2] \tag{5.7}$$

I_s : 단상고장전류(A) α : 여유계수(보통;1.0 ~ 1.25)

t_n : 도체가 단시간 허용온도에 도달하는시간(s)

k : 절연물의종류, 주위온도에 따른상수(PVC : 115, PE : 143)

n : 병렬도체수

※ 여기서 $t_n = (\frac{S \times k}{I_{Smin}})^2$ 로 표시되며, I_{Smin}은 최소단락전류(A)

2) 전동기의 기동전류

전동기의 기동전류에 의한 도체의 온도상승을 고려한 단면적은 다음 식과 같다.

$$S = \frac{I_m \times \beta \times \sqrt{t_m}}{k \times n} \times \alpha [mm^2] \tag{5.8}$$

I_m : 기동시 전류(A) β : 전전압 기동배율(보통 : 7.2)

t_m : 전전압 기동시간(s)

표 5.9 전동기의 출력에 전전압 기동배율

전동기 출력(Kw)	2.2	5.5, 11, 22	30, 37	45, 55, 75
기동 배율	9.0	8.0	7.5	7.0

(5) 간선과 차단기의 보호협조

간선과 차단기의 보호협조는 아래 식을 만족하여야 하며, 만족하지 못하는 경우 전선의 단면적을 조정하여 다시 산정하여야 한다.

$$I_B < I_n < I_Z \cdots\cdots (1조건) \tag{5.9}$$

$$I_2 \leq 1.45 \times I_Z \cdots\cdots (2조건)$$

I_B : 회로의 설계전류 I_n : 보호장치의 정격전류

I_Z : 케이블의 허용전류 I_2 : 보호장치의 동작보장전류(60분)

(6) 전선의 단면적

1) 전선의 최소 단면적

표 5.10 전선의 최소 단면적

배선설비의 종류	사용회로	재료	단면적(㎟)
케이블 및 절연전선	전력 및 조명회로	동 알루미늄	2.5 10
	신호 및 제어회로	동	1.5
나전선	전력 및 조명회로	동 알루미늄	10 16
	신호 및 제어회로	동	4
절연전선 및 케이블의 가요접속	특정기기 기타기기 특별 저전압회로	동	관련 IEC규정 0.75 0.75

2) 중성선의 단면적

① 회로에 중성선이 있는 경우 그 단면적은 다음 경우 상전선 이상일 것

ⓐ 단상 2선식의 모든 회로

ⓑ 다상이나 회로에서 전선의 단면적이 동선 16[㎟], 알루미늄선 25[㎟] 이하일 때

ⓒ 3상 회로에서 제3고조파 및 제3고조파의 홀수 배수의 고조파 전류가 흐를 가능성이 높고 총 고조파 왜형이 15%~33%인 경우

② 다상회로에서 중성선이 상선보다 단면적이 적어도 되는 경우

ⓐ 통상적인 사용 시에 상과 제3고조파 전류 간에 회로 부하가 균형을 이루고 있고 제3고조파 홀수배수 전류가 상선 전류의 15%이하일 때

ⓑ 중성선은 과전류보호가 이루어져 있을 것

ⓒ 중성선의 굵기는 전선의 단면적이 동 16[㎟], 알루미늄 25[㎟] 이상일 것

③ 제3고조파 및 제3고조파 홀수배수의 고조파 왜형이 33% 초과하는 경우

ⓐ 다심케이블은 중성선의 단면적은 상선과 같아야 하며, 단면적은 부하 전류의 1.45배 이상으로 한다.

ⓑ 단심케이블은 상선은 부하전류 값과 중성선은 부하전류의 1.45배로 할 수 있다. 즉 이 경우 중성선이 상선보다 더 굵다.

5-2 분기회로

저압 옥내간선으로부터 분기하여 분전반을 거쳐 콘센트 및 전등, 동력부하에 이르는 회로를 분기회로라고 한다.

5-2-1 분기회로의 종류

분기회로의 종류는 회로를 보호하는 분기과전류 차단기의 정격전류에 따라 분류하며, 다음 표는 전류별 분기회로의 종류이다.

표 5.11 분기회로의 종류

분기회로의 종류	분기 과전류차단기의 정격전류
15A 분기회로	15A
20A 배선용차단기 분기회로	20A(배선용 차단기에 한한다)
20A 분기회로	20A(퓨즈에 한한다)
30A 분기회로	30A
40A 분기회로	40A
50A 분기회로	50A
50A를 초과하는 분기회로	배선의 허용전류 이하

5-2-2 분기회로

(1) 부하의 상정

건축물에 사용하는 장소의 전등 및 소형 전기기구의 예상부하를 산정한다.

1) **설비부하용량** $= AS_A + AS_B + C$ [VA] (5.10)

A : 건축물의 바닥면적 [㎡] B : 건축물 부분의 바닥면적 [㎡]

S_A : A부분의 표준부하 [VA/㎡] S_B: B부분의 표준부하 [VA/㎡]

C : 가산할 부하 [VA]

표 5.12 건축물의 표준부하(S_A)

구분	건축물의 종류	표준부하 [VA/㎡]
1	주택, 아파트, 사무실, 은행, 이발소, 미용원	30
2	기숙사, 여관, 호텔, 병원, 학교, 음식점, 다방, 대중목욕탕	20
3	공장, 공회당, 사원, 교회, 극장, 영화관, 연회장 등	10

표 5.13 건축물의 부분별 표준부하(S_B)

구분	부분적인 표준부하	표준부하 [VA/㎡]
1	강당, 관람석	10
2	복도, 계단, 세면장, 창고, 다락	5

2) 표준부하에 따라 추가 산출해야 하는 가산 부하 [VA]

① 주택, 아파트(1세대마다)에 대해서는 500~1,000[VA]

② 상점의 진열창에 대해서는 진열창 폭 1[m] 대하여 300[VA]

③ 옥외의 광고등, 전광사인, 네온사인 등의 [VA]수

④ 극장, 댄스홀 등의 무대조명, 영화관 등의 특수 전등부하 [VA]수

(2) 집합주택의 부하상정

① 1호당 사용전력량 : 바닥면적(㎡) × 30[VA/㎡] + (1,000~500)[VA] 상정한 사용전력량이 3[kVA] 이하일 때는 3[kVA]로 한다.

② 전기로 취사, 난방 하는 전 전화(全 電化)주택의 경우는 다음과 같다.
세대 단위부하 = 바닥면적(㎡) × 60[VA/㎡] + 4,000[VA] 상정한 사용전력량이 7[kVA] 이하일 때 7[kVA]로 한다.

(3) 분기회로 산정 시 고려해야 할 사항

① 전등과 콘센트회로는 분리한다.

② 분기회로의 전선의 길이는 전압강하를 고려하여 약 30[m] 이하로 하고 굵기도 10[㎟] 이하로 하며, 전선관도 콘크리트 매입 시는 28[mm] 이하가 좋다.

③ 임대건물의 층간 면적이 클 경우 36[㎡](6m×6m)마다 1회로로 구분하고, 복도나 계단은 70[㎡]마다 1회로로 산정한다.

④ 같은 스위치로서 점멸되는 전등은 같은 회로로 한다.
⑤ 같은 방, 같은 방향의 수구는 가능하면 같은 회로로 한다.
⑥ 분기회로는 별도의 분기차단기를 설치한다.
⑦ 복도, 계단 등은 가능하면 같은 회로로 한다.

(4) 분기회로의 수

사용전압 220[V]의 15[A], 20[A]분기회로 수는 부하상정에서 나온 설비 부하용량[VA]에서 3,300[VA]로 나눈 값을 원칙으로 한다. 이때 나온 수치가 소수점일 때 절상한다.

표 5.14 분기회로의 최대수구 수

<table>
<tr><th>분기회로의 구성</th><th>수구의 종류</th><th colspan="2">최대수구 수</th></tr>
<tr><td rowspan="4">15A 분기회로
20A 배선용
차단기 분기회로</td><td>전등수구전용</td><td colspan="2">제한하지 않음</td></tr>
<tr><td rowspan="2">콘센트 전용</td><td>주택 및 아파트</td><td>제한하지 않음. 다만, 정격소비전력이 공칭전압 220V는 3kW, 110V는 1.5kW 이상인 냉방기기, 취사용기기 등 대형전기기계기구를 사용하는 경우 콘센트는 1개로 함</td></tr>
<tr><td>기타</td><td>110V 회로에는 10개 이하, 220V 회로에는 15개 이하, 미장원, 세탁소 등에서 업무용 기계기구를 사용하는 콘센트는 1개를 원칙으로 하고 동일 실내에 설치하는 경우에 한하여 2개까지로 한다.</td></tr>
<tr><td>전등 수구와 콘센트 병용</td><td colspan="2">전등수구는 제한하지 않음.
콘센트는 콘센트 전용 난에 따른다.</td></tr>
<tr><td rowspan="2">20A 분기회로
30A 분기회로
40A 분기회로
50A 분기회로</td><td>대형 전등 수구 전용</td><td colspan="2">제한하지 않음</td></tr>
<tr><td>콘센트 전용</td><td colspan="2">2개 이하</td></tr>
</table>

5-2-3 분전반

분전반은 배전반으로부터 각 간선에서 소요되는 부하의 배분을 분기하는 개소에 설치하는 것으로 배선용 차단기(MCB)와 누전차단기(ELB) 등으로 구성된다.

분전반 설치할 때 고려해야 할 사항은 다음과 같다.

① 분전반 설치는 가능한 부하의 중심부에 위치하며 미관을 고려하여 설치하고, 대형 빌딩은 각 층의 전기 샤프트(EPS)를 이용한다.
② 분전반 1면의 공급범위는 1,000[㎡]이며 예비회로를 포함해 40회로 이하로 한다.
③ 1층에 1개씩의 분전반을 구성하고 분기회로의 길이가 20~30[m] 이하로 한다.
④ 매입형 분전반일 때 벽의 두께를 고려한다.
⑤ 분전반은 보수점검이 용이하고 화재가 발생할 때 사용해야 하므로 가구나 기타 물건 등을 분전반 앞에 놓지 말아야 한다.
⑥ 분전반을 여러 개 설치할 경우에 사이 간격을 60[mm] 이상 이격한다.

연습문제

1. 다음 중에 저압간선에 사용하는 배선방식이 아닌 것은?
   ㉮ 단상 2선식 ㉯ 단상 3선식
   ㉰ 삼상 3선식 ㉱ 삼상 4선식

2. 다음 중에 간선의 평행형 배선에 대한 설명이 아닌 것은?
   ㉮ 배전반으로부터 각 분전반마다 단독으로 배선된다.
   ㉯ 전압강하가 적고 사고가 발생할 때 파급범위가 적다.
   ㉰ 배선의 복잡하고 공사비가 많다.
   ㉱ 소용량 부하에 적합하다.

3. 다음 중에 전기실, 발전기실, 기계실 등 일반인의 출입이 적은 실내의 바닥에 설치하는 간선의 부설방식은?
   ㉮ 배선용 피트 ㉯ 금속덕트
   ㉰ 버스덕트 ㉱ 케이블 트레이

4. 다음 중에 금속덕트에 대한 설명 중에 틀린 것은?
   ㉮ 전선 단면적의 합계는 덕트 내부단면적의 20% 이하로 한다.
   ㉯ 두께가 1.2[mm] 이상인 철판 또는 금속제로 해야 한다.
   ㉰ 금속덕트는 2[m] 이하의 간격으로 견고하게 지지한다.
   ㉱ 금속덕트 안에서는 전선에 접속이 없어야 한다.

5. 다음 중에 버스덕트의 장점이 아닌 것은?
   ㉮ 화재 시 2차 재해가 없다. ㉯ 보수가 간편하다.
   ㉰ 전압강하가 적다. ㉱ 현장가공이 쉽다.

6. 다음 중에 케이블 트레이의 종류가 아닌 것은?
   ㉮ 사다리형 ㉯ 평판형
   ㉰ 펀칭형 ㉱ 바닥 밀폐형

▸ 정답

1. ㉯ 2. ㉱ 3. ㉮ 4. ㉰ 5. ㉱ 6. ㉯

7. 다음 중에 케이블 트레이의 시설방법이 아닌 것은?

㉮ 전선은 케이블 또는 전선관에 넣은 절연전선을 사용한다.
㉯ 수용된 전선을 지지하는 강도이며 안전율은 1.5 이상이어야 한다.
㉰ 고압과 특고압 전선을 동일 트레이에 설치하면 안 된다.
㉱ 금속제는 부식이 방지되고, 모든 트레이는 피복의 손상이 없어야 한다.

8. 다음 중에 케이블트렁킹공사가 아닌 것은?

㉮ 합성수지몰드공사
㉯ 금속덕트공사
㉰ 금속몰드공사
㉱ 금속트렁킹공사

9. 다음 중에 합성수지 전선관의 일반 특징이 아닌 것은?

㉮ 전기적 절연성이 우수하고 화재의 위험이 없다.
㉯ 내약품성, 내습, 내수성이 뛰어나고 부식하는 일이 없다.
㉰ 시공이 간편하고 단가도 저렴하므로 공사비가 적다.
㉱ 금속에 비해 기계적인 강도가 뒤지므로 시공에 유의한다.

10. 다음 중에 합성수지 전선관의 시공 시 유의할 사항이 아닌 것은?

㉮ 온도변화에 따른 신축을 고려한다.
㉯ 전선은 절연전선을 사용한다.
㉰ 합성수지관은 지지점의 거리를 1.5 [m] 이하로 한다.
㉱ 관과 박스의 접속 깊이는 관의 바깥지름의 1.0배 이상으로 한다.

11. 합성수지 전선관의 부속자재 중에 전선관과 박스를 연결하는 것은?

㉮ 커넥터
㉯ 카프링
㉰ 노말밴드
㉱ 새들

12. 다음 중에 금속제 전선관의 특징이 아닌 것은?

㉮ 방폭 설비에도 유효하다.
㉯ 모든 시설 장소에 사용이 가능하다.
㉰ 공사비가 적게 들어간다.
㉱ 이동이 불편하고 시공하기가 어렵다.

▸ 정답

7. ㉰ 8. ㉯ 9. ㉮ 10. ㉱ 11. ㉮ 12. ㉰

13. 다음 중에 금속제 전선관의 시공 시 유의할 사항이 아닌 것은?
   ㉮ 콘크리트 강도를 유지하기 위해 배관을 2개 이하로 겹치게 한다.
   ㉯ 전선관의 최소 곡률반경은 관의 반지름의 6배 이상으로 한다.
   ㉰ 전선관을 직각으로 굴곡 하는 장소를 3개소 이하로 한다.
   ㉱ 관의 두께는 1.2[mm] 이상으로 한다.

14. 금속제 전선관에 전선이 입선할 때 피복을 보호하는 것은?
   ㉮ 부싱　　㉯ 새들
   ㉰ 록너트　　㉱ 링리듀서

15. 다음 중에 셀룰라덕트의 두께에 대한 설명 중에 틀린 것은?
   ㉮ 최대 폭 150[mm] 이하 : 판의 두께 1.2[mm] 이상
   ㉯ 최대 폭 150[mm] 초과 200[mm] 이하 : 판의 두께 1.4[mm] 이상
   ㉰ 최대 폭 200[mm] 초과 : 판의 두께 1.6[mm] 이상
   ㉱ 부속품의 판 두께는 2.0[mm] 이상

16. 다음 중에 셀룰라덕트의 시공방법이 아닌 것은?
   ㉮ 전선은 절연전선으로 한다.
   ㉯ 셀룰라덕트 안에서는 전선에 접속이 없어야 한다.
   ㉰ 덕트의 종단부는 개방한다.
   ㉱ 덕트 및 부속품은 물이 괴는 낮은 부분이 생기지 않게 시설한다.

17. 다음 중에 KEC에서 정한 배선설비의 접속방법에서 고려할 사항이 아닌 것은?
   ㉮ 도체와 절연재료　　㉯ 소선의 가닥수와 형상
   ㉰ 도체의 단면적　　㉱ 따로 접속되는 도체의 수

18. 다음 중에 단락전류가 발생할 때 생기는 영향이 아닌 것은?
   ㉮ 계통안정도에 심각한 영향
   ㉯ 대지전위가 높아짐
   ㉰ 선로의 소손
   ㉱ 평행 통신선로에 유도장해의 발생

▶ 정답

13. ㉰　14. ㉮　15. ㉱　16. ㉰　17. ㉱　18. ㉯

19. 송전단 전압이 230[V], 수전단 전압이 220[V]일 때 전압강하율은?

㉮ 2.5[%] ㉯ 3.5%]

㉰ 4.5[%] ㉱ 5.5[%]

(풀이) 전압강하율 $= \dfrac{V_S - V_R}{V_R} \times 100\,[\%] = \dfrac{230-220}{220} \times 100 \fallingdotseq 4.5[\%]$

20. 다음 중에 허용 전압강하를 결정할 때 고려사항이 아닌 것은?

㉮ 부하의 기기를 손상시키지 않는 범위일 것

㉯ 부하단자 전압의 변동 폭이 적을 것

㉰ 각 부하 단자전압이 균일 할 것

㉱ 송전중의 전력손실이 적을 것

21. 다음 중에 KEC에서 중성선이 상선보다 단면적이 적어도 되는 경우는?

㉮ 단상 2선식의 모든 회로

㉯ 중성선이 과전류보호가 되고 있을 때

㉰ 회로에서 전선의 단면적이 동 16[㎟] 이상일 때

㉱ 회로에서 전선의 단면적이 알루미늄 16[㎟] 이상일 때

22. 다음 중에 분기회로의 설명 중에 틀린 것은?

㉮ 같은 스위치로서 점멸되는 전등은 같은 회로로 한다.

㉯ 같은 방, 같은 방향의 수구는 가능하면 같은 회로로 한다.

㉰ 분기회로는 별도의 분기차단기를 설치한다.

㉱ 복도, 계단 등은 가능하면 층별 회로로 한다.

23 다음 중에 분전반에 대한 설명 중에 틀린 것은?

㉮ 분전반 1면의 공급범위는 1,500[㎡]이다.

㉯ 분기회로의 길이가 20~30[m] 이하로 한다.

㉰ 매입형 분전반일 때 벽의 두께를 고려한다.

㉱ 분전반은 보수점검이 용이하고 화재가 발생할 때 사용해야 하므로 가구나 기타 물건 등을 분전반 앞에 놓지 말아야 한다.

▸ 정답

19. ㉰ 20. ㉱ 21. ㉯ 22. ㉱ 23. ㉮

5-3 배선전선

배전전선에는 절연전선(Wire)과 케이블(Cable)가 있고 피복과 도체만 있는 것은 전선이고 피복과 절연체 및 도체가 있는 것은 케이블이다. 보통 간선에는 케이블이 사용되고 분기선에는 전선이 사용된다.

교류의 전선별 색상은 상선은 갈색, 흑색, 회색 순이며 중성선은 청색, 보호도체는 녹색이나 노랑색으로 중성선과 보호도체 겸용인 곳은 한색을 쓰고 다른 색을 표시하도록 했으며 직류는 (+)선은 적색, (-)선은 백색이며 중간도체는 청색이다.

5-3-1 절연전선

도체에 절연물을 피복한 것으로 절연물은 면, 고무, 합성수지 등이다. 절연물은 강도가 크고, 절연저항, 내열성이 큰 것이 필요하며, 사용 장소에 따라 내산성이 요구된다. 현재는 IEC기준에 맞추어 450/750[V] 이하로 생산하고 있다.

1) 옥외용 비닐절연전선(OW)

주로 가공전선로에 사용하는 염화비닐수지를 주체로 한 컴파운드로 절연된 단심 절연전선이다.

2) 450/750V 비닐절연전선(60227 KS IEC 01)

건축물의 옥내배선으로 사용하며 염화비닐수지를 주체로 한 1[kV] 이하의 설비에 사용된다.

3) 저독성 난연 가교폴리올레핀 절연전선(450/750V HFIX)

1[kV] 이하의 옥내배선에 주로 사용하고 있으며 내열성 가용물을 사용한 가교폴리올레핀를 주체로 하며 화재 시 독성이 현저히 낮다.

4) 인입용 비닐절연전선(DV 3R)

1[kV] 이하의 가공인입선에 사용되며, 염화 비닐수지를 주체로 한 절연된 다심의 절연전선이다.

5) 유연성 비닐절연전선(60245 KS IEC02)

1[kV] 이하 전기기기 배선에 사용하는 유연한 가연성의 절연전선이며, 염화 비닐수지를 주체로 컴파운드한 것이다. 도체는 주석도금과 연동선을 연합한 것으로 크기는 0.75[㎟]

에서 16[mm²]까지이다.

6) 내화 및 내열전선

① 내화전선 : 소방용 간선에 사용하며 FR-8이 대표적이다. 내화전선은 버너의 노즐에서 75[mm]거리에서 온도가 750±5℃인 불꽃으로 3시간 가열한 후 12시간 경과 후에 3A의 퓨즈로 내화시험 전압을 가할 때 단선이 되지 않는 성능이다.

② 내열전선 : 소방용 분기선에 사용되며 FR-3이 대표적이다. 내열전선은 온도가 816±10℃인 불꽃을 20분 가열 후 10초 이내 자연소화가 되고, 전선의 연소된 길이가 180[mm] 이하거나 가열온도의 값을 한국 산업표준에서 정한 건축구조부분 내화시험에 의거 15분 동안 380℃까지 가열한 후 전선의 연소 길이 150[mm] 이하일 것이다.

그림 5.13 내화전선과 내열전선의 구조

5-3-2 코드(Cord)

코드는 주로 400[V] 이하 소형전기기기에 사용하는 것인데 고무코드와 비닐코드가 있다. 고무코드는 내열성이 좋아서 열기구에 사용되고, 비닐코드는 착색이 쉽고 외관이 아름다워서 가정용 전기기구에 사용한다.

(1) 고무코드

① 단심코드 : 절연체 위에 광택사 또는 인조사 등의 연사로 외부 편조한 형태이다.

② 꼬임코드 : 단심코드를 필요한 것만 연합한 형태이다.

③ 편조코드 : 고무에 실이나 천을 개재하여 외부 편조한 형태이다.

④ 평형코드 : 도체 두개를 일정한 간격으로 평형하여 배열한 곳에 절연물을 부착한 것인데 쉽게 분리할 수 있는 형태이다.

⑤ 캡타이어 원형코드 : 필요한 수의 선심을 연합하여 고무재료로 선심사이를 절연한 형태이다.

(2) 비닐코드

주로 실내에 사용하고 소형전기기구의 인입선으로 사용하며, 2개연 비닐코드, 평형코드, 비닐 캡 타이어 원형코드가 있다.

5-3-3 케이블

전력케이블은 고무, 플라스틱, 기름종이 등으로 절연하고 고무, 플라스틱, 연피, 동대피복으로 보호한 배전용 케이블이며 도체는 연동선, 알루미늄을 사용한다.

케이블의 종류를 대별해 보면 구조 및 절연물별로는 지절연(OF)케이블, 광케이블, 종이절연, 비닐, 폴리에치렌 절연케이블로 나누고, 용도별로는 전력용, 제어용, 특수용 케이블로 나눌 수 있다.

1) 0.6/1kV **비닐절연 케이블**(VV) : 염화비닐수지로 절연체 및 피복을 한 것으로 옥내에 사용한다.

2) 0.6/1kV **폴리에치렌절연 비닐시즈 케이블**(CE) : 1[kV] 이하 전력용 및 제어용으로 이용하며 절연체는 폴리에치렌으로 피복은 염화비닐수지를 한 것이며 종래의 옥내 전력선으로 많이 사용하였다.

3) 0.6/1kV **가교 폴리에티렌 절연 비닐시즈 케이블**(CV) : 1[kV] 이하 전력용 및 제어용으로 이용하며 절연체는 내열성을 강화한 가교 폴리에티렌으로 피복은 염화비닐수지를 한 것이 옥내 전력선으로 사용하고 있으며, 노출배선은 화재시 독성을 완화한 저독성 가교 폴리에티렌 케이블(HFCO)이 많이 사용된다.

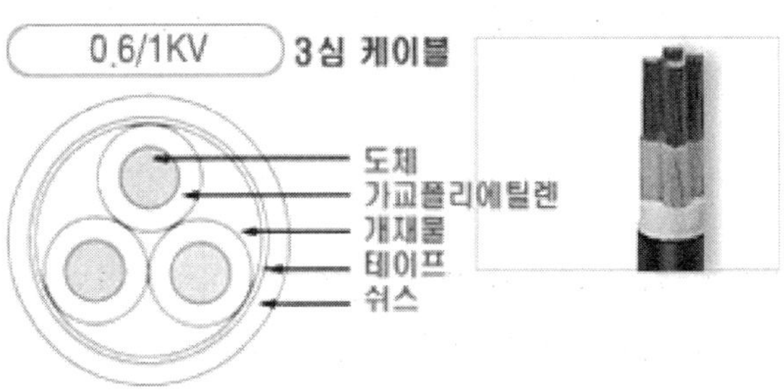

그림 5.14 0.6/1kV 가교 폴리에치렌 케이블의 구조

4) 6/10kV **고압인하용 가교 폴리에치렌 케이블**(3/6 kV PDC) : 3.3, 6.6[kV]에 사용하는 전력케이블이며, 단심과 3심이 있다.

5) **500V 무기질 절연 케이블** :동관에 동선 및 산화마그네슘 등의 분말상 무기물을 충진 봉입해서 달군 후 비닐 또는 폴리에치렌을 피복한 것으로 도로, 마루 등의 가열용으로 내열성이 필요한 곳에 사용한다.

6) **특고압 케이블** : 중성선이 포함된 CV케이블로서 삼상 4선 22.9 [kV]선로의 인입에 사용하며, 케이블의 최소는 60, 200, 325, 600 [㎟]이다. 종류는 옥내에 인입하는 곳에 사용하는 22.9kV 난연성 동심중성선 전력케이블(90℃)인 FR CNCO-W와 지중으로 인입하는 곳에 사용되는 22.9kV 수트리억제 충실 전력케이블(90℃)인 TR CNCE-W이 있다.

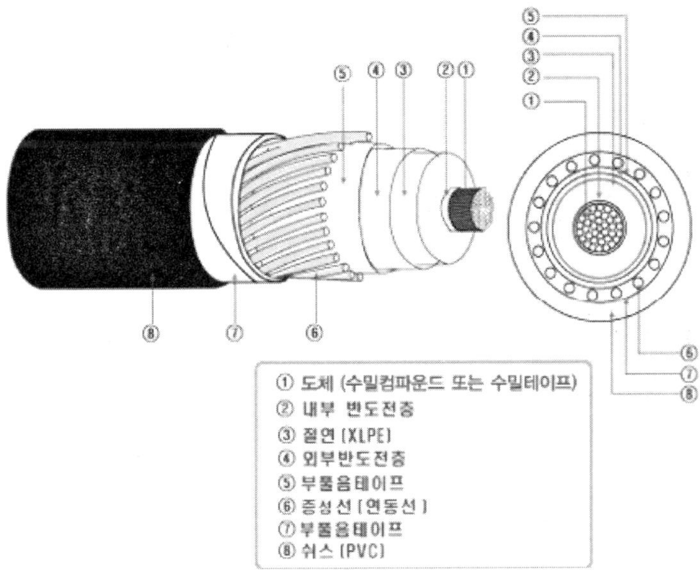

그림 5.15 22.9kV TR CNCE-W 케이블의 구조

8) **제어용 케이블**

1[kV] 제어회로에 사용하는 염화비닐수지를 주체로 한 컴파운드를 절연체 및 피복으로 나타낸 것이다. 케이블선의 식별은 착색이나 넘버링에 의하며 7개의 색상으로 전선을 구별한다.

① CVV : 제어용 비닐절연 및 비닐피복 무차폐형으로 선심을 적당한 게재물과 함께 원형으로 결합하고 테이프를 붙인 것을 말한다.

② CVS : 제어용 비닐절연 및 비닐피복 차폐형으로 선심을 적당한 게재물과 함께 원형으로 결합하고 비닐로 그 틈새를 채운 것을 말한다.

③ CVVS : 제어용 비닐절연 및 비닐피복 차폐형으로 선심을 적당한 게재물과 함께 원형으로 결합하고 연동테이프에 차폐붙인 것을 말한다.
④ CCV : 제어용 케이블으로서 폴리에틸렌절연 비닐시즈 케이블이다.
⑤ CCE : 제어용 케이블으로서 폴리에틸렌절연 폴리에틸렌시즈 케이블이다.

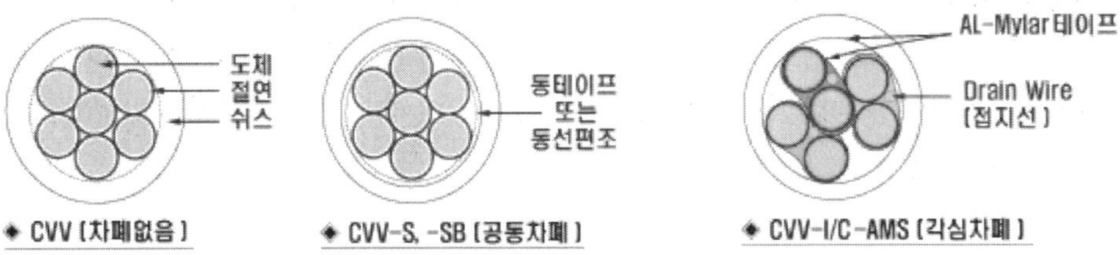

그림 5.16 제어용 케이블의 구조

5-4 배전용 개폐기

5-4-1 저압 개폐기

옥내배선의 전로를 개폐하거나 보수하기 편리하게 하기 위해 개폐기를 시설한다. 저압 개폐기가 필요한 장소는 아래와 같다.

① 부하전류를 끊거나 흐르게 할 필요가 있는 장소
② 인입구, 기타 고장, 점검, 측정, 수리 등에서 개로할 필요가 있는 장소
③ 퓨즈의 전원측

(1) 커버나이프 스위치(Cover Knife Switch)

대리석, 베크라이트, 사기 등의 절연물 위에 날, 날받이 및 퓨즈로 구성되어 있고, 앞면을 카버로 덮고 선간에도 격벽을 만들어 커버를 열지 않고 전로를 개폐할 수 있다. 커버는 요소수지나 멜라민수지 등 내소호성 수지 성형품을 사용하며 충전부가 노출되지 않아 사용하기 편하다.

① 단투 방식
ⓐ 극수 : 2, 3[P]　　　　ⓑ 퓨즈 : 있는 것과 없는 것

ⓒ 정격 : 250[V] ⓓ 전류 : 15, 30, 60, 100[A]

ⓔ 차단전류 : 1,500~2,000[A]까지

② 쌍투 방식

ⓐ 극수 : 2, 3[P] ⓑ 퓨즈 : 없음

ⓒ 정격 : 250[V] ⓓ 전류 : 15, 30, 60, 100[A]

ⓔ 차단전류 : 1,500~2,000[A]까지

(2) 전자개폐기(Magnetic Switch)

전자개폐기는 전동기, 히터, 램프, 전자밸브 등 각종 부하개폐에 사용되며 높은 운전 신뢰성과 다른 전자기기와 조합이 용이하다.

① 구조

회로의 개폐제어를 하는 전자접촉기와 전동기의 과부하를 보호하는 열동형 과전류 계전기를 조합한 것이다. 전자석의 여자에 의해 폐로하고 소자에 의해 개로하는 접촉자를 가지며 전기회로의 빈번한 개폐에 견디는 개폐부와 과부하계전기, 조작개폐기 등이 있다. 정격은 전압이 690~1,000[V]이며, 수[A]~수천[A]의 정격전류를 가진다.

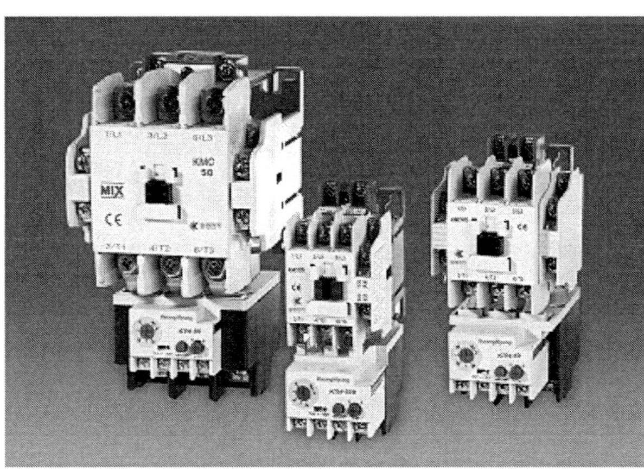

그림 5.17 교류 전자 개폐기

② 종류

ⓐ 조작형태 : 교류 조작형, 직류 조작형, 직・교류 공용형으로 분류한다.

ⓑ 과전류 계전기(Thermal relay) : 과부하형(1E), 과부하 결상보호(2E), 과부하, 결상, 역상보호(3E) 등이 있다.

③ 동작특성

전동기 기동용 전자개폐기의 특성은 정격전류 600%에서 2~3초, 200%에서 4분 이내, 125%에서 2시간 이내에 작동한다.

④ 적용 시 주의사항

ⓐ 전자개폐기의 등급에 맞게 적용한다.

가. AC 1급 : 비유도성, 소유도 저항부하

나. AC 2급 : 권선형 유도전동기 기동, 개방, 역전제동

다. AC 3급 : 농형 유도전동기 기동, 개방

라. AC 4급 : 농형 유도전동기 기동, 역전제동, 승강기,

ⓑ 전동기의 기동 및 정지가 많은 부하 : 대표적인 것이 승강기이며 기동 시 정격전류의 6배가 흐르므로 개폐기의 등급을 고려해야 한다.

ⓒ 보호협조 : 단락될 때 개폐가 안 되므로 퓨즈와 차단기로 보호협조한다.

ⓓ 조작회로의 이상전압 : 과전압은 수명이 저하되고, 저전압은 오차가 생기거나 코일이 소손된다.

ⓔ 사용환경 :진애, 부식성가스, 바람과 비에 노출된 곳에 보호할 수 있는 적합한 형태로 해야 한다.

ⓕ 보수점검 : 정기적으로 접지 및 절연저항 등을 측정한다.

5-4-2 저압 차단기

(1) 배선용 차단기(Molded Case Circuit Breaker : MCCB)

과전류가 흐를 때 자동적으로 회로를 차단해서 선로를 보호하는 것으로 퓨즈와 다르게 그 자신의 손상 없이 재투입이 가능하다. 분기회로용은 회로 개폐와 고장전류를 차단하는 두 가지 역할을 한다.

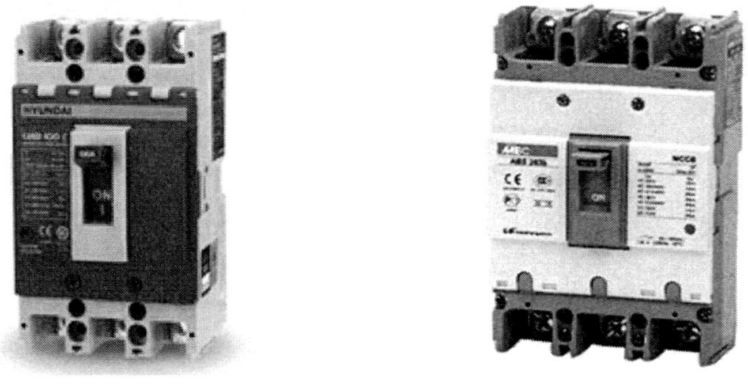

그림 5.18 배선용 차단기의 형태

1) 원리

동작원리는 바이메탈이라는 열 온도 팽창계수가 다른 2장의 금속편을 붙여서 온도가 높아지면 팽창하여 구부러지는 성질을 이용하여 차단기를 동작한다. 보통 정격전류 120%에서 동작하며 용량은 30, 50, 75, 150, 200, 225, 250, 300, 400, 500, 600[A] 등이다.

2) 목적에 따른 분류

① 배전선 보호용
배전선의 과전류 시 전로를 보호하는 것으로 단락 차단용량[kA]에 따라 경제형, 표준형, 고차단형으로 구분한다.

② 전동기 보호용(Motor Breaker)
전동기의 기동전류를 감안하여 순시적인 과전류에 차단되지 않는 구조이다.

③ 주택용
주택, 아파트, 준주택, 숙박시설 등에 사용하는 분전반으로 일반인이 사용할 수 있는 장소에 사용하며, 순시트립 범위와 작동특성을 국제 전기규격(IEC)을 기준으로 설정하였다.

3) 차단장치에 의한 분류

① 열동전자식 : 바이메탈을 이용한 것이다.

② 전자반발식 : 차단부의 도체 사이에 발생하는 전자반발력을 이용한 것이다.

③ 전자식 : 전로상태를 내장한 마이크로컴퓨터에서 판단시켜 차단시키는 방법인데 차단특성을 광범위하게 조정이 가능하다.

4) 차단기의 용량선정

① 프레임(Flame) 용량 : 차단기의 외함이 견딜 수 있는 전류치를 말한다. 보통 [AF](Ampere Flame)로 표시한다.

② 트립(Trip) 용량 : 차단기가 개방되는 전류를 말한다. 보통 [AT](Ampere Trip)로 표시한다.

③ 단락(Short Circuit) 용량 : 차단기가 단락전류에 성능을 보장할 수 있는 최대전류를 말한다. 단위는 [kA]이며, 단락용량의 크기에 따라 높은 순서대로 고차단형, 표준형, 경제형으로 구분한다.

5) 특징

① 전로를 개폐할 수 있는 기능과 차단 기능이 있다.

② 재투입 및 반복 사용이 가능하다.
③ 결상사고를 막을 수 있다.
④ 전기신호를 송출하여 원격지에서 투입 개폐조작이 가능하다.
⑤ 절연함에 넣어 감전의 위험이 없다.
⑥ 내구성이 크다.

6) 성능시험

① 정격전류 125, 200%에 시험한다.
② 내구성시험 : 1,000회 개폐를 시험한다.
③ 절연저항은 5[MΩ] 이상, 과전압은 정격전압×2+1,000(최저 1,500V)에서 2분간 시험한다.

(2) 직류차단기(DC Circuit Breaker)

신재생에너지 등 직류전원에 의한 차단장치가 필요하므로 직류차단기를 사용하는데 교류와 달리 자연적으로 전류가 영점에 도달하지 않기 때문에 전류차단이 어렵다. 따라서 직류전류를 강제적으로 전류 영점을 발생시킬 수 있는 장치를 갖추어야 하며, 직류전류의 크기를 감소시키기 위하여 유도성회로에 저장된 에너지를 소진시켜야 하고 전류차단에 의한 과전압을 억제해야 한다.

1) 전류 영점발생 방법

① 역전압발생방식
② 전류전환방식
③ 발산전류진동방식
④ 역전류주입방식

(3) 누전차단기(Earth Leakage Breaker : ELB)

저압의 전로에 누설전류가 생겼을 경우에 전로를 즉시 차단하여 감전 사고를 방지하는 기능을 가진 차단기이다.

1) 사용목적

① 감전을 보호한다.
② 누전으로 인한 화재를 방지한다.

③ 전기설비 및 전기기기를 보호한다.
④ 기타 계통에 파급사고를 방지한다.

2) 구조

① 소호장치 : 과전류의 차단 시 아크를 소호하는 장치이다.
② 과전류 차단장치 : 과전류가 발생할 때 동작하는 장치이다.
③ 시험버튼 : 전원이 있는 상태에서 누설전류에 의해 동작하는지 여부를 알아보는 버튼으로 정상적일 때 버튼을 누르면 동작하여 차단된다.
④ 누전 차단장치 : 영상변류기(ZCT)에 의해 영상전류가 흐를 때 차단기를 트립하는 장치이다.

3) 누전차단기의 시설장소

① 사람의 접촉이 우려되는 50[V]을 초과하는 저압의 금속제 외함을 가지는 기계기구에 전기를 공급하는 전로에 지락이 발생했을 때
② 특고압, 고압 또는 저압전로와 변압기에 의하여 결합하는 사용전압 400[V] 이상의 저압전로
③ 주택의 전로 인입구
④ 정격 32[A] 이하의 이동용 전기기기
⑤ 옥측 및 옥외에 시설하는 저압의 전기 간판에 전기를 공급하는 경우
⑥ 의료장소의 전로(정격감도 전류 30[mA] 이하, 동작시간 0.03초 이내)
⑦ 가로등에 시설하는 방전등에 공급하는 전로의 사용전압이 150[V]를 초과할 때
⑧ 욕조나 샤워시설이 있는 욕실 또는 화장실 등 인체에 젖어있는 상태에서 전기를 사용하는 콘센트를 시설하는 경우
⑨ 이외에도 다음에 명시한 장소
ⓐ 습기가 많은 장소에 시설하는 전로
ⓑ 옥외에 시설하고 사람이 접촉하기 쉬운 장소의 전로
ⓒ 건설공사용 등에 가설하는 전로

4) 누전차단기의 종류

① 전압동작형 : 누설되는 영상전압에 의해 검출한다.
② 전류동작형 : 영상변류기에 의해 불평형전류(영상전류분)에 의해 검출한다.
ⓐ 순전자식 : 영구자석의 자력(磁力)에 의해 가동철심이 개방된다.
ⓑ 반도체식 : 반도체 증폭기로 증폭하여 트립 코일을 여자하여 차단한다.

③ 보호목적

ⓐ 지락보호용 : 지락 보호기능만 있는 것으로 퓨즈와 배선용차단기와 조합하여 사용 한다.

ⓑ 지락, 과부하, 단락 겸용 : 지락보호와 배전용차단기의 기능을 가지며 일반적인 형태이다.

ⓒ 누전보호 릴레이 겸용 : 지락할 때 내장된 보조접점이 동작하여 경보접점을 출력한다.

④ 동작시간

ⓐ 고속형 : 정격감도전류에서의 동작시간이 0.1초 이내(인체 감전보호용은 0.03초 이내)

ⓑ 시연형 : 정격감도전류에서의 동작시간이 0.1초 초과~2초 이내

ⓒ 반한시형 : 정격감도전류에서의 동작시간이 0.2초 초과~1초 이내, 1.4배의 정격감도전류에서는 동작시간이 0.1초 초과~0.5초 이내 정격감도 전류 4.4배에서 0.05초 이내

5) 누전차단기 선정

① 정격감도전류

차단되는 주회로의 지락전류를 말하며, 인체에 직접 영향을 주면 30[mA] 고감도형으로 하고 누전화재는 100, 200, 500[mA]정도이다.

② 동작시간

지락 시 동작시간이 짧을수록 감전보호에는 효과적이므로 인체에 위해가 되는 곳은 고속형을 사용하고 공장설비 등에 여러 대가 설치할 때 정전범위를 감안하여 시연형(0.1~0.2초 지연)을 사용한다.

③ 정격단락용량

회로의 단락전류에 따라 선택하며, 기존에는 배선용 차단기보다 차단용량이 낮았으나 현재는 비슷하다.

④ 정격전류

부하의 정격전류에 따라 차단전류를 정하면 된다.

6) 누전차단기 선정할 때 유의할 점

① 전동기 회로 : 기동전류를 감안하여 모터 전용차단기를 선정한다.

② 공용 전등회로 : 고감도형으로 할 때 일반적인 사소한 누전에도 자주 정전이 되므

로 시연형이나 감도를 조정할 필요가 있다.

③ 저항용접기 회로 : 수 사이클(Cycle)의 간헐 대전류가 발생하므로 전용 누전차단기를 시설한다.

④ 인버터 회로 : 고조파발생에 따른 불평형 전류에 의해 오동작 하는 경우가 있으므로 접지선로에 방향계전기를 설치하여 상시 고조파에는 동작 않고 지락 고조파에만 동작하게 한다.

⑤ 공장에서 여러 개의 누전차단기 : 지락사고가 발생할 때 정전을 최소화하기 위해 구역별 지락 보호협조를 한다.

그림 5.19 누전차단기의 형태

5-5 배전선로의 이상 현상

5-5-1 고조파(harmonic, 高調波)

최근에 사이리스터(Thyristor)등의 반도체 응용기기의 보급과 인버터를 이용한 주파수제어장치가 보편화 되면서 파형이 일그러진 고조파전류가 발생하여 배전계통의 각종 기기에 악영향과 장해를 일으킨다.

(1) 고조파의 발생

1) 고조파의 정의

고조파가 포함된 파형을 비 정현파로 나타내며 비 정현파는 기본파(Sine Wave)와 기본파의 배수 주파수 성분으로 나눈다. 이 기본파의 배수인 주파수 성분 중에 부하에 영향을 주는 성분의 고주파(高周波)를 고조파라 한다.

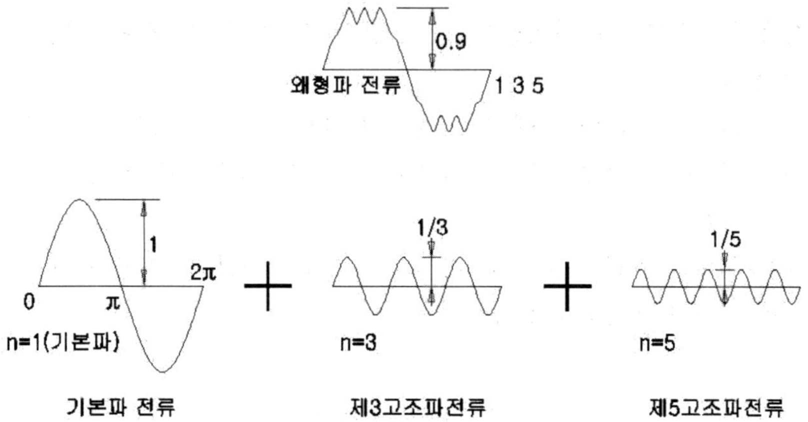

그림 5.20 고조파의 발생

2) 고조파의 발생기기

배전선로의 각종 이상 현상이 그림과 같이 기본파의 정수배인 고조파가 발생하며, 고조파 발생의 주요기기를 보면 다음과 같다.

① 변환장치에 의한 고조파 : 정류기나 인버터회로의 스위칭 소자에서 발생한다.
② 아크로에 의한 고주파 : 플리커 현상이 대부분이나 고조파도 발생한다.
③ 회전자에 의한 고조파 : 발생량이 적다.
④ 변압기에 의한 고조파 : Y결선일 때 제3고조파가 발생한다.

3) 고조파의 전류계산

$$I_n\,[\mathrm{A}] = \mathrm{k_n} \times \frac{\mathrm{I}}{\mathrm{N}} \begin{cases} \mathrm{I_n} \ : \text{고조파 전류 [A]}, k_n \ : \text{상수에 따른 정수} \\ I \ : \text{정격전류 [A]}, N \ : \text{상수} \end{cases} \tag{5.11}$$

※ 고조파 차수 : 3, 5, 7, 9, 11, 13, 23, 25 등

(2) 선로 및 기기에 미치는 영향

1) 고조파에 의한 과전류

① 전류 실효값의 증대 : 기기의 과열현상이 일어난다.
② 고조파에 의한 와전류 증대 : 기기의 과열, 이상음, 진동이 발생한다.
③ 장해기기 : 변압기, 콘덴서, 형광등, 유도전동기 등이 있다.

2) 유도장해

① 전자유도에 의한 노이즈 : 전자회로 오동작, 잡음이 발생한다.
② 장해기기 : 오디오, 컴퓨터 등이 있다.

3) 전압파형의 일그러짐

① 동기회로의 위상편차 : **사이리스터(Thyristor)**에 의한 위상제어 시에 오동작 또는 불안정해진다.

※ **사이리스터(Thyristor)** : 세 개 또는 그 이상의 PN 접합부로 되어 있고 ON, OFF가 안정적으로 전환되는 반도체 소자를 말하며 SCR, SCS, Diac, Triac, 4층 다이오드 등이 있다.

② 장해기기 : 산업용 각종 동력기기 등이 있다.

4) 공진현상

① 전압왜곡, 이상 공진현상이 발생한다.
② 장해기기 : 계기용변압기 등이 있다.

(3) 고조파대책

1) 고조파발생의 감소

① 펄스수의 증대
② 운전할 때 제어 뒤짐각의 감소
③ 회전하는 리액턴스의 증대
④ PWM제어의 반송주파수를 고주파화
⑤ 특수회로의 사용을 자제
⑥ 상간 불평형 감소
⑦ 회전하는 기기의 진동을 억제
⑧ 계통간의 평형유지

2) 임피던스 변경

① 교류필터 설치 : LC형 필터, 액티브 필터(Active Filter)을 설치한다.
② 계통의 단락용량을 증대한다.
③ 고조파 발생기기의 공급전원을 전용으로 한다.
④ 콘덴서에 직렬 리액터를 설치한다.

3) 기기의 내량화

① 위상제어회로에 필터를 설치한다.
② 고조파 내량이 있는 기기를 사용한다.

4) **선로에서의 대책**

① 전력간선로를 구획화 한다.

② 접지의 용도를 구분한다.

③ 인버터의 2차회로를 차폐한다.

(4) 교류 필터(Filter)

1) LC형 필터

콘덴서와 리액터를 직렬로 연결하여 리액턴스(L), 커패시턴스(C)를 특정한 고조파 차수의 주파수에 직렬공진하게 선정하고 발생하는 고조파에 대해서는 낮은 임피던스로 분로를 만들어 고조파 전류를 여기에 흡수한 것이다.

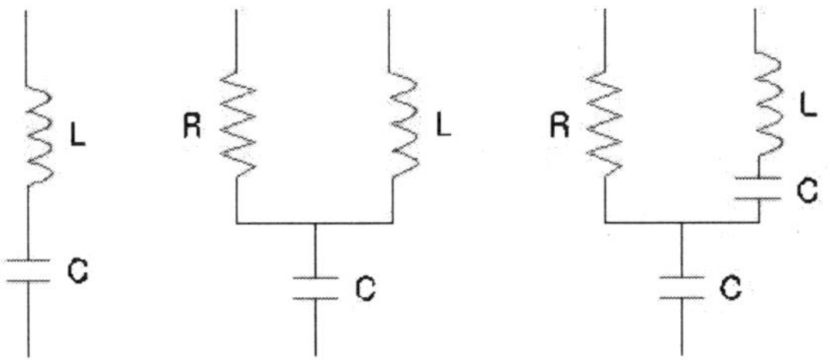

그림 5.21 수동형 필터의 회로구성

2) 액티브 필터(Active Filter)

그림 5.25처럼 부하와 병렬로 필터를 삽입한 것에 고조파성분이 있는 부하전류를 흘려 고조파를 대응하여 능동적으로 파형을 개선한 필터이다. 고조파 전류원으로 인버터를 사용하고 부하전류의 고조파 성분을 검출하여 인버터 출력회로에서 조절한다. LC형 필터에 비해 구성이 복잡하고 비용이 많이 들어가지만 전원조건에 따른 영향이 적다.

특징은 아래와 같다.

① 고조파 보상능력이 우수하다.

② 계통 측 임피던스의 변화에 영향이 없다.

③ 소형이다.

④ 과부하가 되지 않아 소손이나 기능 정지가 없다.

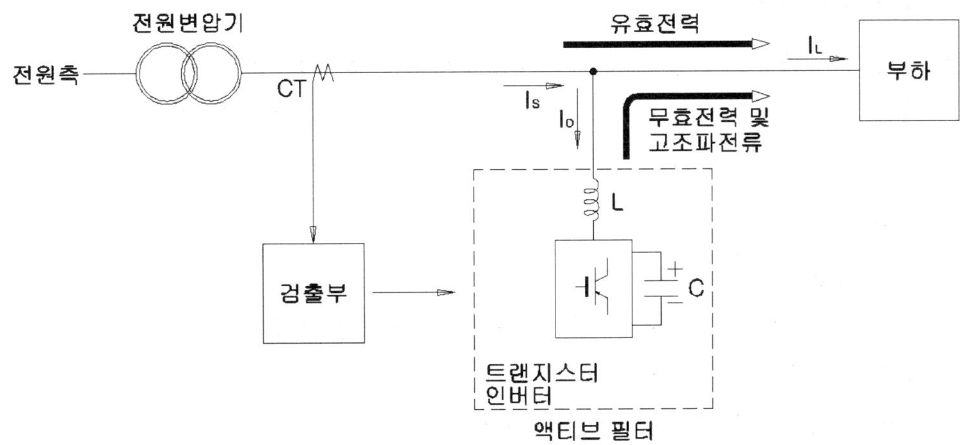

그림 5.22 액티브 필터의 접속도

5-5-2 선로 불평형

선로 불평형은 단상 3선식이나 삼상 4선식에 중성선과 상선의 부하가 서로 불균일할 때 생기는 현상으로 불평형률이 단상은 40% 이내이고, 삼상은 30% 이내로 규정하고 있다.

(1) 불평형률

① 단상 3선식 $= \dfrac{\text{중성선과 각선간의 설비용량차}[\text{kVA}]}{\dfrac{\text{총설비용량}[\text{kVA}]}{2}} \times 100[\%]$ (5.12)

② 삼상 4선식 $= \dfrac{\text{중성선과 각 선간의 최대 설비용량차}[\text{kVA}]}{\dfrac{\text{총설비용량}[\text{kVA}]}{3}} \times 100[\%]$ (5.13)

[예제 5.2] 삼상 4선식 선로에서 1선과 중성선과 설비용량이 100[kVA], 90[kVA], 80[kVA] 일 때 선로의 불평형률을 구하라.

(풀이) 삼상 4선식 $= \dfrac{\text{중성선과 각 선간의 최대 설비용량차}[\text{kVA}]}{\dfrac{\text{총설비용량}[\text{kVA}]}{3}} [\%]$

$$= \frac{100-80}{\dfrac{100+90+80}{3}} \times 100 \fallingdotseq 22[\%]$$

(2) 문제점과 대책

선로에 부하의 불평형이 생길 때와 중성선의 단선이 발생할 때 작은 부하가 걸린 쪽의 전압이 상승하여 부하기기에 피해를 주므로 중성선 단독으로 퓨즈나 개폐기를 시설하면 안 되며, 그 대책은 다음과 같다.

① 중성선을 개방하지 않는다.
② **바란서**(Blancer)를 사용한다.
※ **바란서** : 단상이나 삼상에 중성선이 있을 때 생기는 부하의 불평형을 막기 위해 선로의 말단에 설치하는 단권변압기이다.
③ 부하를 세분하여 고르게 각상에 분담한다.
④ 불평형 만큼 변압기용량을 크게 한다.

5-5-3 전압변동

전압변동은 부하의 크기와 선로의 길이에 따라 전압이 감소하며, 전압변동이 ±10% 이상이 되면 부하기기에 악영향을 미치고 기동이 되지 않을 수 있다.

(1) 상시 전압변동

부하전류가 흐르면 계통, 선로, 변압기, 리액터, 서지, 고조파 등에 의해 전압강하가 일어나고 무부하시 전압과 전부하시 전압이 다르므로 전압변동이 일어난다.

1) 전압강하식

① 임피던스에 의한 계산

$$\Delta E = E_S - E_R = kI(R\cos\theta + X\sin\theta) \tag{5.14}$$

$$\text{전압강하율 } \epsilon = \frac{E_S - E_R}{E_R} \times 100\,[\%] \tag{5.15}$$

k값 : 단상 2선식 [2], 삼상 4선식 및 단상 3선식 [1], 삼상 3선식은 [$\sqrt{3}$]

E_S : 송전단 전압 [V], E_R : 수전단 전압 [V], I : 부하전류 [A]

R : 저항 [Ω], X : 리액턴스 [Ω]

② %임피던스법

$$\text{전압강하율 } \epsilon = \frac{I_R \times \%R + I_X \times \%X}{I_S} \times 100 \begin{cases} I_S : \text{부하 전류 [A]} \\ \mathrm{I_R} : \text{유효전류 [A]} \\ \mathrm{I_X} : \text{무효전류 [A]} \end{cases} \tag{5.16}$$

2) 수전설비의 영향

① 조명등 : 전압이 올라가면 수명이 저하되고 전압이 내려가면 밝기와 램프의 효율이 떨어진다.

② 전압이 변동하면 화면의 크기 및 휘도의 변화가 발생한다.

③ 전압특성에 따라 회전속도가 변동되어 저전압은 기동시간이 길어지고 과전압은 과열현상이 일어난다.

④ 전자응용장치 :기억착오와 오동작이 일어난다.

⑤ 전압변동이 있을 때 전류변화가 일어나 축전지 수명이 단축된다.

⑥ 콘덴서의 효율이 떨어진다. 무효전력은 인가전압에 비례하므로 10%의 전압강하 할 때 19%의 역률 개선효과가 줄어든다.

⑦ 히터는 전압의 제곱에 비례하므로 전압이 낮으면 열 출력이 낮아지고, 높으면 수명이 떨어진다.

3) 전압변동의 대책

다음 식에서 전압강하를 줄여 줄려면, 선로 리액턴스와 무효전력을 줄인다.

$$\text{전압강하 } \Delta V\,[\mathrm{V}] = \mathrm{X_S} \times \Delta\mathrm{Q} \begin{cases} \mathrm{X_S} : \text{선로 리액턴스} \\ \Delta\mathrm{Q} : \text{무효전력 변동분} \end{cases} \tag{5.17}$$

① 무효전력을 적게 한다.

ⓐ 선로의 임피던스를 적게 한다.

ⓑ 직렬 콘덴서를 설치한다.

ⓒ 3권선 보상변압기를 설치한다.

② 전압의 조정

ⓐ 변압기의 전압 탭을 조정한다.

ⓑ 부하단에 승압기를 설치한다.

③ 변동 무효전력의 보상

ⓐ 동기조상기, 병렬콘덴서, 분로리액터를 설치한다.

(2) 순시 전압변동

정상전압의 30% 이하에서 0.07초 이상 전압이 떨어질 때 순시 전압변동라고 하며 선로에 여러 가지 나쁜 영향을 미친다. 순시전압 강하할 때의 전압변동률은 다음 식과 같다.

$$I_\epsilon[\mathrm{A}] = (1 - \frac{\epsilon}{100}) \times I_S \begin{cases} I_\epsilon : \text{기준 전류}[\mathrm{A}], \epsilon : \text{전압 강하율} \\ I_S : \text{기동시 전류}[A] \end{cases} \tag{5.18}$$

1) 원인

① 수용가 자체

ⓐ 단락 및 지락사고가 발생할 때

ⓑ 고압전동기의 **플러깅**(Plugging)

※ **플러깅** : 전원전압의 극성 또는 상회전 방향을 역회전 하는 것에 의하여 전동기의 역토크를 발생시키고 이것에 의해 제동하는 것이며, 역상제동이라 한다.

ⓒ 서지의 영향

ⓓ 대용량 전동기의 기동전류

② 외부의 영향

ⓐ 차단기의 동작책무에 의한 재폐회로 동작

ⓑ 전력용 차단기의 재폐회로 동작

2) 수전설비의 영향

① 컴퓨터 : 복구시간이 많이 걸리며 작업량이 무효가 된다.

② 사이리스터를 이용한 전동기 : 전동기가 동작하지 않고, 정밀공장이나 정속도 방적공장 등에는 복구시간이 많이 소요된다.

③ 형광등은 플리커(Flicker) 현상이 생기고 수은등은 정전 시 재점등 시간이 길다. 플리커 현상은 형광등은 10%, 백열등은 5%의 전압변동이 생기면 발생한다.

④ 부족 전압계전기(UVR)이 동작하여 정전되며 다시 복구해야 한다.

⑤ 약전설비나 통신설비 : 0.07초 이상 발생하면 3cycle 정도의 영향이 있다.

3) 순시전압변동의 단계별 대책

① 절연 변압기(Isolation Transformer) : 전원에 발생하는 노이즈나 과도현상을 감소하게 한다.

② 자동 전압조정기(Automatic Voltage Regulator) : 저전압, 고전압 및 약간의 서지를 방지하나 노이즈, 과도현상, 정전 등은 방지하지 못한다.

③ 라인 컨디셔너(Line Conditioner) : 절연변압기와 자동전압조정기의 기능을 일체화 시킨 장치로 과도현상은 방지하나 주파수 변동이나 정전은 방지하지 못한다.

④ 회전형(Rotary) UPS : 수 사이클 이상의 정전 상태를 제외한 전원의 교란은 방지할 수 있으나 설치비용, 수명, 효율에 문제가 있다.

⑤ **정지형(Static) UPS** : 모든 전원의 교란상태를 예방하고 , 저소음 수명이 길어 순간 전압 보상장치, 주파수 변환장치 등으로 많이 이용한다.

※ **정지형** UPS는 시간적으로 어떤 값이 변하지 않는 것으로 사이리스터를 이용한 스위칭회로를 가진 UPS을 말한다.

(3) 플리커(Flicker)현상

전압변동에 의해 조명기구가 깜박거리는 현상을 말하며 ΔV_{10}으로 표시하며 이것은 100[V]에서 90[V]까지 1초 동안 10회 변화한 것을 말하며 플리커 1%라고 하며, 통신설비에서는 플리커를 2.5% 이하로 제한하고 있다.

1) 플리커가 발생하는 원인

① 간헐적 대전류 사용 부하

② 단상 전기노의 기동

③ X-ray 사용

④ 단상 유도전동기, 전기 용접기를 사용하는 경우

2) 플리커 대처방안

① 플리커 2.5% 초과 : 대책 강구(송전 불능)

② 플리커 2%~2.5% 이하 : 제한 송전

③ 플리커 2% 이하 : 정상 송전

3) 플리커현상의 대책

① 필터회로 사용 : 콘덴서를 사용한다.

② 플리커 발생기기와 변압기의 뱅크를 분리한다.

③ 각 기기의 플리커 방지를 위해 차폐한다.

연습문제

1. 교류의 절연전선에서 중성선에 적용되는 색상은?

㉮ 갈색　　㉯ 청색
㉰ 흑색　　㉱ 회색

2. 내화전선은 몇 [℃]의 온도에 3시간 가열 후 단선되지 않아야 하는가?

㉮ 380[℃]　　㉯ 480[℃]
㉰ 650[℃]　　㉱ 750[℃]

3. 다음 중에 고무코드의 종류가 아닌 것은?

㉮ 단심코드　　㉯ 꼬임코드
㉰ 삼심코드　　㉱ 평형코드

4. 1[kV] 이하 전력용 및 제어용으로 이용하며 절연체는 내열성을 강화한 가교 폴리에칠렌으로 한 케이블은?

㉮ VV 케이블　　㉯ CV 케이블
㉰ CCV 케이블　　㉱ FR CNCO-W 케이블

5. 중성선이 포함된 케이블로 삼상 4선 22.9[kV]에 사용하는 케이블은?

㉮ EV 케이블　　㉯ CV 케이블
㉰ CVS 케이블　　㉱ FR CNCO-W 케이블

6. 커버나이프 스위치(CKS)의 사용 정격전압은 몇 [V] 인가?

㉮ 100[V]　　㉯ 220[V]
㉰ 250[V]　　㉱ 380[V]

7. 커버나이프 스위치(CKS)의 사용 정격전류은 몇 [A] 인가?

㉮ 0 ~ 500　　㉯ 500 ~ 1,000
㉰ 1,000 ~ 1,500　　㉱ 1,500 ~ 2,000

▸ 정답 1. ㉯ 2. ㉱ 3. ㉰ 4. ㉯ 5. ㉱ 6. ㉰ 7. ㉱

8. 다음 중에 저압 개폐기를 시설할 장소가 아닌 곳은?
   ㉮ 부하전류를 단속할 필요가 있는 장소
   ㉯ 인입구, 측정, 수리 등에서 개로할 필요가 있는 장소
   ㉰ 퓨즈의 전원측
   ㉱ 회로를 분리할 장소

9. 다음 중에 전자개폐기의 등급에 대한 설명 중에 틀린 것은?
   ㉮ AC 1급 : 비유도성, 소유도 저항부하
   ㉯ AC 2급 : 권선형 유도전동기 기동, 개방, 역전제동
   ㉰ AC 3급 : 권선형 유도전동기 기동, 개방
   ㉱ AC 4급 : 농형 유도전동기 기동, 역전제동, 승강기,

10. 다음 중에 배선용 차단기 용량선정에 필요한 요소가 아닌 것은?
   ㉮ 선로 용량　　　㉯ 프레임 용량
   ㉰ 트립 용량　　　㉱ 단락 용량

11. 다음 중에 배선용 차단기의 특징이 아닌 것은?
   ㉮ 전로를 개폐할 수 있는 기능과 차단 기능이 있다.
   ㉯ 재투입 및 반복 사용이 가능하다.
   ㉰ 지락사고를 막을 수 있다.
   ㉱ 전기신호를 송출하여 원격지에서 투입 개폐조작이 가능하다.

12. 다음 중에 누전차단기의 사용 목적이 아닌 것은?
   ㉮ 정전을 방지한다.
   ㉯ 누전으로 인한 화재를 방지한다.
   ㉰ 전기설비 및 전기기기를 보호한다.
   ㉱ 기타 계통에 파급사고를 방지한다.

13. 다음 중에 누전차단기를 시설장소로 적당하지 않는 곳은?
   ㉮ 사람의 접촉이 우려되는 50[V]을 초과하는 저압의 금속제 외함
   ㉯ 특고압, 고압의 변압기에 의하여 결합하는 사용전압 300[V] 이상
   ㉰ 욕실 등 물을 사용하는 장소에 콘센트를 사용하는 경우
   ㉱ 정격 32[A] 이하의 이동용 전기기기

▸ 정답 8. ㉱ 9. ㉰ 10. ㉮ 11. ㉰ 12. ㉮ 13. ㉯

14. 다음 중에 고조파 발생기기가 아닌 것은?

㉮ 변환장치에 의한 고조파
㉯ 아크로에 의한 고조파
㉰ 회전자에 의한 고조파
㉱ 변성기에 의한 고조파

15. 다음 중에 고조파로 인한 영향이 아닌 것은?

㉮ 과전류 발생　　㉯ 유도장해
㉰ 과전압 발생　　㉱ 공진현상

16. 다음 중에 고조파 발생의 대책으로 틀린 것은?

㉮ 펄스 수를 감소한다.
㉯ 회전하는 리액턴스를 증대한다.
㉰ 상간 불평형을 감소한다.
㉱ 회전하는 기기의 진동을 억제한다..

17. 다음 중에 액티브 필터의 특징이 아닌 것은?

㉮ 고조파 보상능력이 우수하다.
㉯ 계통측 임피던스의 변화에 영향이 없다.
㉰ 중소형이다.
㉱ 과부하가 되지 않아 소손이나 기능 정지가 없다.

18. 단상 3선식 선로에서 각선과 중성선의 용량은 100[kVA], 80[kVA]일 때 선로 불평형률은 얼마인가?

㉮ 20.2[%]　　㉯ 22.2[%]
㉰ 30.2[%]　　㉱ 32.2[%]

(풀이) 단상 3선식 $= \dfrac{100-80}{\dfrac{100+80}{2}} \times 100 = 22.2[\%]$

▸ 정답

14. ㉱　15. ㉰　16. ㉮　17. ㉰　18. ㉯

19. 다음 중에 선로불평형의 대책이 아닌 것은?
㉮ 중성선을 개방하지 않는다.
㉯ 전압조정기를 사용한다.
㉰ 부하를 세분하여 고르게 각상에 분담한다.
㉱ 불평형 만큼 변압기용량을 크게 한다.

20. 다음 중에 전압변동의 대책이 아닌 것은?
㉮ 선로의 임피던스를 크게 한다.
㉯ 직렬 콘덴서를 사용한다.
㉰ 3권선 보상변압기를 사용한다.
㉱ 변압기의 전압 탭을 조정한다.

21. 다음 중에 순시 전압변동의 원인이 아닌 것은?
㉮ 단락 및 지락사고가 발생할 때
㉯ 저압전동기의 플러깅(plugging)
㉰ 서지의 영향
㉱ 대용량 전동기의 기동전류

22. 다음 중에 플리커 현상의 원인이 아닌 것은?
㉮ 간헐적인 대전류 부하를 사용할 때
㉯ 단상 전기노의 기동할 때
㉰ 삼상 유도전동기를 사용할 때
㉱ X-ray를 사용할 때

23. 플리커 현상은 통신설비에서 몇 [%] 이하로 제한하는가?
㉮ 1.5%
㉯ 2%
㉰ 2.5%
㉱ 3%

24 다음 중에 플리커 현상의 대책이 아닌 것?
㉮ 필터회로 사용 : 콘덴서를 사용한다.
㉯ 플리커 발생기기와 변압기의 뱅크를 분리한다.
㉰ 각 기기의 플리커 방지를 위해 차폐한다.
㉱ 각 회로에 절연변압기를 설치한다.

▸ 정답

19. ㉯ 20. ㉮ 21. ㉯ 22. ㉰ 23. ㉰ 24. ㉱

단원 서술형 문제

1. 간선의 배선방식 중에 나뭇가지형과 평행형을 비교하여 설명하라

2. 금속덕트의 설치 및 선정할 때 유의할 사항에 대해 설명하라.

3. 버스덕트 사용할 때의 장점에 대해 설명하라.

4. 셀룰러덕트의 특징에 대해 설명하라.

5. 셀룰러덕트의 부속품의 종류에 대해 설명하라.

6. 셀룰러덕트의 시설기준에 대해 설명하라.

7. 케이블 트레이의 종류에 대해 설명하라.

8. 케이블 트레이의 부속자재에 대해 설명하라.

9. 케이블 트레이의 시설기준에 대해 설명하라.

10. 합성수지관의 종류에 대해 설명하라.

11. 합성수지관의 특징에 대해 설명하라.

12. 합성수지제 가요전선관(CD관) 시설이 가능한 장소에 사항에 대해 설명하라.

13. 금속제 전선관의 특징에 대해 설명하라.

14. 금속제 전선관의 시설기준에 대해 설명하라.

15. 금속제 전선관의 부속자재에 대해 설명하라.

16. KEC에서 정한 배선설비 적용 시 고려사항에 대해 설명하라.

17. 간선 굵기를 결정하는 요소에 대해 설명하라.

18. 단락전류가 발생할 때 영향에 대해 설명하라.

19. 허용전압강하의 결정할 때 고려사항에 대해 설명하라.

20. 분전반 설치할 때 고려사항에 대해 설명하라.

21. 고무코드의 종류를 쓰고 간단히 설명하라.

22. 제어용 케이블의 종류에 대해 설명하라.

23. 저압개폐기가 필요한 장소에 대해 설명하라.

24. 배선용차단기를 차단장치에 따라 분류하고 설명하라.

25. 배선용차단기의 용량선정에 대해 설명하라.

26. 배선용차단기의 특징에 대해 설명하라.

27. 누전차단기의 사용목적을 설명하라.

28. 누전차단기의 동작시간에 따라 분류하고 설명하라.

29. 누전차단기 선정 시 유의사항에 대해 설명하라.

30. 고조파 대책으로 임피던스 변경에 대해 설명하라.

31. 액티브 필터의 특징에 대해 설명하라.

32. 선로불평형의 대책에 대해 설명하라.

33. 전압변동의 대책에 대해 설명하라.

34. 순시전압변동의 수용가 자체 원인에 대해 설명하라.

35. 플리커가 발생하는 원인에 대해 설명하라.

단원 서술형 문제 풀이

번호	페이지	답
1	p293~294	1) 나뭇가지형, 3) 평행형 참조
2	p295	(2) 금속덕트 참조
3	p296	2) 사용 시 장단점 중 ①항~⑥항 참조
4	p297	1) 특징 참조
5	p298~299	4) 부속품의 종류 참조
6	p299	5) 시설기준 참조
7	p299	1) 종류 참조
8	p300	3) 부속자재 참조
9	p299	2) 시설방법 참조
10	p300~301	1) 종류 참조
11	p301	2) 일반 특징 참조
12	p301~302	4) 시설기준 참조
13	p302~303	1) 특징 참조
14	p303	2) 시설기준 참조
15	p303	4) 부속자재 참조
16	p303~304	1) 배선설비 적용 시 고려사항 참조
17	p305	(1) 간선결정의 요소 참조
18	p306	③ 단락 시 허용전류 참조
19	p311	2) 허용전압강하를 결정할 때 고려사항 참조
20	p316~317	5-2-3 분전반 참조
21	p323	(1) 고무코드 참조
22	p325~326	8) 제어용 케이블 참조
23	p326	5-4-1 저압 개폐기 참조
24	p329	3) 차단장치에 의한 분류 참조
25	p329	4) 차단기의 용량선정 참조
26	p329~330	5) 특징 참조
27	p330~331	1) 사용목적

28	p332	④ 동작시간 참조
29	p332~333	6) 누전차단기 선정할 때 유의할 점 참조
30	p335	2) 임피던스 변경 참조
31	p336~337	2) 액티브 필터 참조
32	p338	(2) 문제점과 대책 참조
33	p339	3) 전압변동의 대책 참조
34	p340	① 수용가 자체 참조
35	p341	1) 플리커가 발생하는 원인 참조

국가직무능력표준(NCS) 공부하기

분류번호 :	1901060104_16v3
능력단위 명칭 :	배선설비 설계
능력단위 정의 :	배선설비란 전원설비와 조명, 전열 및 동력설비 등의 부하설비를 연결하는 배선으로 전원 공급설비의 역할을 수행하는 능력이다.

능력단위요소	관련 목차
1901060104_16v3.1 배선도 작성하기	부록 배선용 기호
1901060104_16v3.2 배선방식 선정하기	5-1-1 배선방식, 5-1-2 간선의 부설방식, 5-2 분기회로 5-3 배선전선, 5-5 선로의 이상현상
1901060104_16v3.3 배선용량 계산하기	5-1-3 간선의 굵기 산정
1901060104_16v3.4 배선보호기기 선정하기	5-4 배전용 개폐기

chapter 6 동력설비

직무	능력단위	능력단위코드
전기설비설계	동력설비 설계	1901060114_16v3

건축물에서 동력설비라 함은 빌딩, 공장 등의 건물에 설치되는 공조, 급배수, 환기, 승강기, 공장기기, 소방 등에 필요한 동력과 그에 필요한 배선, 감시, 제어설비의 총칭이다.

이러한 동력설비에 사용되는 전동기는 전자력을 이용한 회전 작용을 산업설비에 이용한 것으로 교류전류를 사용하는 교류전동기가 많이 사용되며 그중에 값이 싸고 구조가 간단한 유도전동기가 많이 사용된다.

6-1 전동기의 분류

전동기의 종류를 크게 직류전동기와 교류전동기로 구분하며, 이들은 다음과 같은 종류로 나누어진다.

① 직류전동기
- 직권전동기
- 분권전동기
- 복권전동기
  - 가동복권
  - 차동복권

- ② 교류전동기
  - 3상전동기
    - 유도전동기
      - 농형
      - 권선형
    - 동기 전동기
  - 단상전동기
    - 셰이딩 코일형
    - 분상 기동형
    - 콘덴서 기동형
    - 반발 기동형

6-1-1 직류전동기

직류전동기는 속도제어가 간단하게 할 수 있고 또한 기동토크가 크므로 고도의 속도제어가 요구되거나 큰 기동토크를 필요로 하는 승강기, 전차 등에 사용된다.

(1) 구조

직류전동기의 구조는 그림과 같이 계자(Field), 전기자(Armature), 정류자(Commutator) 및 브러시(Brush)로 구성되어 있다.

① 계자 : 권선으로 감겨 전자석을 이용하고 직류전원에 접속하여 자속을 일정한 방향으로 나오게 하는 역할을 한다.

② 전기자 : 권선이 감겨있는 회전하는 부분이며 전기에너지를 회전에너지로 변환하는 곳이다

③ 정류자 : 전기자와 함께 회전하며 권선에 전류를 한 방향으로 흐르게 한다.

④ 브러시 : 전류가 전기자코일에 흐를 수 있는 통로 역할을 한다.

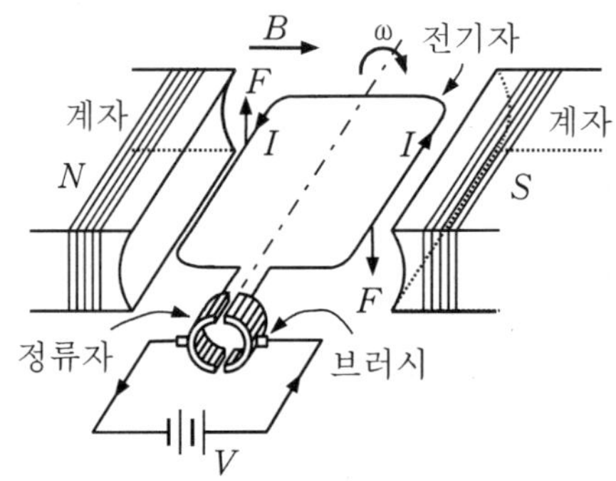

그림 6.1 직류전동기의 구성

(2) 종류

직류전동기는 계자권선과 전기자권선의 연결방식에 따라 분권, 직권, 복권으로 분류한다.

1) 분권전동기

직류 분권전동기는 계자권선과 전기자권선이 병렬로 접속되어 있는 전동기이며, 속도가 거의 일정하고 시동토크는 전부하의 2.5배로 원심력 펌프, 공작기계 등에 사용한다.

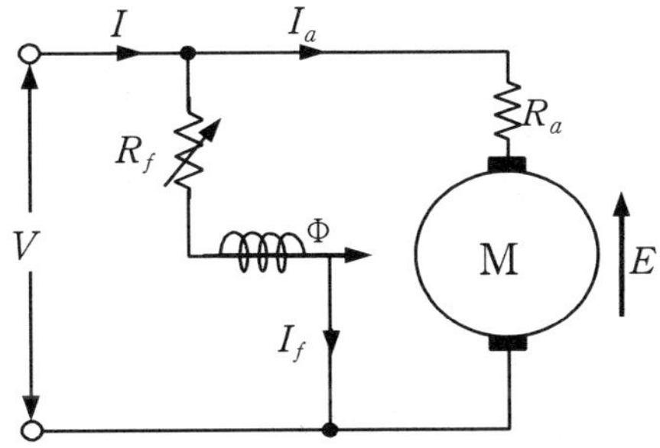

그림 6.2 직류 분권전동기

2) 직권전동기

직류 직권전동기는 계자권선과 전기자권선이 직렬로 접속되어 있는 전동기이다. 부하에 따라 속도가 변하고 무부하에는 위험하므로 벨트가 있는 회전기는 불가능하다. 기동토크가 전부하의 5배 정도이고, 고속 회전할 때 감소하며, 전동차용 전동기, 권상기 등에 사용한다.

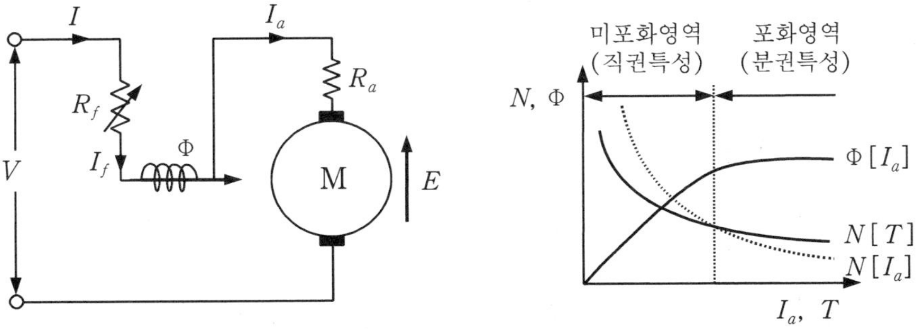

그림 6.3 직류 직권전동기

3) 복권전동기

직류 복권전동기는 계자권선과 전기자권선이 직, 병렬로 접속되어 있는 전동기이다. 여기서 분권 계자속과 직권 계자속이 합하도록 연결되어 있으면 **가동복권 전동기**이고 서로 상쇄되도록 연결한 것은 **차동복권 전동기**이다. 20~30%의 속도변동이 가능하고 기동토크는 4배 정도이며, 컨베이어, 직류 승강기 등에 사용한다.

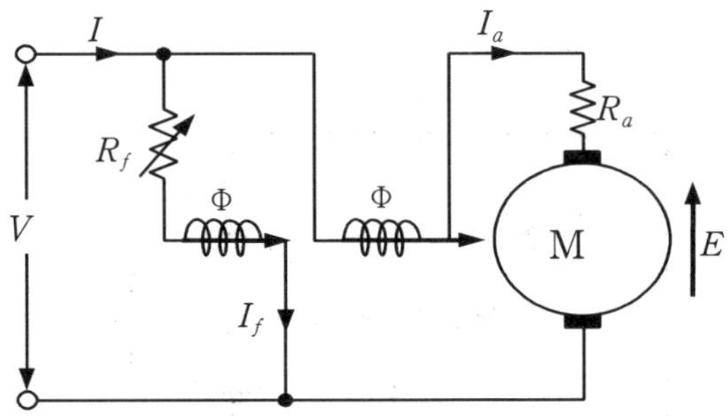

그림 6.4 직류 가동복권 전동기

6-1-2 교류전동기

(1) 유도전동기

1) 원리

유도전동기는 **아라고(Arago)원판**의 원리를 이용한 것이고 그 원리는 다음과 같다. 그림과 같이 자석을 시계방향으로 돌리면 원판이 반시계 방향으로 이동하면서 자속을 끊게 하는 현상과 같으며, 전자유도법칙에 따라 유기기전력이 발생하고 맴돌이 전류가 발생한다. 또 이 전류는 자계 속에 놓아져 전자력이 발생하면서 플레밍의 왼손 법칙에 따라 원판은 자석의 회전방향과 동일한 시계방향으로 회전하게 된다.

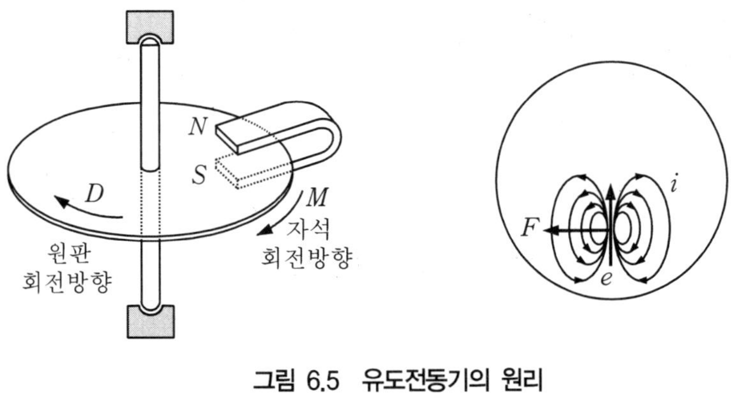

그림 6.5 유도전동기의 원리

2) 특징

① 구조가 간단하고 취급보수가 간단하다.

② 가격이 싸다.

③ 종류가 많고 주변 환경, 부하조건에 맞는 적합한 특성을 쉽게 구할 수 있다.

④ 복잡한 기동 및 운전제어가 필요 없고 삼상 상용전원으로 쉽게 이용할 수 있다.

⑤ 간단히 제어할 수 있고 자동제어나 원격제어도 가능하다.

⑥ 효율이 좋고 신뢰성, 안정성이 높다.

3) 권선형 유도전동기

회전자 권선에 저항을 넣어 속도조정이 가능하고 시동토크가 150%로 크므로 크레인, 압연기, 권상기 등에 이용한다.

4) 농형 유도전동기

회전자 구조가 망상도체를 철심 홈속에 넣고 양끝을 단락환에 따라 단락하며 케이지 함처럼 수납하므로 **농형(籠形)**이라고 하며 주파수에 따라 속도가 변하고 인버터로 속도제어가 가능하다. 기동할 때 기동전류가 크며 5.5[kW] 이상은 이중 농형, 특수농형 유도전동기를 사용하고 펌프, 송풍기, 승강기 등에 사용한다.

5) 농형과 권선형 유도전동기의 비교

다음 표는 농형과 권선형의 특성을 비교한 표이다.

표 6.1 농형과 권선형 유도전동기의 특성 비교

구분	농형	권선형
구 조	간 단	회전자 구조가 복잡
보 수 점 검	용 이	브러시의 보수를 요함
가 격	염 가	농형보다 고가
기 동 전 류	크 다	임의 선정 가능
기동 중 전원영향	크 다	작 다
기동 중 회전력	제어곤란(인버터는 가능)	쉽게 제어 가능
다 빈도 기동	불 가 능	가 능
치수, 용량	작 다	크 다

(2) 동기 전동기

전기자가 고정되어 있고 계자가 회전하는 회전계자형이다. 또 회전자의 구조에 따라 일반전동기인 돌극형과 고속도 및 유도 전동기인 원통형이 있다. 회전자가 일정속도에서 진동하는 **난조**(Hunting)가 있으며 난조를 방지하는 방법은 제동권선이나 플라이휠을 설치하는 방법이 있다. 용도는 대용량 저속기로 시멘트공장의 분쇄기, 압축기, 송풍기 및 동기조상기 등에 사용한다.

표 6.2 동기전동기의 장단점 비교

장점	단점
① 속도가 일정하다	① 기동토크가 적다
② 항상 역률 1로 운전할 수 있다	② 속도조정을 할 수 없다
③ 필요시 앞선 전류를 얻을 수 있다	③ 직류전원이 필요해서 고가이다
④ 유도전동기에 비해 효율이 좋다	④ 난조가 발생 한다

(3) 단상전동기

① 콘덴서 기동형

대용량 전해콘덴서를 보조권선에 직렬로 넣어 기동토크가 크고 정류자, 브러시를 사용하지 않는다. 출력은 0.1~0.4 [kW]이고, 용도는 냉장고, 세탁기, 선풍기 등에 사용된다.

② 분상 기동형

1차권선과 보조권선 사이에 병렬로 단상전원을 연결하여 전류의 시간 위상차와 공간위상차에 의해 불평형 2상이 된다. 이때 토크가 발생하여 구동하고 역률이 다른 전동기 보다 뒤지며 출력은 0.1~0.4[kW]이고, 용도는 복사기, 계산기 등에 사용된다.

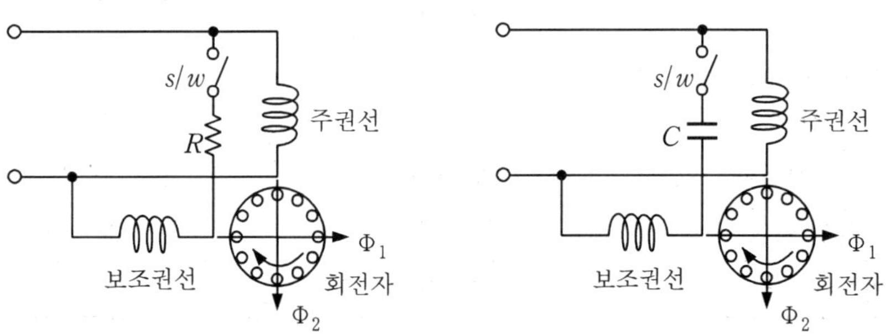

그림 6.6 분상 기동형

③ 셰이딩(Shading) 코일형

고정자의 두 극에 홈을 파고 저항이 큰 나동선의 단락된 링코일을 설치하며 출력수 10[W] 이하의 가장 경제적인 기동이고, 토크가 아주 적고 효율과 역률이 낮으며, 소형 녹음기, 비디오 기기 등에 사용된다.

④ 반발 기동형

반발 전동기로 기동하므로 기동토크가 크고, 정류기와 브러시가 필요하다. 용량은 0.1~0.75[kW] 정도이고 자동문 등에 사용된다.

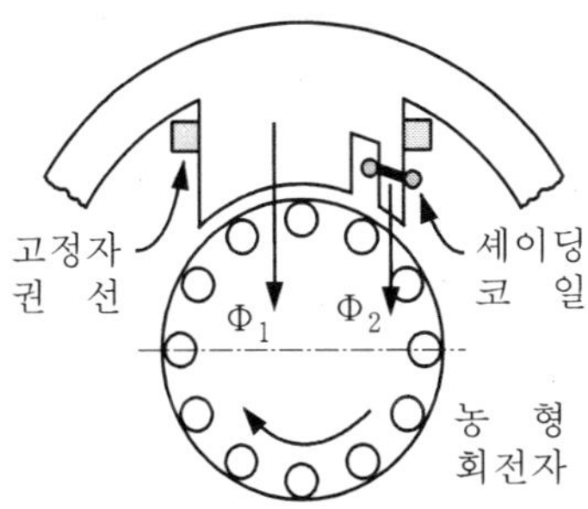

그림 6.7 셰이딩 코일형

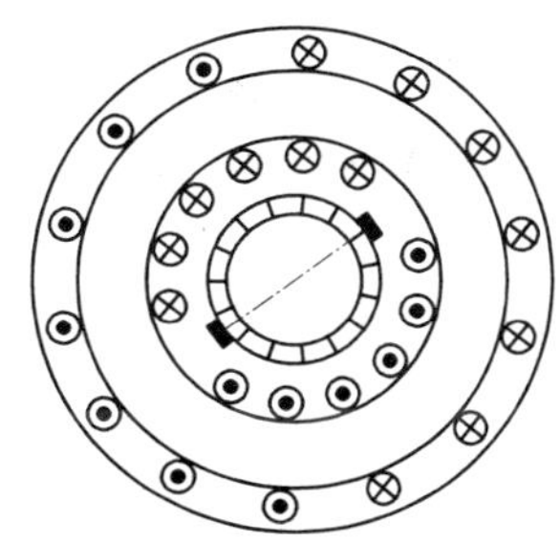

그림 6.8 반발 기동형

6-2 전동기의 기동

전동기의 기동은 초기에 큰 토크에 대한 기동전류가 증가함으로써 안전하게 전동기를 구동하는 장치를 말한다. 이러한 기동전류는 직류전동기는 10~40배, 교류전동기는 5~10배 정도가 되므로 전(全)전압 기동은 소형에만 사용하고, 부하특성에 맞는 기동방법을 채택하여 부하전류의 1~2배 정도로 억제하여 기동제어를 하는 방식을 선택한다.

6-2-1 직류전동기의 기동방식

직류전동기의 기동은 전기자에 저항을 삽입하는 저항기동과 전원전압을 감소하는 감전압 방식이 있으며, 기본 식은 아래와 같다.

$$\text{전기자 전류 } I_a = \frac{V-E}{R_a} = \frac{V-KN\Phi}{R_a}\,[\mathrm{A}]\begin{cases} N : \text{회전수} \\ \Phi : \text{자속} \\ K : \text{상수} \\ R_a : \text{전기자 저항} \end{cases} \tag{6.1}$$

발생토크 $T = K_1 \Phi I_a [\mathrm{N \cdot m}]$ (6.2)

(1) 저항 기동법

전기자회로에 가변저항을 삽입하고 기동할 때 속도상승과 더불어 저항을 감소시켜 기동하고 최종적으로 저항을 0으로 운전하는 방법이다.

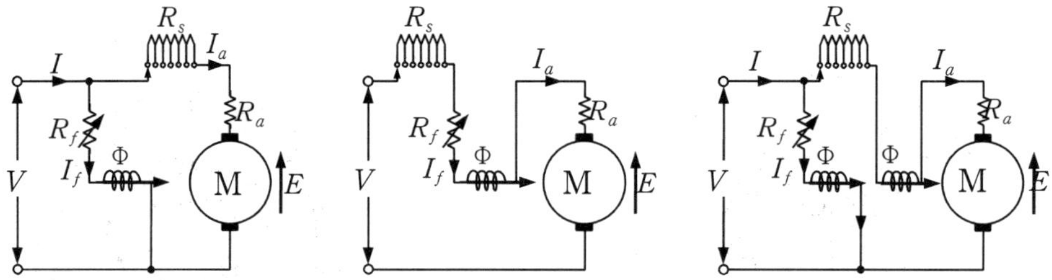

그림 6.9 저항 기동법

(2) 감전압 기동법

전동기에 가하는 단자전압을 낮게 하고 전기자전류를 억제하여 기동하는 방법이다. 이 기동방법은 저전압으로 기동하다가 최후에 전전압으로 하는 직병렬 기동법과 저전압으로 기동하다가 속도의 상승과 더불어 전압을 높이면서 기동하는 가변전압 기동법이 있다. 특히 타여자전동기의 가변전압 방식으로 제어하는 것을 **워드 레오나드**(Ward Leonard)방식이라 하고, 가변전압에 사이리스터 위상제어를 한 것을 **정지형**(Static) **워드 레오나드방식**이라 한다.

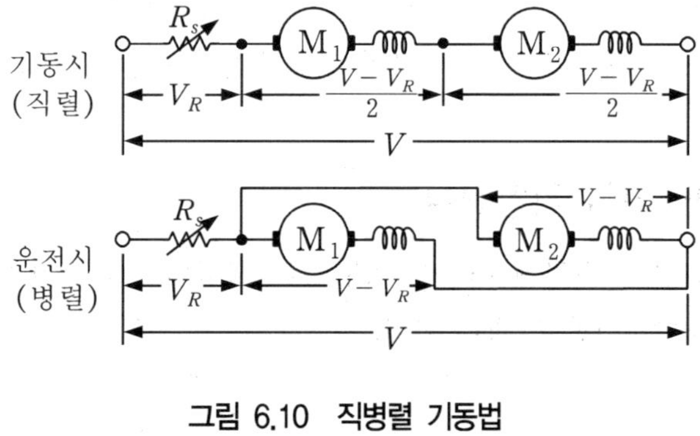

그림 6.10 직병렬 기동법

6-2-2 유도전동기의 기동방식

유도전동기는 상용전원인 교류 전원을 사용함으로써 일반적으로 많이 사용하고 기동 시 큰전류는 간선이나 차단기에 영향을 주고 다른 전기기기에도 나쁜 영향을 주므로 전전압 기동은 11[kW] 미만을 사용하고 그 이상 용량은 여러 기동방식을 선택하여 기동한다.

(1) 권선형 유도전동기의 기동방식

권선형 유도전동기는 2차 회로에 저항을 삽입하는 방식과 임피던스를 삽입하는 방식이 있다.

① 2차 저항 기동법
그림과 같이 전동기 2차측에 저항을 넣고 기동전류를 감소시키는 방법으로 저항을 몇 개의 탭으로 구성하고 기동할 때 전저항을 하다가 속도의 상승과 함께 점차 단계를 낮추어 끝으로 저항을 0으로 만든다.

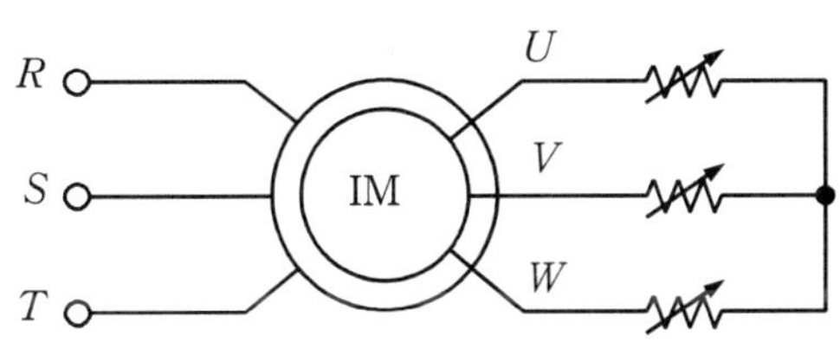

그림 6.11 2차저항 기동법

② 2차 임피던스 기동법
그림과 같이 임피던스를 2차에 넣고 전동기를 기동하는 방법인데 저항기동에 비해 전력손실이 적다.

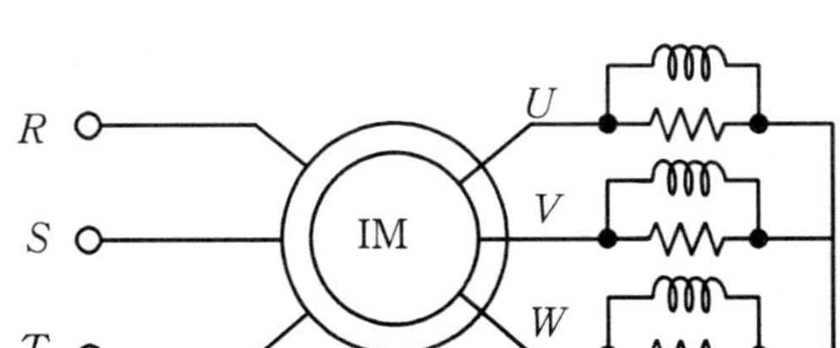

그림 6.12 2차임피던스 기동법

(2) 농형 유도전동기의 기동방법

농형 유도전동기는 권선형과 달리 회전자에 저항을 삽입할 수 없는 구조이므로 기동전류를 제한하기 위해 공급전압을 낮추어야 하는데 이때 기동토크가 낮아지는 단점이 있다.

① 전전압 기동법

전동기에 기동장치 없이 직접 전전압 기동하는 방식이다. 기동전류는 6배 정도이나 11[kW] 미만의 적은 용량이기 때문에 전원에 미치는 영향은 없다.

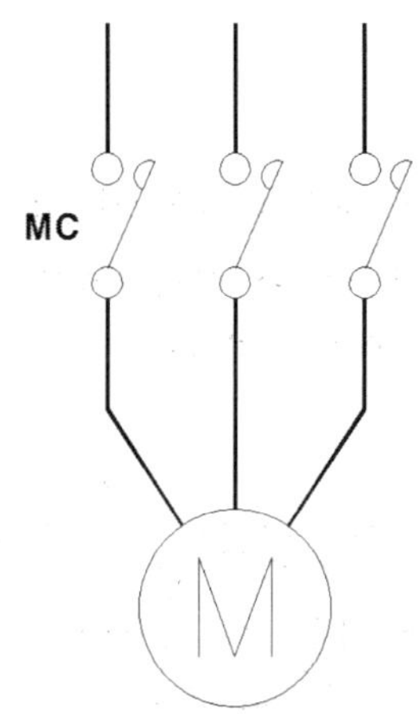

그림 6.13 전전압기동

② Y-Δ 기동법

기동할 때에는 권선을 Y결선에 기동하고 일정시간 경과 후 Δ결선으로 전환하여 기동전류 및 토크(Torque)을 1/3로 줄여서 기동하는 방식으로 보통 11[kW] 이상에 많이 사용한다.

전동기로 경부하, 무부하 기동할 수 있으므로 많이 사용하며 전압강하에 유리하나 기동할 때 기동토크가 적은 단점이 있다. 이 방식의 특징은 아래와 같다.

ⓐ 농형 유도전동기에 적용한다.

ⓑ 기동전류는 정격전류의 2배 정도이다.

ⓒ 기동토크에 문제없는 기기에 적용된다.

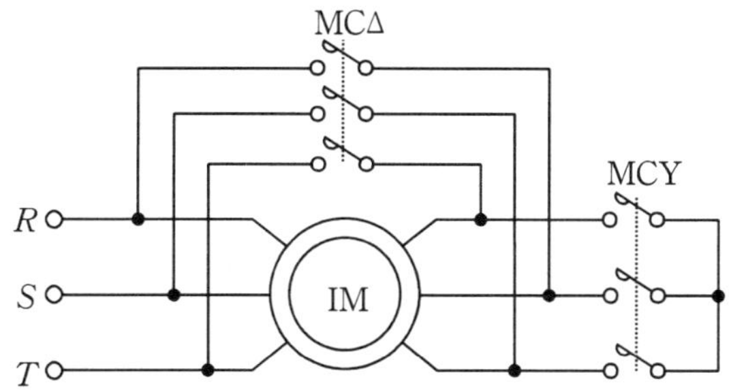

그림 6.14 Y-Δ 기동법

③ 기동보상기법

기동보상기(Starting Compensator)라는 단권변압기를 1차 권선에 삽입하여 단자전압의 탭을 이용하여 50~80%로 저감하여 기동하며 일정시간 후에 전전압으로 전환하는 방법이며, 기동전압이 $\frac{1}{m}$일 때 기동토크는 $\frac{1}{m^2}$이다. **콘돌프(Korndorfer)방식**은 기동보상기 중간에 전자접촉기(MC)를 삽입하여 리액터 역활을 추가한 방식이다.

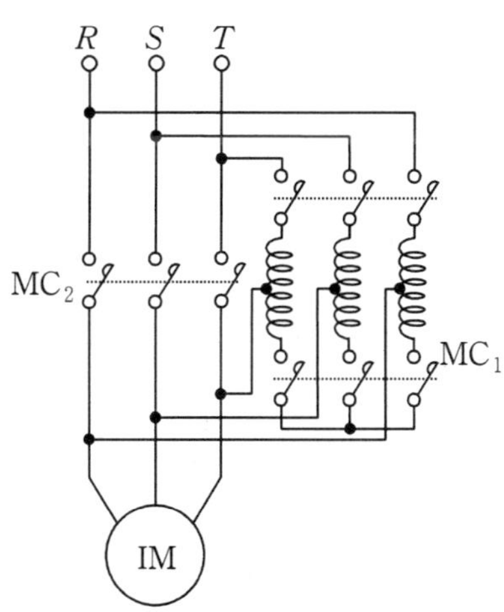

그림 6.15 기동보상기

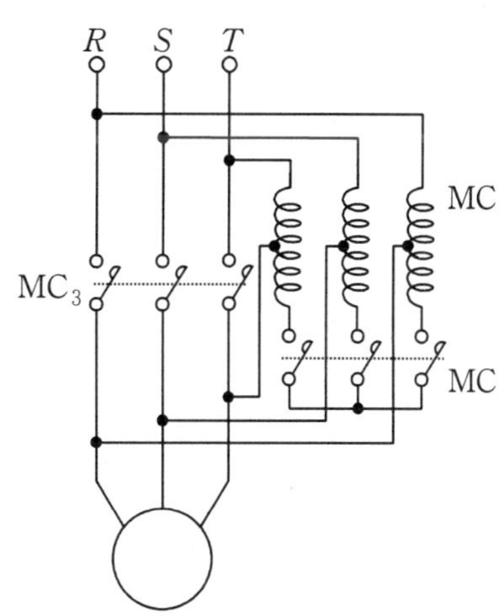

그림 6.16 콘돌프방식

④ 리액터 기동법

전동기의 전원측에 직렬 리액터를 접속하고 공급전압을 감압하여 기동한 다음 가속한 후 이를 단락하여 운전하는 방법이며, 56[kW] 이상의 전동기에 적용한다. 기동보상기 다음으로 가격이 비싸고 기동토크가 기동전류에 비해 감소가 큰 반면에 탭 절환에 의한 기동 전류의 조정이 가능하고 가속토크의 증가가 매우 빠르다.

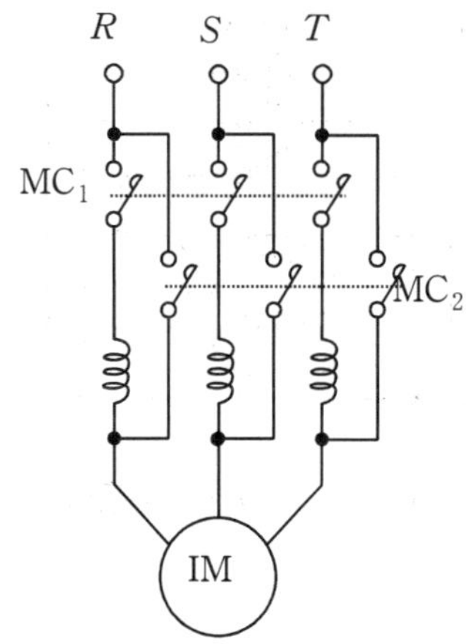

그림 6.17 리액터 기동

⑤ 1차 저항 기동(직렬 저항법)

고정자 전선과 직렬로 저항을 이어 기동할 때 저항 전압강하로 인한 기동전류를 제한하고 기동한 후 저항을 단락하여 전전압으로 기동하는 방법이다. 이 방법은 저항기에 손실이 커서 소형기(7.5kW 이하)에 사용하며 탭을 조절할 수 있다.

기동방식을 간략화 하기 위해 1차측의 한상에만 기동저항을 삽입하여 불평형으로 기동하는 것을 **쿠사(Kusa) 기동방식**이라 한다.

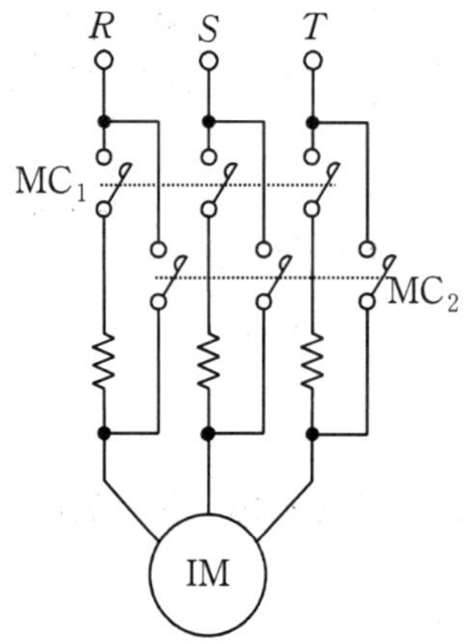

그림 6.18 1차 저항 기동

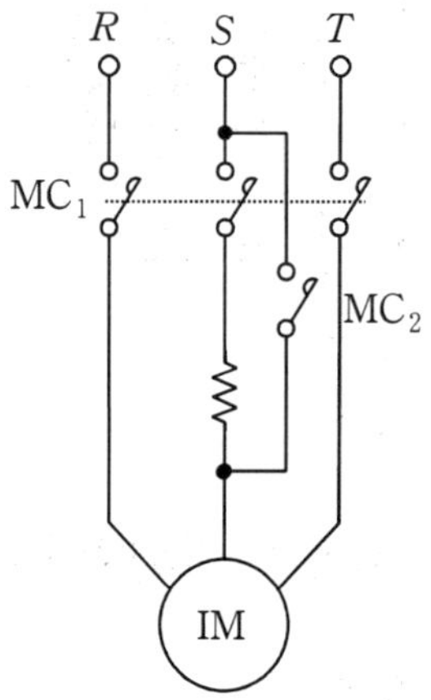

그림 6.19 쿠사기동

(3) 동기전동기의 기동방식

동기전동기는 동기속도 이외에는 토크가 발생하지 않으므로 어떤 방법으로 동기속도까지 가속시켜 기동하는 방법을 한다.

① 자기기동법

계자회로를 개방하고 기동보상기에 의해 낮은 전압을 공급하면 제동권선과 회전자계 사이의 전자력으로 기동토크를 얻고 이때 제동권선은 기동권선으로 변하고 동기전동기는 농형 유도전동기로 바뀌어 동기속도로 진입하면 계자회로를 접속하여 기동한다.

② 삼상 기동권선에 의한 기동법

돌극형 동기전동기의 자극에 자기기동법의 농형 제동권선 대신에 삼상 권선을 설치하고, 슬립링을 통해 외주저항을 접속하여 권선형 유도전동기의 역할로 기동하는 방법이다. 이 방법은 매우 큰 기동토크를 얻을 수 있는 장점이 있다.

③ 기동전동기법

동기전동기의 축에 기계적으로 직결한 유도전동기나 직류전동기에 의하여 기동해서 동기속도 부근까지 가속하는 방법이다.

기동전동기로 유도전동기를 사용하는 경우에는 동기전동기의 극수보다 2극만큼 적은 극수를 사용해야 하며 동기속도 이상으로 가속하여야 동기속도로 진입시킬 수 있다.

6-3 전동기의 속도제어

전동기의 속도-토크특성을 변화시켜서 부하의 속도-토크특성의 평형점을 찾아 속도를 조정하는 방법을 속도제어라 한다.

속도제어에는 부하의 성질에 따라 정속도제어와 가변속도제어가 있다.

6-3-1 직류전동기의 속도제어

직류전동기의 특성에서 속도는 다음식과 같다.

$$속도\ N = K_2 \times \frac{V - I_a R_a}{\Phi} [\mathrm{rpm}] \qquad (6.3)$$

이 식으로부터 속도는 계자자속 Φ, 전기자 회로의 저항 R_a, 공급전압 V에 의하여 변화한다. 따라서 직류전동기의 속도제어는 위의 세 가지를 가변하면 된다.

(1) 분권전동기 및 타여자전동기의 속도제어

1) 계자제어법

공급전압을 일정하게 하고 계자전류를 제어하여 자속을 변화시켜서 속도를 제어하는 방법이며, 전력손실이 적고 조작도 간편하지만 넓은 범위의 속도제어는 곤란하다.

2) 저항제어법

계자자속을 일정하게 하고 전기자회로에 직렬로 가변저항을 접속하여 전기자에 걸리는 전압을 변화시켜 속도를 제어하는 방법이다. 단시간 동안에 속도를 매우 낮게 할 필요가 있는 경우 또는 소형전동기의 속도를 정밀하게 제어하는 경우에 적합하다.

3) 전압제어법

계자전류를 일정하게 하고 공급전압을 조정하여 전기자에 걸리는 전압을 변화시켜 속도를 제어하는 방법으로 직류 타여자전동기의 속도제어에 사용한다. 속도제어 범위가 넓고 이상적인 제어방법이지만 설비비가 많다.

① 워드 레오나드방식(Ward Leonard)

직류 타여자전동기의 속도제어를 위하여 전동발전기의 계자제어에 의하여 발생하는 가변출력 전압을 전원으로 사용하는 대표적인 전압제어 방식이다.

여기서 교류전압에서 사이리스터 위상제어방식을 채택하여 속도를 제어하는 방식을 **정지형 워드 레오나드방식**이라 하며 직류발전기의 축에 큰 플라이휠을 붙인 것을 **일그너(Eilgner) 방식**이라 한다.

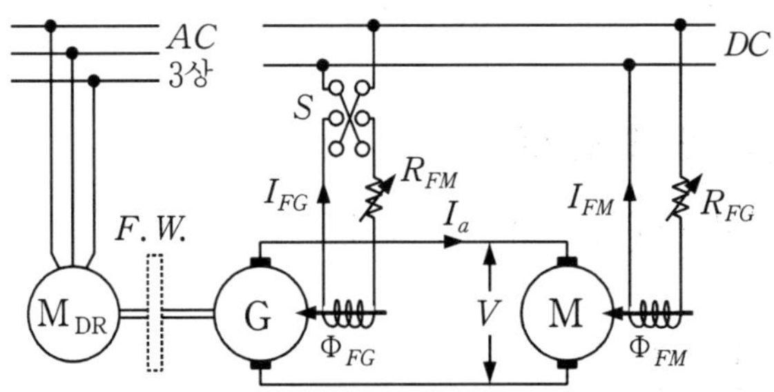

그림 6.20 일그너 방식

② 직류 초퍼(Chopper) 방식

스위칭 소자의 On, Off를 빠른 속도로 반복하여 전동기에 걸리는 평균전압을 조정하여 제어하는 방법이다. 스위칭 소자는 GTO 사이리스터를 많이 사용하지만 최근에는 고속스위칭이 가능한 IGBT(Insulated Gate Bipolar Transistor)를 사용한다.

③ 승압(Booster) 방식

직류전원과 직렬로 전압조정용 발전기를 접속해서 전원전압과 단자전압을 합성한 전압이 전기자에 주어져 속도를 조정하는 방식이다.

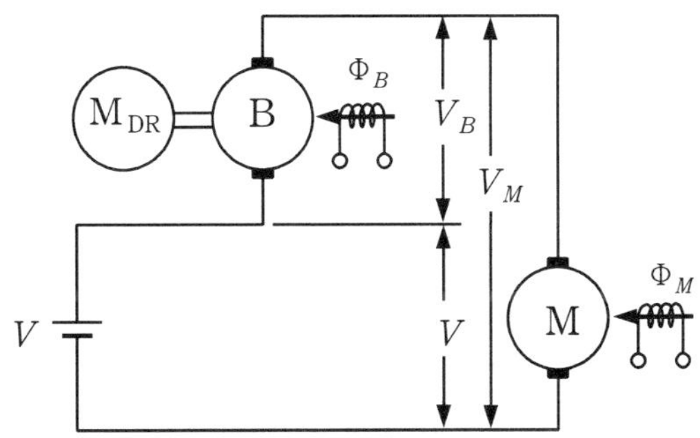

그림 6.21 승압기 방식

(2) 직권전동기의 속도제어

① 계자제어법 : 계자권선에 흐르는 전류의 변화에 의한 자속의 변화를 주어 속도조절하며 방법은 아래 그림과 같다

ⓐ 계자권선에 병렬로 가변저항을 접속하는 방식

ⓑ 계자권선에 탭을 내어 절환하는 방식

ⓒ 초퍼에 의한 도통시간의 제어방식

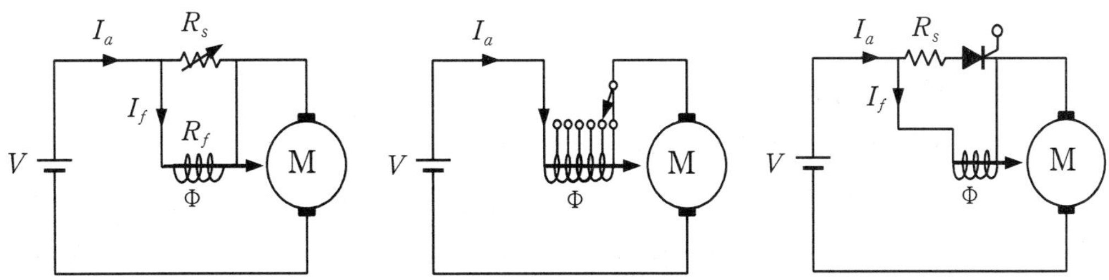

그림 6.22 직권전동기의 계자제어

② 저항제어법 : 전기자회로에 직렬로 접속한 가변저항을 변화시켜 전기자 전류를 조정하여 속도를 조정하는 방식이다.

③ 전압제어법 : 공급전압을 변화시켜 속도제어를 하는 방법으로 가변전압 전원으로 사이리스터 위상제어나 직류 초퍼 회로가 많이 사용되고, 전차용 전동기의 속도제어에 사용된다.

6-3-2 유도전동기의 속도제어

유도전동기는 농형인 경우 극수 변환방식과 권선형인 경우 2차측 저항제어가 많이 사용하였으나 현재는 인버터를 이용한 1차 주파수제어가 많이 사용하고 있다. 유도전동기의 속도에 대한 식은 아래와 같다.

$$N_S = \frac{120f}{P}\,[\mathrm{rpm}] \begin{cases} N_S : \text{회전속도} \\ f : \text{주파수} \\ P : \text{극수} \end{cases} \tag{6.4}$$

[예제 6.1] 주파수가 60[Hz]이고 극수가 4극일 때 회전수[rpm]을 구하라.

(풀이) $N_S = \frac{120f}{P}[\mathrm{rpm}] = \frac{120 \times 60}{4} = 1,800[\mathrm{rpm}]$

(1) 2차 저항제어법

2차측에 저항을 넣고 그것을 조정하여 속도제어를 한다. 저항체는 금속과 액체가 있는데 액체일 때 자동제어도 가능하며 장치가 간단하고 저항기를 기동기로 겸용할 수 있다. 정토크에 대한 속도제어가 가능하지만 저항기의 손실이 크므로 효율이 나빠진다. 용도는 속도를 낮추는 시간이 짧은 경우인 기중기, 권상기, 승강기 등에 사용된다.

(2) 2차 여자제어법

2차회로에 전압강하의 효과를 주는 전력회수용 기기를 삽입하여 2차 저항제어와 같은 특성을 갖추고, 효율이 좋은 방식이다. 이 때 전력회수용 기기에서 회수된 2차전력을 유도전동기의 축에 기계적 동력으로 반환하는 **크래이머(Kraemer) 방식**과 회수된 2차전력을 전원에 반환하는 **셀비우스(Scherbius) 방식**이 있다.

(3) 정지형 셀비우스방식(Static Scherbius System)

2차측에 사이리스터 인버터를 접속하고 그 점호각을 제어하여 속도제어하고 대용량일수록 유리하며 정토크 특성이 있어, 속도제어 범위 내 효율이 좋고 순간정전에 약하다. 무접점화로 유지보수가 쉽고 속도제어 범위가 많지 않는 대용량에 적합하다.

(4) 극수 변환법

권선을 몇 개로 분할하여 사용권선의 접속법을 변화시켜 극수를 바꾸는 방식으로 값이 싸고 조작이 수월하며 2단 밖에 변속되지 않으며, 농형 유도전동기에 사용된다.

(5) 전자 커프링법

전동기와 부하를 연결하는 곳에 전자 커프링을 사용하여 직류여자를 가감하여 속도제어를 하는 방법으로 속도제어의 범위가 넓고 자동제어에 의한 정속도 운전이 가능하다.

(6) 1차 저항제어법

유도전동기의 1차 측에 가변저항기를 삽입하여 그 저항에 의한 전압강하를 이용하므로 전동기에 걸리는 전압을 제어하는 일종의 전압제어 방식이다. 이 방식은 손실이 크므로 소형 유도전동기에 사용된다.

6-3-3 인버터(Inverter) 제어방식

이것은 VVVF(Variable Voltage and Variable Frequency Speed Controller)이라고도 하며 가변전압·가변주파수 속도조절 장치라고도 하며 높은 제어성능과 에너지절약, 자동제어가 편리하여 전동기, 승강기, 송풍기, 대형 냉각기 등에 많이 사용되고 있다.

(1) 원리

상용전원이 인버터장치에 들어오면 컨버터를 통해 교류를 직류로 변환하고 직류전압의 맥동을 없애기 위해 전해 콘덴서를 사용하며, 직류로 인버터와 마이크로 프로세스에 의해 정형화된 주파수 전압설정에 따라 최적 전압 및 주파수로 제어한다.

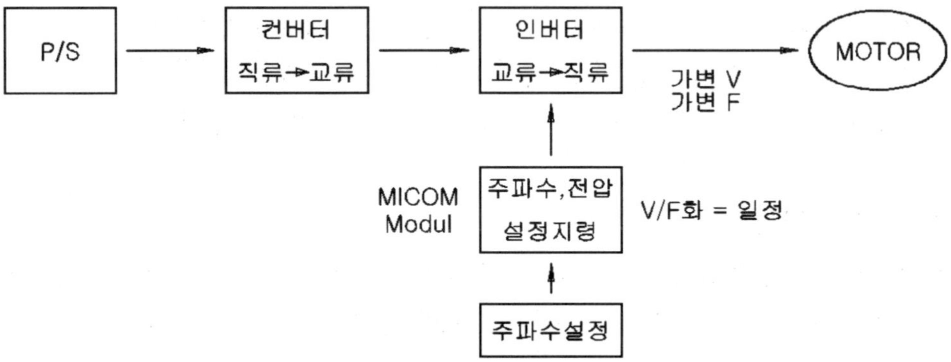

그림 6.23 인버터방식의 흐름도

(2) 스위칭(Switching) 소자

① SCR 사이리스터 방식 : 자기 소호능력이 없고 사용성능이 우수하여 중, 대용량에 적합하고 전환시간은 2~400[μs]이며 용량은 전압 3,000[V], 전류 3,000[A] 정도이다.

② GTO(Gate Turn-off) 사이리스터 방식 : SCR방식에서 자기 소호능력을 추가한 것으로 비교적 고속이며 중용량 전동기에 적합하다. 전환시간은 2~400[μs]이며 용량은 전압 2,500[V], 전류 1,000[A] 정도 이다.

③ 트랜지스터(Transistor : IGBT형) 방식: 베이스 전류의 제어에 따라 ON, OFF가 가능하며 저전압 소용량 전동기에 적합하며 과부하에 약하다. 전환시간은 0.2~15[μs]이며 용량은 전압 1,000[V], 전류 400[A] 정도이다.

(3) 종류

① 펄스 변조방식

ⓐ PAM(Pluse Amplitude Modulation) : 전압제어를 컨버터에 하고 주파수제어를 인버터에 하는 방식이다.

ⓑ PWM(Pluse Width Modulation) : 인버터에서 전압과 주파수를 제어하는 방식 이다.

② 전원 이용방식

ⓐ 전압형(Voltage Sourse Inverter : VSI) : 직류전압을 순차 전환하여 가변전압 · 주파수를 하는 방식이다.

ⓑ 전류형(Current Sourse Inverter : CSI) : 직류전류를 순차 전환하여 가변전압 · 주파수를 하는 방식이다.

표 6.3 전압형과 전류형 인버터의 비교

항목	전압형	전류형
특징	① 사인파 PWM이므로 출력파형이 양호하고 종합효율이 높다 ② 제동방법은 저항제동이다 ③ 무단계 가변속제어가 가능하다	① 회생제어가 가능하다 ② 100% 이상 기동토크가 나쁘다 ③ 무단계 가변속제어가 가능하다 ④ 장치와 전동기가 1:1에 최대이다
용도	컴프레셔, 컨베이어라인	승강기, 일반 공업용 전동기

(4) 특징

① 범용 전동기를 그대로 사용할 수 있다.

② 효율이 높으며, 기존 방식보다 30% 정도의 에너지 절약이 있다.

③ 자동화에 적합하다.

④ 고속운전이 가능하다.

(5) 적용 시 문제점과 대책

① 대용량 전동기가 가변속되면 사이리스터 제어장치에서 발생하는 고조파가 발생한다. 대책으로는 변압기 용량을 키우고, 2차권선을 다권선화하고, 고주파 필터를 설치한다.

② 전동기축의 진동과 공진현상이 일어난다. 대책으로는 공진점에 연속운전 자제하고, 고조파 차수를 높여 공진점을 분리한다.

6-4 전동기 일반

6-4-1 전동기의 선정방법

(1) 전동기의 선정방법

전동기를 합리적으로 부하에 이용하기 위해 다음과 같은 선정방법이 있다.

① 부하의 속도-토크 특성에 적합한 특성의 것을 선정할 것

② 운전형식에 적당한 정격 및 냉각방식에 따라 선정할 것

③ 사용 장소의 상황에 알맞은 보호방식의 것을 선정할 것

④ 용도에 적합한 기계적 형식의 것을 선정할 것
⑤ 가급적 표준출력의 것을 선정할 것
⑥ 고장이 적고 신뢰도가 높으며 운전비용이 낮을 것

(2) 전동기 선정 시 주의사항

① 소용량(1kW 미만)은 단상으로 하고, 삼상은 저압인 경우 200[kW]까지로 하며 그 이상의 용량은 고압으로 한다.
② 경부하시 효율, 역률이 떨어지므로 과대한 용량의 것은 피한다.
③ 일반적으로 개방형이 좋으나 먼지가 많은 곳은 전폐형으로 한다.
④ 단시간 사용할 때는 단시간 정격을 이용한다.
⑤ 단상은 기종선정에 유의하고, 삼상은 회전자구조와 기동장치에 유의한다.
⑥ 벨트걸이에 의해 구동 시 벨트의 지름비를 고려하여 회전수를 결정한다.
⑦ 속도제어에 인버터를 적용할 때 고조파에 대비한다.

6-4-2 전동기의 정격

(1) 전동기의 용량산정

① 펌프용 전동기

$$P = \frac{9.8\,QHk}{\eta}[\mathrm{kW}] \qquad (6.5)$$

여기서, P : 전동기 용량[kW], Q : 양수량[m^3/s], H : 전양정[m]
η : 펌프 효율, k : 계수(1.1 ~ 1.2)

② 송풍기·압축기용 전동기

$$P = \frac{9.8\,QwHk}{\eta} \times 10^{-3}[\mathrm{kW}] \qquad (6.6)$$

여기서, P : 전동기 용량[kW], Q : 풍량[m^3/s], H : 풍압[mmHg]
η : 펌프 효율, k : 계수(1.1 ~ 1.5), w : 기체의 밀도(kg/m^3)

③ 권상기용 전동기

$$P = \frac{9.8\,WV}{\eta}[\mathrm{kW}] = \frac{WV'}{6120\eta}[\mathrm{kW}] \qquad (6.7)$$

여기서, W : 권상하중[t], V : 초당 권상속도[m/s], V′ : 권상속도[m/min]

[예제 6.2] 양수량이 6[㎥/min], 전양정이 20[m]이며 펌프효율은 0.85, 펌프계수는 1.1일 때 전동기의 용량[kW]을 구하라.

(풀이) 여기서 양수량은 초당으로 환산하면 6÷60 = 0.1[㎥/s]

$$P = \frac{9.8QHk}{\eta} = \frac{9.8 \times 0.1 \times 20 \times 1.1}{0.85} \fallingdotseq 25[\mathrm{kW}]$$

(2) 전동기의 효율

① 전동기의 효율

$$\eta = \frac{출력}{입력} = \frac{P_m}{P_i} \times 100[\%] \begin{cases} P_m : 전동기의\ 출력 \\ P_i : 전동기의\ 입력 \end{cases} \quad (6.8)$$

② 규약 효율 (전기적으로 측정할 수 있는 값을 적용하여 구한 값)

$$\eta' = \frac{P_i - P_L}{P_i} \times 100[\%]\ (P_L : 전동기의\ 총손실) \quad (6.9)$$

(3) 동력배선

전동기 등에 이르는 저압 옥내전로는 다음에 의하여 시설한다.

① 과전류 차단기는 과전류 차단기의 규약동작전류
  ⓐ 주택용 과전류 차단기 : 63[A] 이하 부하전류의 1.45배, 63[A] 초과 1.52배
  ⓑ 산업용 과전류 차단기 : 63[A] 이하 부하전류의 1.3배, 63[A] 초과 1.37배
② 전동기용 간선의 굵기는 과전류 차단기 규약전류의 1.45배의 값 이상 이어야 한다.

6-4-3 전동기의 사용

(1) 전동기의 사용 장소에 따른 형식

① 방진형 : 먼지 또는 분진이 많은 장소에 사용한다.
② 방적형 : 습기가 많고 물방울이 떨어지는 장소에 사용한다.
③ 방수형 : 수중에 사용한다.
④ 방식형 : 해변이나 부식성 가스가 많은 장소에 사용한다.
⑤ 방폭형 : 폭발의 우려가 있는 장소에 사용한다.

(2) 전동기의 명판

① 명칭 : 전동기의 종류를 표시한다.

② 형식 : 제조회사마다 기호로 표시하며, 커버나 보호방식을 표시한다.

③ 출력 : 전동기의 출력으로 [kW], 마력(馬力)은 [HP], [PS]을 표시한다.

$$\begin{cases} \text{영국 마력} : 1\,\mathrm{HP} = 746\,[\mathrm{W}] \\ \text{프랑스 마력} : 1\,\mathrm{PS} = 736\,[\mathrm{W}] \end{cases}$$

전동기에서는 [kW], [PS] 단위를 주로 사용한다.

④ 사용전압 : 볼트로 표시하고 단상은 220[V], 삼상은 380[V], 440[V], 3.3[kV] 또는 6.6[kV]을 사용한다.

⑤ 극수 : 전동기 고정자의 극수이고 2, 4, 6, 8 등 2의 배수이다.

⑥ 회전속도 : 전부하에서 회전자의 분당 회전수 [rpm]이다.

⑦ 결선도 : 결선에 따른 회전방향의 선택 등을 표시한다.

⑧ 전류 : 전부하에 소모되는 전류를 나타낸다.

(3) 전동기의 절연

전동기의 절연종별에 따른 허용온도 및 용도는 다음 표와 같다.

표 6.4 절연종별에 따른 허용온도 및 용도

절연 종별	허용 최고온도[℃]	절연물 종류	용도
Y종	90	면, 견, 종이	저압기기
A종	105	Y종 재료를 배니쉬 또는 기름에 채운 것	일반 회전기기 유입변압기
E종	120	에폭시수지, 멜라민수지, 폴리우레탄수지	대용량 회전기기 가스변압기
B종	130	운모, 석면, 유리섬유 등으로 접착제와 함께 사용한 것	고압기기 몰드변압기
F종	155	B종 재료를 실리콘 알키드수지의 접착제와 함께 사용한 것	고압기기 몰드변압기
H종	180	B종 재료를 실리콘수지와 함께 사용한 것	건식변압기
C종	180 이상	운모, 석면, 유리 등을 단독 또는 접착제와 함께 사용한 것	특수기기

(4) 전동기의 진동과 소음

전동기의 진동은 기계적인 원인과 전자력의 불평형에 의한 원인이 있다. 또 전동기가 발생하는 소음은 원인별로 기계적인 소음 및 통풍 소음으로 분류된다.

표 6.5 전동기의 진동 원인

기계적인 원인	전자적인 원인
① 회전자의 정적과 동적인 불평형 ② 베어링의 불평등 ③ 상대 기계와의 연결 및 설치불량	① 회전자의 편심 ② 공극의 변동 ③ 회전자 철심의 자기적 성질의 불평등 ④ 고조파계에 의한 자기력의 불평형

표 6.6 전동기의 소음

소음의 분류	내 용
① 기계적 소음	진동, 브러시의 습동, 롤 베어링 등을 원인으로 하는 것
② 전자적 소음	철심의 여러 부분이 주기적인 자력, 전자력으로 진동에 의한 것
③ 통풍 소음	팬, 회전자의 에어덕트 등의 팬작용으로 나는 소음

6-4-4 동력설비의 감시제어

건물의 고층화와 설비내용이 복잡해짐에 따라 신뢰도의 향상 및 집중제어가 요구되며 동력설비의 자동화가 이루어져, 여러 대의 전동기에 대한 감시제어반이 있고 이러한 배전반을 **전동기 제어반**(Motor Control Cubicle : MCC)라고 한다.

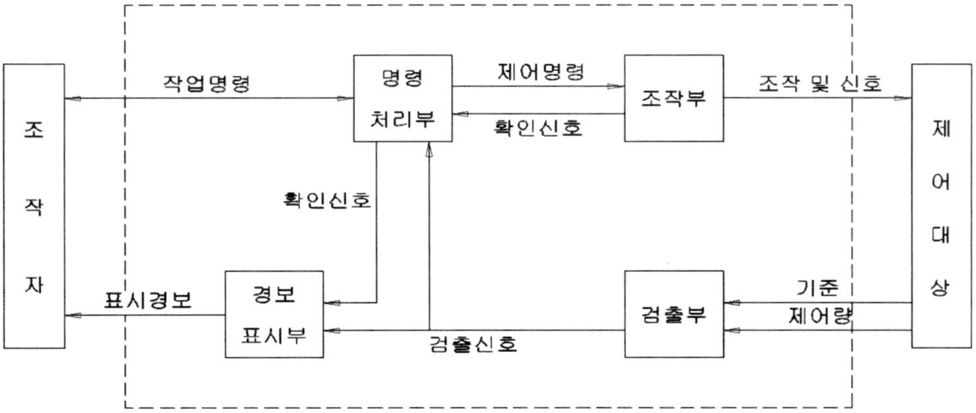

그림 6.24 동력설비 제어의 구성

(1) 동력설비의 제어

① 전원표시

동작전원의 On, Off 인지 여부를 나타내며 운전 중에 램프로 표시한다.

② 전동기의 운전상태

전동기가 운전 중인 상태를 표시하며 운전 상태는 적색램프, 정지 상태는 녹색램프로 표시한다.

③ 고장표시

단락, 과부하, 고장 등 전동기 보호계통에 고장을 표시하는 것으로 노란색으로 표시하고, 동시에 벨 또는 부저로 경보를 알린다.

④ 램프점검

램프의 표시상태를 점검할 수 있는 회로구성을 한다.

⑤ 집중제어

여러 대의 전동기를 한 제어반에서 집중해서 제어한다. 중앙감시반과 연결하여 원격에서 표시 및 제어를 할 수 있다.

(2) 시퀀스 제어(Sequence Control)

시퀀스 제어에는 개루프(Open Loop)와 폐루프(Closed Loop)가 있으며, 동력설비에 이용되는 개루프는 어떤 정해진 순서에 따라서 순차적으로 제어하는 것을 말하며, 그 제어 결과에 대해 피드백 되는 것을 폐루프라 한다.

예를 들면 타임 릴레이(Time Relay)에 의해 T_1, T_2, T_3 의 동작시간에 따라서 M_1, M_2, M_3 전동기가 순차적으로 기동하는 것을 말한다.

(3) PLC(Programable Logic Control)

종래에 사용하던 제어반 내의 릴레이, 타이머, 카운터 등의 기능을 대규모 집적회로(LSI), 트랜지스터 등의 반도체 소자로 대체시켜 기본적인 시퀀스 제어 기능에 수치 연산 기능을 추가하여 프로그램 제어가 가능하도록 한 것이다.

PLC의 적용분야는 공장자동화와 공정관리시스템과 함께 소규모 공작기계에서 대규모 시스템 설비에까지 이른다.

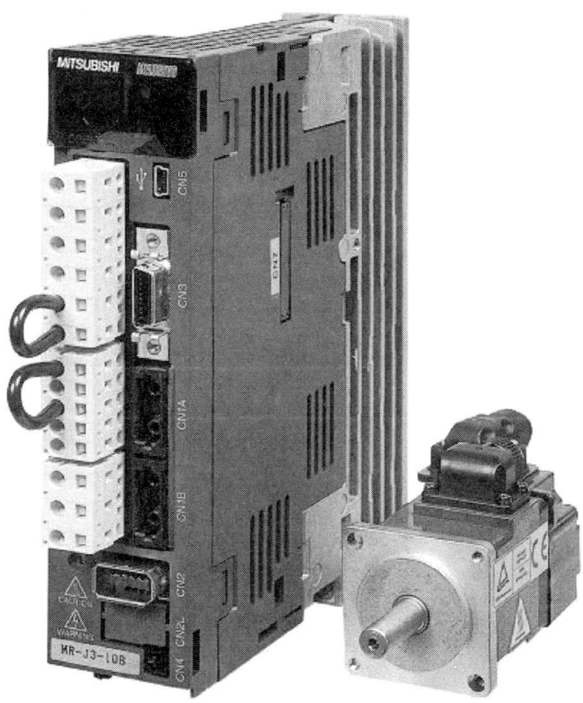

그림 6.25 PLC 모듈

연습문제

1. 다음 중에 단상전동기가 아닌 것은?

㉮ 셰이딩 코일형 ㉯ 분상 기동형
㉰ 콘덴서 기동형 ㉱ 권선형 전동기

2. 권선이 감겨있는 회전하는 부분이며 전기에너지를 회전에너지로 변환하는 곳은?

㉮ 계자 ㉯ 전기자
㉰ 정류자 ㉱ 브러쉬

3. 다음 중에 전기자와 계자가 병렬로 접속되어 있는 전동기는?

㉮ 분권전동기 ㉯ 직권전동기
㉰ 복권전동기 ㉱ 동기전동기

4. 다음 중에 유도전동기의 특징이 아닌 것은?

㉮ 구조가 간단하고 취급보수가 간단하다.
㉯ 가격이 싸다.
㉰ 종류가 적고 부하조건에 맞는 적합한 특성을 쉽게 구할 수 있다.
㉱ 복잡한 기동 및 운전제어가 필요 없다.

5. 다음 중에 농형 유도전동기의 특징이 아닌 것은?

㉮ 구조가 간단하다. ㉯ 기동전류가 비교적 적다.
㉰ 다 빈도의 기동은 곤란하다. ㉱ 가격이 싸다.

6. 다음 중에 동기전동기의 특징이 아닌 것은?

㉮ 속도가 일정하다.
㉯ 항상 역률 1로 운전할 수 있다.
㉰ 필요시 뒤짐 전류를 얻을 수 있다.
㉱ 유도전동기에 비해 효율이 좋다.

▸ 정답

1. ㉱ 2. ㉯ 3. ㉮ 4. ㉰ 5. ㉯ 6. ㉰

7. 직류전동기의 전기자 전류와 비례하지 않는 것은?

㉮ 회전수　　㉯ 자속
㉰ 전압　　㉱ 전기자 저항

8. 다음 중에 가변전압 방식으로 제어하는 직류전동기의 기동방법은?

㉮ 저항 기동법　　㉯ 직병렬 기동법
㉰ 워드 레오나드방식　　㉱ 리액터 기동법

9. 다음 중에 권선형 유도전동기의 기동방식인 것은?

㉮ 2차 저항 기동법　　㉯ 1차 저항 기동법
㉰ 임피던스 기동법　　㉱ 리액턴스 기동법

10. 다음 중에 $Y-\Delta$ 기동법의 특징이 아닌 것은?

㉮ 농형 유도전동기에 적용한다.
㉯ 권선형 유도전동기에 적용된다.
㉰ 기동전류는 정격전류의 2배 정도이다.
㉱ 기동토크에 문제없는 기기에 적용된다.

11. 기동보상기로 기동하는 유도전동기는 단자전압 탭(Tab)을 몇 [%]로 저감하는가?

㉮ 40~70%　　㉯ 40~80%
㉰ 50~80%　　㉱ 50~90%

12. 다음 중에 동기전동기의 기동방식이 아닌 것은?

㉮ 자기기동법　　㉯ 타여자기동법
㉰ 기동전동기법　　㉱ 삼상 기동권선법

13. 다음 중에 직권전동기의 계자에 의한 속도조절방법이 아닌 것은?

㉮ 계자권선에 병렬로 가변저항을 접속하는 방식
㉯ 계자권선에 직렬로 가변저항을 접속하는 방식
㉰ 계자권선에 탭을 내어 절환하는 방식
㉱ 초퍼에 의한 도통시간의 제어방식

▸ 정답

7. ㉱　8. ㉰　9. ㉮　10. ㉯　11. ㉰　12. ㉯　13. ㉯

14. 다음 중에 분권전동기의 전압제어법이 아닌 것은?

㉮ 워드 레오나드방식 ㉯ 직류 초퍼방식
㉰ 승압방식 ㉱ 감압방식

15. 주파수가 60[Hz]이고 극수가 6극일 때 회전수[rpm]을 얼마인가?

㉮ 1,200[rpm] ㉯ 1,500[rpm]
㉰ 1,600[rpm] ㉱ 1,800[rpm]

(풀이) $N_S = \frac{120f}{P}[\text{rpm}] = \frac{120 \times 60}{6} = 1,200[\text{rpm}]$

16. 다음 중에 유도전동기의 속도제어법이 아닌 것은?

㉮ 2차 저항제어법 ㉯ 2차 여자제어법
㉰ 주파수 변환법 ㉱ 극수 변환법

17. 다음 중에 인버터에 사용하는 스위칭 소자가 아닌 것은?

㉮ MOZET 사이리스터 방식 ㉯ SCR 사이리스터 방식
㉰ GTO 사이리스터 방식 ㉱ 트랜지스터 방식

18. 다음 중에 인버터 제어방식의 특징이 아닌 것은?

㉮ 범용 전동기를 그대로 사용할 수 있다.
㉯ 효율이 높으며, 기존 방식보다 40% 정도의 에너지 절약이 있다.
㉰ 자동화에 적합하다.
㉱ 고속운전이 가능하다.

19. 다음 중에 전압형 인버터의 특징이 아닌 것은?

㉮ 출력파형이 양호하다.
㉯ 제동방법은 저항제동이다.
㉰ 무단계 가변속제어가 가능하다.
㉱ 회생제어가 가능하다.

▸ 정답

14. ㉱ 15. ㉮ 16. ㉰ 17. ㉮ 18. ㉯ 19. ㉱

20. 다음 중에 전동기 선정 시에 주의사항이 아닌 것은?

㉮ 삼상은 저압인 경우 200[kW]까지로 하고 그 이상의 용량은 고압으로 한다.

㉯ 경부하시 효율, 역률이 떨어지므로 과대한 용량의 것은 피한다.

㉰ 일반적으로 밀폐형이 좋으나 먼지가 많은 곳은 전폐형으로 한다.

㉱ 단시간 사용할 때는 단시간 정격을 이용한다.

21. 권상하중이 1.5[t], 권상속도 120[m/min], 권상기 효율이 0.80일 때 권상기용 전동기의 출력은 얼마인가?

㉮ 26.75[kW] ㉯ 36.75[kW]

㉰ 46.75[kW] ㉱ 56.75[kW]

(풀이) 초당 권상속도는 120÷60 = 2[m/s]이며,

$$P = \frac{9.8\,WV}{\eta}[\text{kW}] = \frac{9.8\times1.5\times2}{0.8} = 36.75[\text{kW}]$$

22. 다음 중에 동력배선에 전선의 허용전류가 50[A]일 때 최대 차단기의 정격은?

㉮ 100[A] ㉯ 125[A]

㉰ 150[A] ㉱ 200[A]

(풀이) 허용전류의 2.5배 이하 값이므로 50×2.5 = 125[A]

23. 다음 중에 전동기의 진동 원인 중에 전자적인 원인이 아닌 것은?

㉮ 베어링의 불평등

㉯ 회전자의 편심

㉰ 회전자 철심의 자기적 성질의 불평등

㉱ 고조파계에 의한 자기력의 불평형

24 다음 중에 절연종별에 따른 허용 최고온도와 용도의 배열이 틀린 것은?

㉮ Y종-90℃-저압기기

㉯ A종-105℃-일반 회전기기

㉰ E종-120℃-대용량 회전기기

㉱ C종-130℃-고압기기

▸ 정답

20. ㉰ 21. ㉯ 22. ㉯ 23. ㉮ 24. ㉱

단원 서술형 문제

1. 직류전동기의 구조에 대해 설명하라.

2. 유도전동기의 특징에 대해 설명하라.

3. 동기전동기의 장점을 대하여 설명하라.

4. 단상전동기에 대하여 설명하라.

5. 농형유도전동기의 Y-Δ 기동방식에 대해 설명하라.

6. 동기전동기의 기동방식에 대해 설명하라.

7. 분권 및 타여자전동기의 전압제어법에 대해 설명하라

8. 직권전동기의 속도제어방식에 대해 설명하라.

9. 유도전동기의 속도제어방식에 대해 설명하라.

10. 인버터 제어방식의 특징에 대해 설명하라.

11. 전동기의 선정방법에 대해 설명하라.

12. 전동기 선정 시 주의사항에 대해 설명하라.

13. 전동기의 동력배선에 대해 설명하라.

14. 전동기의 전자적 원인에 의한 진동 원인에 대해 설명하라.

단원 서술형 문제 풀이

번호	페이지	답
1	p352	(1) 구조 참조
2	p355	2) 특징 참조
3	p356	표 6.2 동기전동기의 장단점 비교 참조
4	p356~357	(3) 단상전동기 참조
5	p360~361	② Y-Δ 기동법 참조
6	p362~363	(3) 동기전동기의 기동방식 참조
7	p364~365	3) 전압제어법 참조
8	p365~366	(2) 직권전동기의 속도제어 참조
9	p366~367	6-3-2 유도전동기의 속도제어 참조
10	p369	(4) 특징 참조
11	p369~370	(1) 전동기의 선정방법 참조
12	p370	(2) 전동기 선정 시 주의사항 참조
13	p371	(3) 동력배선 참조
14	p373	표 6.5 전동기의 진동 원인 참조

국 가 직 무 능 력 표 준(NCS) 공 부 하 기

분류번호 : 1901060114_16v3

능력단위 명칭 : 동력설비 설계

능력단위 정의 : 동력설비 설계란 각종 기계설비의 전동기를 선정하고 기동방식에 따른 결선도 및 제어회로 구성 등의 설계업무를 수행하는 능력이다.

능력단위요소	관련목차
1901060114_16v3.1 동력설비 설계하기	6-1 전동기의 분류, 6-2 전동기의 기동, 6-3 전동기의 속도 제어, 6-4-1 전동기의 선정방법, 6-4-2 전동기의 정격 6-4-3 전동기의 사용
1901060104_16v3.2 동력제어반(MCC) 설계하기	6-4-4 동력설비의 감시제어

chapter 7 반송설비

직무	능력단위	능력단위코드
전기설비설계	특수설비 설계	1901060115_16v3

승강기, 에스컬레이터, 전동 덤웨이터, 에어슈터 등과 같이 사람이나 물품을 운반하는 설비를 반송설비라고 한다. 최근 인구의 도시집중으로 초고층, 고층빌딩의 증가로 빌딩의 수직교통이 중요시되며 공항로 등에는 많은 인원을 동시에 수송하는 이동 보행기도 설치되고 있다.

7-1 승강기(Elevator)

승강기는 승강로 내에 설치된 레일에 따라 매달려 있는 카를 동력으로 승강시키는 장치이다. 따라서 승강기는 사람을 운반하는 기능을 가지고 있으므로 안전장치에 유의해야 한다.

7-1-1 구조

승강기에 사용하는 구조는 구동장치, 케이지(Cage)와 안전장치, 제동장치, 전기제어장치로 나눌 수 있다.

(1) 구동장치

① 권상기(Traction Machine)
전동기의 회전운동을 상하운동으로 변환하는 장치로 전동기축에 웜기어가 직결되어 있으며, 이 웜기어(Warm Gear)로서 로프차에 직접 연결된 기어를 회전시키는

기어(Gear)형 권상기와 기어를 사용하지 않고 전동기축에 로프차를 직접 연결된 기어리스(Gearless)형 권상기가 있다.

이때 전동기의 용량은 중・고속일 경우는 5.5[kW]에서 25[kW] 정도이고, 초고속은 60[kW]까지 있다.

② 로프(Rope)

로프는 카를 매달아 상하로 이동하므로 강도가 큰 것과 유연성이 풍부한 것이 필요하다. 그래서 로프는 19개의 선을 8조 또는 6조로 꼰 것이 있고 사용에 따라 마모되므로 3~5년마다 교체하는 것이 안전하다.

③ 가이드 레일(Guide Rail)

승강통로 내의 양 측면에 카와 균형추가 다니는 T자형의 레일이 있으며 카가 안전하게 흔들림 없이 상하운동을 하게 한다. 1[m]당 중량으로 표시하고 5, 8, 13, 18, 24[kg]가 있고 대용량에서는 37, 50[kg]도 사용된다.

가이드 슈(Guide Shoe)는 승강기 카가 가드레일을 따라 상하로 움직일 때 원활한 운행을 위한 홈을 낸 통로이다.

④ 균형추(Counter Weight)

균형추는 승강기가 상승할 때 받는 힘을 줄이기 위해 도르레 원리를 이용하여 반대편에 추를 매달아 놓은 것으로 전동기의 용량을 줄여 준다.

균형추의 중량 = 전중량 + 최대적재량 × (0.4~0.6) [kg] (7.1)

(2) 케이지(Cage)

카(Car)라고도 하며, 사람 또는 화물이 실리는 바닥, 벽, 천정을 포함한 차이며 바닥은 형강제 프레임 3.2[mm] 강판 및 안전계수 7.5 이상으로 설계한다.

① 비상탈출구

케이지 상부에 400×600[mm]의 열수 있는 공간을 마련하여 비상시 외부로 탈출이 가능하게 하며 탈출구가 열렸을 때 케이지는 운전이 안 된다.

② 비상등 및 호출장치

케이지 내부에 전원은 30분 이상 정전 시에도 조명이 가능하며 인터폰으로 외부와 연락할 수 있다.

③ 케이지의 적재량

적재무게는 승객용은 1명당 65[kg]이며, 화물용 승강기는 1[m²]당 250[kg](자동차용 150[kg])로 산정한다.

(3) 안전장치

① 전동문 닫힘 장치

케이지가 층에 정지하면 제어실로부터 신호로 케이지 위에 직류 분권전동기가 회전하고, 이것에 직결된 장치가 케이지의 문과 승차장의 문을 연동시키는데 리타이어링 캠이 사용된다. 문이 열린지 수초가 지나면 타이머에 의해 자동적으로 닫힌다.

② 자동착상장치

승강통로 내에 각 층마다 유도판이라는 전자석이 있으며, 정지하여야 할 층에는 기계실로부터 유도판에 전류가 보내져서 케이지에 있는 유도릴레이가 이것과 연동하고 이때 제어회로가 작동하여 정상적으로 착상한다. 이것은 승차감과 직결되므로 속도제어와 함께 중요한 요소이다.

③ 완충기(Buffer)

케이지 또는 균형추가 최하층 감속장치나 리미트 스위치로 작동되지 않고 자유낙하할 때 충격을 완화 해주는 장치이다. 완충기에는 유압식과 스프링식이 있는데 60[m/min] 이하는 스프링식, 60[m/min] 초과는 유압식을 사용한다.

(4) 제동장치

① 전자브레이크(Magnetic Breaker)

전자브레이크는 전자석 내의 플랜저를 흡입함으로써 브레이크 슈에 힘이 가해지고 이 힘의 마찰력에 의해 제동력이 작용한다. 전자브레이크는 교류식과 직류식이 있는데 직류식이 우수하다.

$$\text{제동 토크} = \frac{720 \times HP \times k}{N} \begin{cases} N : \text{전동기의 회전수 [rpm]} \\ HP : \text{전동기의 마력 [HP]} \\ k : \text{브레이크 정수(DC 1, AC 1.5)} \end{cases} \tag{7.2}$$

전자 브레이크는 승객용은 125%의 부하, 화물용은 120%의 부하에 전속도로 운행 중 정지할 수 있어야 한다.

② 조속기(Governor)

승강기가 일정속도 이상으로 상승할 때 브레이크나 안전장치를 작동시키는 기능을 가지고 있다. 조속기는 대개 주 로프와 별개의 조속기용 로프를 가지고 이 로프가 비상정지장치와 연결하여 한계속도에 작동한다. 보통 정격속도의 120~140%를 한계속도로 정한다.

③ 리미트 스위치(Limit Switch)

최상층과 최하층에서 정상위치 이상일 때 감속하며 현저하게 초과할 때 2차 리미트 스위치가 작동하여 전원을 차단한다.

④ 웨지(Wedge)

조속기와 연결하여 비상시 로프를 가이드레일에서 잡아 안전하게 정지시킨다.

(5) 전기 제어장치

전기 제어장치에는 제어장치, 신호장치, 플로어 제어, 수전장치 등이 있다.

① 제어장치 : 승강기의 속도제어, 문의 개폐 제어를 목적으로 하고 있다.

② 신호장치 : 각 층의 호출에 의한 전동기의 기동 , 목적층까지의 운행정지 등을 목적으로 설치되어있다.

③ 플로어 제어 : 승강기의 전기적 제어, 기계적 제어를 하는 것으로 승강기의 운전, 정지 상태를 비례 축적하여 일정하게 운행한다.

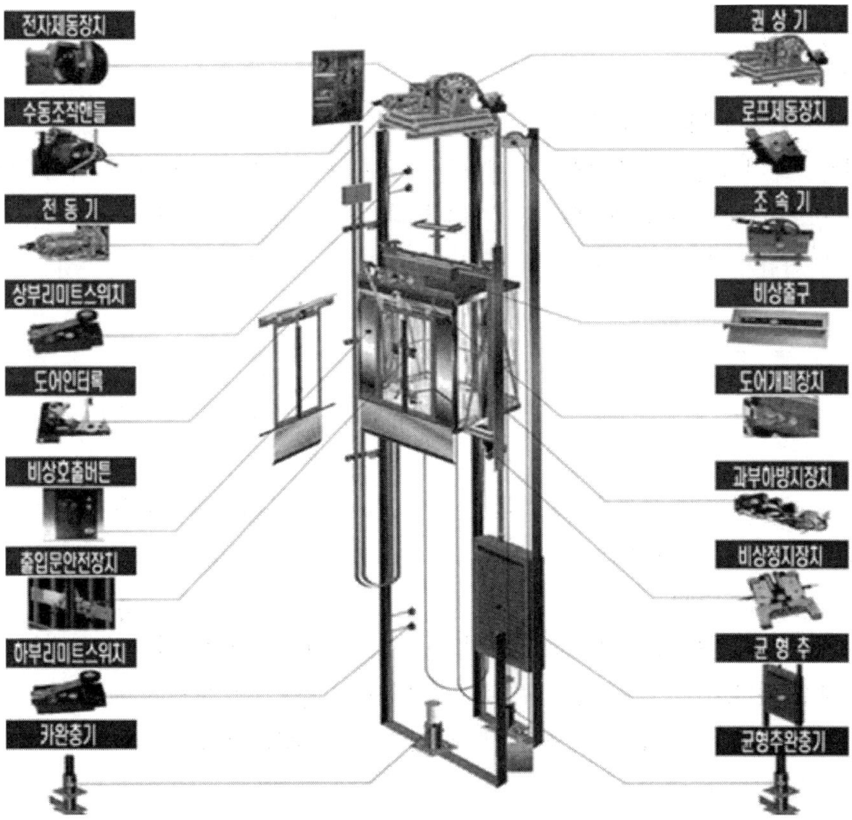

그림 7.1 승강기 구조도

7-1-2 승강기의 종류

승강기는 용도와 속도 별로 구분하여 나눌 수 있다.

(1) 용도별 분류

① 승객용 승강기

사람을 실어 나르는 것을 주목적으로 하는 승강기로 사람이 탈수 있는 수에 따라 인승이 정해지며 개인용을 제외하면 6, 8, 9, 10, 11, 13, 15, 17, 20, 24, 28인승 등이 있다.

② 인화용 승강기

사람과 화물을 동시에 실어 나르며, 보통 고층건물에서 사람과 이삿짐 등을 같이 실어 나를 수 있게 되어 있고 13인승 이상 사용토록 하고 있다.

③ 침대용 승강기

병원에서 환자를 이송할 때 필요하며, 문병객이나 치료관계자의 탑승도 허용되며, 속도는 저속도로 한다.

④ 화물용 승강기

화물을 전용으로 실어 나르는 것으로 로프식과 유압식이 있으며 층고가 높지 않는 곳에 사용한다.

⑤ 비상용 승강기

높이 31[m] 초과하는 건축물은 비상용 승강기를 시설해야 하며, 화재구조나 피난용이므로 비상시에는 카 내에서 제어할 수 있고, 정전 시에도 비상전원으로 운행이 되어야 한다.

⑥ 장애자용 승강기

휠체어 운전자가 조작하기 쉽게 조작 스위치가 카 내에 낮게 배치되어 있고 시각 장애자를 위해 정지, 층수 등이 점자로 되어 있는 구조이다.

⑦ 전망용 승강기

관광지 등에 사용하는 것으로 카 내부에서 외부를 볼 수 있게 전망유리가 되어 있다.

⑧ 자동차용 승강기

주차장, 주차 빌딩에서 자동차를 수송하기 위한 승강기이며 순환속도가 12~16[m/min]이다.

⑨ 피난용 승강기

피난용 승강기는 30층 이상 높이 120m 이상에 피난용도로 사용하는 승강기이다.

(2) 속도별 종류

① 초고속형 승강기

속도가 210[m/min] 이상의 속도이며 초고층 건물에 적용된다. 적용속도는 210, 240, 300, 360, 420, 500, 1,040[m/min]이다.

② 고속도형

속도가 120[m/min] 이상이며 고층건물이나 초고층 아파트에 적용된다. 적용속도는 120, 150, 180[m/min]이다.

③ 중속도형

속도가 60[m/min] 이상이며 중층건물이나 일반 고층 아파트에 적용된다. 적용속도는 60, 75, 90, 105[m/min]이다.

④ 저속형 승강기

속도가 45[m/min] 이하이며 10층 이하 저층건물이나 화물용 승강기에 사용한다. 적용속도는 15, 20, 30, 45[m/min]이다.

7-1-3 구동방식 및 속도제어

(1) 구동방식

1) 와이어 로프(Wire Rope)식

케이지와 균형추를 좌우 연동식에 의해 주 로프와 연결하고 주 로프와 활차간의 마찰력으로 구동하는 방식으로 대부분 이에 속한다.

① 기어(Gear)형 : 감속기에 웜기어를 사용하며, 중·고속 승강기에 사용한다.

② 기어리스(Gearless)형 : 직류 가변전압에 웜기어를 사용하지 않으며, 권상기의 전기자 축에 직결하여 연결한 방식으로 속도가 120[m/min] 이상의 고속형에 사용된다.

2) 유압식(Hydraulic)

유압펌프에 의해 유압을 제어해서 실린더를 오르내리게 하여 승강기를 구동하는 방식이며 케이지에 직접 실린더를 연결한 직접 구동방식이 있고, 활차에 실린더를 연결하고 주 로프에 의해 케이지를 움직이는 간접방식이 있다.

(2) 속도제어

속도제어는 교류승강기와 직류승강기의 속도제어로 나눌 수 있다. 다음은 직·교류 속도제어방식이다.

① 교류 승강기
- AC－1 : 화물용
- AC－2 : 화물용
- 전압 제어 : 종래의 일반 승객용
- 인버터 제어 : 현재 사용하는 승객용

② 직류 승강기
- 워드 레오나드방식 : 중·저속형 승객용
- 정지형 －워드레오나드 방식 : 고속형 승객용

1) AC－1단

특수 농형 유도전동기를 사용하며 속도를 조절할 수 없고 전원의 차단과 브레이크만 가능하다. 역전은 삼상 중 2상을 바꿈으로서 가능하고 속도는 30[m/min], 하중은 1,000[kg] 이하의 부하에 적당하고 착상오차도 크지만 보수가 간단하고 가격이 싸다.

2) AC－2단

전동기의 극수변환으로 2단 속도조정이 가능하고 역전은 1단과 같다. 속도는 60[m/min] 이하에 적용하고 하중은 1,500[kg]까지 가능하며 화물용으로 사용한다.

3) 전압제어

사이리스터를 이용하여 교류전압의 위상제어를 통해 속도제어를 하는 방식으로 종래의 일반용 승객용 승강기로 많이 사용하였으나, 착상감이나 전력손실에서 인버터에 많이 떨어지므로 지금은 제한되게 사용되고 있다.

4) 인버터 방식

인버터식 승강기는 속도제어방식을 인버터를 적용함으로써 승차감과 에너지 절약을 하고 가속전류를 단속함으로써 정원 설비용량을 줄이며, 전력 트랜지스터 스위치(Power Transistor Switch)를 이용한 인버터 방식에 벡터제어를 적용하여 전동기에 가장 적합한 가변전압 가변주파수(VVVF)에 의해 속도를 제어한다.

※ **벡터제어방식** : 마이크로 프로세스를 이용한 연속적이고 정확한 속도제어를 채택하여 속도명령 값과 펄스발생기를 통해 피드백(Feed-Back)된 속도를 비교 계산하여 트랜지스터 인버터의 전류를 제어하고 PWM방식에 의해 최적의 전압과 주파수를 제어하는 방식

① 특징

ⓐ 소비전력 및 전원설비 용량이 50% 줄어든다. 그러나 고조파의 발생 등으로 실효 전원설비 용량의 감소는 30% 정도이다.

ⓑ 기계실의 발열량 감소와 전동기의 소형화를 가져온다.

ⓒ 승차감과 제어성능이 뛰어나다.

ⓓ 전동기 소음이 줄어든다.

② 인버터 방식을 적용할 때 주의할 점

ⓐ 저차 고조파현상 :직류에서 교류로 변환하는 콘덴서회로에 흐를 때 입력 전압의 왜형파가 생긴다. 이러한 저차 고조파는 설비에는 큰 영향을 미치지 않는다.

ⓑ 고차 고조파 : 인버터장치의 출력전원이 대지에 대해 고조파 전위로 변동하면서 발생하며, 고조파의 전파경로는 아래와 같다.

가. 인버터장치 본체와 동력선에 의한 전파

나. 동력선에서 다른 기기의 배선과 대지에 전자・정전유도에 의한 것

다. 동력선에서 접지선의 선로를 타고 흐르는 것

ⓒ 대책 : 배전선로의 고조파대책 참조

③ 인버터 방식과 AC-전압제어의 비교

다음 표는 인버터 방식과 AC-전압제어의 비교한 것이다.

표 7.1 인버터 방식과 AC-전압제어의 비교

구분	AC-전압제어	인버터 방식
제 어 방 식	AC 사이리스터 위상제어	VVVF
전력소비	1차측 전압제어	2차측 전압제어
속도제어 경향	가속: 8단계, 감속: 13단계	시간별 세분화(거의 무단계)
승차감	보통	양호
노이즈	전원주파수에 의한 노이즈	고조파
전원설비용량	100%	50%
기계실 면적	100%	70%
제어 유니트	Relay	Micro-process

5) DC 전압제어

직류 전압제어에는 워드 레오나드방식과 사이리스터를 이용한 정지형 워드 레오나드방식이 있다. 워드 레오나드방식은 직류전동기에 전압을 제어하여 속도를 조절하는 방법으로 속도를 광범위하게 조정하고 제동은 주 전기자의 극성을 바꾸어서 제동한다.

이 방식이 가지는 기계적 결합으로 인한 손실이 증가하여 승강기의 효율이 떨어지므로 이 점을 개선한 방식이 사이리스터를 사용하여 전동발전기(Motor-Generator)를 생략하고 교류전원을 직접 직류전동기에 공급하는 정지형 워드 레오나드방식이 있으며, 이 방식은 적용할 때는 고조파를 고려해야 한다.

7-1-4 운전방식

승강기의 운전방식은 승강기가 여러 대 사용할 때 효과적으로 관리하는 방식을 말하며 운전원이 있는 방식과 없는 방식, 군 관리 방식으로 분류한다.

(1) 운전원 방식

① 카 스위치방식
출발과 정지는 운전원이 조작반의 버튼으로 동작하고, 운전원의 판단으로 정지하는 수동형과 버튼의 조작에 의해 자동적으로 착상하는 자동형이 있다.

② 레코오드 컨트롤방식
운전원이 승객의 목적 층과 승강장으로부터 호출신호를 받고 조작반 버튼을 눌러 정지하고, 출발은 운전원이 버튼을 눌러 출발한다.

③ 시그널 컨트롤방식
출발은 운전원의 조작버튼으로 하며, 정지는 조작반의 목적층 버튼을 누르는 것과 승강기로부터 호출신호의 층에 자동적으로 정지한다.

(2) 운전원이 없는 방식

① 단식 자동방식
승객 자신이 운전하는 승강기로 목적층 버튼이나 승강장의 호출신호로 출발과 정지를 이루는 방식이며, 이 방식은 운전 중에는 다른 호출이 있더라도 운전종료까지 그 호출에 응하지 않는다.

② 승합 전자동방식
승객 자신이 운전하는 승강기로 목적층 버튼이나 승강장의 호출신호로 출발과 정지를 이루는 방식이며, 이 방식은 누른 순서에 관계없이 가까운 층부터 신호에 의해 출발과 정지를 자동으로 하며, 보통의 승강기는 여기에 해당된다.

③ 하강 승합전자동방식
이 방식의 운전은 승합 전자동방식과 같으며, 이 방식은 아파트와 같이 출근시간에

승강기의 교통이 혼잡한 것을 피하기 위해 호출신호의 순서에 관계없이 최고층부터 올라가서 내려오면서 신호에 따라 정지하는 방식이다.

(3) 겸용방식

① 카스위치 단식 자동방식

이 방식은 한산할 때는 단식자동방식으로 하고, 출퇴근 등 승강기의 교통이 혼잡할 때는 카 스위치방식으로 운행하는 것을 말한다.

② 카스위치 승합 전자동방식

이 방식은 한산할 때는 승합전자동방식으로 하고, 출퇴근 등 승강기의 교통이 혼잡할 때는 카 스위치방식으로 운행하는 것을 말한다.

③ 시그널 승합 전자동방식

이 방식은 한산할 때는 승합전자동방식으로 하고, 출퇴근 등 승강기의 교통이 혼잡할 때는 시그널 컨트롤방식으로 운행하는 것을 말한다.

(4) 군 관리방식

대형 건축물에 설치되는 승강기의 운전방식은 몇 대의 승강기를 군(群 : Group)으로 묶어서 건축물내의 교통수요에 효율적으로 대응하여 에너지 절약과 대기시간을 단축함으로써 업무능률을 향상 시킨다.

1) 군 관리방식의 종류

① 전자동 군 관리방식(Group Supervisory System : GSS)

출퇴근 등의 일시적인 교통수요의 혼잡이 없는 호텔, 일반 임대건물에 적용되며, 교통수요에 따라 순차적으로 승강기가 운행하는 방식이다.

② 피크서비스 전자동 군 관리방식[Group Supervisory System with Peak Service : GSS(PS)]

출퇴근 등 일시적인 교통수요가 있는 단일회사의 전용건축물이나 대형 사무실에 적용하는 방식으로 시간대별로 기준층과 혼잡층을 정해 운행하여 승객의 대기시간을 줄인다.

③ 예약안내 전자동 군 관리방식[Group Supervisory System with Reserve Information : GSS(RI)]

대형빌딩이나 호텔, 아파트 등에서 적용하는 방식으로 승강기 호출예약을 통해 대기시간을 단축하는 방식이며, 각 층간의 교통수요의 혼잡을 미리 해소하기 위한 기능을 가지고 있다. 이 방식은 호출이 자기가 있는 공간에서 가능하므로 장시간 대기시간을 줄일 수 있다.

2) 군 관리방식의 효과

① 인건비를 절약할 수 있다.
② 승객의 대기시간이 줄어든다.
③ 출퇴근의 혼잡이 줄어들고 기준층의 대기시간이 하루 동안 거의 동일하다.
④ 한 뱅크 중의 운행되는 승강기의 수가 균등화 되고, 수명이 길어진다.

3) 군 관리방법

① 출근 때 : 전 승강기를 상행우선으로 하고 1층 및 지하층을 기준층으로 정하고 서비스층을 승객수요에 따라 분담하여 신속히 운행한다.
② 퇴근 때 : 전 승강기를 하행우선으로 하고 서비스 층을 승객수용에 따라 분담하여 신속히 운행한다.
③ 주식 때 : 기준층을 식당 층으로 정해 신속히 운행한다.
④ 평상 때 : 승객수요에 따라 한대부터 점차로 운행하며, 나머지 승강기는 대기한다.
⑤ 한산 때(퇴근 후) : 전부 기준층에 대기하고 출발은 호출이 있을 때만 운행하며, 3분 이상 호출이 없을 시 전동기를 정지한다.

4) 군 관리방식 적용할 때 건축적인 고려사항

① 휠체어 회전 반경을 확보한다. 즉 승강기 출입구에서 맞은편의 벽까지 1.5[m] 이상을 확보한다.
② 승강기의 로비는 양방향의 개방형으로 하여, 한 방향으로 할 때 로비입구에서 먼 쪽은 이용도가 떨어진다.
③ 건축구조물의 돌출(예 :기둥이나 장식물 등)이 없어야 한다.
④ 출입구가 승강통로 안쪽에 너무 들어가지 않아야 하며, 즉 출입구에서 승강기의 운행상태가 보이거나 승강통로가 보여야 한다.

7-1-5 승강기 설치계획

승강기는 건축물의 설비기준 등에 관한 규칙에 소요대수가 규정되어 있으나 승객의 대기시간, 건물의 성격, 용도 등과 건물의 높이에 따라 효율적으로 산정되어야 한다.

(1) 설치계획 시 고려할 사항

① 승강기는 한 개소에 여러 대를 집중하여 설치하여 부하의 균등화를 도모한다.

② 성격과 종류가 다른 교통이 혼재에 있는 경우에 서로 다른 교통은 분리하여 동선을 단순화 하여야 한다.

③ 교통수요에 적합한 승강기 대수를 정하며, 승객의 서비스 면에서는 승차인원이 적은 승강기를 여러 대 하면 좋지만 건축적인 공간에 제한을 한다.

④ 대형빌딩에서 주 출입구가 2개인 경우에 에스컬레이터로 한 층으로 통합한다.

⑤ 한개 그룹에 공급되는 승강기는 8대 이하로 하고 서비스 층을 고르게 분담한다.

(2) 승강기의 선정

법적인 산정과 서비스를 고려한 승강기 산정이 있다.

① 건축물의 설비기준 등에 관한 규칙에 있는 대수

표 7.2 승용승강기의 설치기준(제5조 관련)

6층 이상의 거실면적의 합계 / 건축물의 용도	3,000[m²] 이하	3,000[m²] 초과
문화 및 집회시설(공연장, 집회장, 관람장에 한함) 판매 및 영업시설(도매, 소매시장 및 상점에 한함 의료시설(병원 및 격리병원)	2대	2대에 3,000[m²]를 초과하는 경우에는, 매 2,000[m²]이내 마다 1대의 비율로 가산한 대수
문화 및 집회시설(전시장 및 동식물원에 한함) 업무, 숙박, 위락시설	1대	1대에 3,000[m²]를 초과하는 경우에는, 매 2,000[m²]이내 마다 1대의 비율로 가산한 대수
공동주택 교육연구 및 복지시설 기타시설	1대	1대에 3,000[m²]를 초과하는 경우에는, 매 3,000[m²]이내 마다 1대의 비율로 가산한 대수

※ 승강기의 대수기준을 산정함에 있어 8인승 이상 15인승 이하 승강기는 위 표에 의한 1대의 승강기로 보고 16인승 이상의 승강기는 위 표에 2대의 승강기로 본다.

② 서비스를 고려한 승강기 대수

건물의 규모나 사용목적에 따라 비용, 면적 등을 고려하면서 적재량, 정격속도 및 설비대수를 결정하고 정원, 평균일주를 검토한다. 다음 표는 사무실 및 호텔의 적정한 승강기의 대수이다.

표 7.3 용도별 승강기 대수

용도		최상부 서비스층	속도[m/min]	정원[인]
사 무 실		6층까지	45, 60	9, 11
		7~10층	90, 105	13, 15, 17
		11~16층	120, 150	17, 20, 24
		17~20층	210	20, 24, 27
		21~30층	240	20, 24, 27
		31~40층	300	20, 24, 27
백 화 점		10층 이하	90, 150	15, 17, 20
		10층 초과	120 ~ 300	20, 24, 27
병 원		6층 이하	30	15, 17
		8~10층	45	15, 17
		11~14층	60, 90	15, 17
		15~20층	90	15, 17
호 텔	소 형	6층 이하	45, 60	15, 17
	중 형	8층 이하	90, 120	17, 20
	대 형	9층 이상	120 ~ 300	20, 24

(3) 설치계획에 필요한 사전협의

승강기의 설치하기 전에 시공자와 건축 관계자와 협의사항은 아래와 같다.

① 빌딩의 용도
② 부근의 입지조건(환경, 교통 등)
③ 층수 및 층의 높이
④ 각 층의 인구 또는 사용용도
⑤ 주 출입구 및 1인당 유효면적

(4) 교통량에 의한 설치대수 산정

1) 평균일주시간

평균일주시간은 가장 혼잡할 때 승강기가 기준층을 통과하여 다시 돌아오는 시간을 말한다.

평균일주시간 = 승객 출입시간 + 문의 개폐시간 + 주행시간 + 손실시간 [sec] (7.3)

① 주행시간 : 승강기가 기준층을 통과하여 다시 돌아오는 순수 운행시간
② 문 개폐시간 : 문이 열리고 닫히는 시간
③ 승객 출입시간 : 승객이 타고 내리는 시간
④ 손실시간 : 잘못 누르거나 승객이 호출만 하고 타지 않는 시간

2) 5분간 수송능력

5분간 승강기가 수송할 수 있는 능력을 말하며 사무실은 유효 바닥면적의 5~12[㎡]마다 1명, 용도가 불확실할 때는 8[㎡]마다 1명씩으로 계산한다.

$$5분간\ 수송력\ P = \frac{60 \times 5 \times 0.8 \times C}{평균일주시간} (C : 승강기의\ 정원) \tag{7.4}$$

3) 운전간격과 평균대기시간

운전간격은 한대의 평균 운행시간을 말하며 아래와 같다

$$운전간격 : I = \frac{혼잡시의\ 평균일주시간}{한그룹\ 내에\ 승강기대수} \tag{7.5}$$

서비스 기준은 30초 이내면 양호하고, 30초에서 40초까지는 보통이고, 50초를 초과하면 바람직하지 않다.

4) 설치대수

$$N = \frac{Q}{P} = \frac{\phi \times M \times T}{60 \times 5 \times 0.8\,C} \tag{7.6}$$

Q : 5분간 이용인원수, ϕ : 승강기 이용비율, M : 건물의 상주인구

C : 승강기 정원, T : 평균일주시간[초]

여기서 5분간 이용 인원수는 3층 이상의 상주인원에 사무실은 20~25%, 관공서는 14~18%, 임대건물은 11~15% 정도로 본다.

7-1-6 승강기의 용량

(1) 권상전동기 용량

$$P = \frac{LVF}{6,120\eta}[\text{kW}]\begin{cases}\text{L : 적재하중 [kg]},\ V : \text{속도 [m/min]}\\ F : \text{균형추 계수 (승용 0.6, 화물 0.5)},\ \eta : \text{효율}\end{cases} \quad (7.7)$$

효율 : 교류 0.4, 직류 기어 : 0.55, 교류 인버터 : 0.6, 직류 기어레스 : 0.75

표 7.4 17인승 인버터식 승강기의 속도별 용량

속도(m/min)	용량(kW)	속도(m/min)	용량(kW)
60	11	210	27
90	13	240	33
105	15	300	36
120	20	360	43
150	24	420	51
180	24		

[예제 7.1] 속도가 90[m/min]이고 15인승 인버터식 승강기의 권상전동기의 용량을 구하라.

(풀이) 적재하중은 1인당 65[kg]이므로 65×15 = 975[kg] 균형추 계수 0.6, 효율 0.6을

대입하면 $P = \frac{LVF}{6,120\eta} = \frac{975\times 90\times 0.6}{6,120\times 0.6} \fallingdotseq 14.3\,[\text{kW}]$ 15[kW]로 한다.

(2) 변압기용량

$$T_r\,[\text{kVA}] \geq \frac{\sqrt{3}\times E\times I_r\times y\times N}{1,000} \quad (7.8)$$

E : 변압기 2차 전압[V], I_r : 정격속도 시 전류[A],
y : 수용율, N : 승강기 대수

정격속도시의 전류는 전동기 정격전류의 1.25배 정도이며 다음 표는 승강기의 대수별 수용률이다.

표 7.5 승강기 대수별 수용률

대수	1	2	3	4	5	6	7	8	9	10
수용률	100	91	85	78	72	68	64	62	59	56
대수	11	12	13	14	15	17	20	25	30이상	
수용률	55	54	52	51	51	49	47	44	42	

(3) 간선의 산정

$$\text{전선의 굵기 } A = \frac{34.1 \times I_a \times y \times N \times l \times k}{1000\ V_d}\ [\text{㎟}] \tag{7.9}$$

I_a : 가속전류[A], y : 수용률, l : 전선의 길이[m], k : 전압강하계수,

V_d : 전압강하[V], N : 승강기 대수

가속전류는 승강기가 기동시의 전류이며, 전압강하계수는 전선의 굵기에 따라 다르다.

표 7.6 인버터식 승강기의 전선 굵기, 배선용차단기 정격 및 전원용량

회선당 승강기대수	전동기 출력 (kW)	동 전선 굵기(㎟) 6	10	16	25	35	70	95	차단기 정격 (A)	전원 용량 (kVA)
		전선의 최대길이(m)								
승강기 1대 1회선	2.7	248	407	-	-	-	-	-	30	4
	3.7	182	298	450	-	-	-	-	30	5
	4.5	161	265	424	-	-	-	-	30	6
	5.5	138	227	363	-	-	-	-	30	7
	7.5	107	180	277	416	538	991	-	50	8.5
	9.5	-	143	229	342	475	888	-	50	10
	11	-	126	212	309	391	749	-	50	11
	13	-	-	168	248	318	635	-	60	13
	15	-	-	155	231	287	533	-	75	15
	18.5	-	-	-	137	178	352	479	100	19
승강기 2대 1회선	2.7	-	135	359	558	-	-	-	30	7.5
	3.7	-	99	247	390	503	-	-	50	10
	4.5	-	-	232	349	440	-	-	50	11
	5.5	-	-	199	289	391	585	-	50	13
	7.5	-	-	151	228	279	522	631	75	16
	9.5	-	-	-	183	238	414	501	75	19
	11	-	-	-	159	207	360	437	75	20
	13	-	-	-	136	165	306	368	100	24
	15	-	-	-	-	143	280	323	125	28
	18.5	-	-	-	-	-	193	262	150	35

(4) 과전류 차단기의 선정

$$\text{차단기의 차단전류[A]} \geq 2 \times I_r \times y \begin{cases} I_r : \text{정격속도 시 전류[A]} \\ y : \text{수용률} \end{cases} \tag{7.10}$$

7-1-7 승강기의 건축계획

(1) 건축적인 고려사항

① 승강기가 여러 대일 경우에 기계실 바닥의 하중을 고려한다.
② 기계실 바닥콘크리트 타설 시 기기반입을 위한 임시 개구부를 설치한다.
③ 기계실 상부의 훅 공사는 2[t] 이상의 하중을 견딜 수 있는 구조로 한다.
④ 여러 대가 한 개의 기계실에 이용할 때 냉방장치를 계획한다.
⑤ 승강기의 피트에는 안전시설을 하여 낙하물이 떨어지지 않게 한다.
⑥ 마감공사의 시공한계를 명확히 공정별로 정한다.
⑦ 기계실 없는 승강기는 승강통로의 면적을 제작사와 사전에 협의한다.

(2) 각 부분의 건축계획

① 승강통로

카의 가로와 세로의 비를 10 : 7로 하는 것이 좋고 승강통로의 가로 폭과 카의 바닥 사이는 레일, 케이블, 조속기, 로프, 착상장치가 있으므로 400[mm] 정도의 여유가 좋고, 세로 폭과 뒷면에는 균형추가 있으므로 500[mm] 정도의 여유가 좋다

기계실 없는 승강기는 권상기를 설치하기 위해 승강통로를 100[mm] 추가 확보해 주어야 하며, 최하층이나 최상층에 제어반 설치 공간을 위해 500[mm]를 추가로 확보해 준다.

② 기계실

기계실은 승강로 위에 설치하고 제어반, 권상기 등이 설치되므로 카 바닥면적의 두 배의 넓이가 필요하며 기계실 높이는 2[m] 이상을 확보한다.

ⓐ 기계실 보의 하중 = 정하중 + 동하중 × 2
ⓑ 정하중 = 권상기 중량 + 로프 차의 중량 + 기계 자체 하중
ⓒ 동하중 = 적재하중 + 카 중량 + 균형추 중량 + 로프 자중

③ 피트 깊이

완충기를 설치하는 공간이며 승강기의 속도에 따라 달라진다.

ⓐ 60~90[m/min] : 1.8[m] 이하 ⓑ 90~120[m/min] : 2.1[m] 이하

ⓒ 120[m/min] 초과 : 2.1[m] 초과

(3) 초고층 승강기를 계획할 때 고려할 사항

① 진동방향

로프의 길이가 길 경우 진동이 발생되고 이것은 로프의 수명과 승차감이 떨어지므로 로프의 고유 진동수와 크기, 바람 등을 고려하고 로프가이드를 설치한다.

② 바람의 영향

240[m/min] 이상의 속도로 승강통로를 오갈 때 승강통로에 압력이 발생하고 이 압력이 승강기의 운행을 방해하므로 적당한 층마다 통풍 공간을 설치하여 압력을 완화한다.

③ 굴뚝현상

1층의 공기가 굴뚝현상에 의해 위층으로 흡입되므로 승강기의 출입문이 닫히지 않거나 화재 시 고층부로 유입이 빠르다. 따라서 기준층의 현관문을 이중문 또는 회전문 등을 설치해야 한다.

7-2 에스컬레이터(Escalator)

에스컬레이터는 일시에 많은 인원을 효율적으로 운송하는 장치로 종래는 백화점 등 특수 장소에만 사용되었으나 근래에는 지하철, 교통터미널, 공항, 지하도 등 사람이 많은 장소는 설치 운용되고 있다.

7-2-1 구성

(1) 구조

① 구동기

에스컬레이터를 움직이는 전동기로부터 감속을 위해 감속기가 사용하며 역전의 위험을 방지하기 위해 웜기어 감속기를 적용한다.

② 구동륜

구동을 하는 바퀴이며 에스컬레이터를 움직이는 중심 바퀴이다.

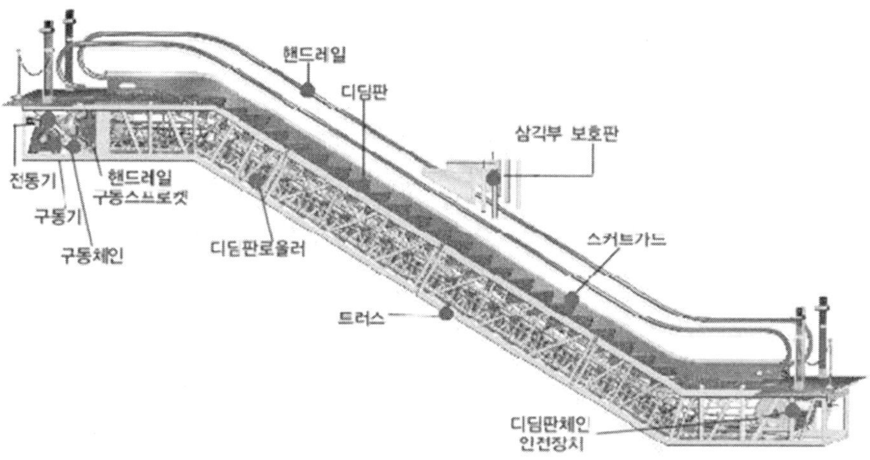

그림 7.2 에스컬레이터의 구조

③ 스텝

사람들이 승차하는 바닥이며 스텝체인의 가이드레일을 따라 계단으로 움직이지만 승하차를 위해 수평으로 가는 구간도 있다.

④ 스텝체인

스텝을 움직이며 좌・우측의 체인으로 구동륜의 회전으로 계속하여 움직인다.

⑤ 난간

에스컬레이터 좌우에 사람이 떨어지지 않게 지지면을 설치한 것으로 투명식과 패널식이 있으며, 상부에는 핸드레일이 있다.

⑥ 핸드레일

사람이 손으로 잡을 수 있게 일정한 속도로 가이드 레일이 회전한다.

(2) 특징

① 대량 수송한다.

② 인파를 관리하고 승객을 목적지에 수송한다.

③ 승객이 기다리지 않게 안전하게 목적지에 수송한다.

④ 경사의 각도를 보통 30° 이하로 하며, 35° 까지도 사용하고 있다.

⑤ 속도는 보통 30[m/min] 이하로 하며, 40[m/min]도 사용하고 있다.

(3) 에스컬레이터의 배열

에스컬레이터의 여러 가지 배열방법과 장단점은 아래 표와 같다.

표 7.7 에스컬레이터의 배열

형식	각종 배열 방법	장점	단점
단열중복식	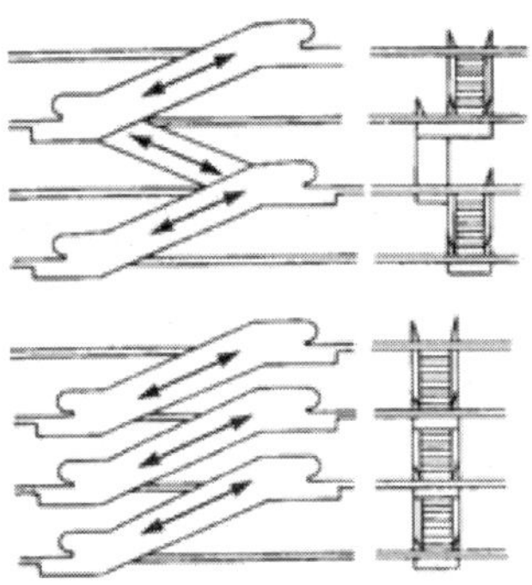	① 에스컬레이터의 존재를 잘 알 수 있다 ② 시야를 막지 않는다 ③ 점유면적이 적다	① 승객서비스가 나쁘다 ② 한방향만 보인다 ③ 승객이 혼잡하다
교차형	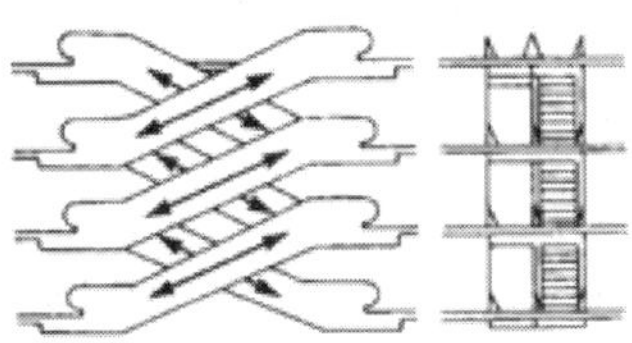	① 교통이 연속된다 ② 승객 구분이 명확하므로 혼잡이 적다 ③ 점유면적이 적다	① 승객의 시야가 좁다 ② 위치표시가 힘들다
복열형	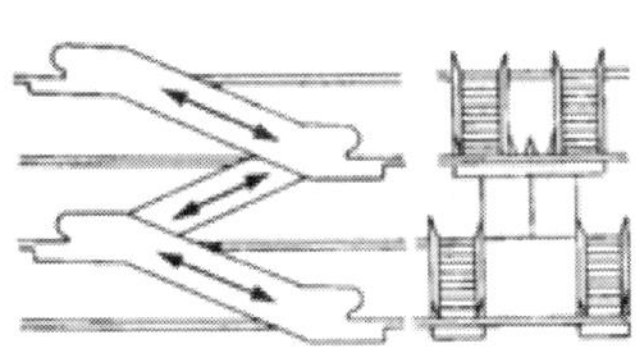	① 교통이 연속된다 ② 타고 내리는 구분이 명백하다 ③ 승객시야가 넓다 ④ 에스컬레이터 존재를 잘 알 수 있다	① 점유면적이 넓다

(4) 에스컬레이트의 종류

① 전투명식 : 난간기둥이 없고 평면 강화유리로 처리하여 투명하게 외부를 볼 수 있는 방식이다.

② 조명식 : 패널전면을 확산조명으로 한 것이다.

③ 패널식 : 강판이나 스테인리스판으로 된 것이다.

7-2-2 에스컬레이터의 계획

(1) 설치할 때 고려할 사항

① 지지보나 기둥에 균일하게 하중이 걸리는 위치에 설치한다.
② 사람의 흐름을 고려하여 중심에 위치한다.
③ 승객의 시야가 넓게 하는 곳에 설치한다.
④ 바닥 점유면적이 적어야 한다.
⑤ 주행거리를 짧게 한다.

7-2-3 에스컬레이터의 안전장치

① 구동체인 안전장치 : 구동체인이 너무 늘어지거나 절단될 경우 자동적으로 에스컬레이터를 정지시키는 장치이다.
② 발판체인 안전장치 : 발판체인이 너무 늘어지거나 절단될 경우 자동적으로 에스컬레이터를 정지시키는 장치이다.
③ 발판주행 안전장치 : 발판에 이물질이 들어갈 때 자동적으로 에스컬레이터를 정지시키는 장치이다.
④ 핸드레일 인입 안전장치 : 핸드레일에 이물질이 들어갈 때 자동적으로 에스컬레이터를 정지시키는 장치이다.
⑤ 스커트리드 안전장치 : 발판단부와 스커트 사이에 이물질이 들어갈 때 자동적으로 에스컬레이터를 정지시키는 장치이다.
⑥ 차단기 : 보수나 점검 및 수리할 때 전기회로를 완전히 차단한다.
⑦ 비상정지 버튼 : 급정지나 비상시에 조작하여 정지시키는 장치이다.

7-2-4 에스컬레이터의 계산

(1) 대수산정

백화점에서와 같이 서비스를 주목적으로 한 빌딩에서는 사람의 흐름이나 비율을 중점으로 두고 설비대수를 정하지만, 일반적인 대수산정에는 밀도률 R이 적용된다.

$$R = \frac{10 \times 2\text{층 이상의 유효바닥면적}\,[\text{m}^2]}{1\text{시간의 수송능력}} \tag{7.11}$$

R의 값이 20~25는 양호하고, 25 이상이면 서비스가 나쁘다고 한다.
1시간의 수송능력은 800형이 5,000[명/h]이고, 1,200형은 8,000[명/h]이다.

(2) 에스컬레이터의 용량

① 구동전동기의 용량

$$Q = \frac{270\sqrt{3}\,HS \times 0.5\,V}{6{,}120\eta}\,[\mathrm{kW}] \tag{7.12}$$

여기서, Q : 에스컬레이터용 전동기 출력[kw], H : 계단높이[m]

η : 에스컬레이터의 효율(0.6 ~ 0.9), S : 에스컬레이터의 폭[m](800형, 1200형)

V : 에스컬레이터의 운행속도[m/min]

[예제 7.2] 속도가 30[m/min]이고 계단높이 3.6[m], 효율 0.8, 1200형의 에스컬레이터의 구동전동기의 용량을 구하라.

(풀이) $Q = \dfrac{270\sqrt{3}\,HS \times 0.5\,V}{6{,}120\eta} = \dfrac{270\sqrt{3} \times 3.6 \times 1.2 \times 0.5 \times 30}{6{,}120 \times 0.8} \fallingdotseq 6.2\,[\mathrm{kW}]$

여기서 전동기용량은 표준용량인 7.5[kW]로 한다.

② 에스컬레이터의 전선 굵기 산정

전압강하를 고려하여 전원선의 단면적을 구하면 아래와 같다.

$$A \geq \frac{30.8 \times (I_S + I_L) \times l}{1000E \times \Delta \mathrm{V} \times \mathrm{N} \times \mathrm{y}}\,[\mathrm{mm}^2] \tag{7.13}$$

여기서, E : 정격전압[V] 삼상3선 기준, l : 전선의 길이[m]

I_S : 전동기의 기동전류[A], (5.5, 7.5[kW]인 경우 정격의 4.6배

11, 15[kW]인 경우 정격의 3.6배 20, 30[kW]인 경우 정격의 3배 적용)

I_L : 슬림라인 조명의 전류[A], (슬림라인 1개당 60[VA])

ΔV : 전압강하율, N : 병렬대수, y : 부등율

표 7.8 에스컬레이터 대수별 수용률

대수	2	4	6	8	10	12	14	16	18	20
수용률	100	95	90	86	82	78	75	71	68	65

7-3 기타

7-3-1 전동 덤웨이터(Dumbwaiter)

전동 덤웨이터는 카의 바닥면적이 1[㎡] 이하이고, 카 천정까지의 높이가 1.2[m] 이하이며, 사람을 수송할 수 없고 카 내부에서 운전할 수 없게 규정되어 있다.

(1) 전동 덤웨이터의 종류

① 테이블형

바닥면에서 750[mm] 정도의 위치에 출입구를 설치하며 출입구를 허리높이에 설치하므로 서류 운반용으로 적당하다. 적재하중은 30～100[kg], 정격속도는 20～30[m/min]이다.

② 플로어형

바닥면에 출입구를 설치하며 손수레를 운반하는데 적당하며, 적재하중은 100～300[kg], 정격속도는 15～25[m/min]이다.

(2) 운전방법

① 상호층 제어방식

각 층의 조작반에는 전용층의 누름버튼을 설치하고 승강기 호출은 목적하는 층의 누름버튼을 누르기만 하면 되며 각 층에 승강기를 보내거나 부를 수가 있다.

② 기준층 제어방식

기준층의 조작반에만 전층 조작버튼을 설치하고 기준층과 일반층을 왕복하며, 일반층은 조작버튼이 없고 운전할 수 없다.

(3) 구조

① 승강로 : 벽 또는 주위를 막아 출입문을 설치하고 재료는 불연재료를 사용하는 구조로 한다.

② 출입문 : 완전히 출입구의 문이 닫혀야만 카가 상승, 하강할 수 있는 구조이다.

③ 적재량은 500[kg]까지이고, 속도는 15, 20, 30[m/min]이며 전동기 용량은 3[HP] 정도이다.

7-3-2 이동보행기(Moving Walks) 설비

이동보행기는 수평방향의 단거리의 연속 대량 수송기기로서 공항, 박람회장, 대형마트, 백화점 등에 보급되고 있다.

(1) 이동보행기의 종류

1) 구조에 의한 분류

구조에 의한 분류는 팔레트(Pallet)식과 고무벨트(Rubber Belt)식이 있다. 이 두 가지 이동보행기의 팔레트 폭은 800[mm]과 약 1,000[mm]의 두 종류가 있으며 속도는 30[m/min]과 40[m/min]가 표준이다.

① 팔레트식 이동보행기
에스컬레이터의 스텝과 같이 판상의 팔레트가 체인 또는 링크에 연결되어 구동하는 형식이다.

② 고무벨트식 이동보행기
합성고무제품의 엔드리스 벨트(Endless Belt)를 발판으로 구성한 것이다.

2) 설치방식에 의한 분류

① 수평식 : 수평으로 설치되어 있으며 난간의 재료가 투명식이나 스테인리스를 많이 사용한다.

② 경사식 : 경사 12° 이하에 설치되는 보행기로 건축물의 구조에 따라 경사각도가 달려진다.

(2) 이동보행기의 안전장치

① 팔레트 체인 또는 안전스위치 : 팔레트식에서는 팔레트를 연결하고 있는 체인이 절단되었을 경우 운전이 정지한다.

② 비상정지 스위치 : 사고에 대비하여 승강구 부근에 비상정지 스위치를 설치한다.

③ 인입구 안전장치 : 인입구에 안전스위치를 설치하여 장난사고에 대비한다.

7-3-3 에어 슈터

에어 슈터는 유체 컨베이어의 일종으로 원통모양의 기송자(氣送子)라 불리는 용기 내에 반송물을 격납해서 관로 내부에 송풍기에 의해서 발생하는 공기류에 실어 4~8[m/s]의 속도로 목적지에 보내지는 장치이다.

1) 공기류에 의한 분류

① 흡인식 : 에어 슈터의 관로 끝에 접속해서 부하기류에 의해 기송자를 끌어들이는 방식이다.

② 압송식 : 송풍기의 배기측을 관로 끝에 접속해서 정압기류를 이용하여 기송자를 반송하는 방식이다.

2) 배관방식에 의한 분류

관로가 한 개인 단관식과 두 개인 복관식이 있다.

연 습 문 제

1. 다음 중에 승강기가 상승할 때 힘을 줄이기 위해 도르레 원리를 이용한 것은?

㉮ 로프 ㉯ 가이드 레일
㉰ 균형추 ㉱ 완충기

2. 승강기의 케이지의 바닥은 안전계수 얼마를 산정하는가?

㉮ 7.5 ㉯ 8.5
㉰ 9.5 ㉱ 10.5

3. 승강기 조속기의 작동하는 한계속도는 정격속도의 몇 [%]인가?

㉮ 100~120 ㉯ 110~130
㉰ 120~140 ㉱ 130~150

4. 다음 중에 조속기와 연결하여 비상시 로프를 가이드레일에서 잡아 안전하게 정지시키는 것은?

㉮ 전자브레이크 ㉯ 리미트 스위치
㉰ 가이드 레일 ㉱ 웨지

5. 승용 및 화물 겸용인 인화용승강기는 몇 인승 이상을 하도록 되어 있는가?

㉮ 11인승 ㉯ 13인승
㉰ 15인승 ㉱ 17인승

6. 중속도형 승강기의 속도는 몇 [m/min] 인가?

㉮ 60[m/min] ㉯ 75[m/min]
㉰ 90[m/min] ㉱ 120[m/min]

7. 마이크로 프로세스를 이용한 연속적이고 정확한 속도제어를 채택하여 속도명령 값과 펄스발생기를 통해 피드백(feed-back)된 속도를 비교 계산하여 트랜지스터 인버터의 전류를 제어하고 PWM방식에 의해 최적의 전압과 주파수를 제어하는 방식과 관련 없는 방식은?

㉮ 워드-레오나드방식 ㉯ 인버터방식
㉰ VVVF제어방식 ㉱ 벡터제어방식

▸ 정답

1. ㉰ 2. ㉮ 3. ㉰ 4. ㉱ 5. ㉯ 6. ㉮ 7. ㉮

8. 기어리스형 승강기의 속도는 몇 [m/min] 이상인가?
   ㉮ 60[m/min]　　㉯ 75[m/min]
   ㉰ 90[m/min]　　㉱ 120[m/min]

9. 다음 중에 인버터식 승강기의 특징이 아닌 것은?
   ㉮ 소비전력 및 전원설비 용량이 20% 줄어든다.
   ㉯ 기계실의 발열량 감소와 전동기의 소형화를 가져온다.
   ㉰ 승차감과 제어성능이 뛰어나다.
   ㉱ 전동기의 소음이 줄어든다.

10. 다음 중에 승강기의 운전원 방식이 아닌 것은?
   ㉮ 카 스위치방식　　㉯ 레코오드 컨트롤방식
   ㉰ 승합 전자동방식　　㉱ 시그널 컨트롤방식

11. 다음 중에 승강기의 군 관리방식이 아닌 것은?
   ㉮ 전자동 군 관리방식　　㉯ 시그널 군 관리방식
   ㉰ 피크서비스 전자동 군 관리방식　　㉱ 예약안내 전자동 군 관리방식

12. 다음 중에 승강기 군 관리방법의 효과가 아닌 것은?
   ㉮ 설치비를 절약할 수 있다.
   ㉯ 승객의 대기시간이 줄어든다.
   ㉰ 출퇴근의 혼잡이 줄어들고 기준층의 대기시간이 하루 동안 거의 동일하다.
   ㉱ 한 뱅크 중의 운행되는 승강기의 수가 균등화 되고, 수명이 길어진다.

13. 다음 중에 군 관리방식의 적용할 때 건축적 고려사항이 아닌 것은?
   ㉮ 휠체어 회전반경을 고려한다.
   ㉯ 승강기의 로비는 한방향 개방형으로 한다.
   ㉰ 건축구조물의 돌출이 없어야 한다.
   ㉱ 출입구에서 승강통로가 보여야 한다.

▸ 정답

8. ㉱　9. ㉮　10. ㉰　11. ㉯　12. ㉮　13. ㉯

14. 한 개 그룹에서 공급되는 승강기는 몇 대 이하로 하는가?

㉮ 6대　　㉯ 8대
㉰ 10대　　㉱ 12대

15. 다음 중에 승강기의 설치계획에 필요한 사전 협의사항이 아닌 것은?

㉮ 빌딩의 용도　　㉯ 부근의 입지조건
㉰ 건물의 면적　　㉱ 층수 및 층의 높이

16. 13인승 승강기의 평균일주시간은 60초이다. 이 때 5분간 수송력은 얼마인가?

㉮ 42　　㉯ 52
㉰ 62　　㉱ 72

(풀이) $P = \dfrac{60 \times 5 \times 0.8 \times C}{\text{평균일주시간}} = \dfrac{60 \times 5 \times 0.8 \times 13}{60} = 52$

17. 다음 중에 승강기를 계획 시 건축적인 고려사항이 아닌 것은?

㉮ 승강기가 여러 대일 경우에 기계실 바닥의 하중을 고려한다.
㉯ 기계실 바닥콘크리트 타설 시 기기반입을 위한 임시 개구부를 설치한다.
㉰ 기계실 상부의 훅 공사는 1.2[t] 이상의 하중을 견딜 수 있는 구조로 한다.
㉱ 여러 대가 한 개의 기계실에 이용할 때 냉방장치를 계획한다.

18. 승강통로의 가로와 세로의 비는 얼마가 좋은가?

㉮ 10 : 4　　㉯ 10 : 5
㉰ 10 : 6　　㉱ 10 : 7

19. 승강기의 속도가 60~90[m/min]일 때 피트의 깊이는 얼마인가?

㉮ 1.8[m]　　㉯ 2.1[m]
㉰ 2.3[m]　　㉱ 2.5[m]

20. 다음 중에 초고층 승강기를 계획할 때 고려사항이 아닌 것은?

㉮ 진동방향　　㉯ 바람의 영향
㉰ 굴뚝현상　　㉱ 승강로의 크기

▸ 정답

14. ㉯　15. ㉰　16. ㉯　17. ㉰　18. ㉱　19. ㉮　20. ㉱

21. 다음 중에 에스컬레이터의 특징이 아닌 것은?
    ㉮ 대량 수송한다.
    ㉯ 인파를 관리하고 승객을 목적지에 수송한다.
    ㉰ 승객이 기다리지 않게 안전하게 목적지에 수송한다.
    ㉱ 경사의 각도를 보통 25° 이하로 한다.

22. 다음 중에 에스컬레이터의 단열중복식 배열의 장점이 아닌 것은?
    ㉮ 교통이 연속된다.
    ㉯ 시야를 막지 않는다.
    ㉰ 에스컬레이터의 존재를 잘 알 수 있다.
    ㉱ 점유면적이 적다.

23. 다음 중에 에스컬레이터를 설치할 때 고려할 사항이 아닌 것은?
    ㉮ 지지보나 기둥에 균일하게 하중이 걸리는 위치에 설치한다.
    ㉯ 사람의 흐름을 고려하여 승강통로 주변에 위치한다.
    ㉰ 승객의 시야가 넓게 하는 곳에 설치한다.
    ㉱ 바닥 점유면적이 적어야 한다.

24. 800형 에스컬레이터의 대수산정에 따른 밀도률(R)이 얼마인가?
    단, 2층 이상의 유효바닥 면적이 10,000[㎡]이다.
    ㉮ 20　　㉯ 25
    ㉰ 30　　㉱ 35

(풀이) 800형 에스컬레이터의 시간당 수송인원은 5,000명이므로

$$R = \frac{10 \times 2\text{층 이상의 유효바닥면적}\,[\text{m}^2]}{1\text{시간의 수송능력}} = \frac{10 \times 10,000}{5,000} = 20$$

25. 다음 중에 전동 덤웨이터이 카의 바닥면적[㎡]과 높이[m]는 얼마 이하인가?
    ㉮ 0.8[㎡], 1.0[m]　　㉯ 0.8[㎡], 1.2[m]
    ㉰ 1[㎡], 1.2[m]　　㉱ 1[㎡], 1.4[m]

▸ 정답

21. ㉱ 22. ㉮ 23. ㉯ 24. ㉮ 25. ㉰

단원 서술형 문제

1. 승강기의 구동장치에 대해 설명하라.

2. 승강기의 안전장치에 대해 설명하라.

3. 승강기를 속도별로 분류하고 간단히 설명하라.

4. 인버터식 승강기의 특징에 대해 설명하라.

5. 운전원 있는 승강기의 운전방식에 대해 설명하라.

6. 운전원 없는 승강기의 운전방식에 대해 설명하라.

7. 승강기 군 관리방식의 효과에 대해 설명하라.

8. 승강기 설치계획 시 고려사항에 대해 설명하라.

9. 승강기의 설치계획상 필요한 사전협의 사항에 대해 설명하라.

10. 승강기 건축적인 고려사항에 대해 설명하라.

11. 초고층 승강기를 계획할 때 고려할 사항에 대해 설명하라.

12. 에스컬레이터의 특징에 대해 설명하라.

13. 에스컬레이터 교차형 배열의 장단점에 대해 설명하라.

14. 에스컬레이터의 설치할 때 고려할 사항에 대해 설명하라.

15. 전동 덤웨이터의 종류와 운전방법에 대해 설명하라.

16. 이동보행기의 종류에 대해 설명하라.

단원 서술형 문제 풀이

번호	페이지	답
1	p383~384	(1) 구동장치 참조
2	p385	(3) 안전장치 참조
3	p388	(2) 속도별 종류 참조
4	p390	① 특징 참조
5	p391	(1) 운전원 방식 참조
6	p391~392	(2) 운전원 없는 방식 참조
7	p393	2) 군 관리방식의 효과 참조
8	p394	(1) 설치계획 시 고려할 사항 참조
9	p395	(3) 설치계획에 필요한 사전협의 참조
10	p399	(1) 건축적인 고려사항 참조
11	p400	(3) 초고층 승강기를 계획할 때 고려할 사항 참조
12	p401	(2) 특징 참조
13	p402	표 7.7 에스컬레이터의 배열 참조
14	p403	(1) 설치할 때 고려할 사항 참조
15	p405	(1) 전동 덤웨이터의 종류, (2) 운전방법 참조
16	p406	(1) 이동보행기의 종류 참조

국가직무능력표준(NCS) 공부하기

분류번호 :	1901060115_16v3
능력단위 명칭 :	특수설비 설계
능력단위 정의 :	특수설비 설계란 반송설비를 포함한 특수설비에 대하여 운전방식을 결정하고 간선 및 보호기기 등을 설계하는 능력이다.

능력단위요소	관련목차
1901060115_16v3.1 반송설비 설계하기	7-1 승강기, 7-2 에스컬레이터, 7-3 기타

부록 : 배선용 기호

1. 전등과 콘센트의 배선용 기호
2. 배관 및 전기기기의 배선용 기호
3. 스위치 및 방송의 배선용 기호
4. 약전설비의 배선용 기호(1)
5. 약전설비의 배선용 기호(2)
6. 소방설비 및 옥외등의 배선용 기호
7. 분전반 및 배관의 배선용 기호
8. 차단기 및 전기계기의 배선용 기호
9. 전기접점 및 계전기의 배선용 기호
10. 계량기 및 중앙감시의 배선용 기호

1. 전등과 콘센트의 배선용 기호

기 호	명 칭	비 고
	백열등	리셉터클에 플러그 보디 마감
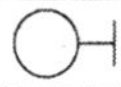	벽부등	벽쪽에 —| 를 붙인다
	센서등	
	샹들리에	
	비상조명등	
	비상센서등	
	소방센서등	
	피난구유도등	
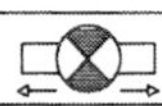	통로유도등	필요에 따라 방향표시( )
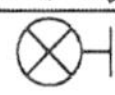	피난구유도표지	
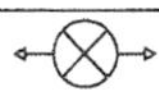	통로유도표지	
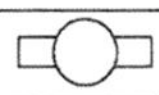	형 광 등	F 20,32,40W : 1개용
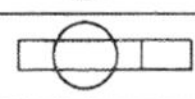	형 광 등	F 20,32,40W : 2개용
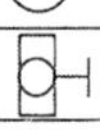	형 광 등	벽부형 : 1개용
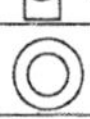	써크라인	
	벽 부 형 콘 센 트	2구용
	벽 부 형 콘 센 트	1구용
	벽 부 형 콘 센 트	방수형
	벽 부 형 콘 센 트	에어콘용
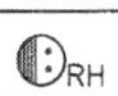	벽 부 형 콘 센 트	레인지후드용
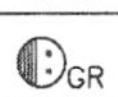	벽 부 형 콘 센 트	가스렌지용
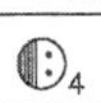	벽 부 형 콘 센 트	4구용
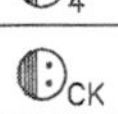	벽 부 형 콘 센 트	조리대용
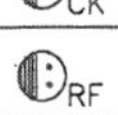	벽 부 형 콘 센 트	냉장고용
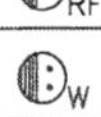	벽 부 형 콘 센 트	세탁기용
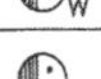	벽 부 형 콘 센 트	보일러용
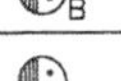	벽 부 형 콘 센 트	세탁기와 보일러 겸용
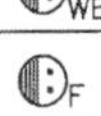	벽 부 형 콘 센 트	팬용
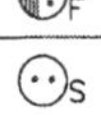	천 장 형 콘 센 트	1구용

2. 배관 및 전기기기의 배선용 기호

기 호	명 칭	비 고
	배 관	접지선과 배선을 동일관에 넣음 예: 2.5mm^{2}x3, 2.5mm^{2}x1(E)(22)
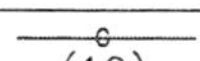 (19)	배 관	예비용
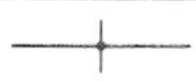	전선접속	
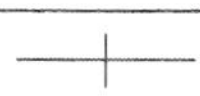	전선교차	
	상 승	
	인 하	
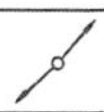	소 통	

	점 검 구	
	수 전 점	
Ⓜ	전 동 기	용량을 표기 할것 Ⓜ 3φ380V 3.7kW
Ⓜ F3.7kW	전 동 기	소방설비의 경우에 F를 표기
Ⓖ	자가발전설비	
Ⓗ	전 열 기	
	환 기 휀	환기 선풍기 포함
RC	룸 에어컨	
Ⓟ	펌 프	
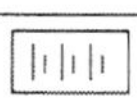	축 전 지	
	콘 덴 서	3상의 경우는 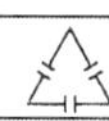
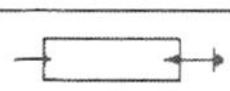	피 뢰 기	접지할 경우
	커로표시	배전반으로의 커로표시
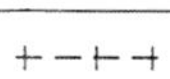	HANGER 배선	노출행어 배선

3. 스위치 및 방송의 배선용 기호

기 호	명 칭	비 고
	벽부형콘센트	조리대등용
	벽부형콘센트	세대단자함내 둥근형 노출접지극부 1구용
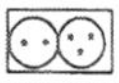	비상콘센트	소방용
	콘 센 트	15A 125V급 2구용
●	점 멸 기	
●3	점 멸 기	3로 및 4로는 3,4의 숫자로 표기
●L	점 멸 기	파일럿 램프부
●EX	점 멸 기	방폭형
●WP	점 멸 기	방수형
●T	점 멸 기	타임 스위치
●A	점 멸 기	자동 점멸스위치
●MR	점 멸 기	다기능 리모컨 스위치
	대각형스위치	2연용 스위치
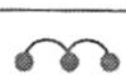	대각형스위치	3연용 스위치
	조 광 기	
L/S	점.소등제어스위치	점.소등 회로수 표기
P/S	패턴스위치	점.소등 회로수 표기
D/S	디밍패턴스위치	점.소등 및 디밍 회로수 표기
B/S	일괄소등스위치	

	도어 카메라	
	CHIME BELL	
	직렬단자	75Ω(종단저항부의 경우◎R사용)
	TV ANTENNA	지상파 수신채널 전용안테나
	위성 ANTENNA	무궁화 위성방송 수신안테나
H/E	주전송장치	

4. 약전설비의 배선용 기호(1)

기 호	명 칭	비 고
	4 분기기	
	2 분기기	
	4 분배기	
	2 분배기	
	혼합.분파기	

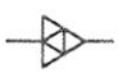	TV공시청용 AMP	사용장소에 따라 구내증폭기, 간선증폭기 구분 사용
	TV 기기 수용상자	
 "A"	TV 선로장치함	간선분기기 "A"형 함
 "A"	TV 선로장치함	간선분배기 "A"형 함
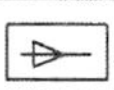 "B"	TV 선로장치함	간선증폭기 "B"형 함
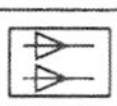 "C"	TV 선로장치함	간선증폭기 x 2 "C"형 함
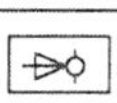 "D"	TV 선로장치함	간선증폭기 + 분배기 "D"형 함
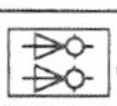 "E"	TV 선로장치함	(간선증폭기 + 분배기) x 2 "E"형 함
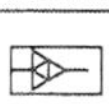 "F"	TV 선로장치함	구내증폭기 "F"형 함
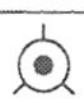	피뢰침 돌침부	평면도용
	피뢰침 돌침부	입면도용
	피뢰도선 또는 지붕위 도체	접속점은  로 한다
	접지저항시험 단자함	
	접 지	접지종류에 따라 E1,E2,E3로 표기
	구내통신인출구(모듈러잭형)1구용	
	구내통신인출구(모듈러잭형)2구용	
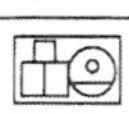	인출구(구내통신 모듈러잭형 2구 및 TV)	
Ⓢ1, Ⓢ2	음향단자(1구용, 2구용)	
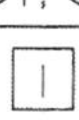	전화단자함	회선수를 표기한다  20Pr
	중간단자함	

5. 약전설비의 배선용 기호(2)

기 호	명 칭	비 고
	주단자함	
	국선용단자함	
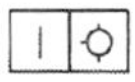	세대단자함(TV공용)	회선수 및 분배수를 표기한다
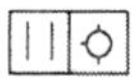	중간단자함(TV공용)	회선수 및 분배수를 표기한다
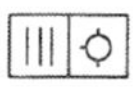	동단자함(TV공용)	회선수 및 분배수를 표기한다
	전화용 주배선반	
	자동교환기	
	내선전화기	
	공중전화기	
	전화기형 인터폰	모자용
	비디오폰 모니터	
	스 피 커	벽부형인 경우  로 표기
	혼스피커	옥외용
	칼럼스피커	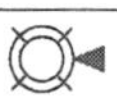 칼럼스피커 옥외보안등 부착표시임
AMP	증 폭 기	방송용 또는 인터폰용
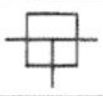	분기기	무선통신보조설비용
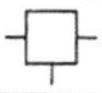	분배기	〃
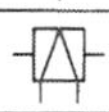	혼합기(공용기)	〃
	종단저항	〃
	커넥터	〃
	무선기 접속단자	〃
	누설동축케이블	〃

6. 소방설비 및 옥외등의 배선용 기호

기 호	명 칭	비 고
	화재경보용 경종	
	위치 표시등	
	P형 발신기	필요에 따라 급별을 표기
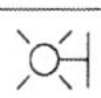	청각장애인용 시각경보기(단독형)	 경종과 일체형임
	차동식 스포트형감지기	스포트형, Ω 표시는 종단저항부임
	정온식 스폿형감지기	Ω 표시는 종단저항부임
	연기식 감지기	Ω 표시는 종단저항부임
	방수구함	
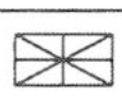	수 신 기	다른 시설과 연동인 경우  로 하고 해당설비를 기재
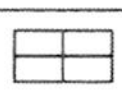	부수신기	
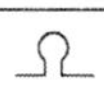	종단저항	
	중 계 기	
TR	비상전원반	TR 田 비상전원반에 중계기 내장 표시임
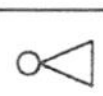	경보싸이렌	
SVP	스프링쿨러설비 조작반	준비작동식
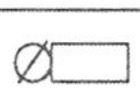	제연설비용 댐퍼 조작반	
	비상경보셋 (경종,위치표시등,발신기)	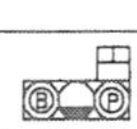 비상경보셋에 중계기 내장 표시임
	탬퍼 스위치	
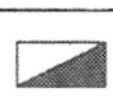 R	도어릴리즈	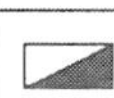 자동폐쇄장치
	알람밸브	

	옥외보안등(1등용)	
	옥외보안등(2등용)	 어린이공원 등 2등용 옥외보안등
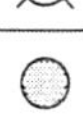	접지형보안등	
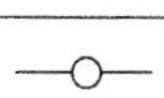	전 주	신설
	전 주	기설

7. 분전반 및 배관의 배선용 기호

기 호	명 칭	비 고
△	주상변압기	신설
▲	주상변압기	기설
	지 선	
	분 전 반	전등 및 전열용
	분 전 반	동력용
	제 어 반	
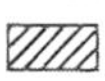	분 전 반	직류용
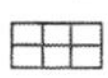	한전 PAD S/W	
[T]	한전 PAD TR	
[J]	JOINT BOX	
⊠	풀박스 또는 접속상자	
Ⓗ	핸 드 홀	
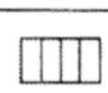	재실 제어반	
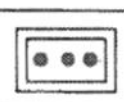	재실표시 스위치반	

————	배 관	천장 슬래브 매입
—·-·-—	배 관	천장 매입
- - - - - -	배 관	노출
— — —	배 관	바닥슬래브
—··—··—	배 관	바닥면 노출
—·—·—	배 관	지중 매설배관
—///—	전선 가닥수	숫자표기 예 $\overline{1.5mm^2x6}$, $\overline{4mm^2x1}$
$\overline{1.5mm^2(19)}$	배관굵기	강제전선관
$\overline{1.5mm^2(HI16)}$	배관굵기	내충격용(Hi-VE),일반 경질비닐전선관(VE)
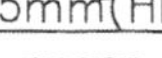	배 관	FLEXIBLE 가요전선관
$\overline{E2.5mm^2(19)}$	배 관	접지 및 배관규격

8. 차단기 및 전기계기의 배선용 기호

기 호	명 칭	비 고
⊙B	누름버튼 스위치	전자개폐기용으로 파이롯트 램프부의 경우 L을 표기
⊙LF	플로트리스 스위치 전극	전극수를 표기한다 ⊙LF3
	배선용 차단기	필요에 따라 극수, 프레임 및 정격 전류를 표기
 MO	전동기용 배선용 차단기	MOTOR BREAKER
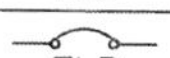 ELB	누전 차단기	필요에 따라 극수 및 용량을 표기
	PLUG형 단로기	CUBICLE MCC등의 인출형
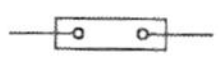	차 단 기	VCB, ACB, OCB, MOCB
(WH)	전력량계	[WH] 전력량계(상자들이)
	변 류 기	
[CT]	변 류 기	상자들이
(L)	전류 제한기	
[L]	전류 제한기	상자들이
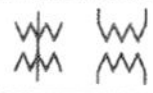	계기용 변압기	
	CABLE HEAD	
(A)	전 류 계	(A) 직류전류계
(V)	전 압 계	(V) 직류전압계
(W)	전 력 계	(KW)
(PF)	역 률 계	
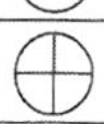	전압용 절환개폐기	전압계용 (VS)
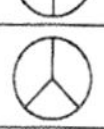	전류용 절환개폐기	전류계용 (AS)
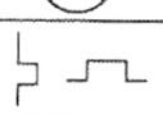	열동형 계전기	
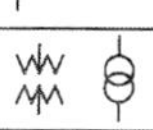	전력용 변압기	

9. 전기접점 및 계전기의 배선용 기호

기 호	명 칭	비 고
	계전기	
	한시동작접점	
	한시복귀접점	
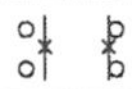	수동복귀접점	
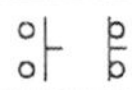	수동조작 자동복귀접점	
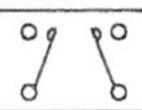	전자접촉기 접점	
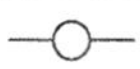	표 시 등	A:청색 O:황색 G:녹색 B:청색 W:백색 Y:황색
	전자접촉기 또는 계전기의 코일	○ 내의 표시는 전자접촉기 또는 계전기 명칭
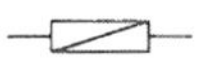	포장 퓨즈	
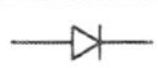	정 류 기	
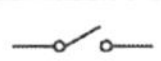	개 폐 기	
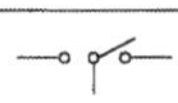	절환 개폐기	
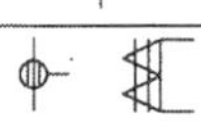	영상 변류기	
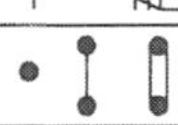	시험용 전압단자	
UVR	부족전압계전기	
OVR	과전압계전기	
OCR	과전류계전기	
OCGR	과전류 지락계전기	
EOCR	전자식 과전류계전기	
(DM)	최대수용 전력량계	
(VARH)	무효전력량계	
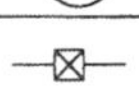	철 탑	

10. 계량기 및 중앙감시의 배선용 기호

찾아보기

(ㅇ)

저자약력

최연수 (崔然水)

▌약력 영남대학교 공과대학 전기공학과 졸업
한양대학교 산업대학원 전기공학과 졸업

▌경력 한국토지주택공사(구 대한주택공사) 전기차장 근무
주) 세명기술단 대표이사 역임
주) 신일이엔씨 대표이사 역임
주) 현 신흥이앤지 소장
경북대학교 공과대학 건축공학과 겸임교수 역임
한국 폴리텍 6대학 스마트 전기과 산학 겸임교수 역임
대구공업대학교 전기전자계열 겸임교수 역임
대한민국 명장 선발 전문위원
대한민국 숙련기술자 선발 전문위원
소방방재청 중앙소방기술심의위원 역임
대구광역시 건축위원, 지방기술심의위원 역임
한국 소방산업기술원 건물안정인증 평가위원
대구광역시 지방소방기술위원회 위원장 역임
대구광역시 건축위원 역임
대구광역시 성능위주설계 심의위원

▌자격 국제기술사(빌딩서비스/소방공학)
건축전기설비기술사, 소방기술사
전기기사, 전기공사기사, 산업안전기사

▌저서 전기설비 실무
공동주택설비의 전전화(全電化)에 대한 조사연구
전기설비
태양광 발전

▌표창 국무총리 표창
안전행정부 장관 표창

NCS에 맞춘

전기설비

7판 2쇄 2024년 1월 5일

저 자 최연수
발행인 송광헌
발행처 복두출판사
주 소 서울특별시 영등포구 경인로82길 3-4
센터플러스 807호 (우) 07371
전 화 (02) 2164-2580
F A X (02) 2164-2584
등 록 1993. 11. 22. 제 10-902 호

정가 : 30,000원

ISBN : 979-11-6675-380-0 93560

한국과학기술출판협회 회원사